조경의 새로운 도전

조경의 새로운 도전

1판 1쇄 인쇄 2023년 12월 1일
1판 1쇄 발행 2023년 12월 5일

지은이 | 길승호, 공인혜, 구미현, 권유진, 김보미, 김예화, 김윤정, 김은영, 김지연, 김태린, 김호걸, 김효민, 류지은, 모용원, 박상진, 박종훈, 박진한, 박 찬, 박채연, 박해경, 배채영, 성선용, 손승우, 송원경, 안윤정, 양병선, 윤은주, 이종욱, 이현진, 최혜영, 허한결, 현정희

발행인 | 김병계
발행처 | 도서출판 보문당
등록 | 1990년 6월 5일(제1-1066호)
주소 | 서울시 마포구 토정로 222 한국출판콘텐츠센터 417호
전화 | 02) 704-7025
팩스 | 02) 704-2324
홈페이지 | http;//www.bomoondang.co.kr
전자우편 | bmdpub@naver.com

값 25,000 원

ISBN 978-89-8413-248-1 (93520)

길승호, 공인혜, 구미현, 권유진, 김보미, 김예화, 김윤정,
김은영, 김지연, 김태린, 김호걸, 김효민, 류지은, 모용원,
박상진, 박종훈, 박진한, 박 찬, 박채연, 박해경, 배채영,
성선용, 손승우, 송원경, 안윤정, 양병선, 윤은주, 이종욱,
이현진, 최혜영, 허한결, 현정희 엮음

조경의 새로운 도전

普文堂

서문

2023년, 우리나라에서 조경이라는 학문이 시작한 이래 50년이라는 세월이 흘렀습니다. 조경 분야는 산업화 과정에서 새로운 도전과 시행착오를 겪으면서도, 아름다운 경관의 조성과 진정성 있는 발전을 위해 노력해왔습니다. 특히, 건축, 토목, 도시, 경제, 행정, 임학, 미술 등과 학제 간 연구를 통해 지속적으로 발전해왔습니다.

조경은 공간의 구조와 기능을 이해하고 자연의 건강한 보전과 도시환경의 생태적 증진을 통해 아름다운 경관을 형성하고 인간의 삶을 보다 쾌적하게 만들기 위해 노력하는 학문입니다. 따라서 현대사회가 요구하는 융합학문의 일환으로서 종합예술과학의 성격을 갖습니다. 이러한 학문적 특성으로 인해 다양한 학문적 접근이 가능하다는 이점이 있는 반면에, 다양한 분야를 심도있게 다루어야 한다는 어려움도 있습니다.

현재, 조경은 다양한 도전과제를 맞이하고 있습니다. 첫 번째 도전과제는 기후변화입니다. 지구는 기후변화로 인한 극한사상으로 많은 환경적 영향을 받고 있습니다. 전세계의 많은 과학자들은 기후변화가 시작되었으며, 미래에는 그 영향이 더욱 커질 것으로 예측하고 있습니다. 기후변화로 인해 자연과 도시의 생태계 변화 속도가 급격하게 증가하고 있으며, 이에 우리가 어떻게 적응할지가 화두가 되고 있습니다. 특히, 탄소중립, 자연기반해법(Nature-based Solutions, NbS), 재해 적응, 도시열섬현상 등을 기후변화와 관련된 세부적인 도전과제로 볼 수 있습니다.

두 번째 도전과제는 4차 산업혁명입니다. 빅데이터, 머신러닝, 인공지능 등은 우리의 삶을 빠르게 변화시키고 있습니다. IoT 및 ICT 기술개발로 데이터 수집 및 저장기술이 급격히 발달하였고, 컴퓨터의 처리능력 향상으로 데이터를 수집, 가공, 처리하는 범위가 확대되었습니다. 따라서 머신러닝이나 인공지능을 통해 조경 공간을 이해할 수 있는 바탕이 마련되었습니다. 앞서 언급된 기후변화 이슈를 해결하기 위한 미래 예측과 같은 다양한 분석과 해석이 가능해졌습니다. 또한, 전통적인 조경의 영역인 경관의 해석, 생물다양성, 토지이용, 그린인프라, 생태복원, 미세먼지 등의 연구에 있어서도 많은 진전이 있었습니다.

세 번째 도전과제는 환경가치의 이해입니다. 이는 생태계서비스의 이해로도 해석할 수 있습니다. 1997년 『Nature』에 출판된 「The value of the world's ecosystem services and natural capital」는 자연의 경제적 재화에 대한 가치를 넘어 환경적 재화에 대한 가치를 이해할 수 있는 논문이었습니다. 이를 바탕으로 조경 분야에서 다루는 주요한 가치인 환경의 가치를 사람들에게 설명하고 설득할 수 있는 기회가 되었고, 생태계서비스와 관련된 다양한 연구들이 진행되었습니다.

여기 32명의 학자들이 다양한 환경문제에 대한 정량적 연구를 통해 자연 및 인간생활의 질을 향상시키기 위해 연구한 결과들을 정리하고자 했습니다. 이들은 한 가지 또는 두 가지 이상의 조경에 대한 도전과제들을 다루면서 조경 분야의 발전을 고민해왔습니다. 이 책은 세 가지 도전과제에 대해 전통적인 조경 분야, 새롭게 도전하고 있는 조경 분야, 기후변화 이슈에 대한 접근방법을 기준으로 6편으로 구성됩니다.

2023년. 반세기가 지나가는 동안 조경은 많은 발전을 이루었으며, 조경학 전공자들은 이에 대한 많은 보람을 갖고 있다고 생각합니다. 응용학문의 대표주자로서, 발빠르게 변화하고 있는 도전과제들을 빠르게 이해하고 해결할 수 있는 학문으로서, 더 나아가 사람이 행복하고 자연을 아름답게 보전하기 위한 환경의 메카로 발돋움할 수 있는 기회를 제공할 수 있는 학문으로서의 지속적인 성장을 기대해 봅니다. 이 책이 조경 분야에 대한 새로운 시각을 제공하고, 사고를 확대하는 계기가 될 수 있기를 기대합니다.

2023. 9.

저자 일동

목차

4. 기후변화로 인한 환경재해 대응 …… 204

5. 지속가능발전을 위한 환경개선 방안 …… 282

6. 미래기후환경에 대한 접근 …… 362

1. 도시와 자연의 공존

01

그린인프라 계획과 실현

수원시정연구원 | 김은영

그린인프라는 보전과 개발의 기틀이 되어야 하며 개발 이전 단계에서부터 설계하고 계획해야 한다. 도시에서의 그린인프라는 연결성이 중요한 핵심이며, 이를 위해 다양한 그린인프라 구성 요소를 적절히 배치하고 분포하도록 계획해야 한다. 객관적인 데이터와 분석 방법을 통해 그린인프라의 실현 가능성을 높일 수 있는 방안을 제안해 본다.

1-1. 그린인프라 개념 및 필요성

(1) 그린인프라 개념

그린 인프라스트럭처(Green Infrastructure)의 사전적 의미는 '녹색 사회 기반 시설'로 녹지, 공원 등의 생태적 요소를 뜻하는 'green'과 생활환경을 형성하는 기반 시설을 뜻하는 'infrastructure'의 합성어로 국내에서는 주로 '그린인프라'로 줄여 사용되고 있다. 그린인프라는 현재 다양한 의미로 정의되고 있다. 베네딕트와 맥마흔(Benedict and McMahon ,2002)은 자연 생태계의 가치와 기능을 보존하고 인간에게 관련 혜택을 제공하는 상호 연결된 녹지 네트워크라고 정의하고 있다. 그리고 유럽연합(EU)은 그린인프라를 광범위한 환경 서비스를 제공하고 농촌 및 도시 환경에서 생물다양성을 보호하도록 설계하고 관리되는 다양한 기능을 갖춘 자연 및 준자연 지역의 전략적으로 계획된 네트워크로 정의하고 있다(EU, 2014). 그 밖의 EPA(2008)에서는 그린인프라를 침투와 증발산 및 재사용의 자연적인 수문학적 순환 프로세스를 활용하고 향상 및 모방하는 관리 접근 방식 및 기술로 정의했다. 이와 같이 그린인프라는 도시 차원에서의 자연 지역의 네트워크를 나타내는 광의적 개념에서부터 물순환을 위한 우수 관리 시설을 의미하는 협의적 개념을 내포하고 있다. 하지만 두 가지 개념 모두 자연 생태계의 가치와 기능을 보존하고 인간에게 혜택을 제공한다는 점은 동일하다.

도시 그린인프라의 구성 요소는 보전지역과 연결지역으로 구분한다. 하지만 연구자에 따라 보호지역, 복원지역, 공원, 옥상녹화 등의 도시 내 녹색 공간, 생울타리와 같은 자연적 연결지역, 에코브릿지와 같은 인공적 연결지역으로 세분하여 구분하기도 한다. 이러한 그린인프라 구성 요소는 규모에 따라 각각의 그린인프라 구성 요소가 기능하는 근본적인 실제가 다르지 않다. 그린인프라는 지역 규모로 존재하지만 지역적 특정 요소와 링크가 서로 상호 작용하여 지역 규모보다 더 큰 규모에서 의미 있는 시너지 효과와 더 높은 수준의 효과를 보이기도 한다(Davies et al., 2006). 따라서 그린인프라를 국가, 광역, 지역 또는 도시 단위에 따라 구분하고 그 규모에 따라 부과된 기능을 전략적으로 연결할 필요가 있다.

(2) 그린인프라 필요성

그린인프라 네트워크의 구축은 자연 및 인간 환경에 다방면에 걸쳐 영향을 미치며 다양한 기능을 한다. 그린인프라는 생태계와 사회적 및 경제적으로 다양한 이익을 창출하고, 이와 함께 서식지와 종다양성의 강화, 자연 경관의 유지, 공기 및 물 정화 등과 같은 생태계 기능을 보호한다. 이를 통해 녹지의 가치가 증가하고 홍수 조절, 폭우 관리 등과 같은 공공시설 및 서비스 비용을 감소할 수 있는 이점을 가지게 된다. 이와 같이 그린인프라의 구성 요소들이 가지는 생태적, 사회적 및 경제적으로 다양한 기능과 장점의 효과를 극대화하기 위해서는 제대로 된 그린인프라 구축 계획을 수립하는 것이 무엇보다도 중요하다.

과거 도시 차원에서 생태축은 도시기본계획 및 공원녹지기본계획 등의 법적 계획에서 제시되었지만 추상적 개념에 머물러 있고 주변 도시와의 연속성과 도시 개발 및 토지이용계획과의 연계가 부족한 실정이었다. 도시에서의 그린인프라 계획은 기존의 오픈 스페이스 계획과 달리 환경과 사회 및 경제의 지속 가능성에 필요한 생태적 틀이며 토지 개발과 성장 관리 그리고 기존에 구축된 인프라 계획과 연계하여 보존 가치와 활동을 고려하도록 했다.

그린인프라는 보전과 개발의 기틀이 되어야 하며 개발 전에 그린인프라를 설계하고 계획하는 것이 바람직하다. 또 생태계 프로세스와 서비스를 유지하기 위해서는 그린인프라 연결이 핵심이라고 할 수 있다(Benedict & McMahon, 2002).

1-2. 생태축 설정 [01]

(1) 생태축 설정 방법

그린인프라 계획을 수립하기 위해서는 그린인프라 구성 요소를 기반으로 생태축 설정이 우선되어야 한다. 생태축을 설정하기 위해서는 자연적 특성을 잘 나타낼 수 있는 방법을 활용해야 한다. 생태축을 설정하는 방법은 매우 다양하다. 그중 하천의 분수계를 설정하는 방법을 산림 및 녹지에 적용한 사례를 소개하고자 한다. 이러한 원리는 경사가 급한 지역에서 낮은 지역으로 물이 이동하는 원리를 이용하여 녹지의 흐름을 찾는 방법이다.

녹지의 흐름을 찾기 위해 녹지 등 그린인프라를 잘 나타내는 데이터 활용이 중요하다. 이를 위해 정규식생수분지수(Normalized Difference Moisture Index, NDMI)[02]를

---

01 김은영. 「공간생태학적 특성을 고려한 수원시 그린인프라 구축기법 연구」. 수원시정연구원. 2020. 발췌하고 요약 및 재구성하여 작성했다.

02 정규식생수분지수(Normalized Difference Moisture Index, NDMI)는 값이 클수록 식생 및 토양 내의 수분함량이 높음을 의미하며, 이를 통해 산림의 성숙도(Collins and Woodcock, 1996), 벌채 등 인위적 영향을 받은 산림의 변화를 확인하는 지표로 활용될 수 있다(Franklin et al., 2000, Wilson and Sader, 2002).

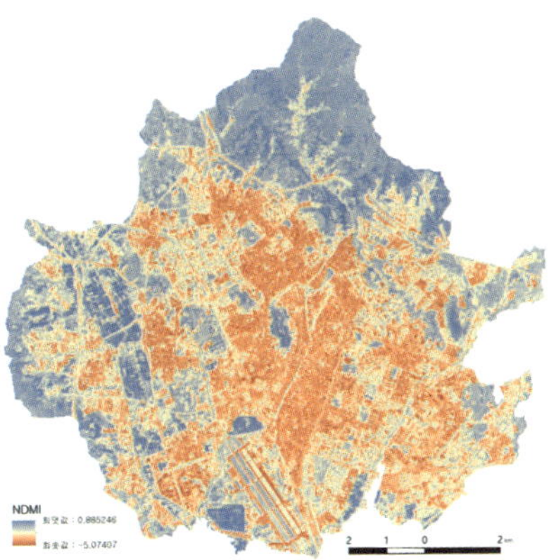

그림 1-1. 정규식생수분지수(NDMI) 분포도 출처: 김은영(2020)

그림 1-2. 수정된 정규식생수분지수(NDMI) 분포도 출처: 김은영(2020)

활용하여 녹지의 흐름을 분석했다.

분수계 원리를 활용하여 생태축을 도출하기 위해 도시 지역에서부터 녹지 지역으로 흘러가는 유로를 탐색할 필요가 있다. 정규식생수분지수의 경사와 방향을 계산하여 해당 지역에서 생성될 수 있는 유로를 추출할 수 있는 수문 분석 도구인 SWAT(Soil and Water Assessment Tool) 모형을 활용했다. 수문 분석 도구를 활용한 생태축 추출 과정은 유향 계산, 누적 유량 및 유로 계산, 분석 규모에 따른 전체 유역 및 하위 유역 계산으로 진행되었다. ArcSWAT에서 유량의 흐름은 인접 지역 중에서 가장 가파른 지역으로 흐르도록 계산되었다. 또 유로 시작 시점을 결정하기 위해 임계값을 적용한 뒤에 누적유량 및 유로를 계산하며 올바른 임계값 설정을 통해 실제 유역 네트워크와 일치되는, 즉 분석 규모에 따른 전체 및 하위 유역을 계산했다.

(2) 생태축 설정

SWAT 모형의 경우 분석 규모의 수치를 정하면 해당 수치를 초과하는 지역 규모로 유역을 병합하여 유로를 추출했다. 생태축을 분석할 때는 광역 차원부터 지역 차원까지 생태축 연계 방안을 함께 고려해야 한다.

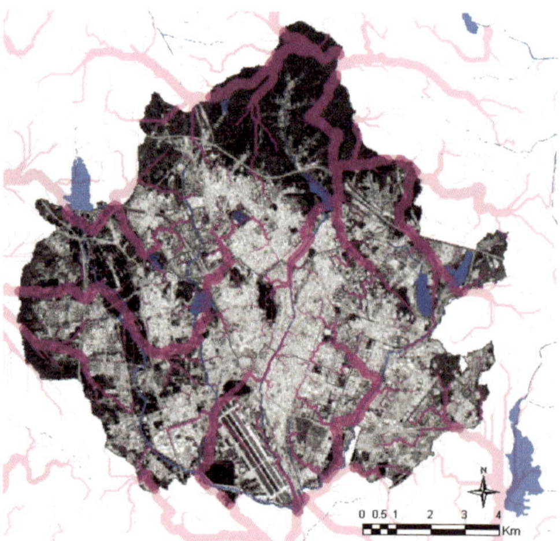

그림 1-3. 생태축 분석 결과의 예(수원시) 출처: 김은영(2020)

생태축은 지역 차원에서 보전도 중요하지만 광역 차원에서의 생태축을 연결하는 것도 중요하다. 분석 결과를 환경부에서 제시한 광역 생태축과 수도권 광역녹지축에서 제시한 결과와 동일한 맥락에서 제시되었다. 또 지역의 특성이 반영되어 세부적인 그린인프라 계획을 수립하는 데에 기여할 수 있다.

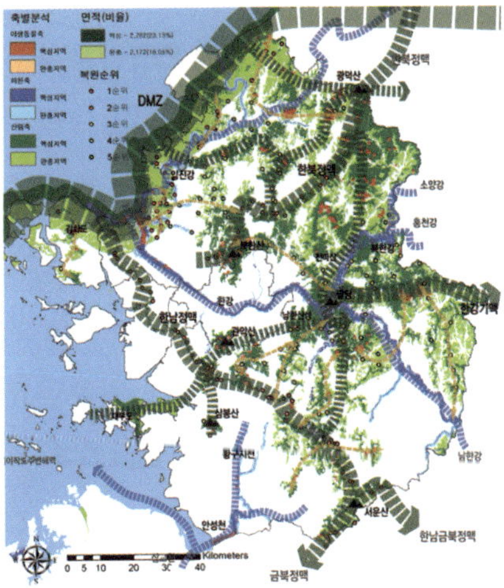

그림 1-4. 한남정맥 현황

출처: 환경부(2009)

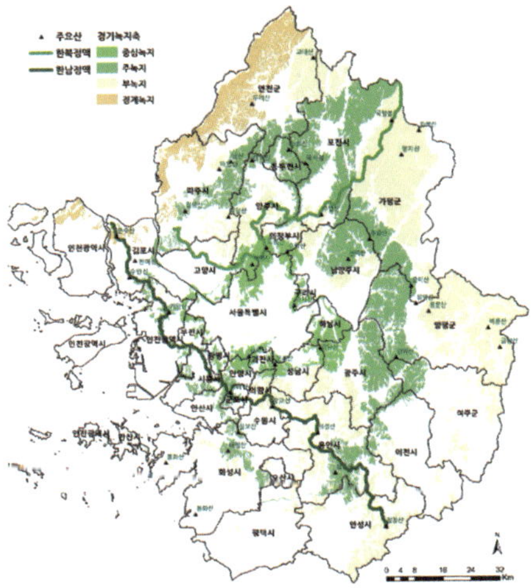

그림 1-5. 경기녹지축 현황

출처: 수도권 광역경제발전위원회(2012)

1-3. 생태축의 연결[03]

(1) 생태축 연결 방법

그린인프라를 구축할 때 가장 중요한 핵심은 연결성이다. 정규식생수분지수(NDMI)와 SWAT 모형을 통해 도출된 생태축을 토대로 그린인프라 기능을 극대화하기 위해서는 어떤 방식으로 연결해야 하는지를 찾아야 한다. 생태축 분석 결과와 기존 토지 이용과 연계할 수 있는 방안으로 최적의 연결 경로를 도출했다. 연결 경로를 분석하기 위해 생태축에 기초하여 연결 시작 지점과 목표 지점을 찾고, 시점과 종점 사이의 환경과 사회 변수를 반영하여 연결의 비용 및 최소비용 경로를 분석했다. 생태축 줄기를 그룹화한 뒤에 모든 줄기의 각 외곽 지점을 도출했으며 연결 지점은 다음과 같은 기준을 통해 산정했다.

- 가장 가까운 지점으로 연결한다.
- 상위 줄기 혹은 기존의 줄기에 다시 연결하지 않는다.
- 줄기의 외곽 지점을 연결한다.

생태 네트워크에서 최소비용경로 분석 결과가 의미하는 것은 서식지 내의 어떠한 종이 다른 서식지로 움직이기 위해 소모되는 비용을 계산하는 것을 의미한다(Singleton et al., 2002, 오규식 외, 2009). 다시 말해 최소비용경로 분석에서는 대상지의 경관 특성이 고려된 저항값을 산정하여 소모되는 비용을 계산해야 한다. 비용 요인으로 개별 공시지가를 사회 변수로 선정했으며, 환경 변수로는 불투수율과 NDMI를 활용했다.

---

03 김은영. 「그린인프라 구축을 위한 녹지축과 도시녹지 연계 방안」. 수원시정연구원. 2021. 내용 일부를 발췌하고 요약 및 재구성하여 작성했다.

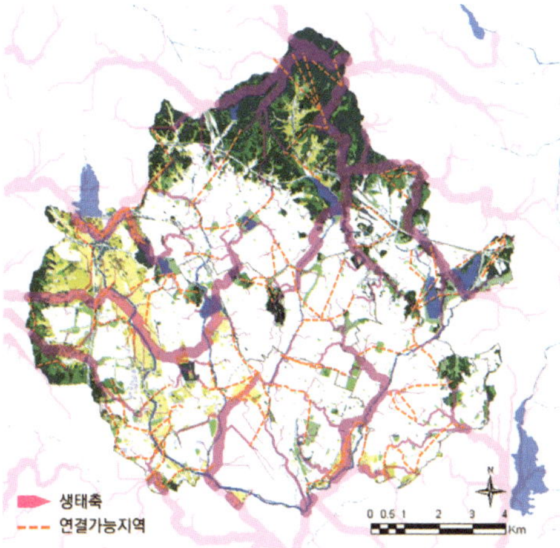

그림 1-6. 생태축-도시녹지 연결 지점의 도출 출처: 김은영(2021)

(2) 생태축 연결을 위한 시나리오 분석

그린인프라 구축을 위한 생태축과 도시녹지 연계 방안을 실현하기 위해 도시녹지의 유형별 시나리오를 설정하여 적용했다. 면적 유형은 빈집, 유휴지, 신규 도시공원을 대상으로 시나리오를 설정했으며, 선적 유형은 가로수와 띠녹지를,

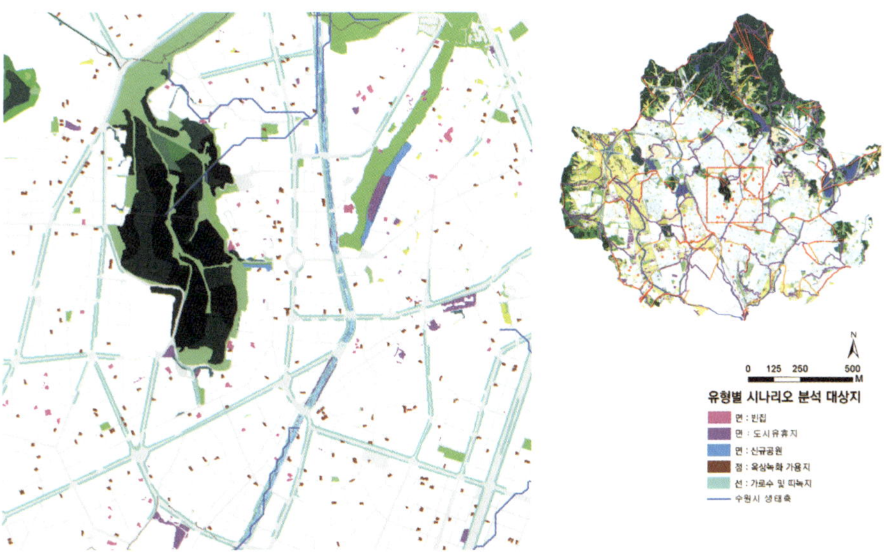

그림 1-7. 대상지 내의 시나리오 유형별 현황 출처: 김은영(2021)

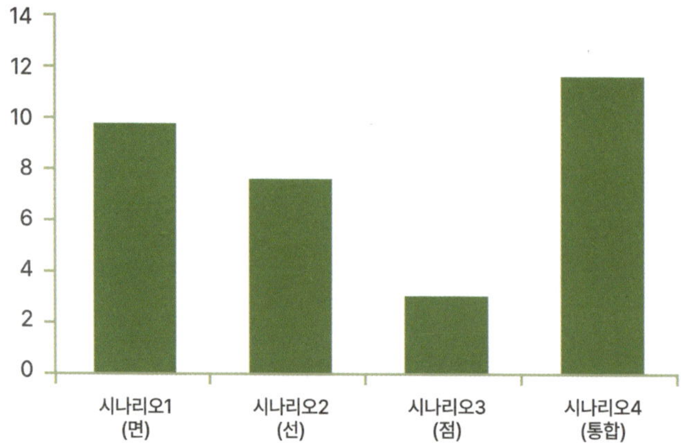

그림 1-8. 시나리오별 비용저감 효과 출처: 김은영(2021)

점적 유형은 옥상녹화를 대상으로 시나리오를 설정했다.

기존의 연결 경로와 비교했을 때 신규 공원녹지를 조성한 모든 시나리오가 연결성이 개선된 것으로 분석되었으며, 그중 통합 유형 시나리오에서 생태축 연결성이 가장 많이 개선되었다. 시나리오별로 비교할 때 통합, 면, 선, 점 유형의 순서대로 연결 개선 및 연결을 위한 비용저감 효과가 큰 것으로 나타났다.

향후 신규 공원과 녹지를 조성할 때 최소비용저감 효과가 높은 지역을 우선적으로 고려해야 한다. 그리고 면적, 선적, 점적인 형태를 종합적으로 고려하여 설정하는 것이 높은 비용저감 효과를 기대할 수 있다.

데이터 기반의 생태축을 대상으로 그린인프라를 구축할 때 나타날 수 있는 생물다양성과 생태계 서비스 제공 등의 생태적 가치와 효과를 그린인프라 구축의 목표로 설정하고, 이를 달성할 수 있는 도시녹지 시나리오를 구축했다. 향후 도시녹지 시나리오를 설정할 때 최근 자연기반해법 등과 같이 도시 환경 문제를 그린인프라를 통해 해결할 수 있도록 연계할 수 있다.

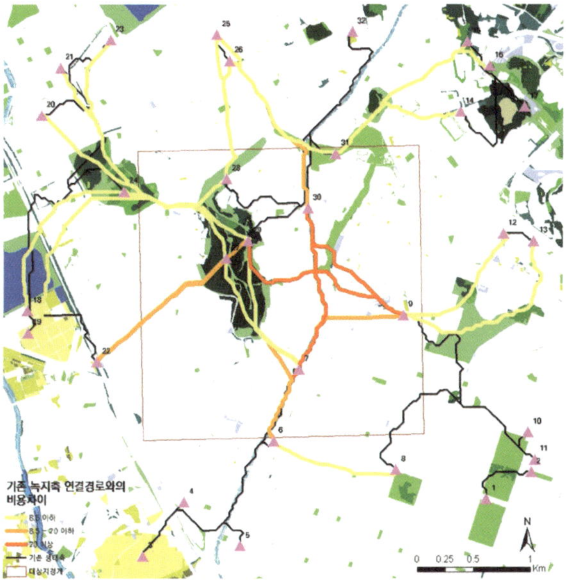

그림 1-9. 기존 생태축 연결 경로와의 비용 차이 출처: 김은영(2021)

1-4. 그린인프라 실현

이 장에서는 그린인프라 구성 요소를 나타내는 객관적 데이터를 기반으로 생태축을 도출하고 실현 가능성을 높이기 위한 시나리오 분석을 통해 연결 경로를 제안했다. 이 자료는 도시기본계획, 공원녹지기본계획 내의 생태축을 구축하고 실현하기 위한 기초 자료로 활용이 가능하며 공원녹지 조성 시 시나리오 비용저감 효과가 높은 지역을 중점 조성지역 고려가 가능하다.

연구 결과 생태축과 함께 그린인프라 계획을 도시기본계획에 적극 반영하여 개발축과 보전축의 설정에 활용할 수 있으며, 도시 연결성의 강화를 위한 도시 공간의 구조 개선의 기준을 제시할 수 있다. 생태축 연결에 기여할 수 있도록 장기 미집행공원의 우선순위 선정과 공원녹지 배치 계획의 수립에 적용하여 신규 공원 조성 부지를 선정할 때 활용할 수 있다. 이와 같이 그린 인프라 조성을 통해 도시의 물순환, 정주지역 탄소흡수원의 확대, 기후탄력성 증진 등 도시 공간의 구조를 개선하여 녹색도시의 실현에 기여할 것이다.

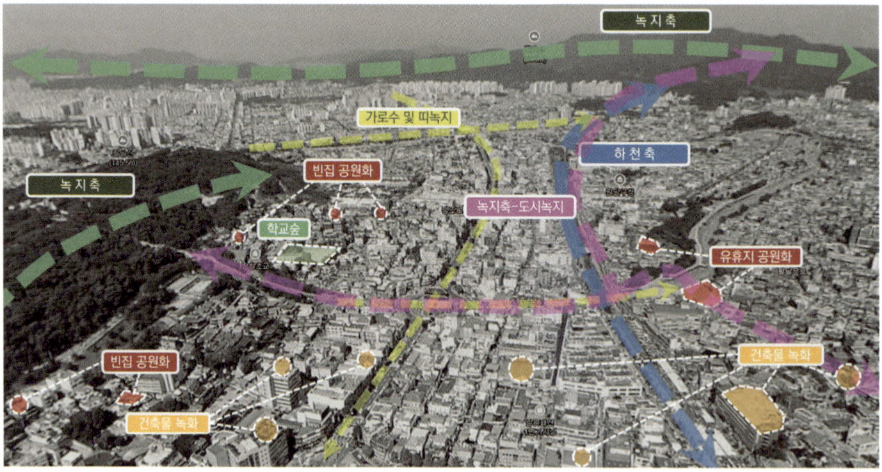

그림 1-10. 생태축-도시녹지 연계 방안 출처: 김은영(2021)

02

생태복원의 이해

강원대학교 | 길승호

생태복원이란, 훼손된 상태를 본래의 상태로 복원하는 모든 행위를 말한다. 생태복원을 위한 절차에서 중요한 시사점은 인간의 개입 정도에 따라 달라질 수 있으며 자연적인 복원, 수동적인 복원, 적극적인 복원 방법이 있다. 복원 계획 및 방향성을 설정할 때는 생태계의 구조와 기능을 이해할 필요가 있다. 생태복원을 확인하기 위한 다양한 지표들이 있으며 복원 방향에 따라 해당 지표를 선택하여 이용할 수 있다.

2-1. 생태복원에서의 생태계 구조와 기능

생태복원은 최근 이슈화된 기후변화의 영향을 완화하고 생태계의 회복력을 향상하는 데 매우 중요한 역할을 한다. 손상되거나 생태적 기능이 저하된 생태계의 복원을 통해 다양한 생물종에게 서식처를 제공하고, 탄소 흡수 및 저장을 통해 기후변화 영향의 정도를 완화하는 데 도움이 되며 생태계의 기능 및 구조를 개선하는 데 많은 기여를 한다.

일반적으로 생태복원이란, 훼손된 상태를 원래의 상태로 복원하는 모든 행위와 그 과정을 포함한다. 국제생태복원협회에서는 '손상되고 파괴된 생태계의 회복을 돕는 과정'이라고 정의 한다(SER, 2002). 복원과 관련된 다양한 용어가 논의되고 있는데 복원(restoration), 복구(rehabilitation), 개간(reclamation), 회복(recovery), 개선(remediation), 대체(replacement) 등 다양하다(길승호, 2014). 이러한 용어들은 복원의 개념을 좀 더 구체화하고 특정한 상황을 포함하여 설명하는 것이 많다. 여기서 복원은 이러한 개념들을 모두 포함한 개념이며 이와 관련된 행위와 과정이 모두 포함된다.

생태복원은 생태계 구조와 기능을 본래의 상태로 회복하기 위한 노력이 중요하다. 생태계의 구조에는 비생물적 구성 요소와 생물적 구성 요소에서 나타나는 종의 분포, 종의 구성, 복잡성 등이 포함되며, 생태계의 기능으로는 영양 단계, 물질 순환, 바이오매스 등이 포함된다. 생태복원에 있어 생태계의 구조와 기능을 살펴보면 다음 그림 2-1과 같이 표현할 수 있다.

그림 2-1은 LSF(Linear Structure vs Function Model)로 현재 많은 서적을 통해 잘 알려져 있다. 주요 특징은 기존 생태계로부터 훼손된 경우 구조와 기능이 완전한 본래의 상태로 돌아온 경우를 '복원(restoration)'이라 하고, 거의 되돌아온 상태를 '복구(rehabilitation)'라고 한다. 또 원래의 상태로 되돌아가지 않고 생태계 구조보다 생태계 기능에 초점을 둔 '대체(replacement)'의 개념이 있다. 예를 들어, 훼손된 지역

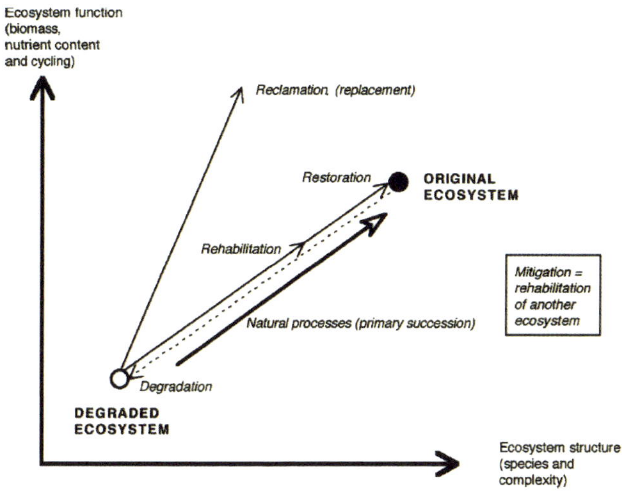

그림 2-1. 생태복원에서 생태계의 구조와 기능 출처: Bradshaw(1984)

에 낙엽송으로 조림을 한 경우 생태계의 구조는 단순하지만 낙엽송 자체가 속성수이기 때문에 복원 행위 이후 초기 탄소 흡수 및 저장량에는 긍정적인 역할을 하므로 생태계 구조보다 생태계 기능에 초점을 둔 사례라고 할 수 있다. 이러한 상황은 복원 행위가 이루어진 상황인 것으로 '대체(replacement)'라고 표현한다.

LSF 모델은 경험적 측면에서 작성된 것으로 다양한 이해관계자와 더불어 복원과 관련된 학자, 정책입안자, 일반인에게 많은 영감을 주었다. 그러나 이 모델은 작은 규모의 생태계를 생태복원할 때 사용할 수 있는 개념이며, 훼손된 규모가 큰 생태계를 회복할 때 필요한 개념으로서는 한계가 있다(Cortina et al., 2006). 그 이유는 훼손된 규모가 큰 생태계는 매우 복잡하며 일반적인 특성을 찾아내는 데에 어려움이 많기 때문이다. 따라서 훼손된 상태에서 원래의 상태로 되돌아가기 위해서는 적지 않은 어려움이 수반되기 때문에 다음 그림 2-2와 같이 비선형, 부정적, 선형 등으로 다양하게 변화될 수 있다(Cortina et al., 2006)는 것을 고려해 볼 필요가 있다.

그림 2-3을 살펴보면 훼손된 상태에서 시간이 지남에 따라 다양한 환경 제약을 받아 생태계 특성이 달라질 수 있음을 알 수 있다. (a)는 환경 제약이 거의 없는 경우 원래의 생태계 특성에 따라 거의 원래의 상태로 되돌아가는 경우이다. (b)와 (c)는 복원 활동이 이루어졌지만 환경 제약을 받아 회복 속도가 더디게 일

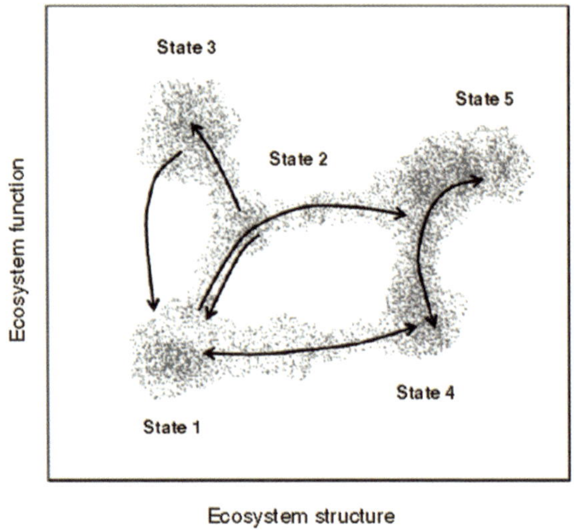

그림 2-2. 생태복원에서 생태계의 구조와 기능 출처: Cortina et al.,(2006)

어나는 현상을 보이는 경우이다. (d)는 중도에 환경 제약을 받아 나중에는 훼손된 생태계로 변모할 수 있음을 알 수 있다. (e)는 특별한 복원 활동이 없거나 복원 활동을 했지만 원래의 생태계로 회복하지 못하고 회복탄력성(resilience)이 떨어져 원래의 상태로 회복하기 어려운 경우이다. 이와 같이 생태계의 회복이 다양한 형태로 변화할 수 있음을 의미한다. 다시 말해 브래드쇼(Bradshaw, 1984)가 제시한 LSF 모델은 다양한 환경 제약을 최소화 또는 무시한 결과로 제한된 규모 또는 실험 등을 통한 통제된 생태계에서 볼 수 있는 현상을 모식화한 것으로 볼 수 있다.

훼손된 생태계는 구조와 기능의 범위와 수준이 지속적으로 변화한다. 이러한 변화를 통해 미래 어느 시점에는 수렴하게 되고, 그 상태가 원래의 상태에 도달했는지 아니면 새로운 환경으로 바뀌었는지에 따라 해당 대상지의 생태계가 결정된다. 수렴된 생태계는 교란이 잘 일어나지 않으며 안정화된 생태계를 의미한다. 자연적으로 형성되거나 인공적으로 형성되어 안정화된 생태계는 끊임없는 생태적 온전성(ecological integrity)을 가지고 있으며, 해당 지역의 생태계가 가지고 있는 회복탄력성(resilience)을 통해 나타난 생태적 복원의 결과물이라고 할 수 있다.

이러한 내용을 바탕으로 다음 그림 2-4와 같이 생태계의 구조와 기능에 대해 단순화하면 상태 1부터 상태 4까지 표현할 수 있다. 생태계의 구조는 크게 비생

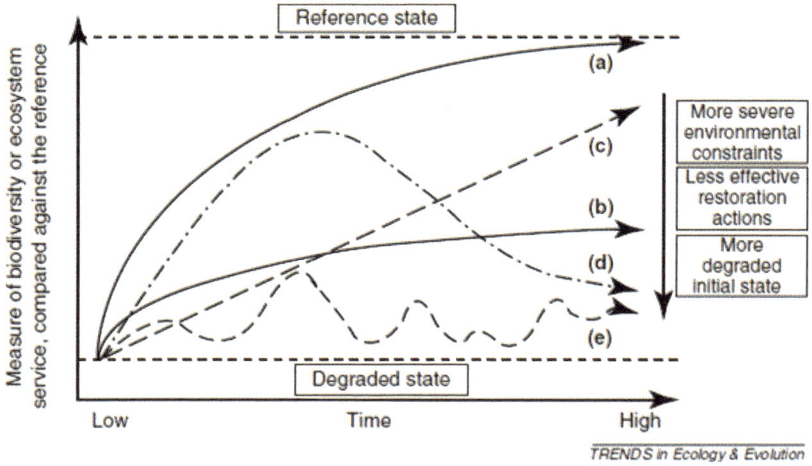

그림 2-3. 환경 제약에 따른 복원 과정 출처: Bullock et al.,(2011)

물적 요소와 생물적 요소로 구분한다. 비생물적 요소에는 태양, 대기, 물, 토양 등이 포함되며, 생물적 요소에는 소비사, 생산자, 분해자가 포함된다. 또 해당 요소들이 가지고 있는 서식처, 종다양성, 유전적 다양성 등은 세부적인 생태계의 구조로 볼 수 있다. 생태계의 기능은 물질 순환, 에너지 흐름, 종 또는 군집의 시공간적 다양성, 먹이사슬 등을 포함한다. 여기서 생태계의 구조와 기능에 대한 각각의 요소들은 양과 질 측면에서 차이를 보일 수 있다.

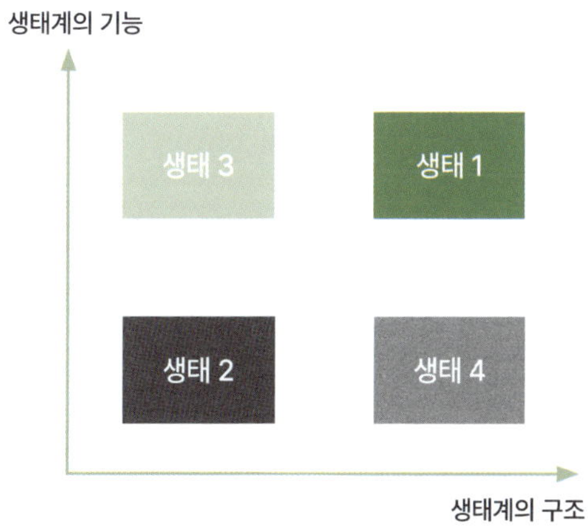

그림 2-4. 생태계의 구조 및 기능에 따른 상태 구분

상태 1은 생태계의 구조와 기능이 매우 높은 상황으로 본래의 생태계를 말한다. 상태 2는 훼손된 생태계로 생태계의 구조와 기능이 매우 열악한 상황으로 육상 생태계에서 대표적으로 나지나 훼손된 경사지와 같은 지역이라 할 수 있다. 상태 3은 생태계의 구조는 열악하지만 기능적 측면에서는 매우 좋은 상황을 말한다. 상태 4는 생태계의 구조는 좋지만 기능적인 측면은 열악한 상황을 말한다. 앞서 언급한 바와 같이 코르티나(Cortina, 2006)의 연구에서는 생태복원을 할 경우 상태 1에서 상태 2이나 상태 4 또는 상태 3으로도 바뀔 수 있다고 했으며, 상태 1에서 상태 3으로 상태 4로도 바뀔 수 있기 때문에 브래드쇼(Bradshaw, 1984)가 제시한 논문을 비판했다. 이와 상관없이 위 그림을 통해 훼손된 생태계를 대표하는 것은 상태 2이기 때문에 생태복원이 되었을 경우 나타날 수 있는 상태 1, 상태 3, 상태 4에 대한 설명을 비탈면 녹화(slope revegetation)를 예로 삼아 설명해 보고자 한다.

(1) 상태 2가 상태 1로 변하는 경우

상태 2가 상태 1로 변하는 경우는 원래의 생태계로 돌아간 경우이므로 생태복원의 본연으로 되돌아가는 완벽한 과정을 말한다. 예를 들어, 산사태가 일어난 이후 해당 생태계가 많이 훼손된 상태에서 산사태가 일어나기 전에 있었던 식생, 토양, 지형, 기후 등의 요소가 완벽히 복원된 상태로 비탈면 녹화를 통해 기존의 생태계를 완벽하게 복원할 수 있는 과정을 일컫는다. 여기서 훼손된 지형은 기존 지형과 같도록 복원하고 녹화는 참조 생태계에서 나타난 토양과 식생 종자 등을 활용하여 현지 외 또는 현지 내에서 복원 방안을 강구하여 녹화를 시행하여 기존 생태계와 같도록 조성하는 경우에만 가능한 일이다. 이는 현실적으로 매우 어렵기 때문에 장기 계획을 세워 운영해 나가야 할 필요가 있다.

(2) 상태 2가 상태 3으로 변하는 경우

상태 2가 상태 3으로 변하는 경우는 생태계의 구조가 다소 떨어지지만 생태계의 기능은 극대화된 상황을 말한다. 비탈면 녹화의 사례로 살펴보면 훼손되기 이전에 살고 있었던 신갈나무 군락이 훼손된 이후 녹화를 통해 붉나무나 자귀나무

군락으로 바뀌는 것과 같은 현상을 말한다. 녹화된 형태가 단조로운 구조를 가지고 있지만 탄소저장량, 토양침식 조절 등 생태계 기능을 최대한 충족할 수 있는 조건을 만드는 상태로 변모되는 상황이라고 생각할 수 있다.

(3) 상태 2가 상태 4로 변하는 경우

상태 2가 상태 4로 변하는 경우는 생태계의 기능이 다소 떨어지지만 생태계의 구조는 매우 극대화된 상황을 말한다. 비탈면 녹화의 사례를 들어 살펴보면 해당 상황은 초화류만 생육할 수 있는 환경의 녹화가 대표적이다. 특히, 톨훼스큐, 퍼레니얼 라이그라스 등의 초화류만 살 수 있는 경우에는 종다양성 지수 측면에서 상태 1과 같은 수치를 나타낼 수 있지만 탄소저장량과 토양 침식 조절 측면에서는 매우 부족한 상태로 해석할 수 있다. 이러한 상태가 지속되는 경우 해당 생태계는 매우 불안한 상황이 되어 지속적 및 안정적이지 못한 생태계로 변모할 가능성이 높다.

예를 들어, 앞서 언급한 톨훼스큐나 퍼레니얼 라이그라스 등의 서양잔디가 우점한 지역의 공통적인 특징은 토양경도가 높고, 토양 pH가 7 이상인 경우가 많아 다양한 식생천이가 잘 이루어지지 않는 단점이 존재한다(길승호, 2014). 훼손된 지역에 비탈면 녹화를 실시했을 때 주의해야 할 점은 지속적인 교란 작용을 통해 주변 식생천이가 원활하게 진행될 수 있도록 도와주는 것이 중요하다. 하지만 서양잔디가 우점한 비탈면 녹화 지역(식생기반재 방법)의 경우 토양이 딱딱하므로 뿌리 발달에 문제가 발생하여 해당 조건을 충족할 수 있는 수종만 계속 남아 있게 된다. 그리고 서양잔디 자체가 초장이 길게 자라므로 주변 식물의 종자가 쉽게 들어오지 못해 천이가 잘 이루어지지 않고 기반층 또한 유기물 함량이 매우 적어 녹화에 사용된 영양분이 있는 토양이 일정 기간이 지나면 유기물 함량이 줄어들게 되어 발아한 식물마저 고사하면서 지속 가능한 생태계가 이루어지지 못하는 단점이 있다(길승호 등, 2011).

이 밖에도 시간이 경과함에 따라 상태 2 → 상태 3 → 상태 4, 상태 2 → 상태 3 → 상태 1 등 여러 변수를 통해 상태는 계속 변화할 수 있다.

2-2. 생태복원을 위한 절차

생태복원과 관련된 다양한 문헌(국립공원관리공단, 2019, Hobbs, 2013)을 통해 나타난 내용을 바탕으로 생태복원을 위한 절차를 그려 보면 다음 그림 2-5와 같다. 우선, 생태복원은 훼손된 지역에 대한 현황 분석과 그 주변 일대의 참조 생태계에 대한 전반적인 이해가 필요하다. 이때 다음 표 2-1과 같이 다양한 지표를 통해 해당 생태계를 확인할 수 있고 회복탄력성(resilience)의 수준을 파악해 볼 필요가 있으며 해당 지표는 선택적으로 사용할 수 있다. 해당 지표들을 통해 회복탄력성과 관련한 현장조사의 결과 및 분석이 필요하며, 훼손된 지역의 위험 수준을 평가해 볼 필요가 있다(Mitch and Jørgensen, 2003).

이때 생태복원 방법을 결정하기 위해 인위적인 개입의 정도에 따라 자연적인, 수동적인, 적극적인 복원 방법 중에서 하나를 선택하고, 이와 함께 그림 2-5와 같은 생태복원을 위한 절차를 고려하여 훼손된 생태계가 참조 생태계와 생태계의 구조와 기능의 요구 수준에 따라 복원 계획 방향을 설정할 필요가 있다. 여기서 자연적인, 수동적인, 적극적인 복원 방법에 대한 설명은 다음과 같다.

(1) 자연적인 복원

자연적인 복원(Natural Restoration)이란, 인간의 개입이 전혀 없이 시간 경과에 따라 생태계가 본질적인 환경으로 회복하려고 하는 잠재성, 즉 회복탄력성 또는 회복성(resilience)의 수준에 따라 스스로 회복하는 과정을 말한다. 이 방법은 자연적으로 재생할 수 있는 능력에 따라 다르게 나타나는데 회복할 수 있는 가능성이 낮은 경우 자연적인 복원을 시도하는 것은 회복이 더딜 수 있다. 이 방법은 인간의 개입이 없으므로 생물다양성의 확대 가능성과 생태계 서비스의 잠재성을 가지고 있고 전문적인 기술이 요구되지 않는다(Jones and Schmitz, 2009). 따라서 훼손된 지역의 회복성 정도를 확인하는 것이 중요하다. 예를 들어, 산사태가 일어

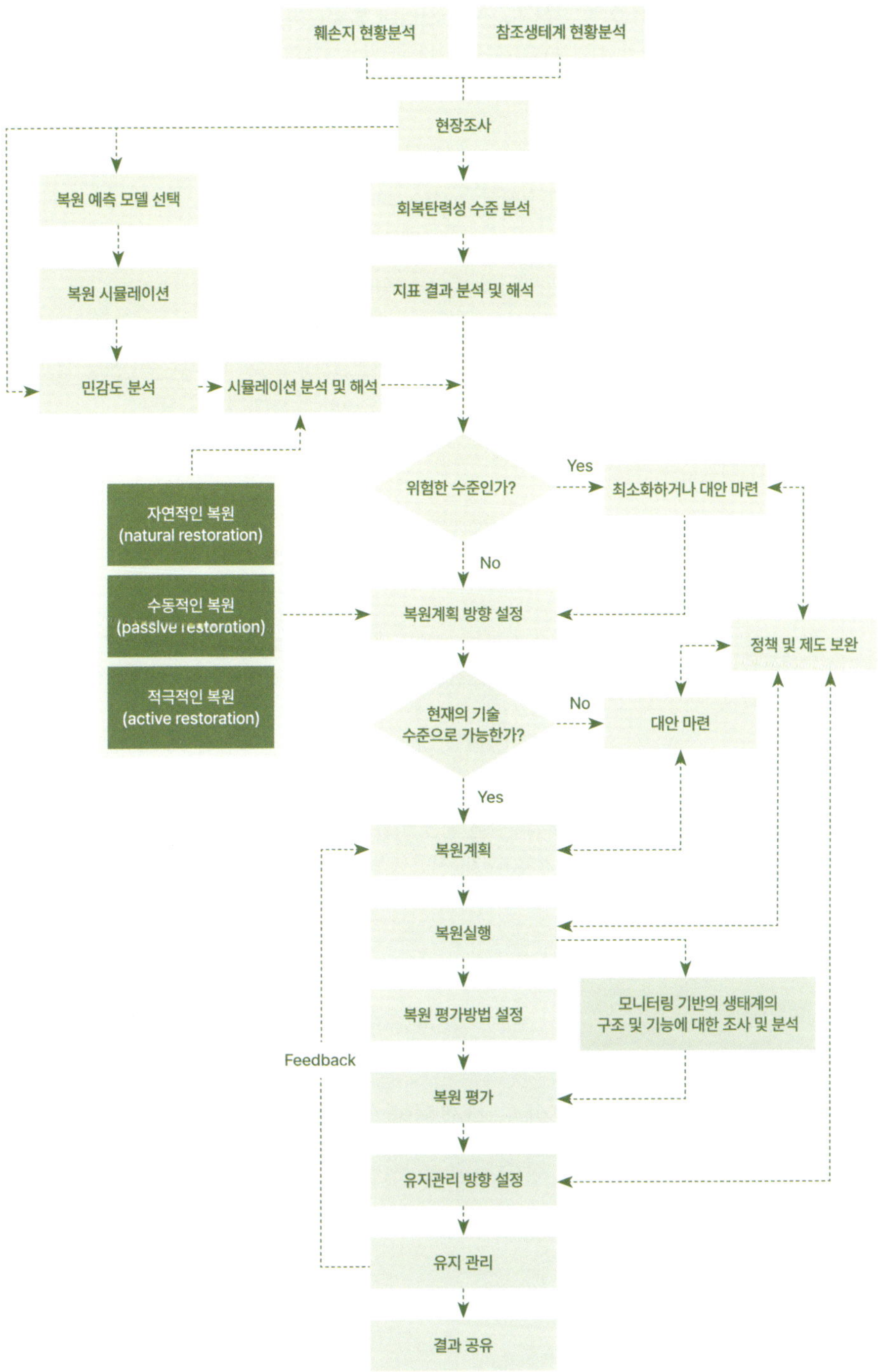

그림 2-5. 생태복원을 위한 절차

표 2-1. 문헌조사에서 나타난 복원평가 지표

출처: 길승호 등(2011), 길승호(2014), 이상훈 등(2015), 국립공원관리공단(2019).

분야		항목
지형		지형 유형(해안, 습지, 강, 광산, 섬, 도시, 절벽, 사막), 비탈면(길이, 높이, 위치, 폭, 형태), 경사, 방위, 고도, 배수, 위치, 집수 지형, 하천차수, SPI(Stream Power Index), TWI(Topographic Wetness Index) 등
지질		모암(또는 기반암), 암상, 암종, 용수 상태, 풍화 상태(또는 풍화 특성), 절리(경사, 방향, 상태) 등
식생	종	외래종 수, 자생종 수, 개체수 및 상태, 종다양성 지수, 종별 밀도/빈도/피도, 출현종 수, 층위별 종별 우점도, 최대 종다양도, 균등도, 풍부도, 생장량-흉고 직경 등
	수치	직경, 수관폭, 초장, 초폭 등
	기타	교란 · 훼손 정도, 복원 정도, 천이(퇴행천이 여부), 식재 방법, 수직적 구조, 간극비, 경급, 영급, 식재 활착률, 치수 발아율, 우점도, 임상 밀도, 주변 식생유사도 등
토양	물리	경도, 토성, 공극률, 수분 함량(또는 토양습도), 지반 안정성, 낙엽 · 유기물층 두께, 석력 함량, 가비중, 투수 계수, 유효토심 등
	화학	pH, 탄소량, 전질소량, C/N, 전기전도도(EC), CEC, 염기성 양이온(나트륨, 마그네슘, 칼륨, 칼슘), 염분, 유효인산 함량, 유기물 함량 등
생육 환경		패치 수, 패치 크기, 통로 길이(또는 폭 면적), 가장자리 길이, 폭둘레 길이 면적, 가장자리 효과, 경계부와 주변부 비율, 가장자리 밀도지수, 가장자리 대비지수, 경계곡률, 가장자리 면적, 주변 경관 조화(또는 유사상 지수), 경관행태지수, 경관 유형 등
	기타	층위 구조, 복원지 면적, 지형 요철 개수, 식해, 물리적 상해 면적, 경과년도, 배수 상태, 과거 붕괴 이력, 보강 시설 유무, 붕락 발생 규모, 사면 보호/보강 상태, 인장 균열, 지반 변형, 사면 상태, 중복된 보호 지역 등

난 지역이 수십 년이 경과했음에도 식생천이가 이루어지지 않고 지속적으로 주변에 산사태가 일어날 위험이 잔존되어 있는 경우에는 자연적인 복원을 시도하는 것은 그다지 바람직한 선택이 아니다.

(2) 수동적인 복원

수동적인 복원(Passive Restoration)이란, 인간의 개입을 최소한으로 제한하여 훼손된 생태계의 회복을 돕는 것을 말한다. 이 방법은 최소한의 인간 개입이 훼손된 생태계의 회복성을 촉진하여 시간과 비용을 줄일 수 있는 매우 효율적인 접근 방법이다. 다만, 교란 정도가 미미하거나 자연적인 회복탄력성을 가지고 있어 회복 가능성이 높은 장소가 효과가 높은 것으로 알려져 있다(Suding and Hobbs, 2009). 예를 들어, 지표화 산불이 일어난 지역에서 토양 유기물층의 훼손이 덜한 경우 식생천이의 속도는 남쪽 지역을 제외하고 시간이 어느 정도 경과하면 식생천이를 통해 자연적인 복원이 이루어진다. 남쪽 지역이 식생천이 속도가 낮은 이유는 하루 중에서 오랫동안 햇빛을 받게 되어 온도가 가장 높기 때문에 수분이 부족한 토양층에서 식물이 발아하는 데 많은 시간이 소요되기 때문이다(Steinfeld, 2007, 길승호 등, 2011). 이때 훼손된 범위를 파악하여 훼손된 수목 제거 및 소규모의 식재를 통해 해당 지역의 훼손이 빠르게 회복된다면 효율적인 복원이 이루어질 수 있다. 이러한 방법은 수동적인 방법이라고 할 수 있다.

(3) 적극적인 복원

적극적인 복원(Active Restoration)이란, 인간의 개입을 집중적으로 시행하여 생태계를 회복시키는 것을 말한다(Rodrigues et al., 2011). 한마디로 회복성이 부족한 곳에 인위적인 개입을 적극적으로 도입하여 해당 생태계를 복원하는 방법을 말하며, 일부 종의 복원이 어려운 경우에 이용된다(Hartup et al., 2022). 대표적인 복원 방법은 비탈면 녹화, 야생생물 재도입, 토착종 심기 등이 포함된다. 이러한 복원 방법은 비용과 시간이 다소 소요되지만 생태계의 구조와 기능이 매우 부족한 생태계의 복원을 위해서는 매우 효과적인 방법이라고 할 수 있다.

생태복원이 효율적으로 이루어지기 위해서는 복원 방법을 결정하기에 앞서 복원 행위를 통해 나타나게 되는 예측 상황을 파악하는 것이 무엇보다 중요하다(Mitsch and Jørgensen, 2003, Hobbs, 2013, Kil et al., 2020). 해당 결과에 따라 복원 과정 시뮬레이션을 수행해 보고 복원 계획 방향을 설정한다. 그리고 해당 지역의 복원 계획 방향이 현재의 기술 수준에서 가능한지를 확인하고 복원 계획을 실시하여 복원을 실행해야 할 필요가 있다. 복원 행위가 결정된 이후 실행된 복원 장소는 지속적으로 모니터링 해야 된다. 또 사후 복원평가에서 참조 생태계와 비교했을 때 복원 상태가 원래의 상태로 되돌아갈 수 있는지 여부를 가늠해 보는 것은 향후 유지 관리 방향을 설정하는 데 매우 중요하다(Kil et al., 2020). 이러한 과정에서 복원 절차에 나타난 항목 중에서 정책적 및 제도적으로 보완이 요구되는지 해당 상황을 지속적으로 검토해야 한다.

생태복원을 위한 절차를 표현한 이유는 생태복원의 성공과도 연결된다. 생태복원의 성공 여부는 특정한 프로젝트와 목표에 따라 달라질 수 있다. 이러한 생태복원 절차를 잘 이행하더라도 일부분은 성공할 수 있지만 다른 부분은 성공적인 성과를 거두지 못하여 부분적으로 제한적이거나 지속적인 관심과 노력이 필요할 수 있다. 생태복원은 매우 복잡하고 지속적인 노력이 필요한 만큼 복원계획이 적절히 이루어져야 하며 효율적인 자금 투입과 지속적인 과학적 연구의 결과가 뒷받침되어야 생태계의 건강성 회복에 도움을 줄 수 있다. 훼손된 생태계의 복원에 소요되는 시간이 수년 또는 수십 년이 걸릴 수도 있다. 그리고 기후변화, 생물다양성의 변화 등과 같은 예측하기가 어려운 문제가 발생할 수도 있다. 그럼에도 불구하고 장기에 걸쳐 지속적으로 관리하면서 해당 생태계에 관심을 가지고 돌본다면 훼손된 생태계가 충분히 잘 회복할 것으로 생각한다.

여담

조경에서 생태복원 개념

생태복원은 생태와 복원이 합쳐진 단어이다. 여기서 생태는 영어로 ecology로 불리며, 한문으로는 生態로 쓰이고 있다. 그리고 복원은 영어로 일반적으로 restoration으로 불리며, 한문으로는 復元과 復原으로 쓰이고 있다.

생태는 대부분 생태학 교과서에서 생태학(ecology)으로 인지하고 있다. 생태학(ecology)은 1866년에 독일 생태학자 헤켈(Ernst Haeckel)이 'οἶκος(그리스어)' 또는 'oikos(영어식 표현)'로 '집'이라는 뜻과 '-λογία(그리스어)' 또는 'logy(영어식 표현)'로 연구 또는 학문을 결합한 언어이다. 직관적으로 해석하면 집을 연구하는 것처럼 느낄 수 있지만 oikos가 고대 그리스에서 기본적인 사회 구성과 가정의 의미를 두고 있기 때문에 인간을 둘러싼 환경을 이해하는 연구로 이해하는 것이 좋겠다. 하지만 이러한 뜻과는 달리 생태학은 헤켈이 생물학자이기 때문에 일어나는 현상일 수도 있겠지만 일반적으로 생태계를 연구하는 학문이라고 이해하고 있다. 한자로 생태(生態)는 이도원(2004)이 언급한 바와 같이 '살아 있는 모습' 또는 '살아가는 모습', '생활하는 상태' 또는 '삶의 꼴(생김새나 됨됨이)'로 해석하고 있다. 또 네이버 국어사전에 따르면 생태는 '생물이 살아가는 모양이나 상태'로 되어 있다. 이와 같이 생태는 생물학에서 다루는 생태계를 이해하고 탐구하는 학문 이상으로 인간과 자연을 포함하여 그들 사이에서 벌어지는 다양한 삶의 모습을 말한다.

복원에는 유사한 개념으로 복원(復原/復元), 복구(復舊), 대체(代替), 복원성(復原性) 등이 있다. 복원은 영어로 restoration으로 파괴 또는 훼손된 상태를 원래의 상태로 바꾸려는 시도 및 과정을 말한다. 여기서 restoration 본래의 의미는 상점(store)에서 물건을 쌓아놓고 비축한 상태에서 물건이 팔리거나 쌓아놓은 물건이 무너졌을 때 물건을 다시 원래대로 세워 놓는 것을 말한다. 따라서 복원은 해당 장소 및 환경이 그대로 재현되도록 구성되어야 하는 것이 무엇보다 중요하다. 복구는 원래의 상태로 되돌릴 수 있도록 노력하지만 그렇지 못할 경우 원래의 상태보다 기능적으로 다소 제한될 수 있거나 해당 상태의 기능이 어느 정도 회복된 것을 말한다. 복구는 영어로 rehabilitation으로 불리는데 이 단어는 장애가 회복되는 과정에서 재활이라는 표현으로도 사용된다. rehabilitation은 라틴어 'habilitas' 또는 'habilitare'에서 나온 단어로 '할 수 있는'의 의미로부터 시작된다. rehabilitation은 재활로 많이 활용되고 있으며, 여기서의 재활은 장애인이 신체적인 기능을 어느 정도 회복하여 사회로 진출할 수 있도록 회복하는 것이라고 이해할 수 있다. 여기서의 초점은 구조적 회복에도 관심을 가지고 노력을 해야 하지만 기능적 회복에 더욱더 초점을 두어야 한다는 것이다. 따라서 복원의 유사 개념인 복구(rehabilitation)는 구조적인 회복을 위한 노력도 중요하지만 기능적 회복에 대한 노력이 무엇보다 중요하다고 말할 수 있다. 요즈음 많이 쓰이고 있는 resilience는 'sil'이 라틴어 'salire'에서 비롯되고 이 단어는 뛰다, 점프하다의 뜻에서 본래의 상태로 튀어오르는 힘을 뜻하는 것으로 회복성, 복원성, 회복탄력성으로 불려지고 있다. 이와 같이 복원과 관련된 단어는 유사하지만 다소 차이를 보이고 있으며, 기존 교과서에서 나타나는 개척(reclamation), 개선(remediation), 회복(recovery), 재활(reviltalization), 녹화(revegetation) 등의 용어는 복원(restoration)이 훼손된 상태를 원래의 상태로 회복하는 과정을 말하기 때문에 해당 개념에 포함된다.

조경(landscape architecture)은 인간과 자연을 포함한 환경의 질을 향상하기 위해 생태학, 공학, 사회과학, 미학 등이 포함되어 예술과 과학이 한데 어우러진 융합 학문이다. 한 마디로 인간이 인지하고 있는 물리적인 환경과 그것을 활용하는 인간 행태 속에서 벌어지는 다양한 활동 등이 포함된다. 여기서 다양한 활동은 전통적으로 새로운 공간 창출을 위한 과정인 계획, 설계, 시공 등이 포함되며, 물리적 공간 속에서 나타나는 심리학, 인류 문화, 미학 등의 사회과학적인 접근과 지구과학, 생태학 등의 자연과학적인 접근을 모두 포함한다. 그만큼 조경은 포괄적인 지식을 요구하며 다양한 환경의 이해를 폭넓게 해석할 수 있어야 하는 분야이다. 힉스(Higgs, 2003)는 생태복원의 개념을 자연환경 회복 이외에 확장된 개념으로 역사적, 문화적, 사회적 및 미학적인 접근 등이 포함된 것을 생태복원으로 해석하고 있다.

따라서 조경에서의 생태복원은 물리적 환경의 변화 속에서 나타난 훼손된 장소를 회복하기 위해 다양한 노력을 하는 과정에 대한 생태학적 복원의 개념도 중요하지만 인간 사회에서 일어난 훼손된 장소성, 피폐해진 문화, 손상된 전통성 등을 회복하는 모든 활동도 생태복원으로 간주해야 한다는 것이 필자의 생각이다.

03

생물다양성 보전을 위한 체계적인 보전 계획

영남대학교 | 모용원

생물다양성을 보전하기 위한 체계적인 자연보전 계획을 세우는데 조경학적 관점이 어떻게 적용될 수 있는가에 대해 알아보고자 한다. 먼저, 체계적인 보전 계획의 주요 개념에 대해 정리하고, 국내에 적용한 사례를 소개한다. 마지막으로 생물다양성 보전을 위해 앞으로 좀 더 고려해야 할 보전 대상과 방법에 대해 이야기한다.

3-1. 체계적인 보전 계획

보호지역의 기본적인 목적은 야생생물의 존속에 영향을 미치는 부정적인 요인들이 공간상 격리되어 위치하도록 관리하는 것이다. 그리고 보호지역은 크게 나누어 다음 두 가지 목적을 만족하는가에 따라 그 역할이 평가될 수 있다. 첫 번째는 대표성(representativeness)이다. 대표성이란, 생물다양성의 전체 범위, 표본, 대표적인 지역들을 보전하는 것을 의미한다. 대표성의 이상적인 개념은 모든 생물 분류군 수준의 유기체를 보호하는 것이다. 두 번째는 영속성(persistence)이다. 보호지역을 선정하여 위협 요인을 제거하고, 존속 개체군과 자연에서 이루어지는 순환과정을 유지 관리하여 생물종뿐만 아니라 생물다양성의 다른 요소들도 함께 장기간 보전하는 것이다.

이러한 목적을 만족하기 위해서는 충분한 면적의 보호지역이 필요하다. 하지만 현실적으로 보전에 필요한 재화가 한정되어 있으므로 상대적으로 중요한 지역을 우선 보호해야 할 필요가 있다. 그렇지 않으면 우선순위가 높은 지역들이 결국에는 토지 이용의 경쟁으로 인해 개발 및 훼손될 우려가 있어 생물다양성 보전에 부정적인 영향을 미치기 때문이다(Margules and Pressey, 2000). 따라서 객관적 사실에 입각하여 어떤 지역을 우선적으로 보호해야 하는지 확인하는 체계적인 보전 계획(Systematic Conservation Planning)이 필요하다는 결론에 이를 수 있다.

체계적인 보전 계획을 실행하는 과정은 다음과 같다. 첫 번째, 계획 과정에서 전체 생물다양성을 대표할 수 있는 대체물(surrogates)을 대상으로 설정한 뒤에 관련 데이터를 수집한다. 두 번째, 정량적이고 실행이 가능한 목표를 설정해야 한다. 세 번째, 설정한 보전 목표가 현재 지정된 보호지역으로 충족되고 있는지를 파악해야 한다. 네 번째, 보전 목표를 충족하지 못하고 있는 경우에는 보전 목표를 달성하기 위해 현재의 보호지역을 보완하는 추가 보호지역을 간단하고 실행 가능한 보전 우선순위 평가 방법으로 위치와 경계를 선정해야 한다. 다섯 번째,

보전 활동 실행을 위한 확실한 기준의 적용이 필요하다. 예를 들어, 모든 추가 후보 보호지역 전체를 보호하기 어려운 경우에 설정한 기준에 따라 보전 실행의 시기를 달리하여 조절할 수 있다. 마지막으로는 보전 활동의 실행과 지속적인 유지 관리이다(그림 3-1 참조). 체계적인 보전 계획에서는 이 여섯 가지 단계가 피드백과 수정을 거치며 최종 보전 의사결정까지 연결되어 실행하고 관리해야 한다.

보전 우선순위를 선정하는 방법은 크게 두 가지로 나누어질 수 있다. 전통적인 방법론으로 스코어링(scoring) 방법이 있다. 이 방법은 단순히 대상 지역의 각 계획 단위에서 해당 요소들의 점수를 매기거나 순위를 매기는 방식이다. 예를 들어, 멸종위기종의 출현 또는 비출현 자료를 이용하거나 풍부도, 위협에 대한 취약성, 멸종위기 등급 등의 지표나 지수를 이용하는 방법이다. 스코어링 방법은 간단하다는 장점이 있고, 대상 지역의 보전 관리 행동으로 인한 효과를 쉽게 평가할 수도 있다(Moilanen et al., 2009). 하지만 스코어링 체계는 서로 다른 요소들을 하나로 합성할 때 가중치를 주어야 하며, 이때 주관적인 요소가 개입될 수 있다는 한계가 있다. 또 단순히 풍부도만을 기준으로 우선순위를 정하면 풍부도가 낮다는 이유로 희귀한 생물종이 서식하는 지역을 배제할 가능성이 높다. 따라서 체계적인 보전 계획의 첫 번째 목표인 대표성에 부합하지 않는 결과를 가져올 수 있다.

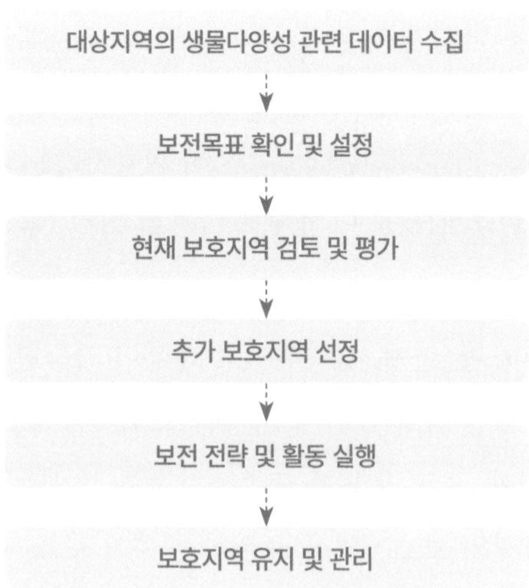

그림 3-1. 체계적인 보전 계획의 6단계

다음으로 스코어링 방법을 보완할 수 있는 개념으로 상보성(complementarity)을 고려하는 방법이 있다. 상보성은 보호지역간 상호보완적인 관계를 강조하는 방법으로, "전체가 반드시 부분의 합과 같지는 않다."라는 말로 설명할 수 있다. 개별 보호지역이 보호하고 있는 종을 다 합쳐도 대상 지역의 전체 생물종이 보호가 되지 않을 수 있다는 뜻이다. 예를 들어, 다음 표 3-1에서 현재 보호지역에서 보호되고 있는 생물종이 A, B, D, E의 4종이고, 후보 1~4 지역 중에서 추가로 보호지역을 선정하는 경우 상보성을 고려한다면 보호할 수 있는 종은 적더라도 기존 보호지역에서 보호되지 못하는 종을 보호하고 있는 후보 4 지역이 가장 우선순위가 높다고 할 수 있다(표 3-1 참조).

현재 많이 사용되고 있는 보전 의사결정 지원 소프트웨어는 스코어링 방법보다는 상보성을 고려하는 방법으로 개발되어 왔다. 상보성은 단순 합보다 복잡한 분석을 통해 계산될 수 있어 이를 고려하기 위한 보전 의사결정 상용 소프트웨어가 별도로 개발되어 왔다. 전 세계적으로 많이 이용되는 소프트웨어에는 막산(Marxan)과 조네이션(Zonation)이 있다(Moilanen et al., 2009).

표 3-1. 추가 보호지역의 선정을 위한 상보성 개념 적용의 예

생물종	현재 보호지역	후보 1	후보 2	후보 3	후보 4
A	1	1	1	1	0
B	1	0	1	1	0
C	0	1	0	0	1
D	1	0	1	1	0
E	1	1	1	0	0
F	0	1	1	0	1
G	0	0	0	0	1
총 종수	5	4	4	3	3

3-2. 체계적인 보전 계획 적용의 예

현재 지정된 보호지역(Protected Areas)이 과연 우리나라의 다양한 자연 생태계를 보전하고 있는지 알아보는 간단한 방법은 보호지역 내의 토지피복 비율을 확인하거나 식생군락이 보호되고 있는 정도를 확인하는 것이다. 첫 번째로 보호지역에서 보호하고 있는 각각의 토지피복의 면적 비율이 유사하게 나타난다면 어느 정도의 대표성을 가진다고 볼 수 있다. 하지만 확인해 본 결과 우리나라 전체 토지피복 면적 대비 국내 보호지역(2017년 기준)에 의해 보호되고 있는 면적을 비교하면 유일하게 산림이 10% 이상이고, 농경지나 습지는 5%가 안 되며, 초지는 5.2%가 보호되고 있다(표 3-2 참조). 우리나라는 전체 국토의 60% 이상이 산림으로 이루어져 보호지역 내 산림 면적이 가장 클 수는 있다. 하지만 다양한 생태계와 생물종을 보호한다는 상보성 관점에서는 오히려 적은 면적이 보호되고 있는 다른 생태계를 주의 깊게 볼 필요가 있다. 특히, 보호지역 내 농경지는 주변 자연지역에 서식하고 있는 조류의 먹이 공급원이 될 수도 있고, 양서류에게는 서식처로 이용될 수 있어 보전 가치가 있다(모용원외, 2016). 따라서 추가로 보호지역을 선정한다면 산림을 제외한 다른 생태계를 보호할 수 있는 지역에 높은 우선순위를 둘 필요가 있다.

표 3-2. 토지피복 대분류 면적 비율을 이용한 보호지역의 생태계 대표성

토지피복	총 면적(km^2)	보호지역 내 면적(km^2)	토지피복 비율(%)
시가화 지역	9,902.8	205.8	2.1
농업 지역	24,826.0	301.4	1.2
산림	61,961.9	7,107.6	11.5
초지	534.3	27.7	5.2
습지	707.4	25.7	3.6
내륙수	2,391.9	169.1	7.1

두 번째로 보호지역 내의 다양한 식생군락이 일정 수준 이상으로 보호되고 있다면 우리나라 전체 식생을 대표하는 지역들이 포함되었다고 볼 수 있다. 하지만 식생군락 종류 중에서 보호지역 내에 포함되지 못하는 군락이 47.2%를 차지할 정도로 보호지역이 보호하고 있는 식생군락이 한정적임을 알 수 있다(그림 3-2 참조). 물론 보호지역에서 모든 식생군락을 보호해야 하는 것은 아니지만 보호지역이 우리나라 생태계를 대표하는 지역을 보전하고 있다고 말하기 어려운 분석 결과이다. 특히, 아무런 보전이 이루어지지 않고 있는 식생군락 종류 중에는 2차 초지가 포함되어 있었으며, 이를 통해 산림이 아닌 다른 생태계에 서식하는 생물종을 보호하기 위한 노력이 필요함을 다시 한번 확인할 수 있다.

상보성 평가를 통해서도 현재 보호지역의 대표성을 확인하고, 현재 추가로 보호가 필요한 부분이나 지역을 찾을 수 있다. 앞서 설명한 바와 같이 각 보호지역이 보호하고 있는 생물종을 비교하여 상보성 평가를 시행할 수 있다. 박진한 등(2020)의 연구에서는 기존 법정 보호지역과 세계자연보전연맹(IUCN) 등재 보호

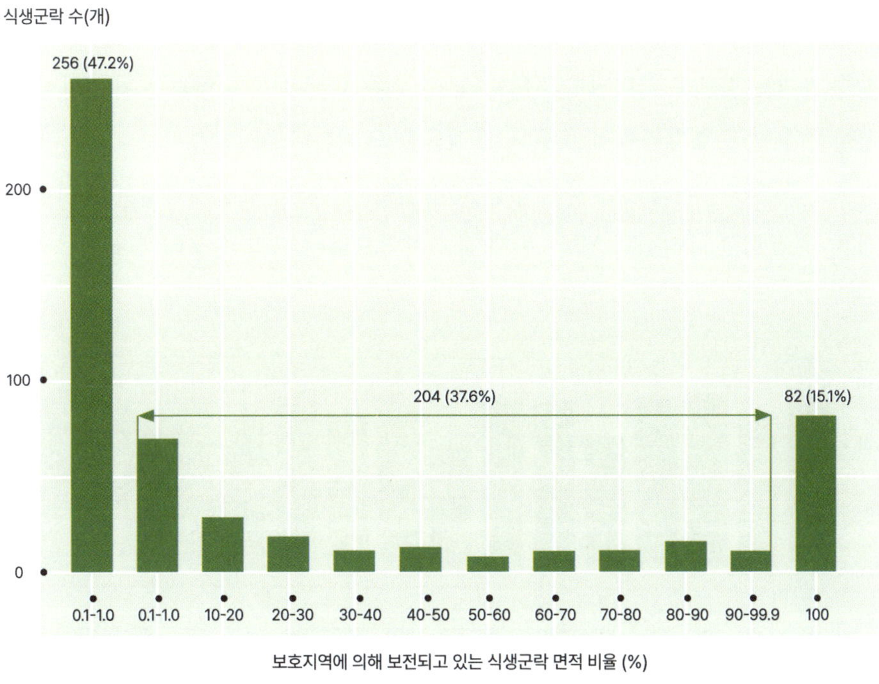

그림 3-2. 보호지역에 의해 보호되고 있는 식생군락 면적 비율별 식생군락 수

$$Jaccard\text{ 지수} = \frac{(A \cap B)}{(A \cup B)} = \frac{a}{a+b+c}$$

지역 외에 OECMs으로서 개발제한구역과 국립수목원 완충 지역, 자연휴양림을 대상으로 상보성 평가를 진행했다. 구체적으로 전국 자연환경조사로 구축된 전체 식물 2,258종 자료를 기반으로 한 종분포 모델을 이용하여 전국에서 각 종별 잠재 서식 지역을 도출한 뒤에 국내 보호지역을 대상으로 식물종의 잠재 서식 지역 포함 여부의 유사성을 평가했다.

유사성 평가는 자카드(Jaccard) 지수를 이용했다. 자카드 지수는 보호지역 내 각 식물종의 잠재 서식 지역의 포함 여부를 이분법으로 나타내어 교집합의 크기를 평가하는 방법이다. 서로 다른 두 보호지역에서 공통적으로 보호가 되는 종의 수(교집합)를 전체 종수(합집합)로 나눈 값이다. 위 공식에서 a는 두 보호지역에서 모두 보호되고 있는 종의 수이며, b와 c는 각각의 보호지역에서만 보호가 되는 종의 수를 의미한다.

분석 결과 전체 보호지역 중 국립수목원 완충 지역이 가장 낮은 자카드 지숫값을 가지는 것으로 나타났다(그림 3-3 참조). 이는 다른 보호지역과는 확연히 다른 식물종이 이 보호지역에서 보호되고 있음을 의미한다. 또한 습지보호지역과 천연보호구역이 상대적으로 낮은 값을 나타냈다. 그 밖의 보호지역들은 유사성이 매우 큰 것으로 나타났다. 이는 현재 보호지역으로는 다양한 생태계나 생물종을

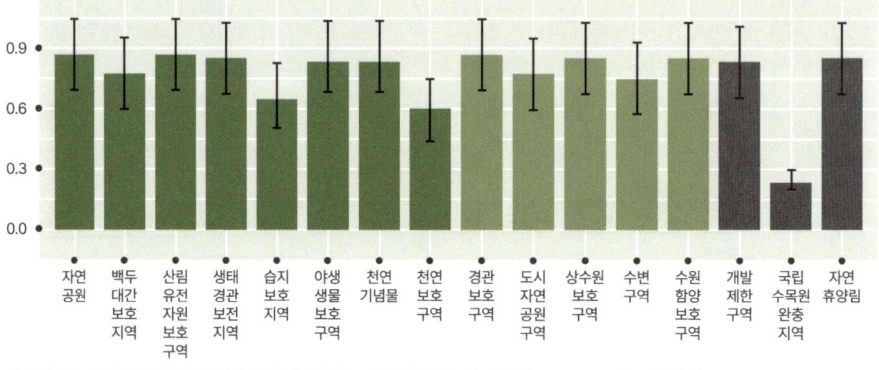

그림 3-3. 보호지역별 보호하고 있는 식물종의 자카드(Jaccard) 지숫값 출처: 박진한 등(2020)

보호하기에는 한계가 있을 수 있다는 점을 시사하는 결과이다.

앞서와 같은 방법론을 양서류, 파충류, 여름 철새에 적용했을 때는 식물보다는 유사성이 낮았지만 대부분 50% 이상의 유사성을 가지고 있어 동물종 또한 높은 유사성을 가진다고 말할 수 있다(그림 3-4 참조). 특히, 양서류의 경우에는 전체적으로 높은 유사성을 가지고 있어 보호지역에서 보호되지 못하고 있는 종이 있을 수 있음을 보여 준다. 사실 이러한 문제는 비단 우리나라에서만 발생하는 문제가 아니며, 코스타리카에서도 이와 유사한 문제가 제기되기도 하였다(Gonzalez-Maya et al., 2015). 또 식물과 마찬가지로 습지보호지역의 유사성이 가장 낮아, 습지보호지역이 습지생태계가 가지는 고유의 특징을 보호하고 있음을 알 수 있다.

최근 유엔(UN) 생물다양성 협약 당사국총회(COP-15)에서 2030년까지 지구 전체 육지와 해양의 30%를 보호하는 것으로 합의했다. 이러한 기조에 맞추어 우리나라에서도 앞으로 보호지역을 확대해야 할 필요가 있다. 이때 체계적인 보전 계획의 관점에서 내표성, 상보성, 효과성 등의 질적인 향상도 함께 고려해야 할 것이다. 현재 보호되지 못하고 있는 생물종이나 생태계를 우선적으로 파악한 뒤에 이를 보호하기 위한 장기적인 전략 수립이 필요하다(Moilanen et al., 2009, 박진한 외, 2020).

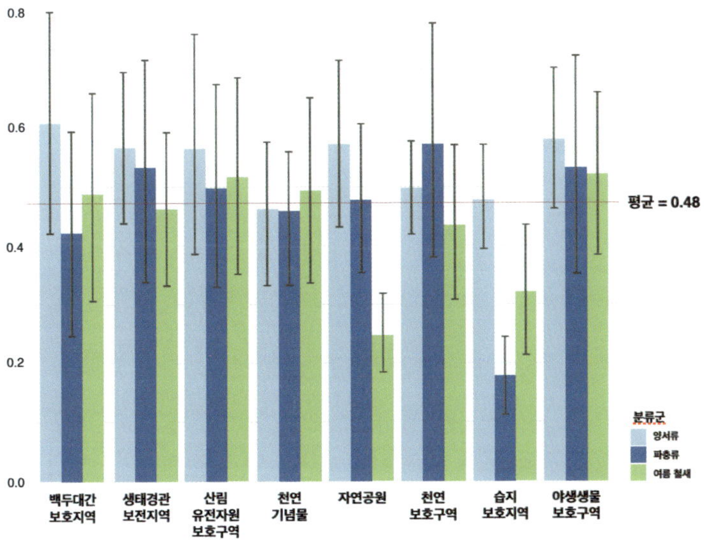

그림 3-4. 보호지역별 보호하고 있는 양서류, 파충류, 여름 철새의 자카드(Jaccard) 지수값

3-3. 생물다양성 보전을 위한 추가 고려사항

(1) 소외되고 있는 생물종과 생태계

앞서 살펴본 바와 같이 현재 보호지역에서 보호되지 못하고 있는 생물종이나 생태계에 대해 더욱 고려해야 할 필요가 있다. 우리나라 야생 동식물 보전은 주로 멸종위기종에 초점을 둔 경우가 많다. 하지만 생물종 감소는 비단 멸종위기종 뿐만 아니라 일반 생물종에서도 일어나고 있다. 김한규 등(Kim et al., 2021)의 연구에서는 우리나라에서 번식하는 52종의 육상 조류를 대상으로 1997~2005년과 2013~2019년의 출현율을 비교했다. 그 결과 전체 연구대상 조류 중에서 38%를 차지하는 20종의 조류가 감소하는 것으로 나타났으며, 청호반새, 검은등할미새, 두견이, 매사촌, 흰눈썹황금새, 호반새, 노랑때까치의 7종은 심각하게 감소한 것으로 나타났다. 그리고 감소하는 조류 중 여름 철새는 9종, 일반 조류종은 14종으로 확인되어 일반 조류종도 앞으로 보호가 필요할 수 있음을 시사했다.

이러한 일반 생물종들은 기존 보호지역이 아닌 우리가 생활하는 주거지나 농경지와 같은 평지나 저지대 주변에서 서식하는 경우가 많다. 앞서 확인한 바와 같이 우리나라 보호지역은 주로 산림 생태계를 보호하고 있다. 그런데 산림과 달리 경사가 낮은 지역은 잠재적인 개발 지역이라고 할 수 있다. 「산지관리법 시행령」에서 개발 가능 경사를 25° 이하로 규정하고 있기 때문이다. 게다가 일부 지방자치단체는 이보다 더 낮은 경사라도 개발할 수 있도록 규정하고 있는 경우도 있다. 따라서 산림이 아닌 평지나 저지대에 조성되는 초지 및 습지와 같은 자연 지역이나 완전한 자연은 아니지만 야생동물의 먹이 공급원 역할을 하는 농경지는 개발 대상으로 여겨지고 있다. 이러한 흐름은 자연스럽게 해당 생태계에 의존하며 서식하는 생물종에게 위협이 될 수 있다.

따라서 보호지역이 우리나라에서 살고 있는 최대한 많은 생물종을 보전하는 데에 기여하기 위해서는 위와 같이 현재는 보전의 대상으로 여겨지지 않고 있는 생물종과 생태계도 자연보전계획에 포함시킬 필요가 있다.

(2) 지다양성

우리나라 대부분의 자연 생태계 보전 연구나 정책이 주로 동물이나 식물과 같은 생물종에 초점을 두고 있다. 하지만 기후변화와 같은 장기간의 변화를 고려하기 위해서는 현재 생물종이 서식하고 있는 지역을 중심으로 보전 계획을 수립하는 것이 적절하지 않을 수 있다. 왜냐하면 기온과 강수량의 변화로 인해 생물종의 서식적지가 변화하고 있다는 연구 결과가 많은 연구에서 밝혀지고 있기 때문이다.

이러한 생물종 중심의 보전 계획에 대한 보완책으로 생물종이 서식하는 지역의 환경 요소인 물, 지형, 지질, 토양과 같은 비생물적 요소들의 공간 패턴도 중요하게 고려해야 한다는 의견이 점차 커지고 있다. 이 중 생물다양성 용어와 비교하여 지표면 환경과 관련된 요소들의 다양성을 일컬어 '지다양성(Geodiversity)'이라는 용어가 사용되고 있다. 지다양성을 연구하는 연구자들에 따르면 지형 및 토양과 같은 다양한 비생물적 요소를 가지는 지역은 미래에도 다양한 생물종의 서식지가 될 가능성이 높다. 현재도 식물종의 종풍부도를 예측하는데 지다양성이 어느 정도의 설명력이 있음이 확인되었으며, 동물종에 대해서도 국립공원에서 동물종의 다양성과 지다양성이 양의 상관관계가 있다는 연구 결과가 발표되었다(모용원 등, 2018).

이와 같이 먼 미래에도 야생 동식물과 공존하기 위해서는 생물종 뿐만 아니라 서식 환경 요소에 대해서도 관심을 가지고 자연보전계획을 수립하는 데에 활용할 수 있도록 데이터의 구축과 분석 방법, 관리 방안 등이 개발될 필요가 있다.

(3) 인구 감소와 지역 소멸

미래 우리나라에 가장 큰 위협으로 꼽히는 것이 인구 감소 문제이다. 2023년 3월 현재 출생률은 0.78이며 지속적으로 감소하고 있는 상황이다. 인구감소는 다양한 부정적인 영향을 끼친다. 그 중 가장 많이 언급되는 문제가 지역 소멸 현상이다. 지역 소멸 현상은 도시보다는 이미 초고령화가 진행된 농촌 지역에서 주요 문제로 대두되고 있다.

농촌 지역의 인구 감소는 자연스럽게 농사를 더 이상 짓지 않는 유휴지가 증가하는 결과를 가져온다. 이러한 유휴지는 개발 대상이 되기 쉽다. 개발 가능 경사를 고려하면 거의 평지이고, 도로와의 접근성이 좋아 개발에 유리하기 때문이다. 따라서 농촌 지역 주변에서 자연보전계획을 수립할 때는 자연 지역만을 대상으로 하기보다는 유휴지와 같은 잠재 자연 지역도 함께 포함해야 할 필요가 있다. 과거에는 농지 개발 정책에 따라 산림과 하천변을 농경지로 개발해 전환했지만 이제는 재자연화할 지역을 찾고 기존 자연 지역과 연계하여 더욱 효과적인 보전 계획을 수립해야 할 필요가 있다. 사람이 이용하지 않는 토지는 자연스럽게 자연으로 돌아갈 수 있음을 전라북도 고창의 '운곡습지'를 통해 이미 확인한 바가 있다.

(4) 첨단 기술과 체계적인 보전 계획

자연을 연구하는 사람들 사이에서 자연생태계는 종종 블랙박스라고 불린다. 먹이그물, 먹이 피라미드 등 생태계에 대한 이론이나 지식을 모두 아는 것 같지만 실제로 개별 생물종의 생태에 대해서는 아직 밝혀진 사실이 많지 않은 실정이다. 그리고 우리가 거주하는 지역 주변에 살고 있는 생물종이 얼마나 있는지 또는 어떤 생물종이 살고 있는지도 정확히 알지 못한다. 우리나라에서 가장 큰 규모로 이루어지고 있는 전국 자연환경조사와 같은 생물종의 조사는 주로 표본조사를 시행한다. 전 지역에 걸쳐 조사하기에는 제한된 인력과 비용 문제가 있기 때문이다.

최근에는 보다 효과적으로 생물종의 출현이나 행동에 대한 데이터를 효율적으로 수집할 수 있는 기술들이 많이 개발되었다. 드론, 카메라 트래핑, GPS 트래킹, e-DNA, GEDI 등 생물종에 대한 정보를 조사원의 오감뿐만 아니라 장비 내 센서를 통해 장기간 모니터링이나 접근하기 어려운 지역에 대한 조사가 가능해지고 있다. 효과적인 보전 계획을 수립할 때 초기 단계에서 가장 중요한 요소가 데이터 구축이다. 아직 미지의 영역이 많은 블랙박스 생태계를 그레이박스 또는 화이트박스로 바꾸려면 자연보전 분야에서 이러한 첨단 기술을 활용한 데이터 구축의 활성화에 적극 나서야 한다. 그리고 생물종의 변화나 관계에 대한 보다 정량적인 데이터를 확보하여 보호받지 못하고 있거나 실제로 멸종위기에 처한 생물종의 보호 가능성을 높일 수 있을 것이다.

04

도시 생태계 야생동물 모니터링

단국대학교 | 송원경

조경은 도시와 자연 환경이 상호 작용하는 모든 공간과 영역에서 인간과 자연의 공존을 위한 미래 지향적 연구와 긴밀히 결합되어 있다. 도시 생태계의 건강성을 유지하기 위해 생물 모니터링은 필수 요건이다. 직접 관찰, 카메라 트랩, 소리 탐지, 무선 추적, 원격탐사, 환경 DNA, 시민과학 기법을 중심으로 최신 도시 생태계 야생동물 모니터링 방법과 사례 및 활용을 소개하고자 한다.

4-1. 도시 생태계와 야생생물

도시는 인간이 모여 생활하고 교류하며 다양한 문화적, 사회적, 정치적 및 경제적 활동이 일어나는 지역으로서 비교적 인구가 많고 인구 밀도가 높은 특징이 있다. 도시의 양적 팽창은 많은 생물종들의 서식지를 파괴했고 자연 생태계를 교란하고 있다. 이러한 현상을 경관생태학에서는 파편화라고 정의했으며 이로 인한 여러 가지 생태학적 문제에 대해 연구했다. 도시의 확장, 도로 개설 등 각종 점·선·면 형태의 토지 이용의 변화는 당초 하나로 연결된 커다란 경관 패치를 작은 조각으로 분할하고 패치 간의 거리가 증가하는 방향으로 자연 생태계에 악영향을 미치게 된다. 파편화는 경관 연결성 측면에서 부정적이며 생물의 이동성을 저해하여 야생생물의 고립과 유전적 다양성의 감소를 불러오기도 한다. 이는 생물의 적응력과 저항력의 악화를 가져와 생태계 변화에 따른 야생동물 개체군의 감소, 종 생존 가능성의 저하를 불러올 수 있다.

도시 생태계의 특징 중의 하나는 인간의 교란이 주변 자연 생태계에 지속적으로 발생되고 상호 작용이 계속된다는 점이다. 도시 유지에는 많은 에너지와 자원이 소모되며 이는 고스란히 도시 주변의 자연 생태계에 영향을 미치게 된다. 인간 활동으로 인한 대기와 토양 및 수질 오염, 인공조명, 소음, 폐기물 등은 자연 생태계와 다른 독특한 형태의 도시 생태계가 만들어지는 데에 원인을 제공하고 있다. 시민들은 지속적으로 도시 내외 자연 생태계를 이용하고 있으며 이로 인한 생태계 교란 역시 계속되고 있다. 이러한 부정적인 영향은 도시 생태계의 안정성을 저해하여 외래생물 이입 등과 같은 생태 교란에 취약한 생태계를 만들었다.

도시 생태계에서는 자연 생태계와 다른 독특한 생태계가 형성되고 있다. 인간 활동과 도시 구조에 적응한 야생동물이 도시에서 서식하고 있으며 상대적으로 잘 관리된 도시 생태계에서는 풍부한 생물다양성이 유지되기도 한다. 도시 공간에서 야생동물과 공존하기 위해서는 지속적인 관심과 노력이 필요하다.

4-2. 야생동물 모니터링 기법

(1) 야생동물 모니터링의 개념 및 목적

야생동물 모니터링은 특정 지역 또는 생태계에서 서식하는 야생동물의 종류, 개체수, 행동, 생태적 기능 등을 조사하는 활동이다. 생물 모니터링은 생물다양성 보전 및 생태계 관리에 활용되므로 환경 계획의 시작이라고 할 수 있다.

환경 계획의 관점에서 야생동물 모니터링은 크게 세 가지 측면에서 목적 및 중요성을 설명할 수 있다. 첫째, 야생동물 모니터링은 대상지에 서식하는 종, 개체수, 분포 현황 등을 객관화하여 생물다양성 보전에 중요한 역할을 한다. 모니터링 결과를 활용해 생물다양성을 향상하고 핵심종을 관리할 수 있다. 둘째, 야생동물 모니터링을 지속적으로 수행하면 생태계에서 특정 종의 변화와 생태적 기능에 대해 파악할 수 있으므로 생태계를 평가하고 건강성을 유지하기 위해 활용할 수 있다. 셋째, 야생동물 모니터링은 인간의 건강과 안전 보호를 위해 중요하다. 일부 야생동물은 인간과 접촉하는 과정에서 인간과 가축 및 반려동물 등에게 전염병을 전파할 수 있으므로 이에 능동적으로 대응하는 데에 모니터링 결과가 활용될 수 있다. 또 도로에서 발생하는 야생동물 교통사고는 인간의 안전과 밀접한 관련이 있다. 로드킬(roadkill) 조사 및 주변 생태계 야생동물 모니터링을 통해 이를 예방하기 위한 대책을 마련할 수 있다.

(2) 주요 야생동물 모니터링 기법

야생동물 모니터링에는 대표적으로 직접 관찰, 카메라 트랩(Camera Trap), 소리 탐지, 무선 추적, 원격탐사(Remote Sensing), 환경 DNA, 시민과학(Citizen Science) 기법 등이 활용된다.

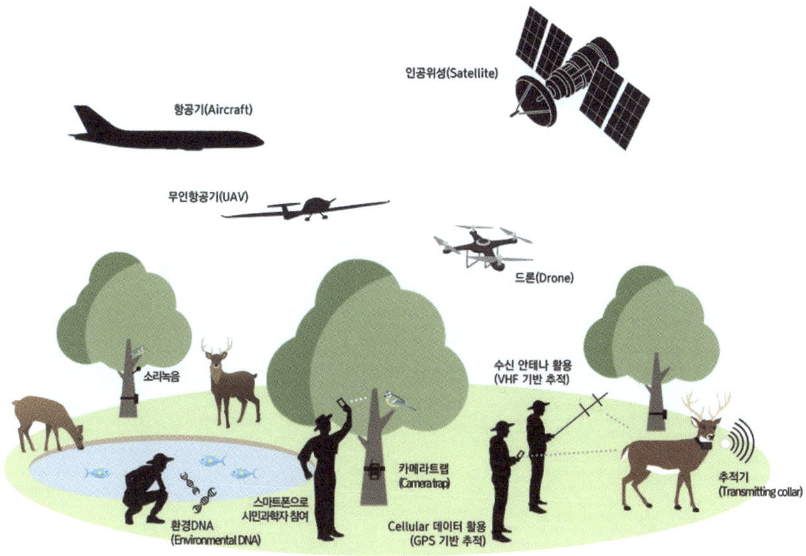

그림 4-1. 주요 야생동물 모니터링 기법

1) 직접 관찰 조사

직접 관찰은 대상종을 직접 관찰하여 종의 분포, 개체수, 행동 패턴, 번식 활동 등을 파악하는 방법이다. 야생동물을 직접 눈으로 확인하거나 발자국, 배설물, 털 외에도 야생동물이 남긴 기타 흔적을 확인하여 대상종의 존재 여부를 파악할 수 있다. 직접 관찰은 대상지에서 생물종 정보를 직접 탐지할 수 있지만 조사자의 전문성이 요구되고 조사 과정에서 야생동물에게 영향을 미칠 수 있으며 많은 시간과 비용이 요구되는 특징이 있다. 이 기법은 비교적 움직임이 적은 동물이나 소리 및 형태 등 특징이 분명한 종을 파악하는 데에 효과적이다. 직접 관찰은 분류군에 따라 다양한 세부조사 기법이 존재한다. 조사 전문가의 판단에 따라 조사 경로를 결정하며, 점 조사법, 선 조사법 등이 대표적인 모니터링 방법으로 적용된다. 직접 관찰 조사는 가장 기초적이며 기본적인 야생동물 모니터링 기법으로서 다른 조사에 선행되거나 병행되어야 한다.

2) 카메라 트랩과 소리 탐지 기법

카메라 트랩 방법은 '트레일 카메라(Trail Camera) 기법'이라고도 하는 조사 방법으로 야생동물이 자주 이동하는 경로나 먹이 또는 물을 찾는 지역에 카메라를 설치하여 야생동물의 활동을 기록하는 방법이다. 일반적으로 적외선 감지 센서를 활용하여 전방에서 움직임을 감지하면 자동으로 사진 및 영상이 기록되도록 설정하고 있다. 이 기법은 사람이 쉽게 접근하기 어려운 생태계 내부에서 포유류나 조류 등 몸집이 큰 동물을 조사하기에 유용한 방법이다. 또 직접 조사에 비해 비침습적으로 야생동물의 존재 여부를 파악할 수 있고 데이터를 취득하기가 효과적이므로 최근 보호지역이나 생태계 모니터링에 적극 활용되고 있다. 그러나 소형 동물은 감지하는 데에 어려움이 있고 환경 교란에 따라 불필요한 데이터가 취득되어 데이터를 걸러내는 데 추가적인 노력이 요구되는 한계가 있다.

최근 대량의 이미지에서 포착된 종을 식별하기 위해 딥러닝 기술을 적용하고 있다. 딥러닝 기술을 활용하여 취득한 데이터에 담긴 야생동물을 탐지하고 인식하여 사진을 분류할 수 있다. 이와 같이 대량 데이터를 학습할 경우에는 야생동물의 종과 개체수 및 행동 특성을 파악할 수 있다. 어떤 동물이 어떤 시간대에 어떤 먹이를 먹는지, 단위 시간당 어느 정도 거리를 이동했는지 등 추가 정보를 추출하는 것도 가능하다.

소리 탐지 기법은 직접 관찰 또는 카메라 트랩 등의 시각적인 조사 기법으로 파악하기 어려운 야생동물의 유무와 개체수, 활동 등을 확인하기에 적합한 방법이다. 야생동물이 발생하는 소리를 녹음하고 소리 탐지 소프트웨어를 통해 소리를 분석하여 야생동물을 조사할 수 있다. 번식기의 조류, 양서류 등 특징적인 울음소리를 녹음하여 대상종의 존재나 개체수를 추정할 수 있으며, 박쥐류의 경우에는 초음파 녹음을 통해 종별 분포와 서식지 이동, 군집, 행동 패턴 등을 조사할 수 있다. 소리 녹음 및 탐지 기법은 주로 야간이나 어두운 환경에서 야생동물을 모니터링하기에 유용하다. 이 방법을 카메라 트랩과 함께 활용할 경우 대상지에서 활동하는 야생동물의 행동을 보다 정확하게 추정할 수 있다.

3) 무선추적 조사

무선추적은 목표종에게 송신기를 삽입하거나 부착하여 위치 정보를 수집하는 조사 기법이다. 목표종에게 송신기를 부착하여 지상 안테나 또는 인공위성 등 송수신 정보로부터 송신기 위치를 파악할 수 있다. 무선추적 조사는 대상 동물의 구조적 특성, 크기, 이동 거리 등에 따라 다양한 방법을 적용할 수 있다. 포유류나 조류는 목이나 다리에 부착할 수 있는 형태, 소형 조류는 피부나 털에 부착하는 형태, 어류나 파충류는 피부에 이식하는 형태를 주로 사용한다.

주로 이용하는 송신기는 VHF(Very High Frequency)와 GPS(Global Positioning System)로 나누어진다. VHF는 송신기마다 고유 주파수를 발생해 안테나와 수신기를 통해 이 신호를 탐지하여 위치를 파악할 수 있는 장치이다. 여기서 VHF 장치는 원거리에서 삼각측량법을 응용하여 2개 이상의 안테나로부터 방위각을 통해 위치를 파악하는 방법(Triangulating)과, 송신기에서 발생하는 전파의 각도와 거리에 따라 신호의 강도가 변화하는 특징을 이용하여 점차 대상 동물까지 찾아갈 수 있는 방법(Homing)으로 구분된다. VHF 기법은 송신기 크기가 작고 가벼워 소형 동물 조사에 활용할 수 있다는 장점이 있지만 정확한 위치를 파악하기 위해 많은 시간과 에너지가 소요될 수 있다.

또 GPS 추적 방법은 최신 정보통신기술을 활용하여 송신기가 부착된 대상종의 위치를 파악하는 기법이다. GPS 송신기는 인공위성을 활용한 추적용 송신기와 상용 이동통신망을 이용한 송신기로 구분되며 최근에는 두 방법을 결합한 방식의 송신기가 개발되었다. 이 방법은 전 지구 또는 이동통신망을 이용할 수 있는 지역에서 모니터링이 가능하므로 행동권의 크기에 상관없이 활용할 수 있으며 위치 정보를 웹, 스마트폰 등에서 직접 확인할 수 있는 장점이 있다. 그러나 송신기 배터리 소모율이 높아 장기간 사용이 어려운 단점이 있다. 또 송신기를 경량화하기 어려워 소형 야생동물에 부착이 어려운 한계가 있다. 장기간 조사가 필요할 경우 태양광 충전이 가능한 송신기를, 환경에 따라 방수 기능이 포함된 송신기가 필요할 수 있다.

여기서 무선추적 조사를 통해 획득한 위치 정보를 활용하여 대상종의 행동반경을 알아내고 이동 패턴을 파악할 수 있다. 공간 정보를 이용하여 종의 생존 여부, 이동 거리, 주요 서식 환경, 선호하는 토지 이용의 유형, 경쟁종 및 다른 종과의 관계 등을 분석하는 것이 가능하다. 장시간 동안 무선추적 조사가 진행될 경우에는 대상종의 정보를 공간화 하여 개체군의 보존과 보호에도 활용할 수 있다.

4) 원격탐사 기법

원격탐사는 인공위성, 항공기, 무인항공기(UAV) 등을 이용하여 지구 표면 및 대상 공간에서 데이터를 수집하는 기술로서 최근 다양한 분야에서 활용되고 있다. 환경 생태 분야에서는 자연 환경 변화를 모니터링하고 균질적인 공간 데이터를 확보하는 데에 이 기술을 적극 이용하고 있다. 최근 원격탐사 기술을 이용하여 동식물의 분포와 생태적 특성을 파악하는 연구가 증가하고 있다. 식생 및 식물에 대한 데이터 구축은 전통적인 원격탐사 분야에서는 일반적이지만 동물에 대한 모니터링에서도 원격탐사가 적용될 수 있다는 것은 매우 고무적인 일이다. 원격탐사는 사람이 접근하기 어려운 지역에 대한 정보 구축이 가능하며 RGB 영상을 비롯하여 라이다(LiDAR) 등을 통한 3차원 데이터, 다중분광(Multispectral), 초분광(Hyperspectral) 영상을 통한 광범위한 분광 정보 취득이 가능한 장점이 있다.

원격탐사 기법을 통해 야생동물을 모니터링하기 위해서는 몇 가지 조건이 필요하다. 우선, 목표종 크기에 비례하여 최소 공간해상도를 확보할 수 있어야 한다. 초지나 습지, 수생태계에 서식하는 대형 야생동물은 일부 고해상도 인공위성 영상을 통해 종과 분포를 파악할 수 있지만 그 밖의 중소형 야생동물은 항공기나 무인항공기 수준에서 분석이 가능하다. 고해상도 영상을 취득하기 위해서는 목표물과의 거리가 가까운 것이 유리하지만 야생동물의 임계거리와 도피거리 등을 고려하여 촬영 고도를 계획해야 한다. 촬영 영상은 카메라 트랩 기법과 유사한 방식으로 딥러닝 기술을 적용하여 객체를 탐지하고 원하는 정보를 분석할 수 있다.

5) 환경 DNA

환경 DNA는 생태계 내의 물, 토양, 공기 등 다양한 환경 시료로부터 검출된 DNA를 통해 동물의 정보를 얻고 종을 탐지하는 기술이다. 해양, 하구, 흐르는 물, 고여 있는 물, 토양, 침전물, 다른 생물의 사체, 배설물, 혈액, 털, 조직 등 다양한 시료를 활용하여 환경 DNA 분석이 가능하다.

환경 DNA 분석은 중합효소연쇄반응(PCR), qPCR(Quantitative PCR) 등 DNA 또는 RNA를 대량으로 증폭하는 기술, 짧은 유전자 서열로 종 특이적 분류가 가능한 프라이머(Primer)를 연계하여 특정 종이나 다량의 종을 확인하는 기술이다. 최근에는 컴퓨터 처리 속도가 발전하면서 대규모로 DNA 단편 서열 정보들을 병렬로 처리하여 모든 서열 정보를 읽을 수 있는 차세대 염기서열(Next Generation Sequencing. NGS) 분석이 가능해졌다. 차세대 염기서열(NGS) 분석과 범용 프라이머를 연계하여 시료 내 미지의 종 또는 분류군까지 검출이 가능한 메타바코딩(Metabarcoding) 기술은 환경 DNA 기술의 정수라고 평가할 수 있다.

환경 DNA 기법은 빠르고 효율적으로 종과 개체군 및 군집 수준의 야생생물 모니터링이 가능한 장점이 있다. 샘플링 과정이 비교적 간단하여 비침습적인 생태계 조사가 가능하며 높은 분석 민감도와 재현성으로 다양한 수준의 생물과 유기체를 동시에 검사할 수 있는 것이 특징이다(Kim et al. 2022). 반면에 DNA가 자연 생태계에서 지속될 수 있는 시간에 한계가 있고 샘플링 과정에서 오염될 수 있으며 아직까지 표준화되지 않은 분석 프로토콜 등의 한계로 인해 기존 조사를 완전히 대체하기에는 어려움이 있는 상황이다.

6) 시민과학

최근 연구 분야에서 시민의 역할이 주목받고 있다. 국가나 지역 환경과 생태에 관심이 많은 시민, 특정 취미 활동이 생태 분야에 밀접하게 관련된 일부 시민들은 전문가 또는 그 이상의 정보와 지식을 보유하는 경우가 있다. 시민은 거주지에 대한 애착심이 강하고, 이로 인해 꾸준한 모니터링과 자료 수집을 통해 대상지에 대한 다양한 정보를 획득할 수 있는 장점이 있다. 이와 같이 전문적인 과학 인력이 아닌 시민들의 참여로 연구가 진행되는 방식을 '시민과학'이라고 한다. 시민과학은 시민의 자발적인 참여로 과학 연구에 필요한 데이터를 수집하거나 문제를 해결하는 과정에 참여하는 것에서부터 보다 복합적인 의사결정 과정에 참여하는 것까지 다양하게 이해될 수 있다.

영국이나 미국 등 선진국에서는 시민들이 식물의 개엽일, 개화일 등을 기록하고 새의 개체수를 세는 등의 활동에 참여하고 있다. 이러한 시민 참여 활동은 최근 정보통신기술(ICT)의 발달로 더욱 확대되고 있다. 스마트폰을 통해 시민과학 프로젝트가 효과적으로 관리될 수 있게 되었고 시민들은 사진을 촬영하거나 위치 및 조사 정보를 입력하는 데 효율성이 높아졌으며 축적된 데이터의 통합과 분석 및 활용이 편리해졌다. 아메리카 대륙 조류 풍부도 모니터링 eBird, 호주 무미양서류 조사 FROG ID 등은 대륙 단위에서 시민이 참여하고 있는 대표적인 그리고 인상적인 시민과학 활동이다. 우리나라 역시 시민과학 활동은 다양하게 진행되고 있다. 지역 생물다양성 탐사, 서식지 모니터링, 국가 단위 생물다양성 모니터링 등 생물 또는 생태계 모니터링 과정에서 시민이 참여하는 방식에서부터 기후변화 및 환경 문제에 대한 모니터링까지 점점 시민과학 활동이 확대되고 있다. 특히 네이처링, 캐다(CADA) 등 안정적인 플랫폼을 통해 시민과학 활동이 확대되는 추세이다.

4-3. 최신 야생동물 모니터링 연구 및 활용

(1) 목표종 서식지 분석을 위한 무선추적 조사[01]

단국대학교 공간생태연구실에서는 도시생태계에 서식하는 오소리(*Meles leucurus*)의 행동권을 파악하기 위해 2019년 9월부터 2022년 8월까지 경기도 수원시 여담교 생태통로 주변 공간을 대상으로 무선추적 조사를 진행했다. 오소리는 너구리와 함께 도시 생태계에서 비교적 잘 적응하고 있는 중형 육식동물로서 환경 지표종 또는 핵심종의 역할을 하고 있다.

포획틀 설치 위치의 선정, 포획틀 설치, 포획, 추적기 부착, 위치 정보 분석 과정 순으로 연구가 진행되었다. 2020년에는 여담교 생태통로에 세 개의 포획틀을 설치하여 추적기를 4개체에 부착했고 2022년에는 네 개의 포획틀에서 4개체를 포획하여 추적기를 부착했다. 2020년에는 WT-300 Mammal(KoEco Inc., 한국), Litetrack 40(Lotek Inc., 미국), Telepuppy[(주)지피에스뱅크, 한국] 등의 세 가지 Collar형 추적기를 사용했으며 2022년에는 BADGE 3G CIII 제품(Druid Inc., 중국)을 부착했다.

2020년에는 2~83일간 추적된 정보가, 2022년에는 5~73일간 추적된 위치 정보가 수집되었다. 송신기 위치 정보는 시간당 1회로 통일하여 행동권 분석을 시행했다. 이 중 2022년 1개체의 좌표수가 적어 분석에서 제외하여 총 7개체에 대한 행동권 분석이 진행되었다. 행동권 분석 결과 개체별로 차이가 있었으나 2020년에 포획한 오소리의 전체 행동권은 MCP 100% 기준으로 1.254km^2, KDE 95% 기준으로 0.266km^2, 2022년 추적된 오소리의 행동권은 MCP 100% 기준으로 0.784km^2, KDE 95% 기준으로 0.480km^{2}로 확인되었다. 두 시기의 추적 정보를 종합할 때 대상지에서 서식하는 오소리는 MCP 100% 기준으로 산림을

01 이 내용은 이현정(2023)의 내용 일부를 발췌하고 재구성하여 작성했다.

39.6%, 시가화 지역을 30.5%, 초지를 27.8% 순으로 이용하고 있음을 확인했다. 이 연구를 통해 도시 생태계에 서식하는 오소리에 대한 서식지, 공간 점유의 유형, 이동성 등을 파악할 수 있었으며 이 결과는 도시에 서식하는 다양한 목표종 조사와 서식지 관리, 보전 정책에 활용될 수 있을 것으로 기대한다.

(2) 카메라 트랩을 활용한 생태통로 모니터링[02]

공간생태연구실에서는 2019년 9월 23일부터 2019년 12월 2일까지 약 10주 동안 수원시 광교신도시에 위치한 10개 생태통로(풍뎅이, 반딧불이, 나비잠자리, 소나무, 갈참나무, 하늘소, 무지개, 여담교, 새터, 꽃더미)를 대상으로 총 20대의 무인 센서 카메라(Trail camera HC801A, China)를 설치하고 생태통로를 이용하는 야생동물을 조사했다.

카메라에 촬영된 영상을 확인한 결과 10주 동안 총 5,935개의 영상이 확보되었다. 이 중에서 바람 등으로 인해 센서가 오작동된 영상을 제외한 1,140개(19.20%)의 영상에서 생물의 움직임이 포착되었다. 포유류 중에서는 너구리가 498회로 가장 많이 출현했으며, 고양이가 130회, 고라니가 93회, 멧토끼가 33회, 개가 16회, 청설모가 8회, 다람쥐가 2회 순으로 생태통로 이용이 확인되었다. 조류 중에서는 까치가 276회, 물까치가 87회, 집비둘기가 63회, 참새가 40회, 멧비둘기가 38회, 꿩이 28회, 어치가 21회, 박새가 19회, 노랑턱멧새가 5회, 직박구리가 3회, 청딱따구리가 1회 순으로 이용 빈도가 높았다. 일주일 기준으로 포유류는 생태통로당 약 14회, 조류는 약 7회를 이용하는 것으로 분석되었다. 특히 새터, 여담교 생태통로를 이용하는 야생동물의 숫자가 많은 것으로 확인되었다.

모니터링 전까지 도시 내 산림 생태계를 연결하는 생태통로의 효용성에 대해 비판적인 인식을 가진 사람들이 다수 있었다. 이 조사 결과를 통해 야생동물은 주로 야간에 생태통로를 이용하여 인간의 눈에 잘 띄지 않았기 때문에 이러한 오해가 생겼을 것으로 추정된다. 도시 생태계에 적응하고 있는 야생동물들은 인간의 교란에 대응하는 방식으로 생태통로와 주변 생태계를 이용하는 것이라고 해석할 수 있다. 향후 다양한 생태통로에서 이러한 방식의 조사가 지속된다면 생태

---

02 이 내용은 박일수 외(2021)의 내용 일부를 발췌하고 재구성하여 작성했다.

통로의 기능과 문제점 및 개선 방안에 대해 발전적인 논의가 가능해질 것으로 기대된다.

(3) 무인항공기를 활용한 야생동물 모니터링[03]

공간생태연구실에서는 국내 하천에 서식하는 외래거북 모니터링을 위해 원격탐사 기법을 적용했다. 외래거북은 토착종의 경쟁종으로서 생태계 교란을 발생하고 있어 전 세계적으로 모니터링 및 관리가 진행되고 있다. 국내에는 붉은귀거북, 리버쿠터, 플로리다 붉은배거북 등 여러 거북 종이 서식하는 것으로 확인되어 서식 환경을 모니터링하고 있다. 연구팀은 거북종 조사를 위해 개체를 포획하여 등갑 마킹을 통해 개체를 식별하고자 여러 무인항공기(UAV) 촬영 환경에서 등갑을 식별할 수 있는 범위를 파악하고자 연구를 진행했다.

무인항공기는 촬영 과정에서 대상종에게 영향을 미칠 수 있다. 비행 중에 발생하는 소음, 무인항공기의 시각적 특징 등으로 인해 대상종이 회피하지 않는 수준을 파악하기 위해 다양한 고도에서 촬영을 진행하고 거북류의 반응을 관찰했다. 인공호수에서 2회 촬영한(2021년 10월 19일, 2022년 6월 19일) 결과 소형 무인항공기(ANAFI Thermal, Parrot)를 활용한 경우 6m 고도 이상에서 거북류 촬영이 가능한 것을 확인했다. 이 정보를 활용하여 해당 고도의 전후 범위에서 무인항공기 촬영 시 식별이 가능한 텍스트 크기를 확인했다. 촬영 고도, 텍스트 색상, 등갑 크기 등 환경 조건을 달리하여 테스트 시트를 제작하고 촬영 이후 OCR(Optical Character Recognition) 문자 인식 프로그램을 이용하여 식별률을 정량화했다. 분석 결과 7m 고도 이하에서 지름 4~8cm 크기의 텍스트까지 식별이 가능했으며 황색 글씨, 영문과 숫자를 사용하여 구성한 텍스트가 식별률이 높은 것으로 확인되었다.

무인항공기를 활용한 외래거북 모니터링 연구는 목표종 개체수와 행동권을 파악하고 종간 관계, 서식지 이용 등을 분석하는 데 효과적일 것으로 기대된다.

---

03 이 내용은 임태양 외(2022)의 내용 일부를 발췌하고 재구성하여 작성했다.

(4) 환경 DNA를 활용한 도시 생태계 모니터링[04]

공간생태연구실에서는 수원시 광교신도시 도시 산림 23지점(2019년 7월 22~30일), 생태통로 20지점(2019년 11월 23~29일), 도시공원 24지점(2020년 5월 29일~6월 5일)에 6l(ø310 x h100mm) 증류수가 담긴 인공 수조를 설치했다. 수조는 야생동물을 유인할 수 있으므로 남겨진 물은 환경 DNA 시료로 활용할 수 있다. 채수 과정에서의 오염을 방지하기 위해 소독, 멸균 처리 등은 프로토콜로 개발하여 철저하게 관리했다. 지점별로 시료는 0.45μm 일체형 필터(sterivex filte)로 최대 3회(90mL)까지 다시 밀어 넣어 불순물을 제거하고 표적 DNA만 필터에 남도록 처리했다.

DNA 추출 및 메타바코딩 분석은 미야 등(Miya et al., 2015)이 제안한 방법을 통해 수행되었다. 수집된 시료는 미토콘드리아 12s rRNA 가변 영역을 표적으로 하는 MiMammal 유니버설 프라이머를 활용하여 분석되었다. 추출된 DNA는 마크로젠(Seoul, Republic of Korea)에 의뢰하여 증폭 및 시퀀싱을 수행했다. 이후 생물정보학(Bioinformatics Analysis) 분석을 통해 유사성이 높은 분류군 정보로 분류학적 할당 과정을 진행했다.

환경 DNA 메타바코딩 결과 도시 산림에서는 포유류 4종, 조류 9종이, 생태통로에서는 포유류 9종, 조류 5종이, 도시공원에서는 포유류 4종, 조류 1종이 검출되었다. 전체적으로 포유류 10종과 조류 11종이 도시 생태계에서 검출되었다. 7종은 도시 산림에서만, 5종은 생태통로에서만 검출되었으며 도시공원에서만 확인된 종은 존재하지 않았다. 이와 같이 환경 DNA 기술은 도시 생물종 탐지에 충분히 활용될 수 있음을 보여 주었다. 그러나 인간의 교란과 주변 환경의 특성에 따른 오염 문제, 프라이머의 해상력 한계나 인위적 요인으로 인한 오류 등은 결과의 신뢰성 향상을 위해 보완해야 할 점으로 확인되었다. 효과적인 대상종을 탐색하기 위해서는 종의 생활사, 대상지의 환경 공간적 특성 등을 고려하여 최적의 환경 DNA 샘플링 디자인이 고려되어야 할 것으로 판단된다.

환경 DNA는 향후 생태계 조사 및 모니터링 분야에서 큰 영향을 미칠 것으로

---

04 이 내용은 김휘문 외(2020)와 김휘문(2023)의 내용 일부를 발췌하고 재구성하여 작성했다.

예상된다. 목표종이 도시개발, 생태복원, 이주 후 재정착 등 환경 변화에 어떻게 반응하는지를 최소한의 교란으로 모니터링 할 수 있다. 이는 단편적인 생물 정보에서 벗어나 통합적인 생태계 구조와 기능을 이해하는 데 크게 기여할 것이다. 인공지능이 인간 세상을 지금까지 없었던 새로운 방식으로 바꾸는 기술인 것과 유사하게 eDNA는 생태계를 이해하는 새로운 차원의 기술로 활용될 수 있을 것으로 기대된다.

(5) 시민 참여 도시 생태계 인공새집 모니터링[05]

단국대학교 공간생태연구실에서는 도시생태계에서 2차 수동성 조류의 번식생태 조사를 위해 2021년에는 경기도 수원시, 2022년에는 전국을 대상으로 시민참여 인공새집 모니터링 연구를 진행했다. 2022년을 기준으로 624명의 시민이 552개의 인공새집을 직접 설치하여 모니터링을 진행했다. 모바일 애플리케이션을 통해 관찰 결과가 총 5,752회 기록되었으며 인공새집별로 평균 약 85⊥54.06일의 기간 동안 모니터링 되었다. 전체 인공새집 중 162개(29.3%)에서 조류의 이용 흔적이 관찰되었으며 115개(20.8%) 인공새집에서 번식이 확인되었다. 인공새집을 주로 이용한 조류는 박새, 곤줄박이, 딱새 등인 것으로 파악되었다. 인공새집 모니터링의 전 과정이 시민 참여로 자발적으로 진행되었으므로 시민의 관심을 지속할 수 있는 동력이 필요하다는 것을 확인했다. 실제로 온라인 커뮤니티 활동에 참여하거나 인공새집을 조류가 이용하고 번식하는 경우 좀 더 오랫동안 모니터링이 진행되었음을 확인할 수 있었다.

도시 생태계 인공새집 모니터링 프로젝트는 관련 연구 과정에서 시민과학의 접목 가능성을 높게 확인할 수 있는 결과였다. 전문가가 아닌 다수의 일반인도 연구 과정에 참여할 수 있으며 적절한 교육과 가이드라인을 제공하고 상호 작용하여 데이터의 질도 높일 수 있음을 확인했다. 참여자들은 전문가와 함께 연구를 수행하면서 자신이 거주하는 지역 사회와 자연 환경에 더욱 관심을 가지게 되고 사회적으로 긍정적인 효과를 불러올 수 있다.

---

05 이 내용은 김경태(2023)의 내용 일부를 발췌하고 재구성하여 작성했다.

(6) 모니터링 데이터의 연계와 활용

야생동물 모니터링은 문헌조사와 직접 관찰을 중심으로 여러 방법론이 결합되는 것이 효과적이다. 현재 생태계와 서식하는 생물은 과거 환경에 큰 영향을 받기 때문이다. 지역의 특성을 고려하여 다양한 조사 방법론을 결합할 수 있으나 원격탐사는 사전조사 및 과거 데이터와의 객관적인 비교를 위해 기본적으로 수행하는 것이 효과적이다. 카메라 트랩, 소리 탐지, 무선 추적, 환경 DNA, 시민과학 기법은 대상지 특성과 목표종에 따라 선택적으로 활용이 가능하다.

모니터링 데이터는 조사 기법에 따라 다양한 속성 정보를 가진다. 조사자의 전문성에 영향을 받을 수 있으나 직접 관찰과 원격탐사는 비교적 균질한 데이터 구축이 가능하므로 결과물을 공간 데이터로 가공하기가 용이하다. 카메라 트랩과 소리 탐지는 목표종이 어느 정도 결정된 상태에서 대상종 출현의 유무, 개체군 규모, 이동성 등을 모니터링 하는 데에 유리한 조사 기법이다. 환경 DNA는 대상지에 서식하는 종에 대한 정보가 매우 부족한 상황에서 특정종의 존재나 다양한 종의 구성을 비교적 신속하게 파악하는 것이 가능한 방법이다. 시민과학을 활용한 조사는 다수의 일반인이 참여하여 대량의 공간 정보를 구축할 수 있다는 점에서 큰 장점을 가지고 있다. 특히, 데이터의 시공간적 특성을 잘 활용할 경우 특정 모니터링 대상의 시공간적 변화를 시각화할 수 있다.

모니터링 결과물은 일차적으로 지역의 생물상, 풍부도, 공간 분포 등을 파악하는데 활용된다. 공간적으로 균질한 데이터는 지역의 생물다양성 분석과 서식지 가능성, 생태계 변화를 객관적으로 분석하는 데에 활용될 수 있다. 생물의 이동 경로나 서식지 건강성 평가, 인간의 영향에 따른 서식지 변화 등을 공간화 하는 것도 가능하다. 또 시민과학 등을 통해 축적된 데이터는 생물을 활용한 환경 모니터링에도 활용이 가능하다. 환경지표로 서식 정보를 활용하거나 샘플을 활용한 오염 물질의 탐지까지 다양한 영역에서 생물 모니터링 결과는 활용될 수 있다. 이러한 모든 결과물은 지역과 공간 환경이 지속 가능하도록 유지하고 관리하는 데에 기여한다.

05

도시숲 생태계 서비스의 건강 증진 기능

산림청 | 이현진

도시숲은 인간의 건강 증진에 긍정적 영향을 미치는 회복 환경으로서의 기능을 한다. 생활권 도시숲의 양적 증가는 초고령화 사회에 직면한 도시 노인의 정신 건강과 관련한 사회 문제 해결에 긍정적 영향을 미친다. 그러나 한정되고 과밀화된 도시 공간에서 도시숲의 양적 증가는 쉽지 않다. 그러므로 도시숲을 녹색 복지 자원으로 활용할 수 있는 산림복지 정책을 이해하고, 이를 우리 사회가 직면한 사회 구조적인 문제 해결에 적극 활용하기를 바란다.

5-1. 도시숲의 생태계 서비스와 회복 환경

(1) 도시숲의 생태계 서비스

도시숲은 「도시숲 등의 조성 및 관리에 관한 법률」에 따라 도시에 국민의 보건·휴양 증진 및 정서 함양과 체험활동 등을 위해 조성하고 관리하는 숲이다. 다시 말해 「도시공원 및 녹지에 관한 법률」에 의한 공원녹지를 포괄하는 도시의 산림과 수목을 말한다. 단 「자연공원법」 제2조에 따른 공원 구역은 제외한다. 이러한 자연 환경은 인간이 생활을 유지하는 데 필수적인 자원을 제공하며 생태계의 안정성과 기능을 유지하는 등 다양한 혜택을 제공한다. 이를 생태계 서비스(Eco-system Services)라고 하며, 크게 다음 네 가지 유형으로 분류할 수 있다.

1) 공급 서비스(Supplying Services)

도시숲은 산소를 생산하고 이산화탄소를 흡수하여 대기오염을 개선한다. 또 땅을 지탱하는 역할을 하며, 지하수 보존과 같은 물 자원을 생산한다.

2) 조절 서비스(Regulating Services)

도시숲은 기후변화에 대한 대처 능력을 향상시키고, 지역 기후를 조절하여 온도를 낮추고 습도를 유지하는 역할을 한다. 그리고 강우 수분의 흡수와 증발을 통해 홍수를 예방하고, 대기 중 오염 물질의 흡수 및 정화를 통해 대기오염을 개선하는 역할을 한다.

3) 문화 서비스(Cultural Services)

도시숲은 시민들에게 여가 활동을 영위할 수 있는 공간을 제공하고, 자연의 아름다움을 즐기는 심미성을 신장해 줄 뿐만 아니라 도시 생태계의 풍요로움과 다양성을 보호하고 지역 정체성을 강화하는 역할을 한다.

4) 지원 서비스(Supporting Services)

다른 세 가지 서비스를 가능하도록 하기 위한 기초적인 서비스로 지역 생물다양성을 지원하고 토양 형성, 영양분 순환 등을 통해 지속 가능한 자원 생산을 지원한다. 도시숲의 생태계 서비스는 인간 삶의 질을 향상할 뿐만 아니라 도시숲의 중요성을 강조하고 지속 가능한 도시 환경을 만들어 나가는 데에 큰 역할을 한다.

(2) 회복 환경으로서의 도시숲

현대 사회의 급격한 경제 성장으로 자연 공간이 부족한 도시 환경에 거주하는 사람들이 많아짐에 따라 자극적인 일상생활로부터 받은 스트레스를 치유할 수 있는 방법을 찾아 도심에서 벗어나 자연을 찾아 스트레스를 해소하려고 한다. 이는 카플란과 카플란(Kaplan & Kaplan, 1989)의 '주의 회복 이론(Attention Restoration Theory, ART)'으로 설명될 수 있으며, 현대 도시인들이 스트레스로 인한 만성적 및 정신적 피로 상태에서 회복되기 위해서는 '회복 환경(Restorative Environment)'이 필요함을 뜻한다. 여기서 회복 환경이란, 지향적 주의(directed attention)를 하지 않아도 소진된 에너지를 보충할 수 있는 환경을 뜻하며, 대표적인 것이 바로 자연 환경이다.

회복 환경이 되기 위해서는 벗어남(being away, 지향적 주의가 필요한 환경으로부터 심리적으로 벗어남), 넓이감(extent, 새로운 환경 형성), 매혹감(fascination, 자연의 경관, 소리, 향기 등을 인지함), 적합성(compatibility, 요구와 행동 목적의 일치성)의 네 가지 요소를 갖추어야 한다. 이러한 요소들이 풍족할 때 인간과 환경의 상호 작용으로 회복 환경이 될 수 있으며, 그러한 환경이 인간의 육체와 정신, 이를 둘러싼 환경 모두의 건강 회복 능력을 돕고 질병 예방에 도움을 주는 '치유 환경'이라고 정의할 수 있다(Flanders & Jone, 2009).

또 울리히(Ulrich, 1991)는 '스트레스 저감 이론(Stress Reduction Theory, SRT)'에서 자연과의 상호 작용으로 유발된 감정을 통해 긍정적 생리 작용과 스트레스가 감소할 수 있다고 주장했다. 다시 말해 인간은 지향적 주의가 적은 회복 환경 안에서 저하된 심리와 신체가 회복될 수 있으며, 이러한 회복 환경의 최적지가 바로 자연 환경이다.

최근에는 많은 연구들이 과학적이고 실증적인 분석을 통해 도시숲이 회복 환경으로 기능하여 인간에게 미치는 순기능을 입증하고 있다. 회복 환경적 관점에서 도시숲을 대상으로 한 연구들은 자연 환경의 혜택에 취약한 도시민에게 도시 녹지 공간에의 노출이 신체 활동의 증가뿐만 아니라 사회적 및 정신적 건강 혜택도 제공해 준다는 다양한 근거를 제시하고 있다. 또한 일상생활 속에서 스트레스와 높은 긴장 상태에 놓여 있는 도시민에게 도시숲에서 자연과 동조되면서 느끼는 편안함과 쾌적성이 인체의 면역력을 높여줄 뿐만 아니라 심리적 회복감을 제공하는 심리적 및 생리적 회복효과를 입증하는 등 도시숲과 회복 효과의 관계성을 분석한 연구들이 진행되고 있다

특히 최근에는 코로나-19를 겪으면서 공원 방문율이 증가하였고, 도심 인근 국립공원의 탐방객 수도 증가하는 등 건강 증진 목적의 도시숲 이용 수요가 증가하고 관심이 증대되고 있다. 이렇듯 회복 환경 중심의 도시숲으로 패러다임이 전환되는 흐름에서 도시숲의 건강 효용가치가 높아지고 있으며 도시숲에 대한 중요성이 강조되고 있다. 따라서 도시민의 건강 증진을 위한 회복 환경의 역할을 하는 도시숲을 적극 활용해야 할 필요가 있다.

5-2. 도시숲의 존재와 노인의 정신 건강

(1) 저출산 고령화, 도시화 시대에 직면한 노인의 정신 건강

세계보건기구(WHO)에 따르면 2030년까지 전 세계 인구 6명 중 1명이 60세 이상이 될 것이며, 60세 이상 인구수는 2020년에 10억 명에서 2050년에는 2배인 21억 명으로 늘어날 것으로 예상되고 있다. 따라서 우리 사회는 급격한 인구 구조의 변화에 대비해야 한다. 2022년 통계청 조사에 따르면 한국은 2000년 '고령화 사회(65세 이상 고령 인구 7.2%)'에 진입한 이래 불과 17년 만인 2017년에는 '고령 사회(고령인구 14.0% 이상)'에 진입했다. 그리고 2025년에는 고령인구 비중이 20.0%까지 높아져 '초고령 사회'에 접어들 것으로 전망되고 있다. 또 2022년 고령자 가구는 전체 가구의 24.1%로 집계되었고, 2050년에는 전체 가구의 절반(49.8%)이 고령자 가구가 될 것으로 예측했다.

한편, 노인실태 조사(2017)에 따르면 한국은 인구의 도시화가 집중되어 2017년 인구의 90.7%가 도시에 거주하며(국가통계 포털, KOSIS), 도시 노인은 1994년 56.4%에서 2014년에는 76.6%로 증가했다. 도시 환경은 불투수면 구조(impervious structure)의 증가로 인해 자연 환경의 접촉이 부족하고, 스트레스 및 우울증과 같은 정신 건강 문제에 더욱 취약한 환경이다. 노인은 신체적 질병의 증가와 함께 사회적 및 경제적 지위의 변화로 인해 스트레스 및 우울증과 같은 정신 건강 문제에 노출되기가 쉽다.

우울증과 스트레스와 같은 노인의 정신 건강 문제는 치매 유병률과 자살률에 영향을 미칠 수 있으며, 결국 사회적 및 경제적 비용의 증가를 초래한다. 정신 건강은 신체적 및 사회적 건강과 관련되어 있으며 결과적으로 건강 관리의 사회적 비용이 증가하게 되고 전반적인 생존율에도 영향을 미친다. 그러므로 도시에 거주하는 노인의 정신 건강 문제는 개인의 문제를 넘어 사회 문제로 인지하여 예방을 강화하고 관심을 가져야 할 필요가 있다.

(2) 생활권 내 도시숲과 노인의 정신건강 관계

도시에서 도시숲과 같은 자연 환경은 인간에게 건강 증진 기능의 생태계 서비스를 제공한다. 특히, 최근 선행 연구들은 정신 건강과 근린 수준에서의 공원 및 녹지의 관계를 밝히고 있다. 정신 건강 문제는 개인의 심리 상태에 기인하지만 사회적 및 경제적 불평등이나 생활 환경에 의해 더욱 강화될 수 있다. 여기서 생활권 내 도시숲의 존재가 신체 활동의 증진, 사회적 접촉과 상호 작용 기회의 제공, 심리적 스트레스 저감 등을 통해 정신 건강에 긍정적 영향을 미치는 생활 환경이 될 수 있다. 이는 녹지가 많은 생활 환경에 사는 사람들이 그렇지 않은 사람보다 더 좋은 정신 건강을 가진다는 많은 연구 결과들을 통해 입증된다.

필자는 도시녹지 공간이 정신 건강에 도움이 된다는 이전의 연구들에 기반하여 도시녹지와 노인의 정신 건강과 관련한 유병률의 경향성을 파악했다(이현진, 2019). 7개 광역시를 대상으로 도시숲현황통계(산림청) 자료를 활용하여 행정구별 생활권 도시숲 면적 비율을 네 단계로 구분했고(1분위: 2.73% 이하, 2분위: 2.74~5.72%, 3분위: 5.73~9.79%, 4분위: 9.8% 이상), 연구 대상자는 지역사회건강조사 자료의 65세 이상 노인 11,408명의 주관적 스트레스 수준과 우울증 경험 자료를 사용했다. 이항 로지스틱 회귀 분석을 실시하여 잠재 변수들을 조정한 오즈비(95% CI)를 통해 생활권 도시숲 면적 비율이 증가할수록 노인의 스트레스 수준과 우울

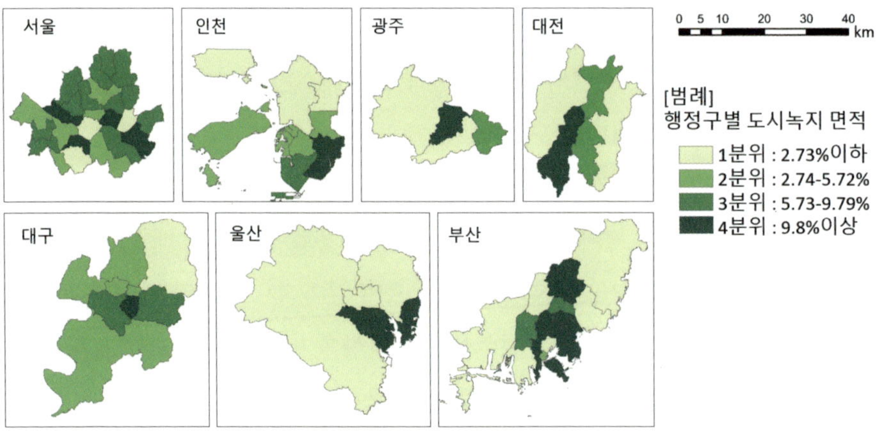

그림 5-1. 7개 광역시 생활권 도시숲 면적 비율 출처: 이현진, 2019. 재작성

감이 감소된다는 연구 결과를 도출했다. 결론은 자연 환경이 부족한 도시에서는 생활권 녹지 및 자연 환경의 존재 자체가 노인의 정신 건강과 관련한 사회 문제의 해결에 도움이 될 수 있다는 것이다. 그러므로 이와 관련한 정책의 확대와 협조가 필요하며 무엇보다 도시의 녹지 확장을 위한 조경의 역할이 확대되어야 할 것이다.

(3) 도시숲의 면적 확대 정책

정부는 우리나라가 직면한 고령화 사회, 코로나19 팬데믹의 영향, 기후변화, 미세먼지 등의 심각한 사회 문제로 인해 환경에 관한 관심이 높아진 가운데 시민들의 심리적 안정과 건강 증진을 위한 도시의 친환경 도시숲 정책을 확대하는 기조이다. 올해 국토녹화 50주년을 맞은 산림청은 '2023 국토녹화 50주년, 산림·임업 전망' 발표 대회에서 국민의 관심이 높은 생활 환경 개선을 위해 도시숲의 면적을 확대하여 도시숲 접근성을 2023년의 평균 23분에서 2073년에는 5분으로 단축하겠다는 계획을 발표했다. 또 서울시 및 지방자치단체 역시 도시숲의 중요성을 반영해 유휴토지와 무입목지 및 무단경작지 등에 수목을 식재하고, 다중이용시설 내 실내 외 정원 등 생활 밀착형 숲과 학교숲을 조성하는 등 도시숲 확대 계획을 추진하고 있다.

5-3. 도시숲의 활용과 노인의 정신 건강

(1) 도시숲을 활용한 산림복지 정책

고령사회 진입에 따른 의료비 부담의 증가와 건강에 관한 관심이 증가함에 따라 자연과 산림 안에서 건강을 회복하고 삶의 질을 높이려는 노력도 증가되었다. 산림청은 국민들의 건강 증진과 웰빙에 대한 높은 관심에 맞추어 산림을 통한 치유 효과를 극대화하고자 2006년에 숲의 효능에 관한 연구 결과를 토대로 '산림치유' 개념을 정립하고(「산림문화·휴양에 관한 법률」), 전국에 '치유의 숲'을 조성하면서 산림을 건강 자산으로 활용하는 산림치유 복지서비스를 제공하고 있다. 여기서 산림치유란, 녹색 경관과 맑은 공기, 피톤치드, 음이온과 같은 숲속 자연의 환경 요소를 활용하여 심신 안정과 스트레스 완화, 우울증 감소 등 삶의 질을 향상하고 건강을 증진하는 활동이다.

그러나 자연 환경은 대부분 도심에서 멀리 떨어져 있어 교통 약자 등이 이용하기에는 쉽지 않은 실정이다. 이는 서울 녹색복지지표수립 설문조사(서울특별시, 2014)에서 '자연과 접하는 공간을 자주 방문하지 않는 이유'에 대해 '시간적 여유가 없어서'라는 응답이 가장 높은 비율로 나타난 것에서도 알 수 있다. 이는 모든 사람이

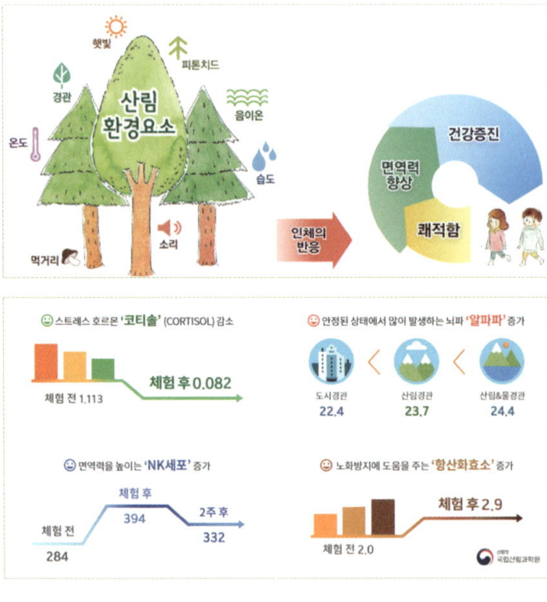

그림 5-2. 산림치유 개념과 산림치유의 건강 증진 효과 출처: 산림청

쉽게 녹색 공간을 만나고 건강한 삶을 누릴 수 있는 녹색복지를 실현하기 위해 도시권 '치유의 숲'이 필요할 뿐만 아니라 도시민을 위한 숲 치유 프로그램의 보급도 역시 절실히 요구되는 이유이다.

(2) 도시숲을 활용한 산림복지 정책의 건강 증진 메커니즘

1986년 캐나다 보건복지부의 엡 보고서(Epp report)에 따르면 건강 증진의 세 가지 메커니즘을 ① 개인의 자기 관리(self-care), ② 상호 도움 또는 서로 돌봄을 위해 취하는 행동인 사회적 지지(mutual-aid), ③ 건강한 환경(healthy environments)으로 정의했다(Epp, 1986).

도시의 자연 환경인 도시숲의 중요성과 활용이 부각되고 있으나 현재 도시숲에서의 숲 치유 프로그램은 시범적으로 운영하는 수준이고 인식 또한 부족한 실정이다. 또 숲에서의 활동이 어떤 경로로 건강 증진에 영향을 미치는지에 대한 심층적 탐색 역시 부족하다. 이에 필자는 도시민의 정신 건강의 증진을 위한 치유 환경으로서 도시숲을 적극 활용하기 위해 생활권에서 쉽게 접근할 수 있는 도시숲에 대한 인지와 그 안에서 이루어지는 치유 경험 과정에 관한 질적 연구를 통해 도시숲을 활용한 건강 증진의 메커니즘을 도출했다(이현진, 2019).

치매 예방 도시숲 치유 프로그램에 참여한 65세 이상 저소득층 의료수급자인 1인 가구 노인을 대상으로 포커스 그룹 면담을 수행했고, NVivo version 12를 사용하여 개방코딩한 뒤에 주제 분석(Thematic Analysis) 방법으로 주요 주제를 도출했다. 연구의 신뢰도와 타당도를 확보하기 위해 질적 연구의 평가 기준(Guba and Lincoln, 1989)에 따라 연구를 수행했다. 고립감과 외로움을 경험하고 있는 독거노인의 경우 도시숲과 치유 프로그램 경험에 대한 중심 주제는 '관계와 소속감을 충족할 수 있는 기회'로 나타났다. 하위 주제는 자아와의 연결, 이웃과의 연결, 자연과의 연결의 세 가지로 구성되었다. 이를 통해 고립감과 기분 상태가 완화되고 도시숲 치유 프로그램을 통해 체험하고 학습한 건강한 생활 습관을 스스로 실천하게 되어 결국 심리적 및 신체적 치매 위험 인자를 저감할 수 있게 된다. 이러한 메커니즘은 사회적 상호 작용과 집단 활동이 동기 부여에 긍정적 영향을 미칠 수 있으며, 사회적 집단의 결합 수준이 높아지면 집단 내의 사람들이 서로 개방

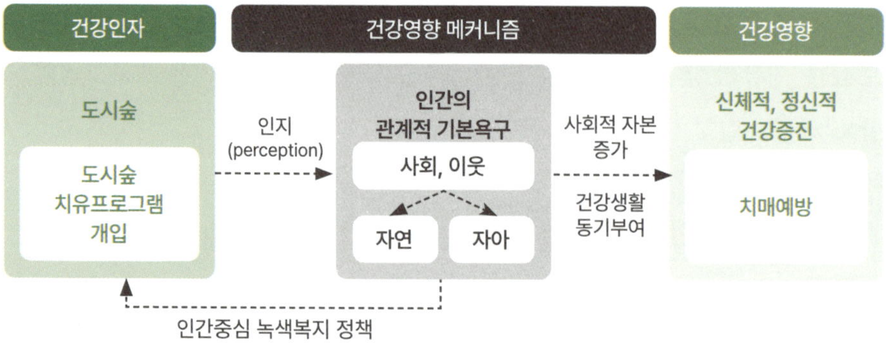

그림 5-3. 도시숲 치유 프로그램의 건강 증진 메커니즘 출처: 이현진, 2019. 재작성

되는 선행연구에 근거한다. 이는 특히 산림 환경에서 사회적 관계가 구축되면 상호 이해와 관심을 통해 심리적 변화 과정이 형성된다는 선행 연구(Rogers, 1995)를 뒷받침하는 결과이다.

선행 연구들을 포함한 필자의 연구 결과는 도시숲과 숲 치유 프로그램을 독거노인의 사회적 지지를 형성해 주는 자원으로 활용하여 치매 예방 및 사회적 비용의 절감에도 기여할 수 있을 것이다. 다시 말해 가족 및 사회적 지지가 부족한 독거노인의 경우 도시숲 치유 프로그램의 경험이 우울감 및 스트레스 저감뿐만 아니라 건강한 생활 습관을 통해 만성 질환이 개선되는 스스로 돌보는 대처 능력(Coping Ability)의 향상에 긍정적 영향을 주므로 정부 및 지방자치단체의 재정 부담을 줄이는 정책 대안의 하나로 제시될 수 있을 것이다.

한편, 필자는 도시 노인의 사회적 자본과 우울감 경험의 연관성에 사회적 자본에 대한 만족도와 자아존중감의 매개 효과를 구조방정식 모형(Structural Equation Modeling, SEM)으로 도출했다. 이 분석에는 2017년 한국복지패널 제12차 자료를 사용했다. 연구 결과 사회적 자본 중에서 사회적 네트워크는 우울감 경험에 직접 영향을 미치지 않으며, 사회적 신뢰도는 우울감 경험에 직접 영향을 미치는 것으로 나타났다. 사회적 신뢰도가 우울감에 영향을 미치는 메커니즘은 사회적 자본에 대한 만족도와 이를 통한 자아존중감의 매개 효과를 통해 우울감이 감소되는 것으로 나타났다.

그러므로 도시 노인의 우울증 예방 및 감소를 위해서는 사회적 자본을 형성

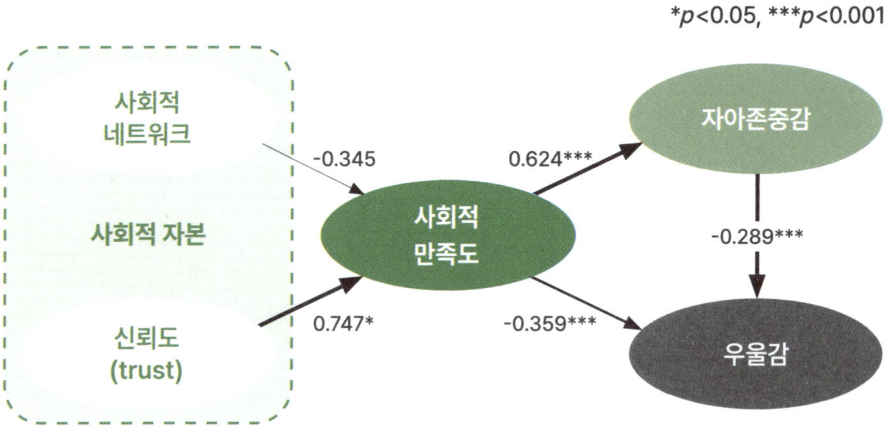

x^2/df=2.752, GFI=0.950, CFI=0.975, TLI=0.970, RMR=-0.022, RMSEA=0.050

그림 5-4. 사회적 자본과 우울감 관계의 구조방정식 모형도 출처: 이현진, 2019. 재작성

할 수 있는 환경의 지원이 필요할 것이다. 특히, 사회적 자본 중에서 사회적 신뢰를 향상할 수 있는 복지 정책이 도시 노인의 우울증 예방과 감소에 효과적일 것이다. 따라서 증가하는 도시 노인의 우울증 개선과 예방을 위해서는 취약한 노인 그룹을 판별하여 더 많은 관심을 기울이고, 일상생활 속에서 사회적 관계의 신뢰를 향상하기 위한 도시숲 치유 프로그램과 같은 녹색복지 정책의 개발과 지원의 확대가 필요하다.

2. 도시와 자연의 미래

06

지속가능한 도시 조성을 위한 그린인프라 계획과 관리

국토연구원 | 윤은주

녹지는 쾌적한 도시 생활에 필수적인 요소로서 최근에는 사회기반시설 중 하나임을 의미하는 '그린인프라'로 불린다. 우리 모두가 그린인프라의 다양한 편익을 누리기 위해서는 그에 대한 수요와 공급을 공간적으로 일치시키는 공간계획이 중요하다. 이러한 맥락에서 필자는 그동안 그린인프라 공간계획의 중요한 기준으로 활용되어 온 '접근성', '연결성', '기후위기 대응'에 대해 법·제도적 특성과 그에 따른 현황, 평가방법론을 소개하고자 한다.

6-1. COVID-19, 기후위기 시대의 그린인프라 역할

도시 그린인프라(Urban Green Infrastructure)는 도시 내 자연적·반자연적 공간을 사회기반시설로 바라보는 개념이다. 즉 도시 그린인프라는 공원과 숲, 산림, 농경지, 그 외 다양한 오픈스페이스가 도시 생활에 필수적인 서비스를 제공하고 있음을 강조한다. 많은 사람들이 퇴근 후 공원을 산책하며 기분을 전환하고, 가로수를 따라 산책하며 지나치게 뜨거운 햇볕을 피한다. 일부는 옥상이나 집 주변에 늘어선 텃밭을 일구고 채소를 수확하기도 한다. 이것은 모두 그린인프라가 제공하는 서비스(문화 공간 제공, 열섬 등 미기후 조절, 식량생산)를 이용함으로써 편익이 발생한 사례이다. 관계법에서 역시 녹지의 기능과 서비스를 강조하고 있으며, 최상위 국토계획인 '제5차 국토종합계획'에서는 그린인프라와 유사한 '녹색인프라' 개념과 함께 그 확충 및 관리를 위한 전략이 제안되었다.

COVID-19를 겪으면서 많은 변화가 있었지만, 필자는 그중에서도 그린인프라의 위상 변화를 체감한 것이 기억에 남는다. COVID-19 동안 도심 속 그린인프라는 도시민의 피난처이자 보행, 자전거 등 비대면 이동 통로였다. 공원녹지가 풍부한 지역의 도시민 건강이 그렇지 않은 지역보다 더 좋았고, 모든 사회경제 활동이 위축되었어도 공원 방문객은 증가했던 현상들을 관찰할 수 있었다. 한편 우리는 COVID-19을 계기로 그동안 과학자들이 주장했던 위험이 현실에 나타날 수 있음을 인지하고, 기후변화에 대해 진지하게 걱정하기 시작했다. 유럽의 그린딜(Green Deal), 미국의 그린뉴딜(Green NewDeal), 한국판 뉴딜 역시 COVID-19로 인한 경제침체에 대한 부양책의 성격이었으나, 그 내용은 기후변화에 대한 대응책으로 구성되어 있다.

그린인프라는 기후변화 대응의 관점에서 역시 중요하다. 기후변화 대응은 크게 완화와 적응으로 구분된다. 이 중 '완화'는 공기 중 온실가스를 줄임으로써 기후변화 현상을 완화하는 것이고, '적응'은 그럼에도 발생하는 영향에 적응하는 것을 의미한다. 몇몇 기후변화 대응 수단은 완화와 적응 중 한 부문에만 기여하고 다른 한 부문에는 악영향을 미치기도 하나, 그린인프라는 완화와 적응 모두에 기여하는 등 공편익(co-benefit)이 가장 높은 수단이다. 그린인프라는 공기 중 온실가스를 흡수하여 기후변화 속도를 늦추는 동시에 도시 열섬을 저감하고 자연적인 물순환을 유도함으로써 적응을 도울 수 있다.

이렇듯 그린인프라가 중요하다면 지금부터 우리는 무엇을 해야 할까? 그린인프라를 확대하고 잘 관리할수록 긍정적 효과가 커지겠지만, 실제 도시공간에서는 복잡한 이해관계로 인해 한정된 자원을 그린인프라에 모두 할당하기는 어렵다. 즉, 도시공간과 얽혀 있는 다양한 목적과 가치에 부합하면서도 최소한의 비용으로 최대의 그린인프라 효과를 창출하는 공간계획이 필요하다. 다시 말하면, 그린인프라에 대한 수요가 다른 무엇보다 높은 공간을 파악하여 우선 공급하는 관점이 필요하다. 모든 그린인프라는 다양한 서비스를 제공할 수 있으나 도시민의 수요와 공간적으로 일치할 때 비로소 편익(benefit)이 된다.[01] 동일한 나무 한 그루가 정화하는 오염물질의 양은 정해져 있으나, 강원도 울창한 숲속에 있는 나무보다는 오염농도가 높고 사람도 많이 사는 서울의 나무가 더 큰 편익을 제공하

---

01 Vallecillo et al., 2018

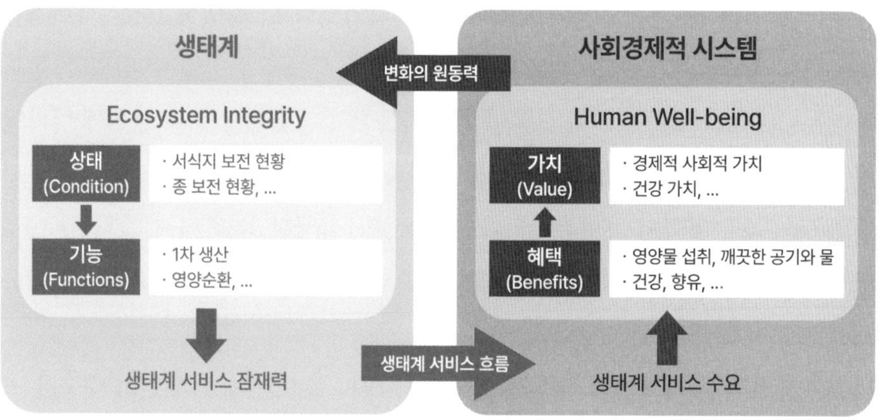

그림 6-1. 그린인프라의 기능, 서비스, 편익관계 출처: Vallecillo et al.,(2018)

는 것과 같은 이치이다. 이러한 편익은 사회·경제적 가치 형성에 영향을 주고, 이것은 다시 그린인프라를 확대하려는 노력으로 이어진다(그림 6-1). 이러한 측면에서 필자는 본 장에서 COVID-19와 기후 위기를 계기로 그 중요성이 더욱 높아진 공간계획 기준인 '접근성', '연결성', '기후위기 대응'에 대해 법·제도와 현황, 과학적 평가 방법론을 설명하고자 한다.

6-2. 그린인프라 접근성 기준과 평가방법

(1) 법·제도

공원녹지 관계법인 「공원녹지법」에서는 접근성 기준을 규정하지 않으며, 면적기준 1인당 6㎡만을 규정하고 있다. 도시계획 관련 지침에서 공원녹지 계획 시 접근성을 고려토록 하고 있으나, 구체적인 기준과 평가방법이 없어 실제 계획에서는 제대로 반영되지 않거나 적용방법이 상이하여 비교평가가 어렵다.[02] '국가도시재생기본방침'에서는 근린공원 접근성에 대한 최저기준을 제시하였으나, 일부 도시공원 유형에 대한 기준이란 점에서 한계가 있다.[03]

(2) 현황

공원녹지 관련 통계는 시·군·구 단위에서의 공원녹지 면적과 개소 수, 1인당 면적만을 제공하여 접근성 현황을 파악하기 어렵다. 다만 관련 연구를 참고하였을 때, 접근 가능한 도시공원이 없는 생활권이 여전히 많음을 알 수 있다. 예로서 성남시는 도시차원에서 도시공원면적은 우수한 편이나 10곳 이상의 생활권(행정동)은 도시공원이 한 곳도 없다.[04] 국토교통부·국토지리정보원에서 매년 발간하는 국토모니터링 보고서에 따르면, 우리나라 국민은 공원을 방문하기 위해서는 평균 1~11km를 이동해야만 하며, 강원, 충남, 전남, 전북지역은 10분 내에 공원을 방문하기 어려운 도시민이 과반수가 넘는다. 즉, 우리나라 공원녹지의 접근성 현황이 좋다고 할 수 없으며, 지역에 따른 편차가 있기는 하나 많은 국민이 일상

---

02 이상민 등, 2018

03 해당 방침에서 근린공원은 기초생활인프라에 포함되며, 최소한 달성해야 하는 국가적 최저기준으로 마을단위 근린공원은 도보 10-15분, 거점 근린공원은 차량 10분 내 접근을 제시하였다(국토교통부 2019)

04 김한수, 2019 p.5

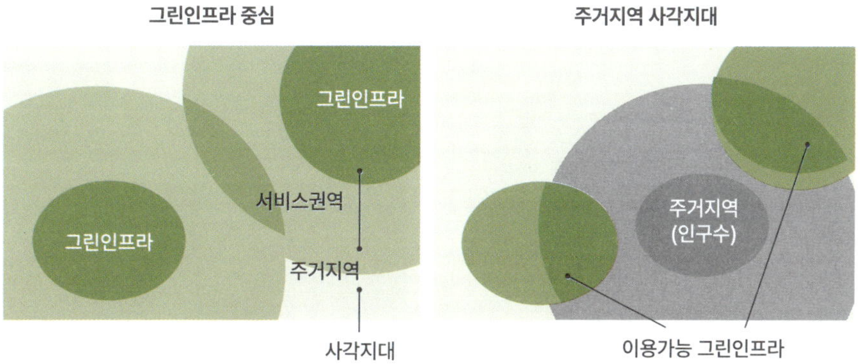

그림 6-2 그린인프라/주거지역 중심 서비스권역

생활 속에서 공원을 이용하기 어려운 상태이다.[05]

(3) 평가방법

그린인프라 접근성을 평가하는 방법은 그린인프라의 서비스권역을 분석하는 방법과, 주거지역에서 접근 가능한 그린인프라를 분석하는 방법으로 구분된다. 그린인프라 서비스권역을 분석할 때에는 해당 권역 내·외(사각지대)에 해당하는 면적 또는 인구수를 평가한다. 미국의 도시별 공원평가체계 파크스코어(Park Score), 국내의 국토모니터링 모두 이 방법을 활용한다. 반면, 주거지역에서 접근 가능한 그린인프라를 분석한다면 사각지대를 판별할 뿐만 아니라, 각 주거지역에 대해 1인당 접근 가능한 그린인프라 면적 등을 상호 비교할 수 있어 공간계획에 구체적 근거를 제공한다(그림 6-3 참조).

05 국토교통부·국토지리정보원 2019, 46-47

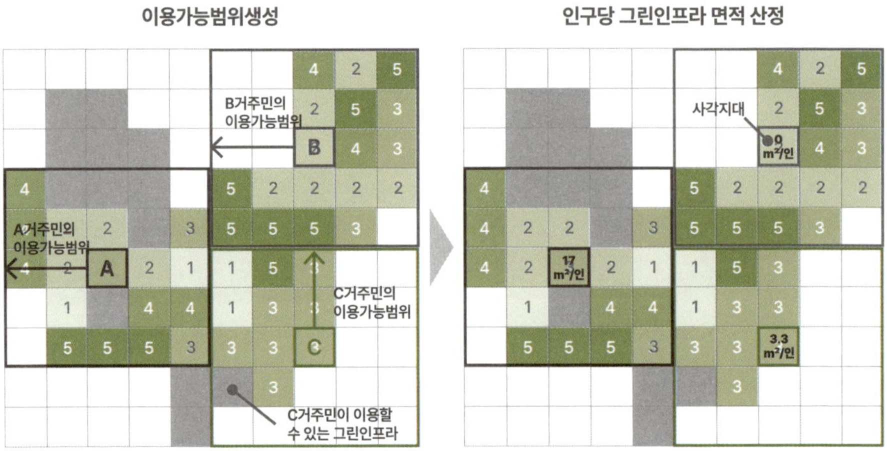

그림 6-3. 주거지역 중심의 그린인프라 접근성 평가방법 출처: 윤은주 등(2021)

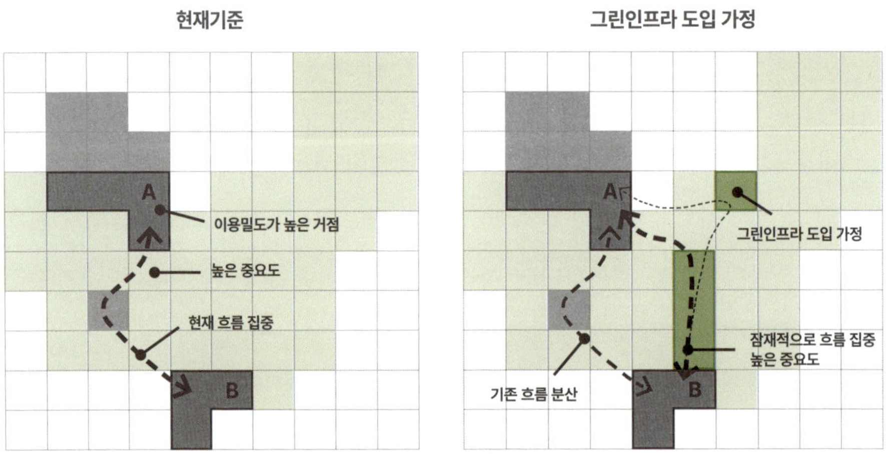

그림 6-4. 시나리오 기반의 그린인프라 연결성 평가방법 출처: 윤은주 등(2021)

6-3. 그린인프라 연결성 기준과 평가방법

(1) 법·제도

연결성은 국토 및 환경계획에서 가장 많이 언급되는 기준이다. '제5차 국토종합계획'은 국토 생태축과 도시의 그린인프라 네트워크의 연결을 제시하였고,[06] 광역 및 기초지자체의 계획 지침에서 역시 녹지축을 설정토록 하고 있다. 신도시 개발 시 활용되는 '지속가능한 신도시 계획 기준'에서는 생물이동 통로, 바람길, 물순환 체계, 통경축, 도시기후관리벨트 간 상호 연결을 위한 생태녹지축의 최소·적정 폭을 제시하였다.[07] 반면, 「공원녹지법」에서는 선형(線形)의 연결녹지를 규정하고 있으나 그 목적이 이용에 있다는 점에서 생태축과는 차이가 있다. 최근에는 개발 지향적인 국토·도시계획과 보전 지향적인 환경계획을 통합 관리하는 것이 단계적으로 시도되고 있는데, 생태축이 중심 수단이다. 환경계획에서 생태축을 설정한다면 도시계획에서는 해당 축을 제외한 지역을 개발 및 이용하도록 유도하는 것이다.[08]

(2) 현황

위의 법·제도에도 불구하고 실제 도시에서는 무분별한 개발과 이용으로 그린인프라가 파편화되고 있다. 도시계획에서 개념도 형식으로 생태축이 제시되면서 개발사업을 규제할 정도로 명확한 공간적 구획을 알기 어렵기 때문이다. 또한 1985년 이후 국토 전반의 그린인프라 면적이 꾸준히 감소해 왔음에도 연결성 개

---

06 대한민국정부 2020, p105

07 국토해양부 2010, p.25-32을 참조, 주녹지축의 경우 광역 수준에서는 최소 700m, 적정 1,500m를, 도시 수준에서 최소 100m, 적정 200m, 지구(단지) 수준에서 최소 15m, 적정 30m를 규정하였으며 부녹지축은 이보다 절반 이하의 폭으로 규정하였음

08 국토·환경계획 통합관리 훈령 제8조 참조

선 사업은 백두대간이나 자연공원에 집중됨에 따라, 도시 공간 내 그린인프라의 연결성 개선은 미미한 것으로 나타났다.[09]

(3) 평가방법

연결성 기준과 관련된 평가방법론을 제안한 선행연구는 많았으나, 공간계획에서 곧바로 활용 가능한 방법론은 제한적이다. 대부분이 기존 그린인프라의 상대적인 중요도 또는 특정 시점 및 종점 간의 최소비용 경로를 평가하거나, 전체 경관에 대한 하나의 연결성 값을 도출하는데 한정되기 때문이다. 반면에 회로이론은 모든 격자에 대해 기존 그린인프라 간 잠재적 이동량 뿐만 아니라, 그린인프라 계획 시나리오에 따른 잠재적 이동량의 변화를 평가할 수 있다는 장점이 있다. 이에 따라 전술한 회로이론과 도시공간에서 기존의 파편화된 그린인프라를 연결하는 실질적 수단인 도로체계를 결합한 연결성 평가방법이 필요하다(윤은주 등, 2021). 현재 그린인프라에서의 흐름과 도로에 새로운 그린인프라 도입을 가정했을 때의 흐름을 비교하고, 현재 보다 그 흐름이 크게 증가하는 도로를 그린인프라 도입의 우선순위가 높은 것으로 평가하였다. 이것은 단순히 그린인프라의 현황을 평가하는 데에서 더 나아가, 그린인프라의 계획 시나리오를 구성하고 그 효과를 사전에 평가함으로써 적절한 시나리오를 선택하는 과정으로도 볼 수 있다.

---

09 대한민국정부 2020

6-4. 기후위기에 대응하기 위한 그린인프라 제도와 평가방법

기후위기 대응 측면에서 관계 법·제도 및 현황 부문은 완화와 적응을 구분하여 작성하였으나, 평가방법론은 완화 부문, 즉 흡수·저장 내용으로 한정하였다. 기후변화 적응은 그린인프라의 다양한 기능·서비스와 복합적으로 연계되는 등 광범위하여 여기에서 다루기에는 한계가 있다.

(1) 법·제도

우리나라는 2020년 12월 탄소중립을 선언한 이후 관련 법·제도를 단계적으로 정비해 오고 있다. 그중 가장 큰 성과는 완화와 적응을 종합적으로 다루는 「기후위기 대응을 위한 탄소중립·녹색성장 기본법(이하 탄소중립기본법)」의 제정이다. 동법 제33조에서는 녹지의 흡수 기능뿐만 아니라, 생물다양성, 생태계 건강성 등을 종합적으로 다루며, 제44조에서는 도시지역의 생태계서비스를 유지 및 증진해야 함을 규정하고 있다.

기후변화 완화 측면에서, 환경부의 배출권거래제 외부사업과 산림청의 사회공헌형 산림탄소상쇄제도는 그린인프라의 흡수량을 평가·인증하는 제도이다. 전자가 배출권거래제에서 활용될 수 있다면 후자는 자발적 탄소시장 또는 ESG 경영 등에 활용된다는 차이가 있다. 기후변화 적응 부문에서 그린인프라는 폭염, 폭우 등의 재해에 대한 대응, 즉 방재 관련 제도와 긴밀히 연계된다. 「공원녹지법」 제15조에서는 도시의 다양한 재해에 대응할 수 있는 방재공원 개념을 도입하였으나 그에 관한 구체적인 개념과 세부 기준은 마련되지 않아 그 설치와 관리가 제대로 이뤄지지는 않고 있다.[10] 또한 공원 하부에 저류시설을 설치한 저류공

10 국내·외에서 방재공원은 주로 지진 등의 재난·재해가 발생하였을 때 2차 피해를 방지하기 위한 대피장소로서 활용되고 있으나, 기후위기 시대임을 고려했을 때 재난·재해를 완화하는 기능까지도 포함토록 할 필요가 있다.

원 역시 다수 도입되었는데, 이것 역시 도시공원의 폭우 조절 기능을 강화한 사례로 볼 수 있다.

(2) 관계 현황

기후변화의 완화 측면에서, 우리나라의 산림은 2018년 기준 45.6백만 톤의 이산화탄소를 흡수하는데, 이것은 총배출량의 6.3%에 달하는 규모이다. 그러나 1970~80년대 집중으로 조림된 수목이 노령화되면서 2050년에는 흡수량이 현재 대비 30% 수준으로 저하될 것으로 예측된다. 다만, 도시 내에 존재하는 다양한 녹지의 흡수량이 온실가스 인벤토리에 새롭게 포함된다면, 이러한 감소 폭은 다소 완화될 수 있을 것으로 기대된다. 기후변화 적응 측면에서는 기후변화 영향(수요)과 그린인프라 분포(공급)의 공간적 일치성을 분석하여 적응 수준을 살펴볼 수 있으나, 아직 국가 차원에서의 자료 구축은 미흡하다. 다만, 그린인프라는 폭염 상황에서 열 쾌적성을 효과적으로 높이고[11] 폭우 시에는 유출량을 저감하거나 유출시간을 지연시킬 수 있음을 고려할 때[12] 적응에 큰 도움을 줄 수 있음은 분명해 보인다.

(3) 평가방법

그린인프라의 탄소 흡수량은 그린인프라의 면적 또는 수목의 개체수 등에 관한 '활동자료'에 '배출계수'를 곱하여 산정한다. 일반적으로 활동자료는 현장조사 또는 원격탐사, 임상도와 같은 주제도를 통해 파악하며, 배출계수는 국가 또는 관련 연구에서 수종 및 연령별로 도출된 값을 활용한다. 먼저, 산림의 온실가스 흡수량은 전국 산림에 대해 구축·제공되는 임상도를 이용하여 수종별, 임령별 면적을 추출한 다음 각각에 대해 개발된 흡수량 계수를 곱하여 산정한다. 다음으로 산림의 온실가스 저장량을 산정하기 위해서는 임상도에서의 수종 및 임

---

11 박채연 등(2017)은 서울 서초구에서 가로수의 그림자가 진 공간과 그렇지 않은 공간의 단파복사열은 약 4배 정도 차이가 남을 밝혔다.

12 배채영과 이동근(2022)은 서울시 강남구에서 그린인프라를 확대하면 홍수량이 기존 보다 30.4%에서 최대 88.9%까지 감소시킬 수 있음을 밝혔다.

령 정보에 기초하여 흉고 직경과 그에 따른 목본의 부피, 바이오매스(biomass)부터 파악해야 한다. 여기에서의 바이오매스는 수목이 성장하면서 탄소를 저장해 놓은 일종의 '탄소저장고'를 의미하는데, 바이오매스에 0.5를 곱하면 탄소 저장량으로, 여기에 다시 44/12를 곱하면 이산화탄소 저장량으로 환산할 수 있다. 이렇듯 수종 및 임령에 따라 온실가스의 흡수 및 저장량에 차이가 발생하기 때문에 일부에서는 주기적인 수종·수목 갱신이 주장되기도 하였다. 그러나 수종은 기후변화뿐만 아니라 지역의 환경적 여건, 이용자의 특성, 생태적 서식처의 다양성 등을 함께 고려하여 결정하는 것이 더 바람직하다. 도시 그린인프라는 산림처럼 임상도 등의 활동자료가 구축되지 않아 현장조사 또는 원격탐사를 통해 수목 개체별 정보를 구축해야 하며(수공, 임령, 흉고직경 등), 이후의 과정은 임상도를 활용하는 전술한 과정과 유사하다.

6-5. 그린인프라 관련 기준을 통합하는 공간계획 방향

앞서 접근성, 연결성, 기후위기 대응에 관한 그린인프라 기준을 설명하였다. 그린인프라 공간계획에서는 도시공간을 전술한 기준별로 평가하고 개선해야 할 지역 또는 효과가 좋을 것으로 예상되는, 이른바 수요가 높은 지역을 탐색하여 그린인프라 공급의 우선순위를 파악하는 것이 중요하다. 즉, 인구에 비해 접근 가능한 그린인프라가 없거나 적은 지역(접근성), 그린인프라를 새롭게 도입하는 경우 연결성 개선 효과가 큰 지역(연결성), 온실가스 흡수 및 저장량이 적은 지역(기후변화 대응) 등이 그린인프라 공급의 우선순위 지역이다. 그런데, 문제는 각 기준의 평가 결과가 일치하지 않으며, 그에 따라 그린인프라 도입의 우선순위가 달라진다는 데 있다. 즉, 하나의 그린인프라를 중심으로 기준 간 시너지효과는 최대화하는 한편 상충성은 최소화할 수 있는 별도의 방법론이 필요한 것이다. 기존에는 기준별 평가 결과를 중첩하고, 이를 참고하여 공간계획안을 작성하는 방법이 일반적이었으나, 최근에는 공간최적화 방법론을 통해 과학적·객관적으로 도출하는 방법이 시도되고 있다. 그린인프라에 대한 과학적 연구가 기준별 평가 방법을 고도화하는 데 집중되어 왔으나, 평가 목적이 결국 계획을 통한 도시공간의 긍정적 변화에 있음을 인지하고, 그 평가 결과의 활용방안에도 많은 관심을 가지길 바라며 끝을 맺고자 한다.

07

자연기반해법의 확산과 참여를 위한 평가 체계

서울시립대학교 | 박찬

기후변화 문제, 도시 재생, 생물다양성 문제 등을 복합적으로 해결하는 수단으로 제시되고 있는 자연기반해법을 소개하고자 한다. 자연기반해법은 해결 목표를 명확히 설정하고 기업, 시민 등 다양한 주체의 참여를 유도하며, 해법의 효과 등 평가를 통한 과학화를 중요하게 생각하고 있다. 자연기반해법을 필요한 지역에 적용할 때는 진단, 계획, 모니터링 체계와 더불어 평가체계를 소개하고자 한다.

7-1. 자연기반해법의 목표

기후변화 문제, 도시 재생, 생물다양성 문제 등을 복합적으로 해결하는 수단으로 자연기반해법(NBS)이 제시되고 있다. 자연기반해법은 탄소중립, 기후 적응, 물 관리 등을 위해 설치하는 인프라의 건설 기간과 비용을 고려했을 때 효과적이고, 적정한 대응수단으로 주목받고 있다. 자연기반해법의 개념은 생물다양성과 인간의 웰빙 등의 관계를 제안한 2005년 밀레니엄 생태계 평가(Millennium Ecosystem Assessment, MEA)와 관련되어 있다. 밀레니엄 생태계 평가(MEA)에서는 생태계가 파괴되면 생태계가 제공하는 서비스가 감소하여 궁극적으로는 인간의 복지가 감소되는 다양한 증거를 제시했다. 자연기반해법은 생태계를 관리하고 보호하며 복원하는 프로젝트를 핵심으로 하고 있으며, 21세기 가장 중요한 글로벌 환경 문제인 기후변화와 생물다양성의 손실을 해결하기 위한 윈윈(win-win) 전략으로 간주되고 있다. 기후변화에 관한 정부 간 협의체(IPCC) 6차보고서에서는 1.5도를 많은 생물종이 멸종할 수 있는 티핑포인트로 평가하고 있는데, 자연기반해법은 2040년경 도래하는 1.5도 이상의 증가를 억제하며, 21세기 후반까지 지구의 온도를 낮추는데 중요한 역할을 할 것으로 기대하고 있다.

세계자연보전연맹(IUCN)에 따르면 자연기반해법이란, '지속 가능한 방식으로 생태계를 보호하고 복원하며 관리하여 기후 등 사회 문제를 효과적으로 해결하는 행동'을 말한다. 세계자연보전연맹(IUCN), 유럽위원회 등은 자연기반해법의 적용을 위해 자연을 산림지, 습지 등으로 구분하면서 공간 규모 디자인, 거버넌스 등 8대 원칙을 제시했고, 이 원칙이 자연기반해법 기술 개발의 고려 사항이 되고 있다. 제5차 유엔환경총회(2022년 3월)에서 국제적으로 공통된 자연기반해법 정의 논의를 진행하여 14개 환경의제 결의안 중에서 다섯 번째 결의안이 "지속 가능한 발전을 지원하기 위한 자연기반해법(Nature Based Solutions for Supporting Sustainable Development)"으로 자연기반해법이 채택되었다. 자연기반해법이 기후 행동에 크게 기여하며, 특히 완화와 적응 및 회복탄력성 증진을 개선할 수 있지만 장기적인 기후 영향 분석이 필요하고 자연기반해법이 화석연료 사용으로 인한 온실가스 배출을 줄일 수 있는 수단으로 보지는 않는다. 유엔(UN)에서의 결의안은 국제 지속 가능한 발전(SDGs)을 위한 개념 및 수단으로 자연기반해법을 채택한 것으로 해석할 수 있다.

자연기반해법을 통한 식생, 토양, 물 등에 포함된 탄소흡수원의 탄소저감 성과는 측정, 검증 및 보고 체계를 충족할 경우 파리협정 제5조에 의거한 산림을 포함하는 탄소흡수원의 보전 및 증진 행동을 이행할 것에 대한 규정과 완화 및 적응의 공동 접근과 같은 대안적 정책 접근 등에 대한 강조에 따라 국가 온실가스 감축 목표(Nationally Determined Contribution, NDC) 보고의 기여분으로 인정받을 수 있어(UNDP, 2019) 국가 차원의 기후위기 대응에서 매우 중요한 방향성이자 수단으로 거론되고 있다. 도시 내의 주요 자연 공간 도시숲, 도시 하천, 도시공원 및 기타 녹지 등은 자연기반해법의 다기능성을 고려해 구현할 경우 온실가스 저감, 생물다양성 증진, 생태계 서비스의 증진 및 인간 거주 환경의 기후를 조절해 건강에 도움을 주며, 사회 발전과 녹색 산업을 증진하는 다양한 장점이 있다. 또 자연기반해법은 기후 완화에 기여할 수 있고 기후탄력성과 적응 계획을 제공할 가능성이 있다고 논의되고 있다. 하지만 자연기반해법은 상승효과(synergies)와

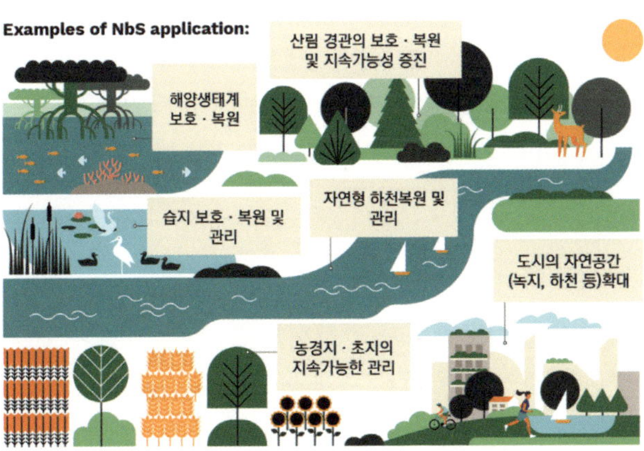

자연기반해법 적용 8대 원칙

1. 사회 문제를 명확히 하기
2. 공간 규모를 적절하게 디자인
3. 생물다양성을 증진
4. 경제적 실행 가능성을 확인
5. 포용적 거버넌스 구축
6. 공동 및 상쇄 효과를 고려한 균형 있는 목표 설정
7. 수치(증거) 기반의 적응적 관리
8. 주류화 및 지속 가능성의 확보

그림 7-1. 자연기반해법의 주요 적용 지역 및 8대 원칙 출처: IUCN(2020)

상쇄효과(trade-offs)의 고려가 필요하며, 자연기반해법의 개념과 오용으로 인한 부정적인 결과에 대한 경고도 지속적으로 제기되고 있다. 이 논의에서 중요하게 고려되는 것은 생물다양성과 생태계 온전성의 문제이다. 먼 과거의 기후 변동성은 기후로 인한 종의 재분배와 멸종 및 기원을 통해 현대 생물다양성을 형성하는 데 중요한 역할을 했다. 현대의 생물다양성은 지역 및 지구 기후를 충분히 안정적으로 인류가 적합하게 살아가는 환경을 유지하는 지구 시스템의 중요한 부분이다. 살아 있는 유기체는 지표면의 반사율을 조절하고 대기 중 온실가스 농도를 변경하여 기후 시스템을 제어하고, 많은 기업 서비스를 창출해 왔기 때문이다. 따라서 생물다양성을 보호하고 위험한 기후변화를 피하며 모든 사람들을 위한 수용이 가능하고 공평한 삶의 질을 촉진하는 것은 여러 글로벌 계획(initiative)의 의무이다. 현재 자연기반해법은 자연 재난 감소(센다이 프레임워크), 기후 완화 및 적응(파리협정), 생물다양성(글로벌 생물다양성 프레임워크), 도시(새로운 도시 어젠더), 생물다양성(그린인프라 전략), 물관리(유럽 홍수 지침) 등의 다양한 정책에서 활용되고 있다.

자연기반해법은 위와 같은 글로벌 정책 계획(initiative)을 지지하는 중요한 담론이기 때문에 지구과학 및 생태학 등의 과학 커뮤니티를 넘어 사회적, 경제적, 정치적 논의로도 이어지고 있다. 환경부, 국토부, 해양수산부, 산림청 등 국가 부처에서는 그린인프라 정책, 통합 수자원 관리, 연안 통합 관리, 보호지역 관리, 생태복원 등 정책의 추진 근거 및 방향으로 자연기반해법을 적극 수용하고 있다. 도시 차원에서는 탄소중립 도시, 기후 적응, 생물다양성 증진, 도시 생태계 서비스 관리, 도시 재생, 도시 지역의 웰빙 개선, 해안 복원력의 구축, 도시 생태계 복원 등 다양한 차원에서 자연기반해법을 통해 도시 환경을 개선하여 도시의 지속 가능성을 강화하고, 도시를 더욱 매력적으로 만드는 사업을 기획 및 추진하고 있다.

또 최근 ESG(Environmental, Social and Corporate Governance) 경영과 맞물려 자연 관련 재무공시(Nature-Related Risk and Opportunity Management and Disclosure, TNFD)처럼 민간과 기업 사회의 자연기반해법 참여가 가시화되고 있다. 자연 관련 재무공시(TNFD)는 탄소중립과 지속 가능한 발전을 위해 자연 자본(Nature Capital)을 바탕으로 진행되는 기업의 경제 활동은 자연에 부정적인 영향을 미치지 않으면서 자연의 회복 및 개선에 기여해야 한다는 접근이다. 이를 위해 세계 기업들은 산림 전용 및 산림 황폐화로부터의 탄소배출 감축(REDD)과 산림 탄소 축적 보존, 지속 가능한 산림 경영, 조림과 산림복원을 통한 산림 탄소 저장량의 증진 등을 포함한 해양의 블루카본 확대 등 여러 자연기반해법에 기금을 제공하고 있다. 많은 연구자들이 민간과 기업의 참여를 통한 자연기반해법을 구현하기 위해 자연기반기업(Nature-based enTerprises, NbT)을 정의하고 분류 체계를 제안하고 있다. 자연기반기업(NbT)의 개념은 생물다양성과 인간의 웰빙 사이의 관계에 뿌리를 두고 있기 때문에 자연기반해법은 기후위기 대응, 생물다양성 보호의 수단뿐만 아니라 미래 사회 전환 거버넌스 체계로 나아갈 수 있다. 이를 위해서는 다양한 주체의 참여가 필수적이며, 참여 관련 논의를 명확하게 하기 위해서는 자연기반해법에 대한 과학화와 평가 체계가 필요하다. 특히, 자연기반해법을 확산하기 위해서는 많은 기업이 적극적으로 참여해야 한다. 기업의 참여 활동은 ESG, TNFD 등의 보고 체계와 연계되어 있기 때문에 이와 관련된 거버넌스 체계를 이해하고 적용하는 것이 필수적이다.

7-2. 자연기반해법의 과학화

자연기반해법은 다양한 사회 및 환경 문제를 해결하는 지속 가능한 수단으로 논의가 시작되었기 때문에 탄소 저감을 위해서는 자연 혼합 삼림을 단일종이 서식하는 재배지로 대체하는 것처럼 특정 서비스나 자원을 위해 생태계를 변경하거나 단순화하는 것을 지양해야 하고, 자연기반해법의 현재와 미래의 이점 간의 장단점을 철저히 이해하면서 추진하는 것이 중요하다. 자연기반해법은 일반적으로 여러 생태계(도시, 농업, 내륙 수역, 해안, 숲 등)를 결합하는 유역 또는 큰 숲과 같은 대규모 공간 규모에 걸쳐 구현되며, 경우에 따라 국경을 초월하는 때도 있기 때문에 다양한 이해관계자 그룹이 포함될 수 있다. 이로 인해 자연기반해법을 적용하는데 있어 복잡한 갈등 관계가 발생할 수 있다. 이를 극복하기 위해서는 문제를 명확하게 식별하고, 진단한 뒤에 계획 관련 효과 등에 평가를 통해 공정하며 투명하게 진행하는 것이 필요하다. 자연기반해법이 광범위한 영향력을 가지려면 현장에서 실질적으로 수행될 뿐만 아니라 정책 및 관련 조치에 통합되도록 하고, 자연기반해법이 확산되기 위한 사례를 많이 만들며 모니터링을 통한 효과평가와 연계하는 것이 필요하다.

자연기반해법의 평가는 기후 및 비기후 위험을 해결하기 위한 적합성과 성능 및 비용 효율성에 초점을 맞출 수 있다. 특히 탄소, 기후 조절 등 생태계 서비스는 오랜 기간 동안에 방법론이 개발되고 논의되었기 때문에 명확한 평가가 가능하다. 자연기반해법은 경관 단위의 공간 의사결정이므로 다양한 공동 효과를 식별하는 것이 다양한 정책과 의사결정 영역과 연계할 수 있어 국가나 지역이 가지는 예산 등의 리소스 사용 논의를 보다 효율적으로 사용하는 데 도움이 된다. 현재 기후 및 비기후 위험 관련 다목적 자연기반해법의 평가에서는 기후 완화 및 적응, 생물다양성, 물, 폐기물, 토양 보전 등 기타 환경 관리 정책, 식량 생산 및 농어업 등의 산업, 지역 경제 활동 등 다양한 항목을 고려하고 있다. 이러한 평가는 생물다양성 크레딧, 탄소 제거 및 저장 인증 등 다양한 상쇄 또는 보상 체계에 필요한 데이터를 제공할 수 있다. 특히, 민간 부문의 투자를 위해서는 다양한 비즈니스 사례를 구축해야 하는데 이에 대한 명확한 기준이 될 수 있다. 또 서로 다른 이해관계자 간의 비용 부담 및 혜택 분배와 관련된 사항을 해결하는 데 도움이 된다. 장기적으로는 지역의 지속 가능한 개발 목표의 구현 및 전반적인 지속 가능성 전략에 대한 자연기반해법의 기여를 명확하게 설명하면서 미래 변화에 대한 전환적 적응을 유도할 수 있다.

자연기반해법의 사회적 영향을 다루는 영역에서는 자연기반해법으로 누가 혜택을 받는지, 누가 부정적인 영향을 받고 비용을 부담하는지, 자연기반해법이 특정 이해관계자에게 불평등이 증가될 위험이 있는지, 인간과 자연의 관계에 영향을 미치는지, 지역의 전통적 관행에 영향을 미치는지에 대한 평가를 요구하고 있다. 많은 문헌에서 자연기반해법이 비용 효과적인 수단임을 강조하고 있다. 하지만 지역적 측면에서 살펴볼 때 각 국가나 지역의 상황에 따라 자연기반해법의 비용이 다를 수 있으므로 이를 고려하는 것이 필요하다. 자연기반해법의 비용은 계획 및 설계 비용, 자금 조달과 관련된 금융비용, 구현과 관련된 건설비용, 모니터링 및 유지 관리에 들어가는 비용 등이 종합적으로 고려되어야 한다. 특히, 탄소 및 생물다양성 관련 인증이나 크레딧 확보 차원에서는 모니터링을 통한 측정 및 검증 체계를 중요하게 여기므로 이러한 비용에 대한 검토도 필요하다. 또 자연기반해법은 기후탄력적 개발의 요소로 논의되기 때문에 자연기반해법이 기후에 대한 탄력성을 향상하는지를 평가해야 한다.

자연기반해법과 관련된 평가는 계획이나 진행 또는 완료된 프로젝트에 대한 주기적이고 객관적인 평가이며 설계와 구현 그리고 결과와 관련된 효과 등과 관련된 특정 질문이다. 이를 위해서는 평가의 기준선과 모니터링이 필요하다. 자연기반해법과 관련한 모니터링은 구현을 추적하고, 예상 결과에 대해 자연기반해법(NBS) 성능을 측정하며, 참조 상황의 측정치 또는 특정 목표를 향한 측정치와 비교할 수 있는 지속적인 프로세스이다. 자연기반해법에서 모니터링 및 평가는 과학적으로 타당하고 실용적이며, 성과평가가 가능해야 하고 정책 원칙 및 보고 의무를 준수하며 초학제적으로 접근할 것을 요구받는다. 현재 자연기반해법 관련 효

표 7-1. 자연기반해법 관련 주요 평가 내용 및 평가 요소

평가 내용	평가 요소
생물다양성과 기타 환경관리 정책 및 구현	생물다양성 보전, 물 및 폐기물 관리, 토양 보존, 대기와 수질 및 소음 공해 제어와 감소
기후변화 완화	배출량 감소, 탄소 저장 및 격리
사회적 혜택	레크리에이션 기회 및 사회적 상호 작용 공간의 생성, 녹지 공간에 대한 접근성 증가
장소 만들기, 도시 재생 등 공간 및 도시 계획 정책 홍보	토지 및 부동산 가치 변화 또는 토지 이용 관련 기회 비용

과는 기술적 효율성, 환경 정보(생물다양성 혜택), 사회 정보, 경제 정보를 정량적 및 정성적인 방법으로 보고하고 있으며 주요 평가 내용 및 방법은 다음과 같다.

자연기반해법의 기술적 타당성 및 효과성 평가는 기술 및 물리 환경적 영향 모델링, 지표 기반 평가, 비용-편익 평가가 가능하다. 다양한 의사결정 주체자의 참여를 통해 문제 해결을 할 때는 재난 재해적인 성격으로 자연기반해법을 평가하는 것이 훨씬 논의를 구체화하는 데 도움이 되므로 센다이 프레임워크가 도움이 될 수 있다. 센다이 프레임워크를 따르면 자연기반해법의 예방 접근법의 일환으로 계획 및 구현에 대한 평가, 지속적인 유지 관리 및 운영 측면에서의 평가, 재해 측면에서의 효율성 및 성능에 대한 재해 후 평가, 자연기반해법의 개선을 위한 재해 후 평가 등이 고려될 수 있다. 평가는 다음 그림 7-2와 같이 목표 설정, 평가 특징의 정의, 평가 요소의 선택, 접근 방식의 결정 및 이에 따른 최종 평가로 이어진다. 하지만 많은 경우 이러한 프로세스와 맞지 않을 수도 있어 각각의 자연기반해법이 평가 설계에 맞는 방식을 채택해야 하는 경우도 있다. 주로 자연기반해법으로 달성하고자 하는 목적에 대한 이해와 그와 관련되어 있는 증거 기반 구축이 필요하다. 또 모든 사례는 이해관계자와 프로젝트 수행자의 요구에 따라 다양한 평가 방식을 사용하여 증거를 구축하는 것을 목표로 한다. 또 지리적 맥락이나 자연기반해법의 규모에 따라서도 평가의 특성이 달라질 수 있다. 하지만 평가 방법은 생태계 서비스 평가와 함께 서로 결합하여 사용할 수 있다.

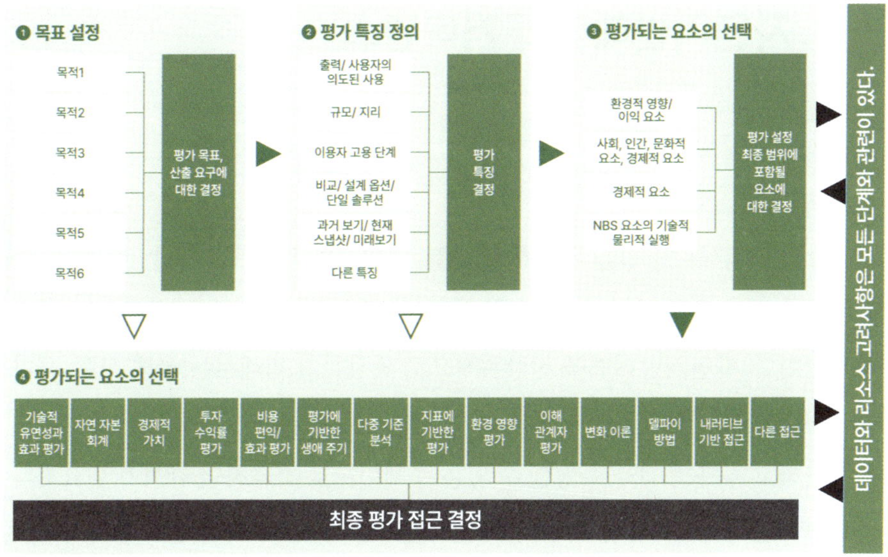

그림 7-2. 재난 재해 관련 자연기반해법의 평가 절차와 방법 출처: CDSB(2021)

7-3. 자연기반해법과 거버넌스

건강하고 생물다양성을 유지하고 있는 생태계를 핵심으로 하는 자연기반해법(NBS)은 광범위한 사회적, 경제적, 환경적 문제를 지속적으로 해결하는 데 핵심 수단이다. 자연기반해법을 전방위적으로 확산하기 위해서는 국제 사회, 국가, 기업, 시민 사회 등 다양한 주체가 참여해야 한다. 민간 기업은 자연 자본을 많이 활용하고 투자를 적극 수행할 수 있는 주체이므로 적극적인 참여가 필요하다. ESG, TNFD 논의는 민간 기업의 자연기반해법 참여 및 확산에 매우 중요하게 작동하고 있다. 자연기반재무공시는 지속 가능한 발전을 위해 자연 자본(Nature Capital)을 바탕으로 진행되는 기업의 경제 활동은 자연에 부정적인 영향을 미치지 않으면서 자연의 회복 및 개선에 기여해야 한다는 접근이다. 하지만 기업은 영리를 목표로 하므로 자연기반해법에 대한 투자는 기업 활동과의 관련성이 있어야 한다. 자연기반해법에 적극 참여하기 위해서는 명확한 효과평가와 함께 기업 활동에 있어 자연 관련 위험 및 기회관리가 잘 관계되어 정리되어야 한다.

전 세계가 현재의 위기로부터 더 나은 재건을 모색하고 있음에 따라 생물다양성을 보존하고 자연기반해법에 투자하는 것이 중요하다. 생물다양성은 기후변화의 부정적인 영향을 줄이기 위한 노력을 지원할 수 있다. 보존되거나 복원된 서식지는 대기에서 이산화탄소를 제거할 수 있으므로 탄소를 저장하여 기후변화를 해결하는 데 도움을 주고 맹그로브와 같은 온전한 생태계를 보존하면 홍수와 폭풍 해일을 포함한 기후변화의 재앙적인 영향을 줄일 수 있다. 또 생물다양성은 많은 기업 활동의 근간이다. 이에 기업의 활동이 생물다양성에 미치는 영향에 대한 평가가 있어야 하며, 기업 활동이 생물다양성에 종속되어 있는지를 판단하는 평가가 중요하다. 이러한 프로세스의 핵심은 기업의 비즈니스에 대한 생물다양성과 관련된 위험을 식별하는 것이다.

생물다양성과 관련된 위험을 식별하는 방법으로 자연관련재무공시협의체

(TNFD)에서 제안한 LEAP(Locate, Evaluate, Asses, Prepare)라고 하는 자연 관련 위험 및 기회 관리를 위한 통합평가 프로세스가 유용하게 사용될 수 있다. LEAP 접근 방식은 기업 및 금융기관 내에서 내부 자연 관련 위험평가와 기회평가를 지원하여 기업 전략, 거버넌스, 자본 할당 및 위험관리 결정에 정보를 제공하기 위한 자발적 지침이다. 재무공시 요건을 파악하기 위해서는 기업의 활동이 자연과 연관되어 있는지를 파악하고, 생물다양성이 높은 지역이거나 담수 공급 지역과 연관되었는지를 파악하는 것이 중요하다. 자연에 대한 의존도와 기업 활동이 자연에 미치는 영향의 측정은 자원을 획득하기 위한 과정에서 생태계 파괴 및 생물다양성의 손실을 가져오는 직접적인 활동뿐만 아니라 재화를 생산과 유통 및 폐기하는 과정에서 오염(물, 대기, 토지 등)과 폐기물 발생으로 인한 간접적인 활동도 포함한다. 자연에 대한 의존성의 개념은 아직 개발이 완성되지 못한 상태이지만 기업 활동에 있어 원자재, 물 등의 사연 자원의 활용과 기업이 받는 생태계 서비스 혜택 여부와 관계되어 있다. 재정 위험과 기회의 평가는 위험 식별, 위험관리, 자원의 중요성 평가 등으로 강조되고 있으며, 기업의 현금 흐름에서 자연 자원이 차지하는 비중, 대체 자원의 확보 여부, 기후변화 등으로 인한 변화 등이 평가 대상이다. 자세한 LEAP 프로세스 준비와 관련된 질문은 다음 그림 7-3과 같다.

생물다양성과 관련된 의존도 평가는 어떤 도구로도 명시적으로 측정되지 않지만 종종 관리 결정 기준에 포함되거나 영향 경로를 구성하는 것으로 간주될 수 있는 활동을 기반으로 간접적으로 평가한다. IBAT(Integrated Biodiversity Assessment Tool), BIM(Biodiversity Impact Metric) 등의 도구는 특정 지역의 생물다양성을 평가하는 도구로 개발되었다. 생물다양성 관련 도구는 기업 활동이나 복원 등 프로젝트의 생물다양성 영향을 판단하거나, 생물다양성 의존도를 평가하거나, 기존 관행에 기반한 평가 등을 사용한다. 여기서 대부분의 도구는 경험적 공간 데이터를 활용하여 비즈니스 또는 경관 단위 내의 생물다양성 조건을 특성화한다. BIM은 경관 단위 평가 방법을 사용하고 있다. 경관 단위 평가를 위해 대상지 자연 식생의 상대적인 생물다양성을 평가하고, 자연 식생을 대체한 지역 식생의 생물다양성을 평가하여 해당 토지의 생물다양성의 가치 및 손실 정도를 평가하는

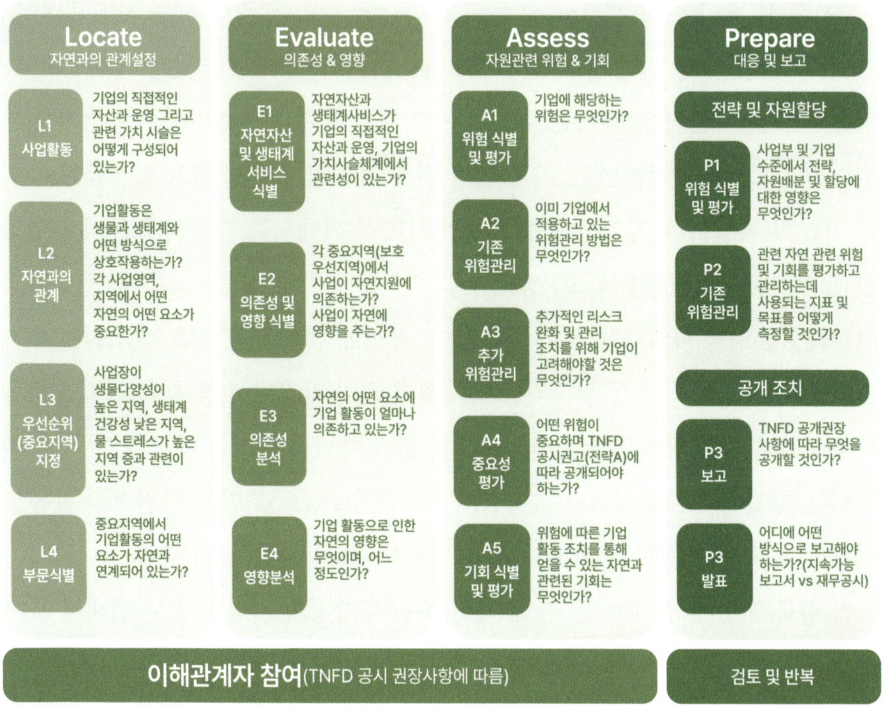

그림 7-3. LEAP 방법론 출처: TNFD(2023)

방법을 사용하고 있다. 경관 단위 평가의 접근 방식은 위성 영상 등을 통한 원격 감지가 가능하기 때문에 기존의 현장조사 결과 보고에 기초한 평가에 비해 제3자도 동일한 내용을 증거 기반으로 평가할 수 있으므로 강점을 가지고 있다. 하지만 이러한 평가 방법과 도구는 대상지 외의 지역에 대한 파급 효과를 평가하지 못하는 단점이 있다. 예를 들어, 기업은 대상지 내에서 환경 및 지속 가능성 표준을 준수할 수 있지만 이러한 인위적 활동이 대상지 외의 지역에 부정적인 영향을 미칠 수 있기 때문이다.

기업은 기후를 안정시키고 담수 자원을 보존하며, 토지를 재생하고 건강한 바다를 확보하며, 생물다양성을 지원하는 행위는 과학이 정의하는 지구의 한계에 따라야 하고 사회적으로 공평한 기반에서 활동 해야 한다. 파리협정에서 과학적 영향평가 결과를 기반으로 1.5℃, 2℃의 목표가 설정된 바와 같이 생물다양성과 관련된 목표도 과학에 기반한 방향으로 전환되고 있다. 이를 위해 과학 기반 목

표 7-2. 기업의 생물다양성과의 연관성 및 관련 지표

출처: TNFD(2023)

주요 요소	고려 사항	관련 지표
종	• 사업 활동에 의해 일반적으로 영향을 받는 종 • 사업 활동의 영향을 받는 지역 내에서 멸종위기에 처한 종 • 회사가 운영하는 사이트나 서식지에 고유하거나(즉, 제한되거나) 의존하는 종 • 비즈니스에 중요한 종 • 지역 이해관계자에게 중요한 종	• 국제자연보전연맹(International Union for Conservation of Nature, IUCN) 멸종위기종과 같은 외부 지침
생태계 및 서식지	• 비즈니스 활동에 의해 일반적으로 영향을 받는 생태계 • 위협받는 종의 중요한 서식지 • 주요 생물다양성 지역 및 보호지역 • 비즈니스에 중요한 서식지 • 지역 이해관계자에게 중요한 서식지와 생태계	• 우선순위 생태계 및 서식지 목록 • 보전 또는 보호지역과 같은 외부 자원을 참조한 생태계 위협 수준 • 영향받는 생태계 및 서식지의 범위 또는 면적
지리적 영역	• 중요한 생물다양성 지역(예:보호지역, 지역 사회 보호구역, 세계 유산, 주요 생물다양성 지역, 중요 서식지, 생물다양성 핫스팟)에 근접한 대상 지역 • 지역에서 제공되는 최종 생태계 서비스로 인해 지역 이해관계자에게 중요한 대상지(예: 어장)	• ①지리적 위치, ②해당 지역의 생물다양성 가치(예: 보호지역 상태, 세계유산 상태, 주요 생물다양성 지역 상태), ③가치 사슬 내의 역할을 포함하여 해당 지역의 운영 활동에 대한 설명, ④해당 지역에 대한 영향력 • 멸종위기에 처한/심각한 멸종위기에 처한 종에게 중요한 대상지 면적이나 수 • 전체 사이트와 비교하여 조직의 생산 수익에 대한 해당 기여도
제품 또는 서비스	• 생물다양성에 상당한 영향을 미칠 가능성이 있는 제품 또는 서비스	• 중요한 종속성 또는 영향에 대한 제품 또는 서비스 수 • 해당 제품 또는 서비스의 위상 • 제품 또는 서비스로 인한 수익 비율

표 네트워크(Science Based Targets Network, SBTN), 기후 공개 표준위원회(Climate Disclosure Standards Board, CDSB) 등이 조직되고 있다. 이 조직에서 공개한 기업의 생물다양성 관련 종속성 및 영향과 관련된 고려 사항과 관련 지표는 표 7-2와 같이 제시되고 있다.

생물다양성 관리는 모든 기업에 적합한 공식적 방법이 존재하지 않는다. 농업, 임업, 어업 및 제약 관련 기업은 생물다양성 관리를 매우 중요하게 생각해야 하고, 유전적 다양성을 확보하는 노력을 기울여야 할 것으로 생각한다. 생물다양성이 높은 곳에서 물, 광물, 석유 및 가스와 같은 자원을 확보하거나 활용하는 기업의 경우 생물다양성이 훼손되지 않도록 보호 조치를 강구해야 하고, 생물다양성이 프로젝트 기간과 이후에 처음보다 더 나아졌다는 것을 보여 줄 수 있어야 한다. 최악의 시나리오에서 기업은 생물다양성에 대한 피해가 최소화되었거나 다른 조치로 상쇄되었음을 입증해야 할 수도 있다. 자연기반해법과 생물다양성 참여에 대한 평가는 경관 단위에서 주로 이루어지기 때문에 조경학이 지금까지 조사하고 평가한 지역의 생물다양성 평가, 서식지 평가, 생태계 서비스 평가와 연계되어 있다. 앞으로의 생물다양성 이슈는 기업의 기후변화 대응 이슈와 지속가능발전목표(UN-SDGs), 자연기반해법 관점에서 함께 고려해야 할 이슈이다. 따라서 앞으로의 조경학이 민간으로 나갈 수 있는 방법 중의 하나는 기업의 모든 ESG, TNFD 등의 활동은 수행 목표와 결과를 측정하고 검증을 통해 기업의 ESG, 친환경 활동에 대한 인증, 자연 기반 재무공시 등의 다양한 보고 체계를 만드는 데 기여하는 것이다.

08

AI 및 ICT와 조경 그리고 공간 정보

한국환경연구원 | 손승우

조경은 경관을 조성하거나 제공하는 부분에서 공간을 기반으로 한다. 최근 AI 및 ICT를 활용하여 공간을 만들거나 관리하는 정책, 기술, 산업, 연구 등이 활발하게 진행되고 있다. 이 장에서는 공간 정보의 구축과 활용 기술을 소개하고자 한다. 무인항공기를 이용하여 3차원 공간을 만들어 폐기물을 관리하거나, 3차원 공간 정보와 AI를 융합하여 생태계를 모니터링 하는 사례를 작성했다.

8-1. 인공지능과 정보통신기술을 이용한 공간 정보 구축 기술의 변화

필자는 학부 시절에 조경계획 도면을 그릴 때는 인쇄소에서 청사진을 인쇄하고, 마커로 색칠을 했다. 산으로 현장 조사를 나갈 때는 종이야장과 식물도감을 소지했고, 측량이 필요할 때는 삼각측량기를 사용했다. 현재는 무인항공기로 사진을 찍고 디지털 데이터로 변환하여 측량을 하거나 종이야장이 아닌 패드를 가지고 현장에 나가는 등 15년이 넘지 않는 시간임에도 많은 변화가 있었다. 하지만 조경학에서 배운 공간의 이해, 조경계획, 환경생태계획, 경관생태학 등의 개념과 근본은 변함이 없고 전 세계적으로 중요한 이슈이자 트렌드인 환경과 첨단 기술을 동시에 접목할 수 있는 중요한 학문이 조경학이라고 생각한다. 이 장에서는 필자가 환경 분야에서 활용한 첨단 기술 연구 사례에 대해 소개하고자 한다.

최근 일상생활에서 인공지능(Artificial Intelligence, AI)이나 정보통신기술(Information and Communications Technology, ICT)을 많이 듣게 되고 쉽게 접할 수 있는 기회가 많다. 대학에서는 관련 학과가 만들어지고 있고 전문가 양성을 위해 노력하고 있는데, 이는 변화하는 산업에 대응하기 위한 것이라 할 수 있다. 필자는 학부 과정부터 박사 과정까지 조경학을 공부했지만 관련 없어 보이는 인공지능(AI)과 정보통신기술(ICT)을 언급하는 이유를 설명하고자 한다.

「조경진흥법」 제2조 제1항에 따르면 조경은 "토지나 시설물을 대상으로 인문적, 과학적 지식을 응용하여 경관을 생태적, 기능적, 심미적으로 조성하기 위하여 계획·설계·시공·관리하는 것"이라고 정의하고 있다. 이 밖에도 조경은 "주거 환경에서부터 국토 환경에 이르기까지 자연 경관에 아름다움을 창조하거나 보존하는 동시에 시민들에게 위안과 휴양을 주기 위해 경관을 제공한다."라고 정의하고 있다.[01] 조경의 정의를 살펴본 바와 같이 경관을 조성하거나 제공하는 부

---

01 최기호. 「조경계획 및 설계론」. 누리에. 2002.

분은 공간이 기반이 되어야 하며 AI 및 ICT와 같은 과학화 선진화 기술의 발달로 인해 공간 창조와 관리 및 활용에 대한 산업과 연구가 활발하게 이루어지는 추세이다.

8-2. 무인항공기를 이용한 폐기물과 도시열섬 정보 구축과 활용

무인항공기는 조경, 산림, 해양, 지형 등의 다양한 분야에서 널리 쓰이고 있으며 관련 기술의 고도화와 시장의 규모가 전 세계적으로 넓어지고 있다. 무인항공기의 주요 장점은 넓은 공간을 시간과 비용 효율적으로 비행하고 각종 목적을 달성하기 위해 다양한 센서를 부착할 수 있다는 점이다. 무인항공기는 다양한 이름으로 불리고 있는데 대부분 드론(Drone) 또는 UAV(Unmanned Aerial Vehicle)로 불리고 있다. 드론이라는 용어는 과거 군사적 목적으로 주로 쓰였으며 지금은 언론매체나 일반인들 사이에서 많이 쓰이고 있다.[02]

홍수, 지진 등의 재난이 일어나는 경우에 발생하는 재해 폐기물은 인명과 재산의 2차 피해, 환경오염 등의 영향이 있어 신속한 처리가 필요하다. 폐기물을 적정한 공간으로 임시 이동 또는 처리하기 위해서는 발생량을 파악하는 것이 중요하지만 현실적으로 대규모로 발생하는 폐기물량의 산정은 어려운 실정이다. 필자는 무인항공기로 폐기물을 촬영하고, 촬영된 사진을 분석하여 3차원 공간정보로 구축한 뒤에 폐기물량을 산정하는 연구를 진행했다.

공간 정보를 구축하기 위해서는 사전에 무인항공기 비행 설계를 명확하게 해야 하는데 일반적으로 비행 고도, 지상기준점 개수, 사진 촬영 시 사진 간 중복도를 주요 변수로 설정하고 있다. 비행 고도는 무인항공기의 비행 높이를 의미하며, 높은 고도로 비행할수록 빠른 시간 내에 대상지를 촬영할 수 있지만 촬영한 사진의 선명도는 떨어질 수 있다. 마찬가지로 사진 촬영의 중복도 또한 높게 설정하면 사진 간의 높은 중복도로 인해 중복되는 부분의 특징점을 잘 찾아내어 높은 정확도로 사진을 정합할 수 있다. 마지막으로 지상기준점은 3차원 공간 정보

---

02 손승우 외. 「UAS 기반 대형 폐기물 발생량 측정 가능성 모색」. 대한원격탐사학회지 33.5 (2017): 809~820.

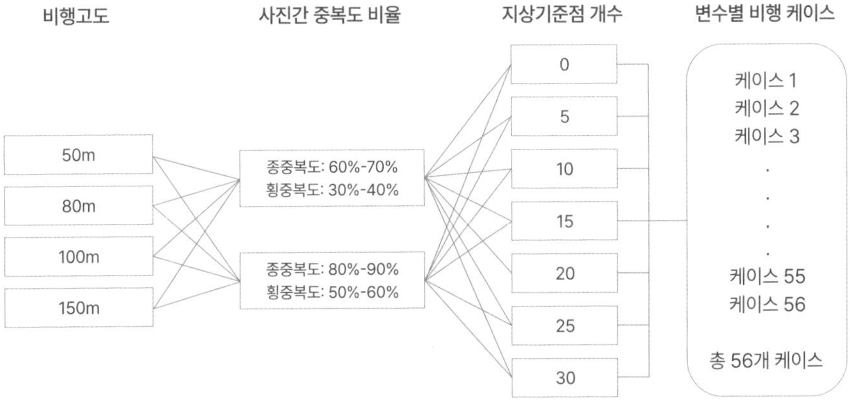

그림 8-1. 무인항공기 비행을 위한 변수 설정 예시

로 구축할 때 사진마다 정확한 위치 정보를 부여하는 위치 데이터라고 볼 수 있으며 지상 측량기기를 사용한다. 그렇다면 '정확도가 높은 공간 정보를 구축하기 위해 무인항공기의 비행을 낮게, 사진 간 중복도를 높게, 지상기준점 측량을 많이 하면 되지 않을까?'라고 생각할 수 있다. 하지만 많은 시간과 비용이 요구되므로 비교적 높은 정확도의 폐기물량을 산정하기 위해서는 비행 변수를 합리적으로 설정해야 한다. 다음 그림 8-1은 다양한 비행 설정을 통해 대상지에 맞는 최적의 비행 설계를 하는 과정이다.[03]

무인항공기를 이용하여 촬영한 사진을 3차원 공간 정보로 전환하기 위해서는 SIFT(Scale Invariant Feature Transform) 알고리즘과 SfM(Structure from Motion) 알고리즘이 주로 이용된다.

수많은 사진들이 가진 특징점들을 서로 매칭하여 공통부분을 찾아야 한다. 이때 사진에 찍힌 다양한 형태에서 해리스(Harris)의 코너 검출 알고리즘이 주로 이용되고 있다. 다시 말해 여러 장의 사진에서 똑같은 부분을 찾은 뒤에 연결하여 하나의 사진으로 만드는 과정이라고 할 수 있다. 정합된 사진에서 에피폴라 기하학(Epipolar Geometry)을 이용하여 2차원 사진들끼리 상대 위치를 추정하여 3차원

---

03 Son, Seung Woo, et al. "Optimal flight parameters for unmanned aerial vehicles collecting spatial information for estimating large-scale waste generation." International Journal of Remote Sensing 40.20 (2019): 8010-8030.

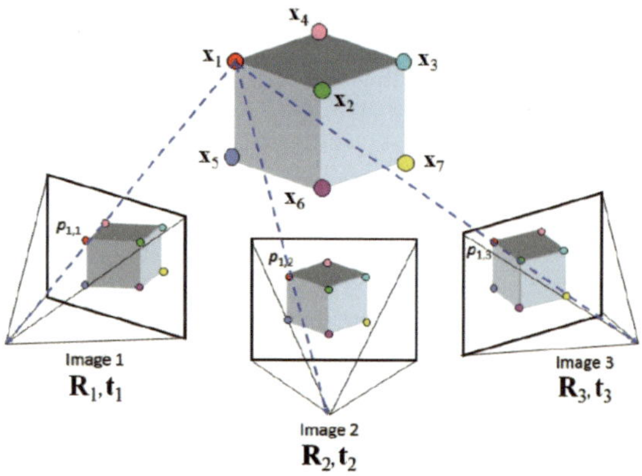

그림 8-2. SfM 절차 출처: Yilmaz and Karakus(2016)

지점을 추정할 수 있다. 이러한 방식은 SfM 알고리즘으로 설명할 수 있는데 주로 컴퓨터 입체영상해석 기술 분야에서 활용하고 있다(그림 8-2 참조).[04]

그림 8-3은 앞서 소개한 무인항공기를 이용하여 폐기물 사진을 찍고 공간 정보까지 구축한 전 과정을 보여 준다. (a)는 폐기물이 쌓여 있는 곳을 무인항공기로 비행하여 찍은 사진이다. 공중에 있는 파란색 그림이 비행하며 찍은 각각의 사진이며 비행 애플리케이션으로 경로를 미리 설정해 두면 무인항공기는 정해진 경로로 자동으로 비행하며 사진 촬영을 한다. 수많은 사진이 찍히면 앞서 소개한 SIFT 알고리즘과 SfM 알고리즘을 이용하여 (b)와 같이 점 하나마다 x, y, z 위치 정보값을 가지는 수없이 많은 점들이 모여 대상지의 형태를 갖춘 것을 볼 수 있다. 이후에 3차원 값을 가지는 데이터들이 모여 (c)와 같이 수치표면 모형을 만들어 다양한 공간 분석에 활용할 수 있다. 마지막으로 폐기물이 쌓여 있는 점들을 추출하여 체적을 산정할 수 있다.

도시 지역은 불투수성 표면이 많은 부분을 차지하기 때문에 지표면의 태양복사 에너지의 흡수와 열 축적이 증가되어 주변 지역보다 높은 온도를 보이는 도시열섬 현상을 나타낸다. 도시열섬 현상은 인간의 건강과 주거 환경은 물론이고 에

04 YILMAZ, ÖZGÜR, and FATİH KARAKUŞ. "Stereo and KinectFusion for continuous 3D reconstruction and visual odometry." Turkish Journal of Electrical Engineering and Computer Sciences 24.4 (2016): 2756-2770.

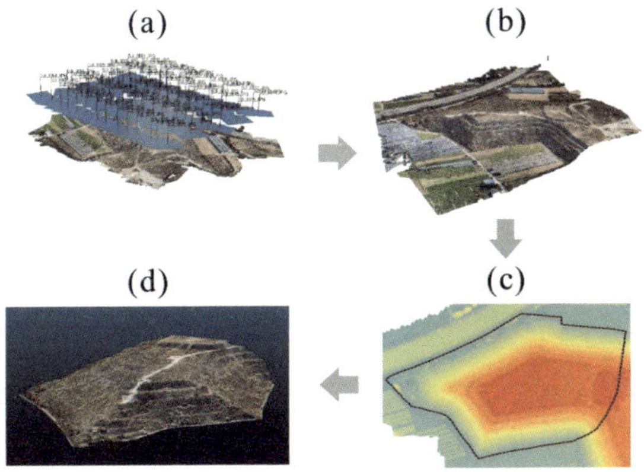

그림 8-3. 3차원 폐기물 공간 정보 구축 과정 출처: Son et al.,(2019)

너지와 물의 소비, 이산화탄소 배출, 대기오염이 증가되는 부정적인 영향을 미치고 있다. 도시열섬 현상의 완화를 위해 녹지 공간을 조성하거나 건축 자재와 색상의 변경, 주기적인 살수차 이용, 쿨링포그 장비 설치 등의 사업과 연구가 지속적으로 수행되고 있다. 조경 분야에서도 관련된 연구를 수행하고 있는데 필자는 무인항공기와 열적외 센서를 이용하여 도시공원을 열환경을 정밀하게 분석하여 도시 계획과 공원 계획 등의 의사결정 지원을 수행했다.

필자가 언급하는 열환경은 지상의 기온이 아닌 표면, 즉 땅의 온도라고 볼 수 있다. 열환경 분석을 위해 인공위성 열적외 이미지에서 추출된 지상 표면 온도 데이터와 모델링을 이용한 연구가 과거부터 활발히 수행되고 있다. 인공위성의 열적외 이미지는 넓은 지역을 대상으로 정기적인 모니터링이 가능하다는 장점이 있어 도시 규모의 열환경을 분석하는 데에 활용되고 있다. 그러나 복잡한 도시 환경에서 세밀한 열환경 분석을 위해서는 인공위성의 촬영 시기, 해상도 등으로 인한 한계가 존재한다.[05] 최근 무인항공기와 열적외 센서 카메라를 이용하여 소규모 지역에서도 토지 이용과 특성별로 열환경을 분석하는 연구가 수행되고 있다.

필자는 세종시에 위치한 도시공원을 대상으로 무더위가 발생하는 여름에 인공위성(Landsat 8)과 무인항공기를 이용하여 열환경을 분석했고 두 가지 방법론

05 Naughton, Joseph, and Walter McDonald. "Evaluating the variability of urban land surface temperatures using drone observations." Remote Sensing 11.14 (2019): 1722.

에 대한 비교 분석을 실시했다. 동일한 공간에서의 두 가지 방법론에 대한 분석을 위해 도시공원의 토지피복 현황에 대한 조사를 실시했다(그림 8-4 참조).

도시공원을 대상으로 인공위성과 무인항공기를 이용하여 분석한 열환경 정보를 살펴보면 토지피복별로 열환경 차이에 대한 상세 부분을 확인할 수 있다. 그림 8-5의 A-A'선을 살펴보면 데크에서 최고 58.85℃, 잔디에서 최저 26.47℃의 온도를 보였다. 반면에 위성 영상에서는 하천에서 가까운 A 지점에서 최저 온도인 33.04℃가 나타났고 시가지와 가까워지는 A' 지점에서는 최고 온도인 38.04℃가 나타나 다양한 토지피복 유형별에 따른 열환경을 식별하기가 어려웠다. 그림 8-5의 (b)를 살펴보면 각각의 셀은 30m×30m의 크기를 가지며 이 연구에서 활용한 위성 영상의 최소 크기로 보면 된다. 해당 셀에서는 동일한 온도값으로 결과를 도출할 수 있지만 그림 (a)와 같이 무인항공기로 분석 시 실제 토지가 가진 피복과 거의 유사한 크기, 즉 cm 단위로 열환경을 도출할 수 있다. 그림 (c)를 살펴보면 무인항공기와 위성 영상의 두 가지 결과에 대한 비교 결과를 한눈에 확인할 수 있다.

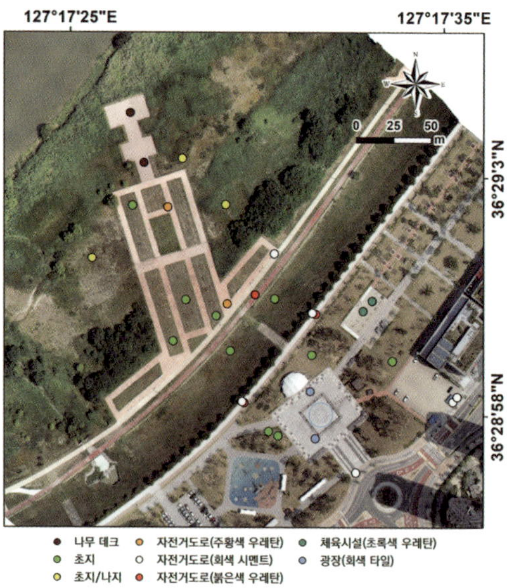

그림 8-4. 무인항공기를 이용한 도시공원 지도 구축

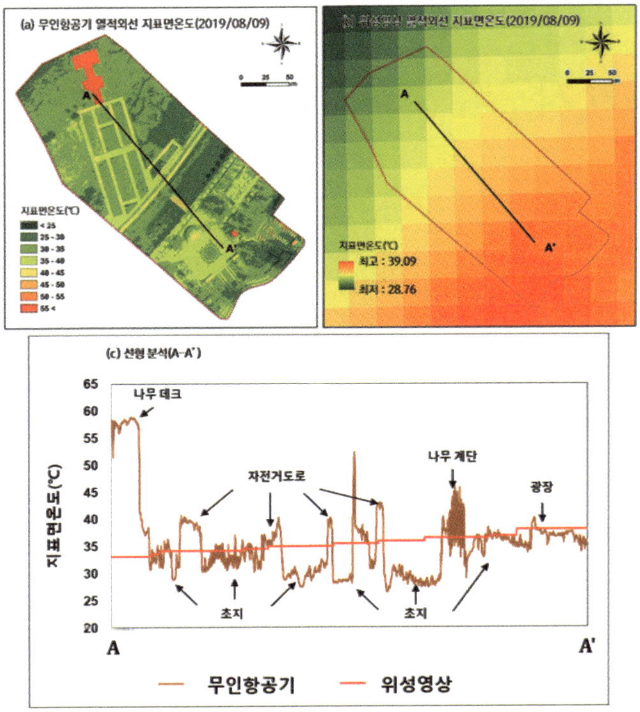

그림 8-5. 위성 영상과 무인항공기를 이용한 도시공원 열환경 분석 결과와 비교

8-3. 인공지능을 이용한 해안 사구와 갯벌 생태계 모니터링

조경 분야에서 조경 계획, 식재 계획, 환경 계획 등을 수립할 때 현장조사와 분석은 반드시 필요한 부분이다. 앞서 무인항공기를 이용하여 넓은 지역을 비용 및 시간 효율적으로 조사하는 일부 사례를 소개했다. 단순히 넓은 지역의 조사뿐만 아니라 사람이 접근하기 어려운 고산 지대나 해안, 절벽 같은 곳 또한 무인항공기를 이용하여 조사할 수 있다. 이와 함께 인공지능(AI)을 활용하여 사람이 판단하기 어렵거나 많은 비용과 시간이 소요되는 조사에서는 인공지능을 이용할 수 있다. 이 장에서는 인공지능을 이용하여 기존에 수행하던 해안 사구와 갯벌 생태계 현장조사의 한계점에 대한 개선 내용을 소개하고자 한다.

해안 사구와 갯벌은 환경적, 생태적, 경관적으로 중요한 자연 환경 자산 중의 하나로 홍수와 파랑에 따른 자연 방파제, 오염 물질 정화 등의 다양한 기능을 가지고 있다. 최근에는 해안 사구와 갯벌에 자생하는 사구, 염생 식생의 탄소 흡수 기능이 주목 받아 블루카본으로 불리며 탄소중립 시대에 보전해야 할 주요한 생태계로 평가된다. 사구는 지형 및 지질 특성상 현장조사가 제한적인 상황이고,

그림 8-6. 신두리 해안 사구 모래지치(좌)와 달랑게(우) 출처: 손승우 외(2022)

특히 갯벌은 조수 간만의 차이, 갯골 등의 원인으로 인해 현장조사자의 접근이 어렵고 인명 사고가 발생할 가능성이 있으며, 갯벌에 서식하고 있는 게 등의 해양 생물은 현장조사자의 접근에 민감하여 빠르게 서식굴로 들어가므로 정확한 서식 여부의 확인에 영향을 미칠 수 있다.

생태계 조사 대상지는 다양한 사구 미지형과 식생이 분포하고 있는 천연기념물 제431호 충청남도 태안군 신두리 해안 사구와 전면부 갯벌을 대상으로 했다. 식물은 사구 식물인 갯그령, 통보리사초, 모래지치 등을, 동물은 흰발농게, 달랑게를 대상으로 조사를 시행했다.

앞서 소개한 무인항공기 방법론을 이용하여 해안 사구와 갯벌을 촬영했는데 이는 인공지능(AI) 분석을 위해 필요한 데이터(공간 정보)를 확보하기 위한 것이다. 무인항공기로 촬영한 사진은 작은 사구 식생과 게의 형태까지 자세히 확인할 수 있는 해상도를 가지고 있다(그림 8-7 참조).

인공지능은 사람이 할 수 있는 지능 활동을 컴퓨터가 학습하여 사고하고 원하는 목적을 달성해 주는 정보 기술 분야라고 할 수 있다. 인공지능을 구현하는 대

그림 8-7. 무인항공기를 이용한 식생 및 달랑게 촬영 출처: 손승우 외(2022)

표적인 방법 중 딥러닝은 사진, 글자, 음성 등의 정보를 인공지능이 인식하고 컴퓨터가 자동으로 분류해 주는 알고리즘이다. 필자는 사구 식생과 달랑게 사진을 이용하여 인공지능이 자동으로 분류(classification)하거나 객체 탐지(object detection)를 하거나 또는 분할(segmentation)하는 세 가지 결과를 도출했다(그림 8-8 참조).

여기서 분류는 사진에 식생이나 달랑게, 흰발농게가 있다면 자동으로 달랑게인지, 흰발농게인지 또는 어떤 식생인지를 구분하는 것이다. 그리고 객체 탐지는 사진에 어떤 종류인지 구분하는 것과 동시에 사진에서 어느 위치에 찾고 싶은 종이 있는지 영역을 지정해 주는 것이다. 마지막으로 분할은 사진에서 각각의 픽셀별로 속성값을 자동으로 넣어 주는 것이다. 다시 말해 사진에서 인공지능이 자동으로 게를 탐지한 뒤에 형태까지 유사하게 분류하는 것이다. 이러한 과정을 통해 사람이 직접 전체 개수를 알아내기 어려운 무수히 많은 생태계 구성 요소를 인공지능이 자동으로 세거나 분류할 수 있다.

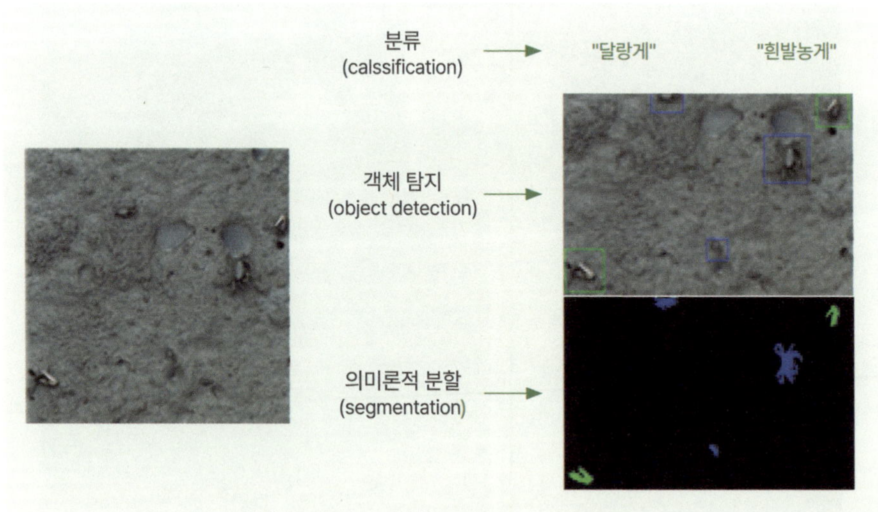

그림 8-8. 인공지능(AI)을 이용한 생태계 모니터링

09

3차원 자료와 녹시율 평가

건축공간연구원 | 허한결

녹시율은 사람 시야에 들어오는 식물의 비율을 뜻하며, 사람이 체감하는 녹지의 양을 나타낸다. 녹지는 도시민에게 다양한 이점을 제공하지만 도시 내에서 녹지를 좀 더 확보하는 것은 어렵다. 이와 같은 상황에서 녹시율은 사람이 체감할 수 있는 녹지의 양을 확보하여 도시민의 삶의 질을 높여 준다. 전통적인 녹시율 평가는 사진 촬영 기법을 활용한다. 그러나 사진 촬영은 넓은 지역의 녹시율을 평가하기 어려워 최근 구글 스트리트 뷰(Google Street View) 자료와 3차원 데이터를 이용한 평가 기법들이 개발되고 있다.

9-1. 녹시율이란 무엇인가?

녹시율이란, 사람의 시야에 들어오는 식물의 비율 또는 식물의 잎이 차지하는 비율로 정의할 수 있다. 도시화에 따른 도시 내 녹지 부족은 오래전부터 문제로 제시되고 있지만 이미 개발이 완료된 도시에서 녹지 면적을 늘리는 것은 현실적으로 어렵다. 수고가 높은 수목의 식재와 같이 수직적인 식물 증가를 통해 녹시율 증가가 가능하며, 이는 녹지 면적을 늘리기 어려운 도시의 현실적 제약하에서 사람이 체감할 수 있는 녹지 증가를 제공한다.

전통적으로 녹시율 측정에는 사진 촬영 방식을 사용해 왔다. 한 지점의 사람 눈높이에서 사진을 촬영하고, 사진의 전체 면적 대비 사진 속 식물의 비율을 측정해 왔다. 사진 촬영의 특성상 몇 개 지점에 대한 측정은 어렵지 않으나 넓은 지역을 돌아다니며 찍기는 비용과 시간 문제가 발생한다. 그래서 도시나 전국 단위의 녹시율 측정은 현실적으로 불가능한 상황이었다. 이와 같은 한계를 극복하기 위해 구글 스트리트 뷰(Google Street View) 이미지와 3차원 데이터를 활용하는 방법이 개발되었다.

이 장에서는 조경학에서 녹시율의 의미와 전통적인 녹시율 측정 방법 그리고 최근 개발된 새로운 측정 방법들과 함께 3차원 데이터를 활용한 녹시율 측정 방법에 대해 살펴보고자 한다.

9-2. 조경과 녹시율

(1) 조경학에서 녹지의 의미와 중요성

녹지는 조경의 미적 가치뿐만 아니라 생태적 및 환경적 혜택을 제공한다. 조경 설계에서 녹지는 다양한 야생동물에게 서식지를 제공하는 등 생물다양성을 유지하는 데 도움을 준다. 또 대기 중 이산화탄소를 흡수하여 기후변화 완화에 도움이 되고, 미세먼지와 기타 유해한 오염 물질을 흡수하는 등 인간 생활환경을 개선시켜 준다. 그래서 녹지의 양적 확보는 인간 생활환경과 밀접한 관련을 가지며 조경학에서 중요하게 다루어진다.

녹지 공간은 도시 지역의 기온이 크게 상승될 수 있는 도시열섬 효과에 대한 자연적인 완충 역할을 한다. 이러한 효과는 공중 보건, 특히 노약자나 기저질환자 등 취약 계층의 건강 개선에 긍정적인 영향을 미친다. 녹지의 도시열섬 완화 효과는 비단 야외 공간뿐만 아니라 냉방에 필요한 에너지 소비를 줄이고 건물의 에너지 효율을 개선하는 효과가 있다. 다시 말해 시민들의 주된 거주 공간인 건물 내부의 쾌적한 환경을 유도하며 에너지 소비량을 저감한다.

녹지 공간은 도시거주자에게 걷기, 자전거 타기, 기타 야외 활동을 포함한 다양한 레크리에이션 환경을 개선한다. 이는 신체 건강뿐만 아니라 정신 건강 등 시민들의 삶의 질 향상에 긍정적인 영향을 미치는 것으로 나타나고 있다. 도시 지역의 녹지 공간을 통합하면 사람들의 정신 건강과 웰빙이 개선되는 것으로 밝혀졌다. 또 녹지 공간은 사회경제적 지위에 관계없이 지역 사회의 모든 구성원이 어울릴 수 있는 사회적 친화 공간으로서의 역할을 수행한다.

도시에서 녹지가 주는 혜택은 공중 보건과 웰빙을 넘어 경제적 혜택으로까지 나타나고 있다. 연구에 따르면 녹지 공간 근처에 위치한 부동산은 그 가치가 높아져 해당 지역의 경제 활동 증가에 기여하는 것으로 밝혀졌다. 그리고 녹지 공간은 관광객을 유치하여 지역 경제에 긍정적인 영향을 미친다. 또 조경에서 식물의 서식처인 녹지는 지속 가능한 경관을 조성하는 데 있어 중요한 요소이며, 장소감을 조성하고 건축 환경과 자연을 연결하는 데 사용된다. 그리고 녹지 공간은 범죄율을 낮추는 등 건강하고 지속 가능한 도시 환경의 필수 요소로 자리매김하고 있다.

(2) 도시 내 녹시율의 중요성

보행자 또는 도시 환경에 영향을 미치는 녹지를 정량화하기 위해 현재까지 녹지면적을 측정해 왔으며 여기에는 위성 및 항공 영상이 널리 사용되어 왔다. 그러나 이러한 방법을 활용한 녹지 면적은 실제 사람이 체감할 수 있는 녹지와는 차이가 있다. 사람이 체감하는 녹지는 가장 발달한 사람 감각 중의 하나인 시각과 관련이 있을 것이며, 이를 반영하기 위해 녹시율이라는 개념이 도입되었다.

위쪽에서 바라본 대지의 녹지 면적과 달리 녹시율은 사람의 시야에 들어오는 식물의 비율 또는 식물의 잎이 차지하는 비율로 정의할 수 있다. 다시 말해 녹시율이 높을수록 사람이 체감하는 녹지의 양이 늘어나고, 사람들의 심리적 안정감과 만족도를 높일 수 있을 것으로 예상된다. 녹시율은 사람이 체감할 수 있는 측면에서 도시의 부족한 녹지 면적을 채워 줄 수 있는 대안이다. 도시 내에서 녹지 면적을 더 늘리는 것은 어렵지만 녹지의 수직적 구성이나 단면을 개선하여 사람들이 체감하는 녹시율을 높일 수 있기 때문이다.

녹시율은 정량적인 녹지 양 측정 지표 중의 하나이다. 기존 녹지 면적과 관련된 지표가 2차원 녹지의 양을 대표하는 지표라면, 녹시율은 3차원 요소가 반영된 측정 지표이다. 다시 말해 사람이 체감하는 녹지가 많은지 또는 적은지를 정량적으로 판단할 수 있으므로 녹지가 부족한 지역을 확인하고 개선 계획을 수립하는 데에 도움이 된다. 그래서 일정 수준의 녹시율 확보는 도시 내 거주민의 삶의 질 향상을 위해 중요한 지표이다.

그리고 녹시율은 3차원 요소를 반영하는 지표이므로 기존 녹지 면적에서는 전혀 반영하기 어려웠던 녹지의 부피 측면도 반영하고 있다. 기존에는 녹지의 정량적 측정 자체가 어려워 2차원의 녹지 면적만을 측정하여 도시 및 조경 계획을 할 때 고려했지만 앞으로는 녹시율 지표를 반영하여 3차원 측면도 고려할 수 있을 것으로 기대되고 있다. 반면에 앞서 언급한 것과 같이 녹시율의 측정은 기존의 녹지 면적의 측정보다 어려운 측면이 있어 녹시율 측정 방법의 개발 및 개선이 필요한 시점이다.

(3) 녹시율 측정 방법

전통적으로 녹시율은 눈높이의 고정된 지점에서 촬영한 사진을 사용하여 측정했다. 하지만 이와 같은 방법은 시간과 비용이 많이 소요되기 때문에 도시 전체 또는 국가 단위와 같은 넓은 지역의 녹시율을 측정하기에는 어려움이 있다. 이에 대응하기 위해 최근에는 3차원 데이터와 구글 스트리트 뷰 이미지를 이용하여 녹시율을 측정할 수 있는 기술이 개발되었다.

구글 스트리트 뷰 이미지와 머신 러닝(Machine Learning) 알고리즘을 이용하여 도시 지역의 녹지 공간을 식별하고 녹시율을 계산할 수 있다. 이와 같은 방법은 기존의 사진 촬영 기법의 아이디어를 차용하며, 구글 스트리트 뷰 이미지가 넓은 지역의 데이터를 이전에 취득했다는 점을 활용한다. 구글 스트리트 뷰 이미지가 이미 넓은 지역의 사진 촬영을 마쳤기 때문에 해당 사진을 이용할 수 있다면 기

그림 9-1. 사진 촬영을 이용한 녹시율 측정 출처: https://urbansciences.jp/1379

존 녹시율 계산 기법을 적용하여 넓은 지역의 녹시율을 측정할 수 있다.

3차원 데이터를 사용하여 녹시율을 측정하는 한 가지 방법은 측정하고자 하는 공간에 대한 디지털 공간 모델을 만들고 특정 지점에서 보이는 녹지의 비율을 계산하는 것이다. 이 방법은 기존 사진 촬영 기반의 방법보다 빠르고 정확하며 대규모로 녹시율을 측정하는 데 이용할 수 있다. 이 방법의 단점은 녹시율 측정을 위한 3차원 디지털 공간 모델 구축의 난이도가 높다는 측면이 있다. 최근 이슈가 되고 있는 디지털 트윈 사업이 완성된다면 해당 데이터를 활용할 수 있을 것이다. 그러나 디지털 트윈 데이터의 구축은 건축물과 도로 등 인공물에 초점이 맞추어져 있어 녹시율 측정을 위한 데이터의 구축은 기약이 없는 상황으로 시간이 더 필요해 보인다.

최근에는 3차원 데이터 중 라이다(Light Detection and Ranging, LiDAR)를 사용하는 방법이 개발되었다. 라이다(LiDAR)는 광원으로부터 광 펄스를 방출하고 이 펄스가 라이다 주변 물체에 맞고 반사되어 되돌아오는 시간을 측정하여 라이다 주변 물체들과 라이다 기기 간의 거리를 측정한다. 라이다는 이와 같은 펄스를 기기 주변 모든 방향으로 고르게 방출하여 기기 주변 지역 물체들의 위치와 형태를 측정하고, 각각의 펄스로부터 측정된 물체의 위치는 점의 형태로 구축한다. 이와 같은 점들이 모여 점군(point cloud)을 이루며 점군들을 이용하여 도시의 구조를 매우 정확하게 측정할 수 있다.

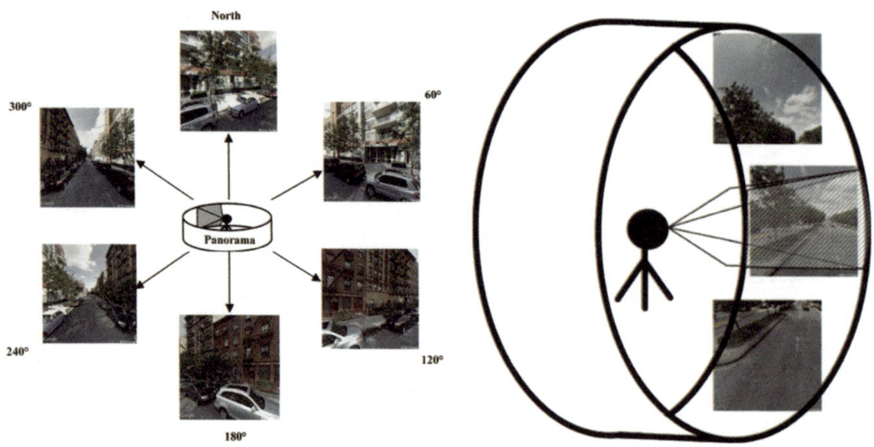

그림 9-2. 구글 스트리트 뷰를 이용한 녹시율 측정 출처: Xiaojiang Li et al.,(2015)

9-3. 3차원 데이터와 라이다

(1) 사진 측량을 이용한 3차원 점군 데이터 수집

3차원 점군 데이터 수집에 일반적으로 사용되는 두 가지 방법은 사진 측량을 이용하는 방법과, 라이다를 이용하는 방법이 있다. 사진 측량은 다양한 각도에서 물체나 환경을 촬영하고, 특정 알고리즘(Structure from Motion, SfM)을 사용하여 3차원 점군 데이터를 만들 수 있다. 사진 측량은 여러 장의 사진 속에서 물체나 배경 이미지를 분석하여 공통된 특징과 공간적 관계를 파악하는 방식으로 2차원 사진에서 3차원 요소를 찾아낸다.

그래서 사진 측량을 이용한 3차원 점군 데이터 구축 방법은 여러 장의 사진을 필요로 한다. 이와 같은 사진 측량 방식의 3차원 데이터 구축은 유적지나 유물의 3차원 모델을 만들기 위해 이용되기도 하며, 이러한 경우 드론을 사용하여 여러 장의 사진을 찍고 모델링을 한다. 그러나 사진 측량을 이용한 3차원 점군 데이터 구축 방식은 라이다 데이터를 이용하는 방식에 비해 정확도가 떨어진다는 단점이 있다. 또 사진 촬영의 특성상 빛의 영향을 많이 받기 때문에 사진 취득 시점의 날씨에 많은 것이 좌우된다.

그림 9-3. 드론 사진을 이용한 3차원 점군 데이터 구축 출처: 김다슬 외(2019)

(2) 라이다를 이용한 3차원 점군 데이터 수집

라이다(LiDAR)는 관 펄스를 사용하여 물체나 환경의 3차원 지도를 만드는 원격 감지 기술이다. 지형 매핑, 지오매틱스, 자율주행 자동차 및 로봇공학 등 필요에 따라 다양한 분야에서 이용하는 첨단 기술이다.

라이다는 광탐지 및 거리 측정(Light Detection and Ranging)의 약자로 광 펄스를 사용하여 물체까지의 거리를 측정하고 주변 환경을 3차원 점군 데이터로 표현한다. 라이다는 광 펄스가 주변 물체에서 반사되어 센서로 돌아오는 데 걸린 시간을 측정하여 센서와 물체 사이의 거리를 계산한다. 이 방법은 일반적으로 지형을 측량하고 매핑할 뿐만 아니라 건물 및 기타 구조물의 고해상도 모델을 만드는 데 사용하고 있다. 이 과정을 초당 수천 번씩 다양한 각도로 반복하여 물체의 특정 위치를 나타내는 수백 만 개의 개별 점을 수집하고 이를 점군(point cloud) 형태로 저장한다.

라이다 기기를 지면에 고정하여 측정하는 방식, 자동차에 설치하거나 사람이 들고다니는 등 이동하며 측정하는 방식, 드론이나 비행기에 설치하여 공중에서 측정하는 방식 등 다양하게 이용되고 있다. 고정형 측정 방식은 데이터 해상도가 높으며 정확도가 높은 자료를 수집할 수 있다는 장점이 있지만 넓은 지역의 데이터를 수집하기는 어렵다. 드론 및 비행기에 설치하여 이용하는 항공 라이다의 경우 넓은 지역 데이터를 취득하기가 용이하지만 데이터의 해상도와 정확도가 떨어진다는 단점이 있다. 반면에 지상 이동식 라이다는 고정식과 항공 라이다의 중간 정도의 해상도와 정확도를 가지며 넓은 지역의 데이터 수집도 가능한 측정 방식이다.

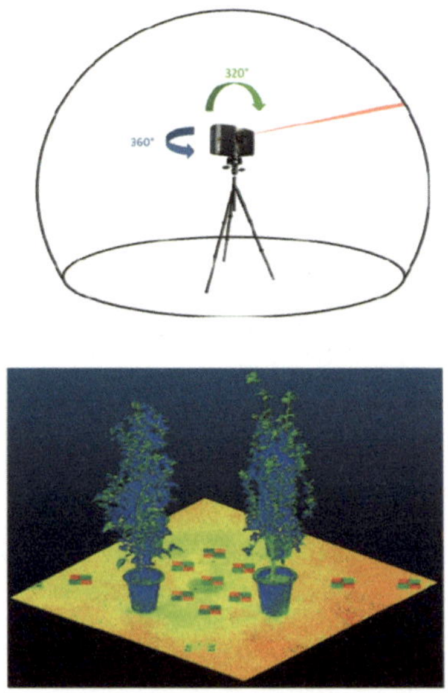

그림 9-4.
고정형 라이다와 측정 데이터

라이다와 사진 측량은 모두 장점과 단

점이 있다. 라이다는 넓은 영역의 고해상도 3D 모델을 빠르고 정확하게 생성할 수 있는 반면에 더 비싸고 특수 장비가 필요한 경우가 많다. 사진 측량은 더 오래전부터 진행되어 온 방식이므로 관련 소프트웨어나 알고리즘이 풍부한 반면에 촬영할 때는 조명과 환경 조건의 영향을 더 받는다.

그림 9-5. LiDAR를 이용한 공원 내 수목 데이터 수집

9-4. 3차원 데이터를 이용한 녹시율 측정

(1) 3차원 점군 데이터 분류

녹시율 측정을 위해서는 3차원 점군 데이터로부터 식물 또는 식물의 잎을 구분할 필요가 있다. 3차원 점군 데이터의 각 점은 측정기기에 따라 색상값, 반사강도값 등 다양한 정보를 포함하고 있으나 공통적으로 x, y, z의 좌표로 이루어진 위치 정보를 포함한다. 이에 따라 위치 정보를 이용하여 데이터를 분류하는 방식이 다양하게 개발되었다.

일반적으로 지면 분류 알고리즘을 이용하여 수목, 건물, 차량 등의 구조물과 지면을 분리하며, 그 다음 과정으로 수목과 기타 구조물을 분리한다. 도로 및 건축물과 같은 많은 인공 구조물의 표면은 대부분 직선 형태로 나타낸다. 반면에 가로수 및 관목과 같은 자연물은 불규칙한 형태를 가지는 경우가 대부분이다. 많은 연구자가 이와 같은 특성을 이용하여 점군 분류를 수행한다.

이 밖에도 많은 아이디어와 알고리즘을 통한 분류 방식이 개발되었지만 아직까지 자동 분류 알고리즘을 통해 100% 정확도로 식물을 분류하는 것은 사실 불가능에 가깝다. 그래서 최대한 많은 수목을 자동으로 분류한 다음에 잘못 분류된 수목은 수동으로 직접 분류하는 방식을 이용하고 있다.

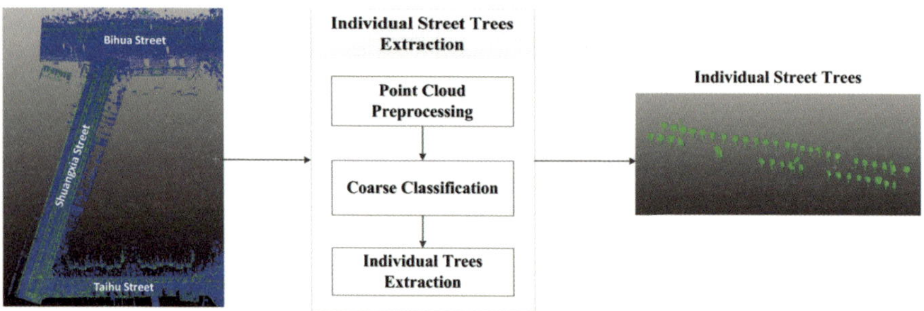

그림 9-6. 3차원 점군 데이터로부터 수목 추출의 예 출처: Zhao et al.,(2018)

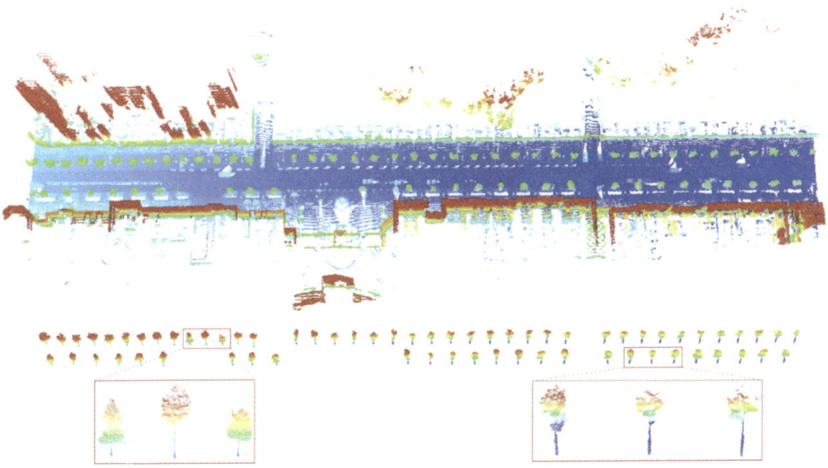

그림 9-7. Dual Growing Method를 이용한 수목 분류 출처: Bailey et al.,(2017)

(2) 녹시율 측정 방법

라이다(LiDAR)에서 수집하고 식물을 분류한 3차원 점군 데이터를 복셀화하여 녹시율을 계산할 수 있다. 복셀(voxel)은 볼륨(volume)과 픽셀(pixel)의 합성어로 볼륨을 가진 픽셀을 의미한다. 점군 데이터는 점과 점 사이에 빈 공간이 있는 데이터이므로 물체의 표면을 표현하기에는 적합하지 않다. 이러한 단점을 보완하기 위해 데이터를 복셀 변환하여 분석할 수 있다. 또 포인트 클라우드 데이터를 복셀화하고 중복되는 데이터를 제거하여 데이터의 크기를 줄이고 연산 시간을 단축할 수 있다.

점군 데이터를 사용하여 오클루전(occlusion) 맵을 생성하고 데이터 포인트를 건물, 도로, 보도 및 나무로 분류하여 녹시율을 추정할 수 있다(Susaki and Kubota, 2017). 녹시율을 계산하기 위해 레이 트레이싱 알고리즘(ray tracing algorithm)을 차용할 수 있다(Souza et al., 2003). 먼저, 한 지점에서 주변을 덮고 있는 가상의 구(sphere)를 생성한다. 이후 동일한 간격으로 떨어진 가상의 광선을 계산 지점에서 주변으로 발사한다. 오클루전 맵을 생성하기 위해 관측 지점에서 방출되는 광선의 방위각과 고도각을 각각 0°에서 360° 또는 –90°에서 +90°로 1° 단위로 변화시켜 준다. 광선은 수목 복셀과 접촉하는 광선과 접촉하지 않는 광선으로 나누어질 수 있다.

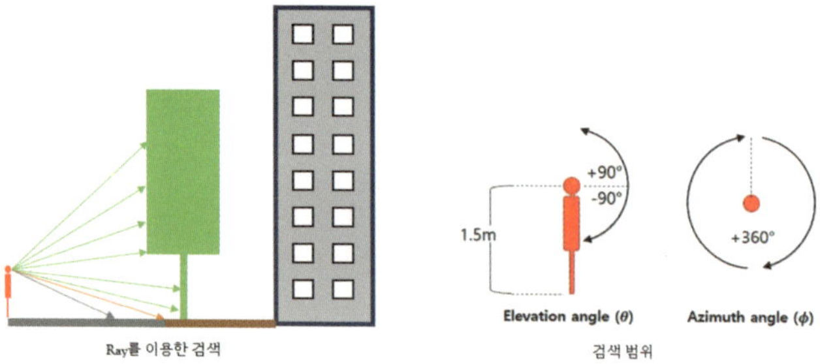

그림 9-8. 가상의 광선을 이용한 검색 방식과 검색 범위

(3) 녹시율 측정 결과

측정되는 녹시율은 주변 식물의 분포와 측정 위치에 따라 달라진다. 주변에 식물이 많을수록 녹시율이 높게 나오며, 식물의 크기가 클수록 녹시율이 높게 나타난다. 이를 확인하기 위해 가상의 대상지를 다음 그림 9-8과 같이 설정하고 분석을 수행했으며 위치에 따라 녹시율이 다양하게 나타날 수 있음을 확인했다.

그림에 나타난 것처럼 동일한 대상지 내에서도 측정 위치에 따라 보이는 수목의 면적이 다르다. 이를 통해 볼 때 도시 내 풍부하고 균일한 녹시율 확보를 위해 다음과 같은 방법을 제시할 수 있을 것이다. 첫째는 가장 자명한 방법으로 녹지

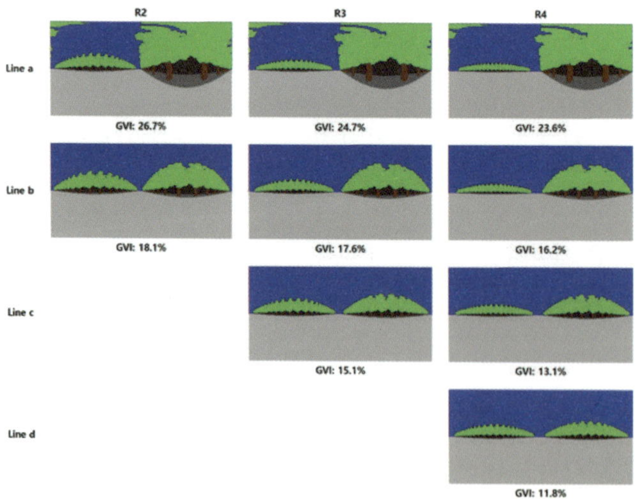

그림 9-9. 녹시율 분석 결과

의 양 자체를 늘려 높은 녹시율을 확보하는 것이다. 큰 규모의 수목을 많이 식재하거나 다층식재를 하는 등 녹지의 양 자체를 늘려 도시 내 높은 녹시율을 유지할 수 있다. 녹지의 양 자체를 늘리게 된다면 녹시율 증가는 자연스레 따라오기 때문이다. 둘째는 녹시율 측정 지점을 다양하게 선정하여 녹시율이 부족한 지점을 찾아야 한다. 분석된 녹시율 그림에서 나타난 것과 같이 녹시율은 동일한 대상지라도 측정지점에 따라 그 값이 변화한다. 대상지별로 편향되지 않은 녹시율 측정을 위해서는 한 대상지의 여러 지점에서 녹시율을 측정하고, 측정지점의 평균치를 사용함이 더 적절할 수 있다.

녹시율은 도시 내 녹지를 측정하는 다양한 방법 중 하나이다. 그러나 더 이상의 녹지를 확보하기 어려운 도시 내에서 녹시율의 증가는 사람들이 체감하는 녹지를 증가시킬 수 있는 가장 효율적인 방법 중 하나라고 할 수 있다. 녹시율을 측정하는 기존의 방법론인 사진측량은 정확한 녹시율 측정 방법임에는 틀림없을 것이나 넓은 지역에 대한 측정 측면에서는 다소 효율싱이 떨어지는 측면이 있었다. 이에 최근 개발된 LiDAR 기술을 적용하여 녹시율을 측정한다면, 향후 사람이 느끼는 녹지 부족지역을 탐지하여 우선적으로 환경개선이 필요한 지역을 찾아내는 등 일련의 절차를 더 효율적이고 정확하게 수행할 수 있을 것이다.

3. 기후변화 대응 방안

10

기후변화 적응과 식생 관리

한국환경연구원 | 김윤정

기후변화 적응을 위해 적합한 조경 수종을 선정하고 관리방식을 결정하는 것은 매우 중요하다. 비용 절감, 식생 치사율 감소 등을 꾀하기 위해 봄~겨울에 걸쳐 발생하는 다양한 기상·기후 리스크와 이용수요를 복합적으로 고려해야 한다. 기후변화에 대비하여 고려해야 할 생태계의 관리방안을 제안하였다.

10-1. 기후변화 대응 식생 관리 필요성

기후변화에 적응하기 위해 건강한 생태계를 확보하는 것은 매우 중요하다. 기후변화로 인해 생태계가 부정적인 영향을 받게 되면 생물다양성 저하, 생산성 감소 등과 같은 생태적 영향뿐만 아니라 식량 안보 위협, 농림어업 일자리 감소, 도시 환경의 질 저하 등 다양한 사회경제적 영향이 연쇄적으로 발생할 수 있다. 생태계의 핵심 구성 요소인 식생(vegetation)은 기후변화로 인해 식생활력도 저하, 치사와 같은 피해를 입을 수 있다. 그러므로 기후변화에 적응할 수 있는 식생 관리방안을 모색하고 적합한 수종을 제안하는 것은 매우 중요하다.

기후변화는 다양한 이상기후(폭염, 한파, 가뭄, 풍수해 등)를 초래하며, 그 영향은 생태계에게 특히 취약한 특성을 가진다. 사람은 기후변화로 인해 가뭄이 발생했을 때 비상급수차의 보급 등 다양한 적응 조치가 가능하지만 인간 사회에 비해 생태계는 자발적으로 기후변화에 적응할 수 있는 역량이 미흡하다. 특히 나무, 관목, 초본 등 식생(vegetation)의 경우 기후변화로 인해 본래 대상 식생이 생육할 수 있는 기상기후 조건이 변화하여 미흡한 이동 능력으로 인해 대규모 고사와 생육 저하가 발생할 수 있다. 따라서 기후변화에 대응하려면 먼저 기후변화에 적합한 수종이 지역별로 분포하고 있는지 현재와 미래의 기후 관측, 전망 정보를 대상으로 점검하고, 미래의 조경 설계와 계획 및 관리에서의 조경 수종의 도입 및 관리 방안을 마련해야 할 필요가 있다.

기후변화에 관한 정부 간 협의체(Intergovernmental Panel on Climate Change, IPCC)는 최근 발표한 제6차 전 지구적 평가보고서를 통해 생태계에 대한 기후변화 취약성이 심화되고 있으며, 높은 수준의 신뢰도로 생태계가 비가역적 변화를 보일 수 있음을 강조했다(IPCC, 2021). 생태계의 비가역적 변화란, 생태계가 적응할 수 없는 지점인 극한선(tipping point)에 이르러 대량고사, 멸종 등 회복이 불가능한 상태에 이르는 것을 뜻한다. 식생은 인간과 달리 자유로운 즉각 이동이 어렵기 때문에 비가역적 변화가 발생하지 않도록 기후변화에 적응할 수 있는 적합 수종의 제안과 식생 관리를 도모해야 할 필요가 있다.

한편, 기후 탄력적 발전이란, 기후변화로부터의 영향을 최소화하고 기후변화에 대한 대응 능력을 강화하며, 지속 가능성을 향상하는 방향으로 경제적 및 사회적 발전을 추구하는 개념이다. 이는 최근 발표된 기후변화에 관한 정부 간 협의체(IPCC)의 제6차 평가보고서에서 강조되었다. 기후변화 적응을 고려한 생태계 관리를 통해 궁극적으로 사회-생태 시스템 간에 선순환을 이룩할 수 있으며, 이를 위한 식생 관리 방안을 조경 설계와 계획 및 관리에 적용해야 한다.

10-2. 복합 생물기후학적 리스크를 고려한 식생 관리

기후변화에 적응할 수 있는 식생을 제안하려면, 먼저 기후변화에 대한 식생의 적응 가능성을 평가해야 한다. 식생의 지리학적 분포 범위에 따른 니치(niche, 생물학적 지위)를 고려하여 기후변화에 대한 미래 반응을 전망하는 과정이 필요하다. 이때 하나의 기후 요소만을 고려하는 것이 아니라 다양한 요소를 고려하여 실제 복합적인 기후변화 현상이 발생했을 때 식생의 반응을 추적하고 평가하는 것이 필요하다.

그러나 극한기후(서리, 가뭄 등)는 종종 동시에 발생하며 연쇄적으로 작용하여 이와 같은 현상에 대한 식생의 반응을 기후변화 영향평가에 반영하는 것은 쉽지 않다. 실제로 식생은 다중 생물기후학적 리스크가 동시다발적 및 연쇄적으로 발생할 때 치명적 반응을 보이고 치사율에 변동이 생기는 경우가 많다.

예를 들어, 그동안 연쇄적인 생물기후학적 영향이 기후변화에 적응할 수 있는 식생의 적응 능력을 저하한다는 증거가 도출되어 왔다. 이른 봄에 심각한 동결과 가뭄이 연쇄적으로 발생하는 경우 식생의 치사율을 높인다는 관측이 전 지구적 및 동아시아 지역에 대해 관측된 바 있다. 따라서 기후변화에 따른 미래 수종의 서식적합성을 고려할 때 동시다발적 및 연쇄적으로 발생하는 리스크의 영향 기작을 고려해야 한다.

가장 손쉽게 복합적이며 연쇄적으로 발생하는 각종 기후 리스크를 고려하는 방안은 수종별 내건성(drought tolerance), 내습성(moisture tolerance), 내서성(heat resistance) 등 식생의 각종 기후 요소에 대한 저항력을 복합적으로 살펴보는 것이다. 그러나 저항력을 복합적으로 살펴보는 것 외에 추가로 다양한 극한기후의 발생 경로가 일 년 동안의 식생의 생활주기(life cycle)에 어떻게 발생하고 전개될지를 고려하는 것이 필요하다. 예를 들어, 겨울철에 평균 기온이 상승한 상태와 가뭄의 발생이 복합적으로 발현된 상태에서 한파가 닥칠 경우 수종 치사가 발생할 수 있다. 따라서 만약 지속적으로 상승하는 평균 온도만을 고려하여 동백나무를 중부 지방의 가로수종으로 식재한다면 이는 적합한 선택이 아니다. 평균 온도 외에 동결, 가뭄, 집중호우 등의 극한기후에 대한 적응력을 다각도로 검토하고, 다양한 극한기후의 전개 양상을 통합적으로 고려해야 한다.

수종별 연쇄적인 극한기후 발생에 따른 취약성은 베이지안 네트워크 분석을 통해서 파악해 볼 수 있다. 사례연구에서는 주요 가로수종인 느티나무 및 동백나무를 대상으로 각 수종별 분포 범위와 생물기후학적 니치(niche)를 도출하고, 서울시를 대상으로 미래 기후변화 전망과 비교 분석하여 결합 확률(joint probability)을 정량화했다. 이 연구 결과는 온난한 겨울의 도래, 생육 일수 미충족, 가뭄 발생 등 생물기후학적 위해가 어떻게 미래에 동시에 연쇄적으로 발생하는지에 대한 경로를 분석하여 가시화한 사례이며, 기후변화 적응 식생 관리가 왜 복합적인 기후 리스크의 발생 양상을 고려해야 하는지에 대한 시사점을 제공할 수 있는 자료이다.

생육기(3~10월)의 극한기후 취약성은 느티나무에서 장기적으로 높으나 온난한 겨울에 의한 동결적응력 하락, 동결과 가뭄의 동시 발생으로 인한 개화기 취약성의 증가로 결과적으로 동백나무가 기후변화 취약성이 더 높이 평가되었다.

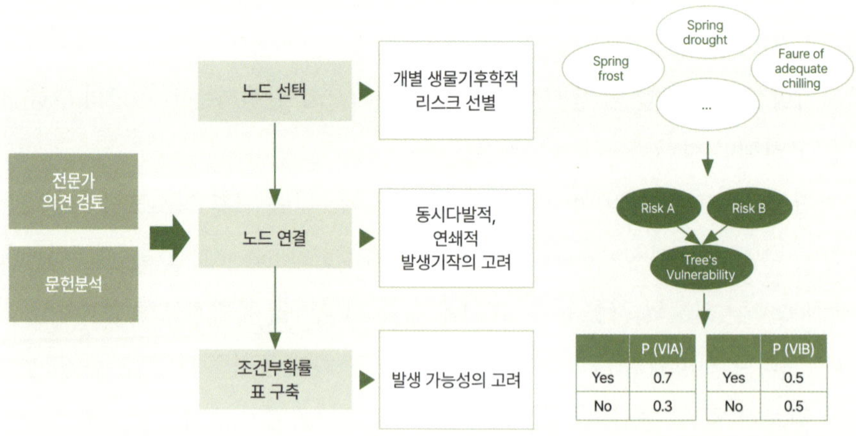

그림 10-1. 식생에 대한 복합 기후리스크의 네트워크 기반 고려 출처: Kim et al.,(2019a)

식생의 분포 범위에 따른 생물기후학적 속성을 고려했을 때 2099년까지 50%에 해당되는 연도가 이상 난동을 보이고 연쇄적인 동결, 가뭄의 발생이 각각 24%, 35%에 이를 것으로 규명되었다. 이 분석을 통해서 지속적인 평균 온도의 상승에도 불구하고 온도 변동량의 증가로 인해 지속적인 생물기후학적 리스크가 발생할 수 있음을 확인하였다. 특히, 겨울철 온도상승이 문제가 될 수 있기 때문에 겨울철에 사전 예방 측면에서 도시 수종 관리를 시행해야 할 필요가 있다.

이러한 사례 연구 결과를 고려할 때 우리나라 중부 지방은 이제 겨울철 평균 온도의 상승(이상난동 발생), 강수량 감소 및 가뭄 발생, 봄철 생육기 시작 구간에 동결 발생으로 이어지는 기작을 고려하여 겨울철 식생의 멀칭과 급수 관리를 적극 수행해야 한다. 평년에 비해 높은 겨울철 온도와 낮은 강수량이 발생하지는 않는지 모니터링을 시행하고 생육기가 시작되는 봄철의 식생고사를 방지해야 한다. 또 지속적으로 수종의 복합적인 기후 요소에 대한 저항성과 기후 리스크의 연쇄적 발생 현황을 고려하여 우선적인 관리 의제를 지속적으로 신별하여 적용해야 할 필요가 있다.

10-3. 기후변화 리스크와 자연 자원 이용 수요를 고려한 식생 관리

식생의 건강성 저하는 생태계 서비스의 양과 질을 저해하며 생물다양성의 감소, 이산화탄소 흡수량의 감소, 깨끗한 물 등의 감소를 유인한다. 일반적으로 이러한 식생의 건강성은 인간 활동과 기후변화의 두 가지 압력 요인에 의해 저해되며 이에 따라 지속 가능한 생태계를 확보하기 위해서는 인간의 이용 수요와 기후변화를 고려한 생태계 관리가 필요하다. 따라서 복원, 보전 등 기후변화 적응을 고려한 생태계 관리 대상지를 선정할 때는 기후변화로 인한 취약성과 이용 수요를 고려하여 우선적으로 관리가 필요한 지점을 선별해야 한다.

그 사례로 제주도 지역의 극한기후 및 토지 전용이 식생활력도 저하에 미치는 영향을 고려하여 관리방안을 도출하였다. 2002년부터 2014년까지의 기후조건 및 인간 활동 관련 현황과 식생활력도 평가지수인 EVI(Enhanced Vegetation Index)의 변화를 시계열로 분석하였으며, 이를 바탕으로 우선순위 관리 및 계획 의제를 도출하였다. 이 연구는 머신 러닝 기반의 가우지안 베이지안 네트워크(Gaussian Bayesian Network) 접근 방식과 위성 영상 분석을 통해 그간의 영향을 살펴보고, 미래 집중관리가 필요한 지점을 선별하여 제시하였다.

연구 결과 특히 취약한 식생군집 유형과 공간 범위가 제시되었으며, 특히 다른 군집 유형 대비 침엽수림이 높은 EVI의 저하 현상을 보이는 것으로 관측되었다. 인간 활동으로 인한 농경지, 시가지 등으로의 토지 전환은 모든 군집 유형, 특히 낮은 고도에 위치한 식생에 부정적인 영향을 미쳤으며 활엽수림과 혼효림에서도 높은 EVI의 저하가 관측되었다. 결과적으로 이 연구는 제주도를 대상으로 동결 기간의 길이, 여름철 온도 상승, 강수량의 전반적 증가의 세 가지 요인이 EVI의 저하에 가장 큰 영향을 미치는 것을 규명했다. 비록 기후 요소에 대한 생물기후학적 반응은 수종에 따라 상이할 수 있으나 이 세 가지 요인은 특히 지속

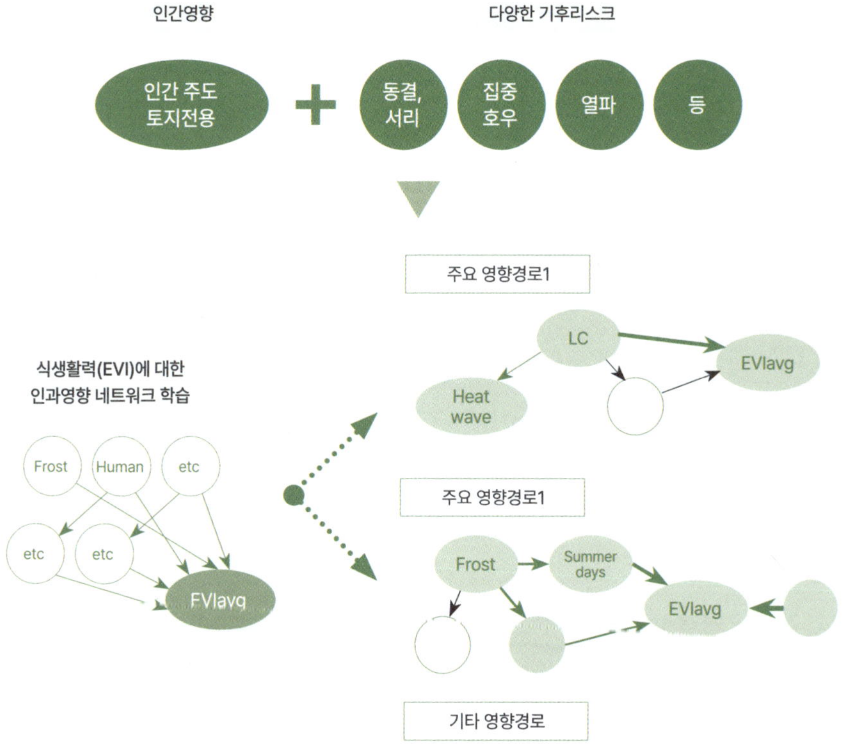

그림 10-2. 식생활력도(EVI)에 대한 영향경로 평가 틀 출처: Kim et al.,(2019b)

가능한 생태계 관리를 위해 주목해야 할 요소이다.

토지 이용으로 인한 부정적 영향은 특히 활엽수림과 혼효림에서 발생했으며, 기후변화에 대한 취약성이 높은 지점 중에서 사람의 이용이 밀집되는 지점에 대해 더욱 면밀한 관리가 필요하다. 이와 같이 기후변화로 인해 영향을 크게 받는 지점을 선별하고 토지 전용 등 사람에 의한 자원 이용이 심화되는 지점을 고려하여 우선적으로 고려해야 할 지점을 찾는 것이 매우 중요하다. 기후변화 적응을 위한 식생 관리의 수행은 경우에 따라 하나의 요인만을 고려하지 않고 다각도의 복합적인 압력 요인을 폭넓게 고려해야 할 필요가 있다.

10-4. 기후변화 적응을 고려한 식생 관리 : 주요 전략의 제언

기후변화 적응을 고려한 식생 관리는 장기적으로 어떤 극한기후가 발생해도 식생의 비가역적 변화(치사 등)를 최소한으로 유지하는 데 기여할 수 있다. 생태계를 지속 가능하도록 유지하기 위해 궁극적으로 다양한 기후변화 영향 경로를 검토하고 생물다양성 증진과 자원의 이용 수요를 고려해야 할 필요가 있다. 구체적으로 다음과 같은 전략이 필요하다.

- 수종의 선택 과정에서 서식 범위, 기후 요인에 대한 복합적 저항성을 고려한다.
- 봄철 생육기가 시작되는 시점에 주목한 식생 모니터링을 한다.
- 따뜻한 겨울로 인한 동결적응력의 하락 위험성을 고려한 식생 관리를 한다.
- 생물다양성이 높은 식생군집 복원 및 생물다양성 보전을 한다.
- 자원의 이용 수요와 기후변화 영향을 고려한 관리 지점을 설정한다.

기후변화 적응에 유리한 식생은 니치(niche)가 한정적이지 않고 서식 범위가 넓은 유형이다. 각 수종의 지리적 분포 범위는 곧 해당 수종이 서식할 수 있는 기후대의 범위를 보여 주므로 서식 범위가 넓을수록 관리가 용이할 수 있다. 그러나 기후변화는 단순한 평균 온도의 상승뿐만 아니라 극한기후 강도의 상승, 기후변동성의 증가 등 복잡한 발생 기작을 나타낸다. 따라서 기후변화 적응을 위한 수종을 선택할 때는 서식 범위 외에도 기후 요인에 대한 복합적인 저항성을 다각도로 검토해야 한다. 예를 들어, 우리나라의 서식 범위를 고려하여 A 수종의 계절별 서식 온도와 강수량 범위를 산출하고 내한성, 내건성, 내습성, 내서성 등 각종 기후 요인에 대한 저항성을 복합적으로 살펴보는 과정이 필요하다.

봄철 생육기가 시작되는 시점은 새순이 도는 시기를 의미한다. 최근 기후변화로 인해 벚꽃 개화 등 생물계절적 시기의 변화가 다수 발생하고 있다. 그러나 봄철 생육 기간은 서리 발생하거나 갑작스러운 이상 저온 및 이상 고온 등 이상기후가 발생할 수 있는 시기이다. 따라서 봄철 생육기의 건강한 생육을 위해 면밀하게 모니터링을 시행할 필요가 있으며, 매년 변화하고 있는 생물계절적 현상에 주목해야 한다.

우리나라는 점점 평균 기온이 상승하고 있으며 겨울철 온도도 상승하고 있다. 그러나 식생은 겨울철에 지속되는 한파로 인해 높은 동결적응력을 보유하게 되며, '따뜻한 겨울, 가뭄, 겨울철 동결 및 한파 발생'의 기작이 이어지는 것을 모니터링하고 이에 대비한 멀칭, 관수 등의 관리가 필요하다. 기후변화로 인한 높은 기온 변동성을 고려하여 면밀한 모니터링 및 관리를 시행해야 할 필요가 있다.

식생 관리를 수행하는데 있어 생물다양성의 고려는 매우 중요하다. 따라서 생태계의 비가역적 변화를 막기 위해 복잡한 먹이그물이 보장되는 생태계를 복원하고 보전하며 관리하는 노력이 상시 수반되어야 한다.

다양한 압력 요인을 반영하는 것은 적응 조치의 성공률을 높이며 'No Regre' 원칙에 입각한 관리 및 계획 기법을 도모할 수 있게 한다. 따라서 사람들이 자연자원을 어떻게 이용하는지를 파악하고 기후변화에 대한 취약성이 높은 지점, 이용 수요에 따른 훼손 가능성이 높은 지점을 복합적으로 고려해야 한다. 최근에는 핸드폰 통신 정보, 소셜미디어 위치 정보, 카드 사용 정보 등의 다양한 형태의 빅데이터를 통해 사람의 자연 자원 이용의 동태를 파악하는 연구가 진행되고 있으며, 보호가 우선적으로 필요한 지점을 파악하는 시도가 증가하고 있다(Kim et al., 2019c). 따라서 기후 영향 외의 압력 요인을 고려하고 후회가 없는 공간 의사결정을 도모해야 할 필요가 있다.

11

탄소저감형 도시녹화 모듈

한국건설기술연구원 | 김효민

탄소중립의 실현을 위해 조경 분야에서도 다양한 실천이 이루어지고 있다. 그중에서 도시 인공 지반에서 녹화 모듈을 조성할 때 탄소저감을 극대화할 수 있는 방안에 대해 소개한다. 녹화 모듈을 구성하는 세 가지 요소 기술인 녹화 자재, 인공 토양, 식재 구조/기법을 중심으로 재료의 선택에서부터 제조 공정, 사용, 관리에 이르는 전 과정에 걸친 평가 관점에서 탄소저감을 극대화할 수 있는 방법을 구체적으로 설명했다.

11-1. 탄소저감형 녹화모듈의 필요성

도시화가 심화되고 도시 인구가 증가하면서 에너지 사용이 증가해 이산화탄소 발생 등 다양한 환경 문제가 주요 도시 문제로 부각되고 있다. 2020년 10월 국가 비전으로 2050 탄소중립 선언을 했고, 이에 대한 후속 대응으로 2050 시나리오가 수립되어 정부와 개별 지방자치단체 차원으로 다양한 노력을 기울이고 있다.

조경 분야에서는 어떤 노력을 통해 탄소중립을 달성할 수 있을지를 생각해 보자. 탄소중립을 위해 각 분야에서 아무리 탄소 배출을 저감하더라도 배출량이 전혀 없는 것으로 만들기는 쉽지 않다. 그러므로 탄소중립을 위해서는 탄소를 흡수할 수 있는 흡수원 관리가 매우 중요하고 조경 분야는 이와 가장 밀접한 관계를 지닌 분야임에 틀림없다.

그림 11-1. 탄소저감형 도시녹화 모듈의 구성 요소

대규모의 공원과 산림을 조성하면서 탄소흡수원을 늘리는 것도 매우 중요하다. 하지만 이들은 대규모의 공간이 필요한 만큼 토지 이용 밀도가 높은 도시에서는 공간을 확보하기가 힘들다. 그러므로 건축물, 도로변 등의 인공 지반 어디에서든지 조성이 가능한 녹화 모듈을 활용하여 탄소저감 목표달성에 기여할 수 있다. 인공 지반 녹화 모듈을 조성하기 위해서는 이를 구성하고 있는 요소 기술 각각에 대해 탄소저감을 극대화하기 위한 방안이 수립되어야 한다. 요소 기술은 크게 조경 자재, 토양, 식재 구조/기법으로 나눌 수 있으며, 각 재료의 선정에서부터 제조 공정, 사용, 유지 관리에 이르는 전과정평가에서 탄소저감을 극대화할 수 있는 방법을 강구해야 한다.

11-2. 탄소저감형 조경 자재

조경 분야에서 사용되는 자재는 매우 다양하다. 식물, 목재, 벽돌, 콘크리트, 플라스틱, 금속 등 정원이나 공원을 조성하기 위해 여러 종류의 자재를 이용해 시설물을 제작하여 설치한다. 탄소저감형 녹화 모듈을 제작하기 위해서는 사용하는 자재의 제조 공정과 설치 후 탄소 배출과 저장 및 흡수 등에 대해 종합적으로 고려해 본 다음에 재료를 선정해야 할 필요가 있다.

이를 위해서는 전과정평가(Life Cycle Assessment, LCA) 관점에서 각 재료별 탄소 배출의 정도를 파악해 볼 필요가 있다. 여기서 전과정평가란, 원료 및 가공, 제조, 수송, 유통, 사용, 재활용 및 폐기물 관리 과정에서 소모되고 배출되는 에너지 및 물질의 양을 정량화하여 이들이 환경에 미치는 영향을 총체적으로 평가하고 이를 토대로 환경 개선의 방안을 모색하고자 하는 방법이다.

산림에서 흡수한 탄소를 목재의 형태로 저장한다는 관점에서 목재는 탄소저감형 자재로 우수한 기능을 가지고 있다. 목재는 화석 자원 기반 재료인 철과 시멘트 및 플라스틱에 비해 생산할 때 온실가스 배출량이 적어 탄소 배출을 줄이는데 큰 기여를 할 수 있다. 동일한 1톤 재료를 생산할 때 시멘트는 0.9톤, 플라스틱은 1.5톤, 철은 3.2톤의 온실가스를 배출하며, 건설재로 이용되는 구조용 건조 제재목은 0.4톤의 온실가스를 배출한다. 그러므로 시멘트나 플라스틱 대신에 목재를 사용한다면 제조 공정상 화석 연료를 비교적 적게 사용하게 되므로 탄소 배출을 저감할 수 있으며, 목재가 저장하고 있는 탄소량까지 고려한다면 다른 자재보다 훨씬 더 많은 탄소저감량을 확보할 수 있다.

콘크리트는 최근 조경 시설물 자재로 많이 사용되는 재료이다. 콘크리트는 시멘트와 물, 모래, 자갈, 골재 및 혼화재를 적절히 배합하여 굳힌 혼합물을 뜻한다. 하지만 콘크리트의 주 재료인 시멘트는 탄소발생량이 매우 큰 소재 중의 하나로 시멘트 원료로 사용되는 석회석이 열적으로 분해되는 과정에서 탄소가 많이 발생한다. 특히, 예쁜 질감과 정교한 디자인으로 최근 많이 사용되는 초고성능 콘크리트(UHPC)는 일반 콘크리트에 비해 시멘트가 상당량 들어가게 되어 그 이점에 비해 탄소 발생량이 많다. 그래서 최근에는 시멘트를 최소화하거나 사용하지 않고 에코 콘크리트를 만드는 기술이 개발되고 있다. 건물과 교량을 건축할 때도 에코 콘크리트가 사용되고는 있지만 안전을 위해 일정 기준 이상의 고강도가 요구되므로 시멘트를 전혀 사용하지 않고 건축물을 세우는 것은 불가능하다.

하지만 조경 용도로 사용되는 콘크리트의 경우에는 건물 및 교량 수준의 강도를 요구하지 않으므로 시멘트를 전혀 포함하지 않고도 콘크리트 플랜터, 투수블럭, 경계석 등의 시설물을 만들어 낼 수 있다. 시멘트 대신 고로슬래그, 플라이애시와 같은 재활용 재료를 사용할 수 있으며 콘크리트는 대기 중의 탄소를 탄산화하는 반응이 일어나므로 대기 중의 탄소를 플랜터가 흡수하여 탄소저감을 극대화할 수도 있다.

한국건설기술연구원에서는 탄소저감형 지오폴리머 콘크리트를 개발하여 녹화 모듈에 적용하는 연구를 수행하고 있다. 시멘트 없이 재활용 재료를 사용하여 전과정평가(LCA) 관점에서 탄소발생량을 최소화하고 대기 중의 탄소 흡수를 극대화할 수 있는 콘크리트 배합비를 개발했으며, 콘크리트를 배합할 때 바이오차를 포함하여 콘크리트의 탄소저장량을 높이고 플랜터의 단열 성능도 증진할 수 있게 했다. 이와 같이 탄소중립을 달성하기 위해서는 녹화 모듈 재료의 선정에서부터 제조 공정, 운영 관리 등의 전 과정 관점에서 탄소를 저감할 수 있는 선택이 필요하다.

11-3. 탄소저감형 조경 토양

탄소중립형 국토 및 도시 공간을 구현하는데 있어 토양은 거대 탄소 저장고로 주목받고 있음에도 불구하고 토양의 탄소 호흡에 대한 연구는 미흡한 실정이다. 특히, 옥상녹화 및 벽면녹화 등 녹색건축물을 조성하기 위해 사용되는 인공 토양의 경우에는 식물 생장이나 하중 등을 고려한 경량화 중심의 연구에 치중되어 있으며, 탄소저감과 관련된 연구가 상대적으로 매우 부족한 실정이다. 탄소저감과 녹지를 조성하기 위해서는 대기 중의 탄소를 직접 흡수하는 나무 및 초화류 식재뿐만 아니라 식물이 자랄 수 있는 근간이 되는 토양의 선정과 유지 관리 또한 매우 중요하다.

(1) 토양의 탄소격리와 배출

토양은 대기 중의 탄소를 직접 흡수할 수는 없지만 탄소를 저장하여 격리할 수 있는 능력이 있다. 식물은 대기 중의 이산화탄소를 흡수해 광합성을 한 뒤에 남은 탄소를 토양에 저장한다. 이때 식물이 지속적으로 탄소를 흡수해 토양에 탄소가 많아지면 식물이 잘 자랄 수 있는 비옥한 땅이 만들어진다. 이것이 바로 토양 속에 탄소를 가두어 놓을 수 있다는 '토양의 탄소격리(carbon sequestration)' 개념이다.

기후위기에 대응하기 위해 민간과 정부가 함께 참여하는 협의체인 '4 per 1,000 이니셔티브'에서는 지구 토양은 대기보다 약 2~3배 더 많은 탄소를 함유하고 있으며, 매년 0.4%씩 토양 탄소 함량이 증가하면 대기 중 이산화탄소의 증가량이 크게 줄어든다고 언급하고 있다.

토양 내에 탄소를 격리하는 방법 중의 하나는 바이오차를 이용하는 것이다. 바이오차란, 바이오매스(biomass)와 숯(charcoal)의 합성어로 폐목재, 분뇨, 음식물 쓰레기, 커피 찌꺼기 등의 버려진 폐자원이 열분해되어 생성된 고탄소 물질이다. 바이오차를 토양에 주입하면 토양 내 탄소저장량이 높아질 뿐만 아니라 소량의 비료를 주입하더라도 그 영양분의 손실이 적어지게 되어 식물이 더욱 잘 자랄 수 있으며, 미생물의 성장을 돕고 토양의 산성화를 방지할 수 있다. 바이오차의 탄소격리 효과는 기후변화에 관한 정부 간 협의체(IPCC)에서도 인정하고 있다.

하지만 이와 같이 격리된 토양 내 탄소는 식물과 토양을 어떻게 유지 관리하는지에 따라 녹지 공간 자체가 흡수원이 될 수도 있고 배출원이 될 수도 있으므로 식재 후 관리도 매우 중요하다. 예를 들어, 식재한 뒤에 식물 생장에 도움을 주기 위해 일정량의 비료를 넣게 되면 비료 자체가 질소와 인이 풍부한 영양 물질이므로 토양 내 미생물이 왕성하게 활동하게 되고 토양에서 대기 중으로 탄소 배출량이 증가하게 된다. 이는 식물 생장이 잘되어 대기 중의 탄소를 흡수하는 양보다 비료 투입으로 인해 대기 중으로 발생하는 탄소량이 더 많아져 탄소중립 측면에서 살펴보았을 때는 매우 부정적인 토양 관리 방법이다.

(2) 탄소저감형 인공 토양

토양은 크게 자연 토양과 인공 토양으로 나눌 수 있다. 자연 토양은 산, 밭, 강 등에서 쉽게 발견할 수 있는 토양으로 중량감이 있으므로 주로 자연 지반 위에서 사용되고 있다. 하지만 도시화가 심화되어 대지 밀집도가 높아진 환경에서 대규모의 공원이나 숲 등의 녹지를 조성할 수 있는 공간을 찾기가 매우 어렵게 되었다. 그래서 자연 지반보다는 도시의 콘크리트 바닥에 식물을 식재할 수 있는 인공 지반을 만들어 녹지를 형성하게 된다. 인공 지반은 건물 옥상, 지하주차장 상부, 기반 시설물 상부 등 일반 자연 지반과 단절된 공간에 조성되며, 이때 토양의 부피가 너무 무거운 경우에는 하중 문제가 발생할 수 있으므로 주로 경량형의 인공 토양을 사용하는 것이 일반적이다. 인공 토양은 토양 재료를 인공적으로 가공해 만들어진 대체 토양을 말하며, 식물 생장을 위해 유기물 재료를 일부 섞어 토양을 개량하기도 한다.

현재 인공 지반 녹화에 적용되는 인공 토양의 90% 이상은 진주암을 소성하고 팽창시킨 펄라이트(perlite)계이다. 인공 토양 재료는 크게 펄라이트, 바텀애쉬

그림 11-2. 인공 토양의 재료별 모습 비교

(bottom ash), 제올라이트(zeolite), 버미큘라이트(vermiculite) 등의 무기질 기반의 토양과 피트모스, 코코피트 등의 유기질 기반의 토양으로 특성을 나누어 볼 수 있다.

펄라이트는 옥상 녹화된 곳에서 흔히 찾아볼 수 있는 하얀색 작은 알갱이로 이루어진 토양이다. 펄라이트는 원광(진주암)을 적정한 입도로 파쇄한 뒤에 1,100℃의 고온에서 소성 가공하여 식물 생육에 적합하게 만든 경량 인공 토양으로 현장에서 경량 요소로 활용되고 있다. 하지만 모두(100%) 수입 원료를 사용하고 있으며 생산 과정에서 탄소발생량이 과다하여 탄소중립 실현을 위해 적절한 재료는 아니라고 할 수 있다.

펄라이트와 관련하여 흥미로운 사실은 제조 공정 중에는 고온 가열로 인해 탄소배출량이 매우 큰 편이지만 대기 중에 두고 측정했을 때는 탄소발생량이 거의 없다는 것이다. 이는 무기질 기반의 토양 대부분에서 나타나는 결과로 제올라이트, 버미큘라이트 또한 광물을 고온에서 팽창시킨 재료들로 펄라이트와 비슷한 특징을 가진다. 다시 말해 제조 공정에서 일어나는 탄소발생량을 고려하지 않는다면 조성한 뒤에는 탄소발생량이 거의 배출되지 않으므로 보습성, 보비성 등의 장점을 강조하며 인공 지반 녹화에 자주 사용되고 있다. 그러므로 탄소저감형 인공 토양 배합을 위한 재료를 선정할 때는 조성한 뒤의 탄소배출량 뿐만 아니라 반드시 제조 공정에서의 탄소배출량을 고려한 전과정평가(LCA) 관점에서의 재료 선정이 이루어져야 한다.

정주지의 폐기물을 토양 재료로 활용하기도 한다. 발전소의 연소폐기물인 바텀애쉬는 화력발전소의 연소폐기물로 인공 토양 생산 과정에서 선별 파쇄와 혼합할 때 소요되는 최소한의 소요 전력을 필요로 하는 토양 소재이며, 화력 발전 재료에 따라 부산물의 특성도 달라지게 된다. 석탄 기반 화력 발전의 경우에는 탄소가 전혀 없는 무기물인 바텀애쉬가 부산물로 나오게 되며, 목재 기반 화력 발전의 경우에는 탄소 함량이 높은 안정화된 바이오차 형태로 부산물이 만들어진다. 목재기반 화력발전소 부산물로 나오는 바이오차는 일반 토양 개량제로 사용되는 바이오차에 비해 가열 온도가 높아 구조가 안정화되어 있어 인공토양 재료로 사용될 경우 토양 내 탄소저장량은 높이고 탄소배출량은 낮추는 이점을 가진다.

화력발전소에서 목재 펠릿을 약 500~700℃로 가열하여 생산된 부산물인 바이오차의 경우 토양 내 총 탄소(TC) 원소를 분석한 결과 탄소저장량이 약 70%였으며, 기존에 토양개량제로 많이 사용하는 약 300~500℃에서 가열된 바이오차의 경우 탄소저장량이 약 57%로 나타났다.

정수장 슬러지, 커피박, 약제 슬러지의 경우도 토양 재료로 사용되며, 이들은 건조, 부숙 과정 등이 추가로 요구되기는 하지만 기회 요소가 매우 높은 토양 소재 중의 하나이다. 이에 따라 탄소저감형 녹지를 조성할 경우 재료의 제조에서부터 고려하여 현장에 적용될 때까지의 전 과정 탄소 배출 및 저장에 대해 정확히 파악한 뒤에 토양을 선정하고 배합하여 조성해야 할 것이다.

11-4. 탄소저감형 식재 설계

탄소저감형 녹화 모듈을 구성할 때는 조경 자재와 토양도 물론 중요하지만 가장 중요한 부분은 식재이다. 어떤 식물을 선정하는지, 어떤 방법으로 식물을 조합하는지, 어떤 형태로 식물을 배치하는지, 어떤 방법으로 식물을 잘 기르는지에 따라 식물이 대기 중의 탄소를 흡수할 수 있는 능력이 달라질 수 있다. 토양 부문에서 언급한 바와 같이 식물 생장을 위해 비료, 양액 등의 인위적인 처리를 하는 순간 토양 내 미생물이 급격히 증가하게 되어 토양호흡량이 증가하고 대기 중으로 배출되는 탄소량이 많아지게 된다. 그러므로 탄소저감형 식재 설계를 위해서는 꼭 지켜야 할 몇 가지 기준이 필요하다.

(1) 탄소저감형 식재 설계 기준

첫째, 인위적인 퇴비나 양액 투여를 최소화하고 최적의 생육 환경을 조성해 식물 생장을 극대화하여 대기 중의 탄소 흡수를 증진하며, 토양에서의 탄소 발생을 최소화해야 한다. 농업분야에서는 특정 작물 재배를 위한 최적 시비량 연구가 다양하게 진행되어 왔다. 하지만 조경 분야에서는 식물 특성에 따른 시비량이나 탄소저감 측면에서의 식물생육증진 방안에 대한 선행연구가 거의 없어 경험을 기반으로 시비가 이루어지고 있다. 이러한 이유로 식물이 적정하게 필요로 하는 양보다 과량으로 시비하여 대기 중 탄소배출량이 늘어나게 된다.

둘째, 식재 대상지 환경을 정확히 분석한 후 식재설계를 해야 한다. 대상지가 인공 지반인지 자연 지반인지, 햇빛이 잘 드는 양지 환경인지, 건물이나 시설물에 의해 그늘이 지는 음지 환경인지, 주변에 하천이 흘러 토양이 습한 환경인지, 암석이 많은 건조지인지 등에 따라 잘 자랄 수 있는 식물을 선정하고 적합한 환경에 맞게 식재 설계가 이루어져야 한다. 이를 위해서는 조경설계가가 다양한 식물군에 대한 해박한 지식을 가지고 있어야 하며 이를 위해 조경학 공부를 하는 학사 과정에서 식생 유형별 탄소저감 효과뿐만 아니라 홍수저감 효과와 열섬저감 효과 등 다양한 기후위기 대응 효과에 대한 과학 지식을 학습할 수 있도록 해야 한다. 이를 위해서는 연구자들의 실험/모니터링을 통한 데이터 구축이 우선되어야 한다.

셋째, 다층식재 구조를 통해 자연스럽게 토양 온도와 습도를 조절할 수 있게 한다. 여기서 다층식재 구조란, 식물의 크기를 상층, 중층, 하층으로 구분했을 때 몇 개의 층으로 혼합 구성하여 식재하는 것을 말한다. 수목 식재에서는 교목층, 아교목층, 관목층, 지피층을 혼합하여 구성할 수 있고, 초본 식재에서는 상층, 중층, 하부층으로 구성할 수 있다. 단층의 단일 수종 식재에 비해 층 형성을 통해 그늘을 만들어 주는 경우 하부층은 직사광선에 직접 노출되지 않아 토양 수분이 날아가 건조해지는 것을 막아 줄 수 있으며, 이를 통해 식물 생육이 좋아지고 광합성이 활발하게 되어 대기 중 탄소흡수량이 커진다. 또 궁합이 잘 맞는 식물을 혼합하여 식재했을 경우 뿌리 박테리아 등의 토양 미생물이 더 잘 자라게 되어 식물 생육에 좋은 영향을 미치게 된다. 이 밖에도 다층식재는 생물다양성, 경관다양성, 물질 순환성이 강화되고 다양한 식재 변화를 감상할 수 있어 도시 미관에도 좋은 영향을 미칠 수 있다.

(2) 탄소저감형 식재 모델

녹지가 도입될 수 있는 식재 공간의 유형은 물리적 환경 또는 주제별 유형에 따라 분류할 수 있다. 다양한 식재 모델 중 대표적으로 네 가지 식재 모델을 다음과 같이 제시했으며, 식생은 상대적으로 탄소흡수량이 큰 종들 중에서 선정하여 설계에 활용했다.

모델 1은 토심 60cm 이상 인공지반녹지이거나 자연 지반으로서 토심의 확보가 용이한 환경으로 하루 5시간 이상의 일조가 확보되어 충분한 광합성을 할 수 있는 환경이다. 그리고 해가 잘 들고 바람이 불어 때로는 건조해지기 쉬운 환경의 대표적인 식재 모델을 제시했다. 해를 좋아하는 삼색조팝, 참억새 그라실리무스, 수크령 하멜론, 리아트리스, 벌개미취, 뱀무, 김의털 등의 식생을 사용했으며 충분한 토심을 활용하여 후면부에 관목을 심어 정원의 배경을 형성했다. 또 건조

환경에 강하고 풍성한 크기로 성장하는 초화류를 선정했으며, 색채는 보라색과 핑크색 계열의 식물을 혼식하여 조화로운 배색이 되도록 조성했다.

모델 2는 인공 지반으로서 토심이 30cm 미만인 환경에 하루 5시간 이상의 일조가 확보되지 않고 때때로 직사광이 들어오거나 반사광이 들어오는 환경이다. 대체로 건조하지만 장마철에는 빛이 잘 들지 않아 일시적으로 습해지는 환경을 가정하여 모델을 구성했다. 이를 위해 비비추, 꼬리풀, 휴케라, 조개나물, 무늬사초를 사용하여 건조에 강한 동시에 음지 환경에도 적응성이 뛰어난 수종을 식재했다. 그리고 후면부에는 부피감을 줄 수 있는 식물을 식재하고, 전면부에는 피복성이 좋으며 음지 환경에서도 꽃을 볼 수 있는 수종을 식재했다.

모델 3은 수생 비오톱 녹지 모델로 어류, 양서류 등 수생 환경에서 생활하는 동물군들의 피난처와 서식처가 될 수 있는 환경이다. 그리고 때때로 물이 담수되어 있지만 일 년 중 많은 기간을 건천의 상태로 유지되는 환경에 적합한 식재 모델을 제시했다. 담수 시의 수위를 확인하여 호안 경계부에는 때때로 물에 잠겨도 생육이 가능한 식물을 식재한다. 이를 위해 갈대, 띠, 꽃창포, 노루오줌풀, 리아트리스, 꼬랑사초를 주로 사용했다. 바위 주변부에는 풍성하게 생장하는 초화식물을 식재하여 자연스러운 경관을 연출하고, 정원의 뒤편에는 억새나 갈대, 띠 종류의 식물을 식재하여 동물들의 은신처 및 통로가 될 수 있도록 조성했다. 또 사람이 바라보는 정원으로서의 경관 가치와 시각적 조화로움도 함께 고려하여 식재했다.

모델 4는 허브 정원 모델로 토양의 물 빠짐이 좋고 해가 잘 드는 환경에 다소 건조하지만 비옥한 사질 양토 환경을 가정하여 설계 모델을 만들어 보았다. 허브식물을 주제로 만들어지는 정원이므로 배초향, 산마늘 산부추, 백리향, 애플민트 등 향기가 좋고 식용 및 약용이 가능한 식물을 선정했다. 그리고 상대적으로 큰 키로 자라는 허브류는 바라보는 방향에서 뒤편에 심어 정원의 시각적 배경을 형성하게 했다. 봄부터 가을까지의 연속적인 개화를 고려하여 수종을 선정했으며 가을철 이후에 마른 꽃대를 감상하는 측면까지도 고려하여 식재했다.

이와 같이 현장의 상황을 정확히 파악하고 이에 적합한 식물종을 선정하여 식물이 살기에 좋은 환경을 조성하게 되면 자연스럽게 식물 생장에 좋은 영향을 미치며 이는 식물의 대기 중 탄소흡수량을 증진하게 된다.

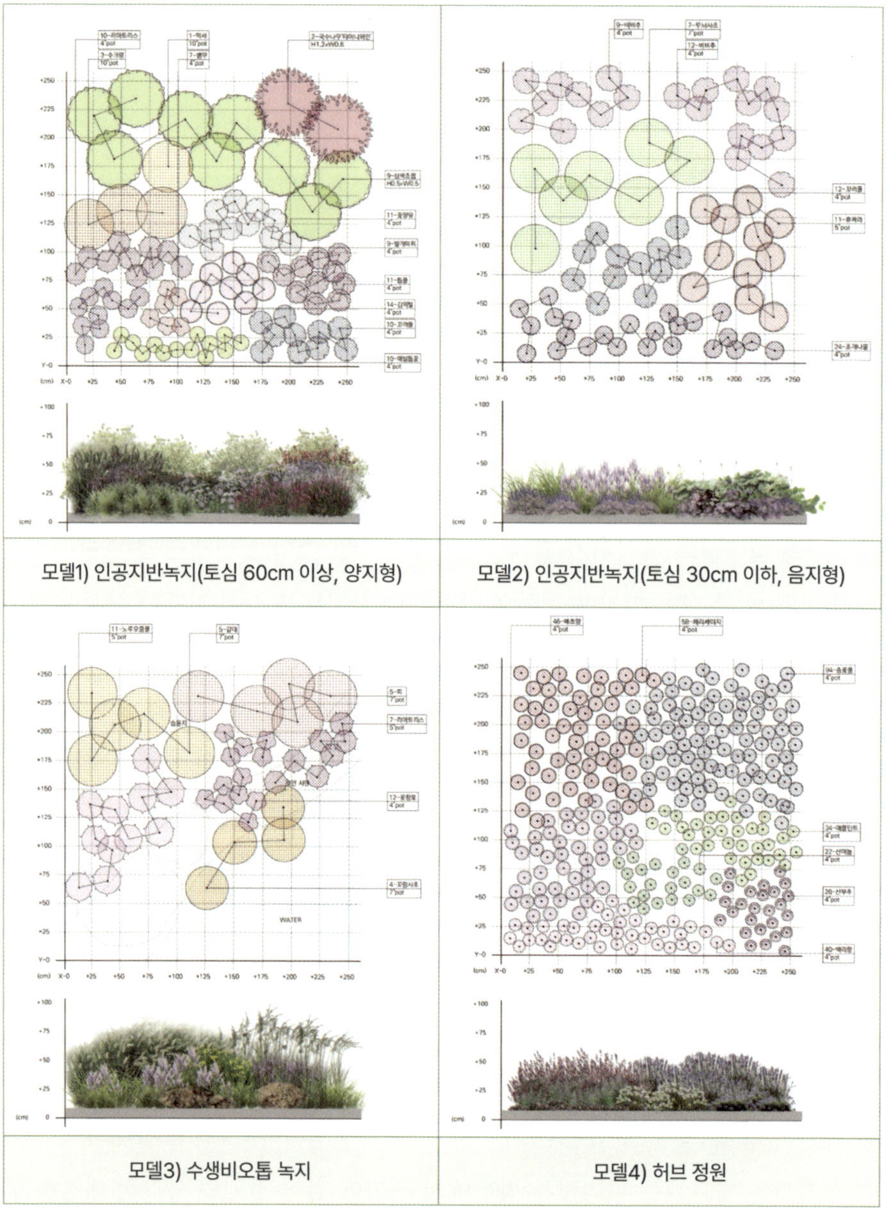

그림 11-3. 탄소저감형 식재 설계 모델

11-5. 저탄소 조경 설계로의 패러다임 전환

탄소저감형 인공지반녹지를 조성하기 위해서는 부지 선정에서부터 녹지 계획 및 설계, 시공, 유지 관리까지 저탄소 관점으로 패러다임을 바꾸어야 한다. 과거에는 미관 증진 기능을 중심에 두고 조경 설계를 했지만 이제는 기후위기에 대응할 수 있도록 탄소저감, 홍수저감, 열저감 등의 다양한 기능형 설계가 가능하도록 변화해야 한다.

제2차 조경진흥기본계획(2022~2026년)에서는 '기후위기 시대에 생태 문명을 선도하는 공간 복지 조경'을 비전으로 설정하여 첫 번째 정책 과제를 탄소흡수형 그린인프라 계획 지원으로 설정하고 있다. 기후변화에 대응하는 식재 수종, 식생 구조 개발을 통해 신규 녹지를 조성하는 등의 구체적인 실천 과제가 필요하며, 탄소흡수형 선도 사업을 추진하여 국토 환경의 조성 및 관리의 패러다임 전환이 필요하다고 언급하고 있다.

이와 같은 정부 계획을 기조로 계획과 설계 및 시공에 이르는 전 과정에서의 탄소저감을 위한 노력이 필요하며, 재활용 재료의 사용을 통한 에너지 절감, 에너지 소비를 최소화하는 제조 공정과 시공 방법의 선택, 탄소저장량 및 흡수량의 극대화, 인위적인 퇴비사용의 자제 등 모든 과정에서 패러다임 전환이 필요하다.

12

자연유산 Natural Heritage 과 기후변화

한국전통문화대학교 | 성선용

최근 문화재청은 문화재에서 국가유산으로 체제의 변화를 통해 정책범위를 확장하고자 노력하고 있다. 특히 자연유산법에서는 전통조경의 확립, 자연유산의 관리와 활용, 기후변화 대응을 위한 정책 근거를 마련하고 있어 조경의 새로운 분야를 확장하는데 기여할 것으로 예상할 수 있다. 따라서 본 장에서는 자연유산을 활용한 기후변화의 대응방향을 제시하기 위해 기후변화로 인한 자연유산의 영향현황과 대응방안을 소개하고자 한다.

12-1. 서론

기후변화에 따른 기온 및 강수량의 변화는 폭염, 폭우와 같은 극한기상에 따른 산사태, 홍수와 같은 단기적 영향과 더불어 강수패턴 변화 지속적인 기온상승에 따른 식물계절변화, 생물의 서식지이동과 같은 장기적인 영향을 초래하게 된다. 세계적으로 기후변화로 인해 영향을 받는 유산 중에 자연유산의 비중이 더 높은 것으로 나타났으며(UNESCO, 2007), 최근 국제 자연 보전 연맹(IUCN)의 보고서에서도 자연유산의 가장 큰 위협요인은 기후변화로 평가하였다(UNESCO, 2021). 국내에도 국가유산 중 자연유산의 기후변화에 따른 피해가 동시다발적으로 나타나고 있어(국립문화재연구원, 2022), 자연유산분야의 기후변화 대응이 무엇보다도 시급한 시점이다.

국제 기념물 유적 협의회(ICOMOS), 국제 자연 보전 연맹(IUCN), 유네스코(UNESCO) 등에서 전 세계 주요 유산의 기후변화에 대응하기 위한 논의를 활발하게 진행하고 있다. 국내에서는 환경부 중심으로 기후변화 3차에 걸친 국가 기후변화 적응대책을 수립하였으며, 문화재청에서도 국가유산 분야의 기후변화 대응 기본계획 수립을 추진하는 등 기후변화에 대응하기 위한 역량 강화를 추진하고 있다.

기후변화의 부정적 영향을 위한 노력과 동시에 저감하기 위한 자연유산은 기후변화의 완화와 적응에 긍정적인 영향을 하고 있다는 연구가 진행되며 자연유산의 보존 필요성을 강조하고 있다. 자연유산을 보존·활용하고 향후 기후변화에 대응하기 위해서는 기후변화가 자연유산에 미치는 주요영향과 전망, 그리고 정책변화 여건을 살펴보고 미래 대응방향에 대해서 논의하는 것이 필요하다. 따라서 본 장에서는 기후변화에 따른 자연유산[01]의 피해정도와 기후변화에 따른 미래 영향을 확인하고, 최근의 정책·연구동향을 바탕으로 조경의 관점에서 바라본 자연유산의 기후변화 대응방안에 대해서 논의하고자 한다.

---

01 우리나라의 자연유산은 현재 법 제도에서는 천연기념물(동물, 식물, 지질, 천연보호구역), 명승을 포함하는 개념으로 논의되고 있어(문화재청, 2022), 본 연구에서는 천연기념물과 명승을 중심으로 내용을 다루고자 한다.

12-2. 자연유산의 기후변화 영향 현황과 전망

(1) 자연유산의 주요영향

2011년부터 2020년까지 기후변화에 따른 자연유산의 피해건수를 분석한 결과 총 139건의 피해가 발생하였으며, 식물 58건, 명승 33건, 동물 26건, 지질 17건, 천연보호구역이 5건으로 나타났다(문화재청, 2022). 피해 유형을 조사한 결과 태풍, 폭우, 폭설로 인한 피해가 컸으며, 태풍으로 인해 피해가가 집중되는 경향이 나타났다. 이는 자연유산의 피해가 현재 식물에 집중되고 있으며, 앞서 논의된 기후변화의 영향 중 단기적 영향의 비중이 더 높은 것을 확인할 수 있었다.

전체 기후변화에 따른 피해사례 중 공간분포를 확인할 수 있는 총 134건의 피

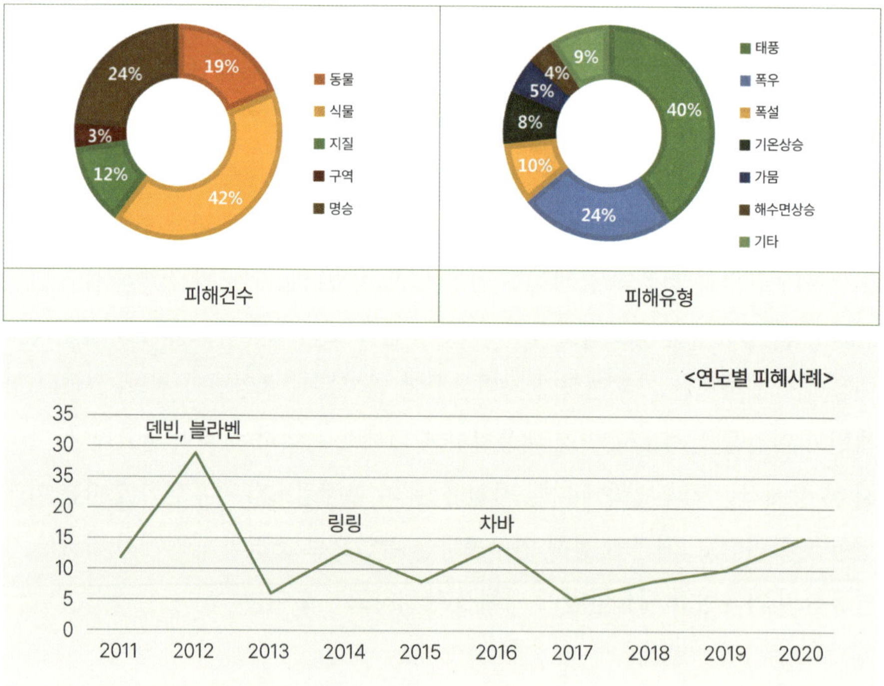

그림 12-1. 기후변화에 따른 자연유산의 피해 건수, 유형, 연도별 피해 사례

그림 12-2. 자연유산의 국내 피해지점 조사결과 출처: 문화재청(2022)

해사례를 분석한 결과 제주도에 큰 피해가 발생한 것을 확인할 수 있었다. 천연기념물(식물)의 피해는 남해안 지역에 많이 나타나고 있으며, 천연기념물(동물)의 피해는 DMZ와 백두대간을 중심으로 발생하고 있는 것으로 나타났다. 따라서 해당 지역에 위치한 자연유산에 대한 지속적인 감시를 통해 기후변화에 따른 영향을 장기간에 걸쳐 모니터링 하는 것이 필요할 것으로 판단된다.

주요 피해사례를 살펴보면 식물의 경우 기후변화에 따른 단기적인 폭설, 강풍, 폭우에 생육기반이 훼손되거나 피해를 보는 경우가 있었으며(그림 12-3 참조), 동물 서식지는 기온 및 강수패턴 변화에 따른 장기적인 변화로 서시한경이 악화되고, 식물이 고사하는 등의 영향이 나타났다. 기후변화에 안정적으로 대응하기 위해서는 서식지를 기반으로 한 기후변화 대응형 관리 및 대응계획이 시급할 것으로 판단된다.

(2) 자연유산의 주요영향 전망

기상청에서 제공하는 미래 기후변화 시나리오를 활용하여 중기미래(2050년대)의 기후변화에 따른 시나리오별 자연유산의 기온 변동폭을 분석하였다. 그 결과

그림 12-3. 자연유산의 기후변화 피해사례
(좌: 강릉 오죽헌 율곡매 고사, 우: 연천 은대리 물거미 서식지 육화) 출처: 문화재청(2022)

평균기온의 변화는 남부지역 특히 제주도 지역에서 큰 것으로 나타났으며, 최고기온의 변화는 특히 백두대간을 중심으로 한 산간지역에서 더 크게 나타났다. 천연기념물 또는 명승 중 최고기온변화에 민감한 자연유산을 대상으로 한 대책이 수립되어야할 것으로 판단되며, 평균기온 상승변화가 높을 것으로 예상되는 제주도의 서식환경변화 모니터링이 필요하다.

미래 기후변화 시나리오에 따른 강수량변화를 분석한 결과 산악지역에 위치한 자연유산의 강수량이 다른 지역과 비교하여 상대적으로 높게 나타나 강수량 증가에 따른 침수, 산사태 등의 방재대책이 필요할 것으로 판단된다. 다만 급격한 침수에 영향을 예측하기 위해서는 극한기후지수(누적강수량, 일 최고강수량 등)을 활용한 추가적인 분석이 필요할 것으로 판단된다.

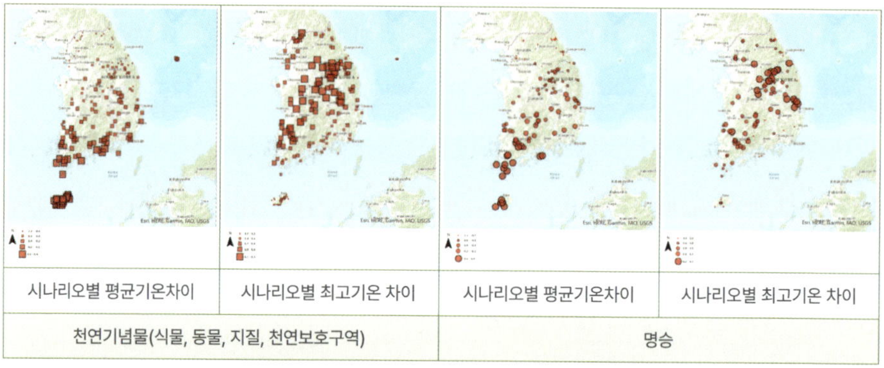

그림 12-4. 기후변화 시나리오에 따른 자연유산의 기온 변동폭 분석결과

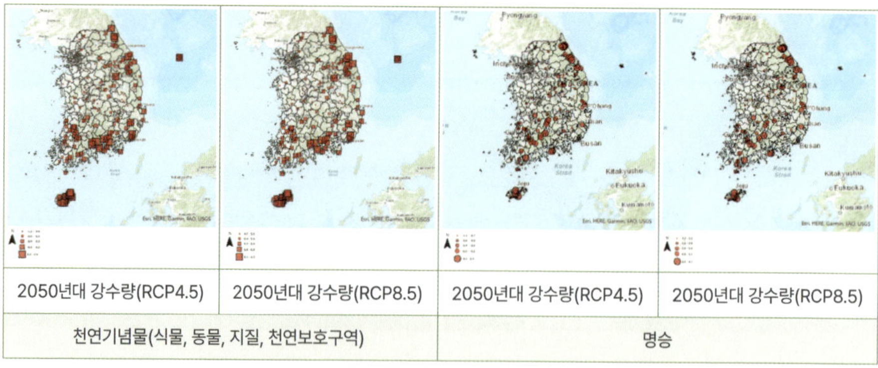

그림 12-5. 기후변화 시나리오에 따른 자연유산의 강수량 변화 양상분석 결과

12-3. 국가유산체계로의 변화와 기후변화 대응방향

문화재청은 지난 60년간 유지해온 '문화재(文化財)'라는 용어와 분류 체계를 '국가유산(國家遺産)' 체제로 전환하기 위해 관련법과 제도를 정비하고 있다(문화재청, 2022). 그 내용을 살펴보면 국가유산을 기존의 재화 또는 재물의 개념이 아닌[02] 유산(Heritage)의 개념으로 보고, 국제 기준과 부합할 수 있도록 관련법을 '문화유산', '자연유산', '무형유산'을 중심으로 한 분류체계 도입을 추진하는 것이 주

---

02 문화재보호법에서는 '인위적이거나 자연적으로 형성된 국가적 · 민족적 또는 세계적 유산으로서 역사적 · 예술적 · 학술적 또는 경관적 가치가 큰 것으로 정의'하고 있다(국가법령정보센터, 「문화재보호법」, 2023년 2월 27일 검색)

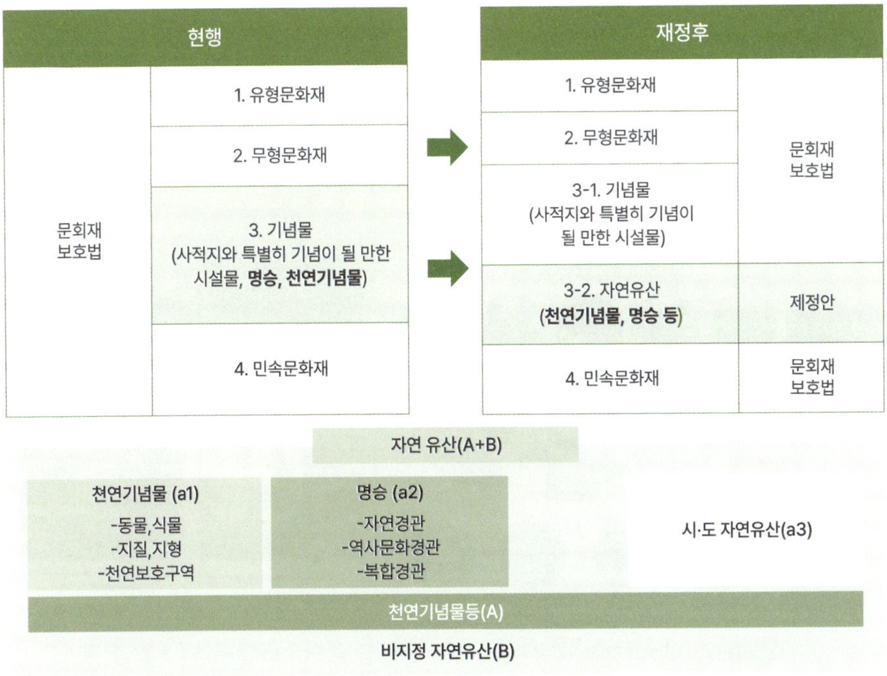

그림 12-6. 자연유산법 제정안에 따른 문화재 분류체계의 변화 출처: 시사미래신문(2023)

요 골자이며, 그중에서도 조경 분야에서 눈여겨봐야 하는 것은 자연유산의 범위 변화와 자연유산법 개정에 따른 관련 범위의 확대이다. 제정된 자연유산법은 명승, 천연기념물, 시·도 자연유산과 비지정 자연유산을 포함하는 개념으로 체계적인 보존·관리·활용을 위한 토대를 마련하는데 기여할 것으로 판단된다.

또한, 자연유산원의 설치 및 운영을 통한 자연유산의 조사·연구·보존·전시·교육의 전담, 자연유산의 지역 내 적극적인 활용 및 지원사업 도입, 전통조경의 정체성을 확립하고 확산할 수 있는 근거를 마련하였다. 이는 기존의 문화재보호법에서의 '원형유지'를 기반으로 한 보존의 개념에서 기후변화에 대응하기 위한 적극적인 보호체계도입 및 관련기술의 도입근거가 될 수 있다.

(1) 기후변화의 감축·적응 수단으로서의 역할확대

효과적인 기후변화 대응수단으로서 자연유산의 역할에 관한 연구가 시급하다. 특히, 자연유산은 기후변화 대응의 큰 축인 완화와 적응을 동시에 이루어 낼 수 있는 충분한 잠재력에도 불구하고 타 부처대비 관련 연구가 부족한 실정이다. 실제 2022년 국정감사에서 기후변화에 대한 문화재 관리 대책이 미흡하다는 의견이 있었다(프레시안, 2022). 이에 대응하기 위해 국회에서는 국가유산기본법안에 기후변화 대응 규정을 수록하고자 노력하였으며(한겨레, 2023), 그 결과 국가유

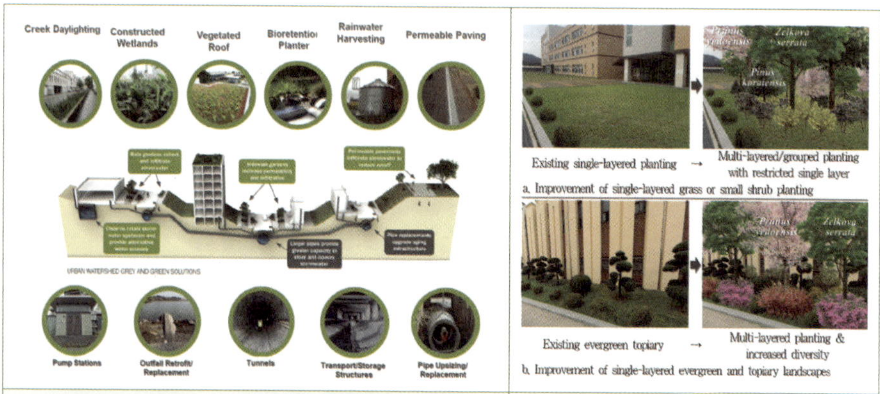

저영향개발(LID) 시설 도입을 통한 유출수 저감	다층식생을 통한 탄소흡수원 확대

그림 12-7. 자연유산에 적용 가능한 기후변화 저감 및 적응대책 출처: CIVICWELL(2022); 조현길 외(2020)

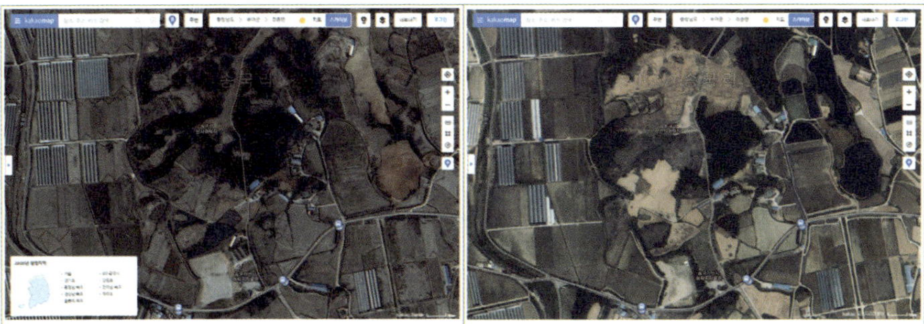

2008년	2018년

그림 12-8. 문화재 발굴에 따른 생태계 변화 사례(부여 송국리 선사취락지) 출처: 카카오맵

산법 제22조에서는 기후변화 대응을 위해 기후변화가 국가유산에 미치는 영향과 그에 따른 국가유산의 취약성을 조사하고 대응할 방안을 모색하도록 하였다. 따라서 문화재청에서는 기후변화 대응수단으로써 자연유산의 역할을 재조명할 필요성이 있다(국가법령정보센터, 2023).

이를 위해서 궁릉, 명승 등을 활용한 탄소흡수원 확보 및 유출수를 저감하거나, 사적발굴지 등 훼손지역의 생태적 복원을 통한 탄소 넷-제로(Net-Zero) 달성을 추진하는 정책 등을 수립해야 할 것이다. 기존의 문화유산을 보존하기 위한 녹지의 조성개념을 넘어서 기후변화에 적극적으로 대응하여 탄소흡수원을 늘리고 기후변화 적응효과를 높일 수 있도록 우리나라의 유산과 조화로운 활용을 통해 시너지를 높일 방안을 모색하여야 할 것이다. 이를 위해서는 우리나라의 전통수종과 조경양식을 활용한 기후변화 감축·적응방안에 대한 연구가 필요할 것이다.

또한, 발굴조사를 시행하기 전 생태계 조사를 통해 해당지역의 탄소흡수량을 조사하고 발굴 후 지속가능한 탄소흡수 복원모형을 구축한다면, 국가적 기후변화에 대응하고 문화유산 주변지역의 복원을 통해 주변지역의 복지실현에 기여할 수 있을 것이다. 특히 발굴사업의 경우 장기간 여러 차례에 걸쳐 지표발굴이 이루어지고 있으며 문화유산의 보존과 관리를 위한 정비계획이 수립되는바, 정비계획을 수립할 때 기후변화 적응을 위한 기술을 적용할 수 있는 방안을 모색하고 탄소흡수원 확충에 기여할 수 있을 것이다.

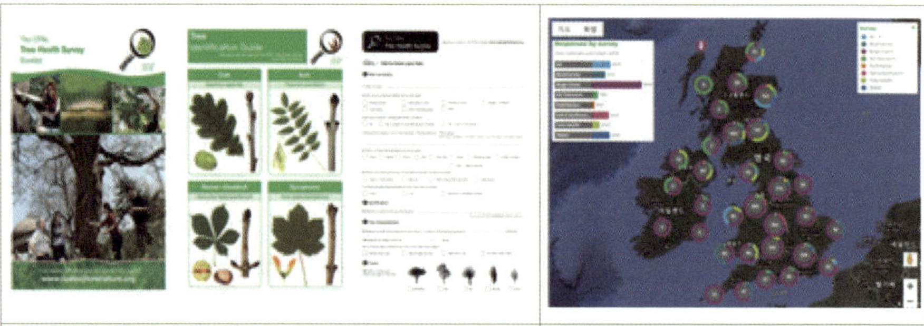

수목건강성 조사를 위한 가이드라인 사례	OPAI 프로그램을 통한 데이터 수집 사례

그림 12-9. 수목건강성 모니터링을 위한 시민과학자 활용사례 출처: 경기연구원(2019)

(2) 최첨단 기술기반 체계적 유산관리체계 마련

많은 전문가들은 앞으로 디지털 트윈, 빅데이터, AI의 키워드를 통해 관련 기술들이 세상을 변화시킬 것으로 예상하고 있다. 더 효과적인 기후변화 대응을 위해서는 첨단기술의 선제적인 도입과 활용이 필수적이라고 볼 수 있다. 첨단기술을 적용하기 위해서는 기후변화 정보 수집, 관리가 체계적으로 진행될 필요가 있다. 특히, 기존에 육안조사나 인력을 활용한 조사가 주를 이루고 있는 상황에서 문화재의 기후변화 영향을 보다 주기적으로 감시함과 동시에 일반 국민들의 관심을 환기할 수 있도록 시민과학자를 활용하여 전국에 분포한 자연유산의 기후변화 영향을 모니터링하고 종합할 수 있는 통합적인 모니터링 및 관리체계를 구축할 필요성이 있다. 또한, 기록된 정보를 공개하고 활용할 수 있는 플랫폼이 필요하다.

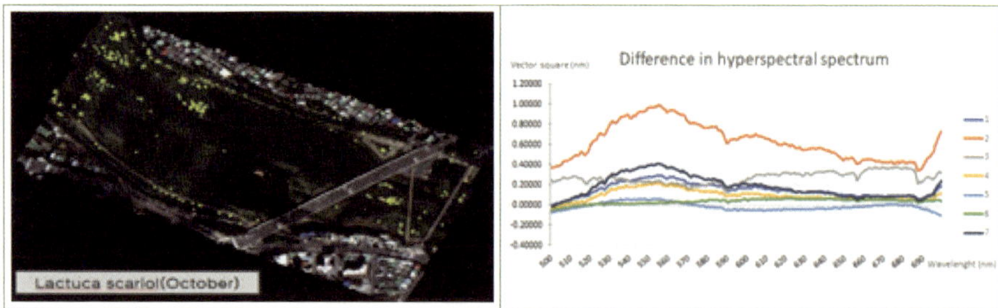

(a) 가시상추의 분포범위 분석	(b) 외래침입종별 초분광파장의 특성차이 분석

그림 12-10. 초분광영상을 활용한 외래침입종 탐지결과 출처: 김용석(2021)

또한, 이번 자연유산법의 통과로 인해 보다 적극적인 기술도입과 활용이 가능해져 기후변화에 능동적으로 대응할 수 있을 것으로 판단된다. 현재 자연유산의 정기조사를 위한 항목들은 대부분 육안과 현장중심의 조사로 주기적인 모니터링을 수행하는데 한계가 존재한다. 따라서 타 분야에서 널리 활용되고 있는 무인항공기, 초분광영상 등 최첨단 기술의 자연유산분야에의 적용가능성을 실험하고 관련 데이터를 수집하는 것이 필요하다. 자연유산 내 외래종의 침입을 탐지하기 위한 기술, 비파괴음파진단기술을 활용한 노거수 등의 건강성 측정방안 등을 개발하고 이를 통해 현장조사 결과를 보완하고 보다 촘촘한 모니터링 체계를 구축 가능할 것으로 판단된다.

표 12-1. 문화재청 및 국립문화재연구원의 기후변화 대응 관련 내부 연구과제 수행 목록

구분	시기	연구대상	연구과제명	담당부서
문화재청	2011	문화유산 (목조문화재)	기후온난화에 따른 목조문화재 침입 생물종 정보 확보 및 대응방안 마련	안전기준과
	2012	종합대책	기후변화 적응을 위한 문화재보호 종합대책 수립	
	2014	자연유산 (천연기념물)	기후변화에 대응한 천연기념물 보전 연구	천연기념물과
	2022	종합계획	문화재 분야 기후변화대응 종합계획 수립연구	정책총괄과
국립 문화재 연구원	2010	대응기술	기후변화 대응 문화유산 기술 기획연구	연구기획과
	2011	대응기술	기후변화 대응 문화유산 특화기술 기획연구	
	2013	문화유산 (목조문화재)	기후변화 대응 옥외 목조문화재 가해생물 중장기 기획연구	
	2020	문화유산 (목조문화재)	건축문화재 기후변화 및 신종재난 대응 기획연구	보존과학 연구실
	2021	-	문화재 기후변화대응 현황 및 방안 학술심포지엄	안전방재 연구실
	2022	재해영향	기후변화로 인한 문화재 재해 영향 연구	

(3) 기후변화 영향, 취약성, 위험도 평가체계 구축 및 적용

문화재청에서 2010년 이후 기후변화 대응과 관련된 연구목록을 살펴보면 4건, 국립문화재연구실에서 6건, 총 10건의 과제가 수행되었다(문화재청, 2022). 2016년 경주 및 포항일대의 지진을 계기로 안전방재연구실에서 관련 업무를 수행하고 있으나 대부분 건조물 위주의 연구이며 자연유산의 영향에 관한 연구는 미진한 것이 사실이다.

문화재청에서 추진하고 있는 2022년도 사업들은 주로 데이터구축과 모니터링에 초점이 맞춰져 있으며 기후변화에 대응하기 위한 선제적인 대응기반 구축과 관련된 과제 및 사업은 미진한 실정이다(문화재청, 2022). 환경부의 경우 기후변화의 영향을 예측하며 취약성의 개념을 활용하여 정책결정 도구를 만들었으며 나아가, IPCC 제6차 보고서에는 리스크를 기반으로 한 기후탄력적 개발을 통해 기후, 생태계, 인간사회를 연결된 시스템으로 보고 지속가능한 사회를 만들고자 노력하고 있다(IPCC, 2022). 이를 자연유산의 영향평가에 활용한다면 보다 복합적인 평가가 가능할 것으로 판단된다. 동시에 자연유산이 가지는 사회적·문화적 가치를 영향에 파악할 수 있는 관련연구가 동시에 추진되어야 할 것이다.

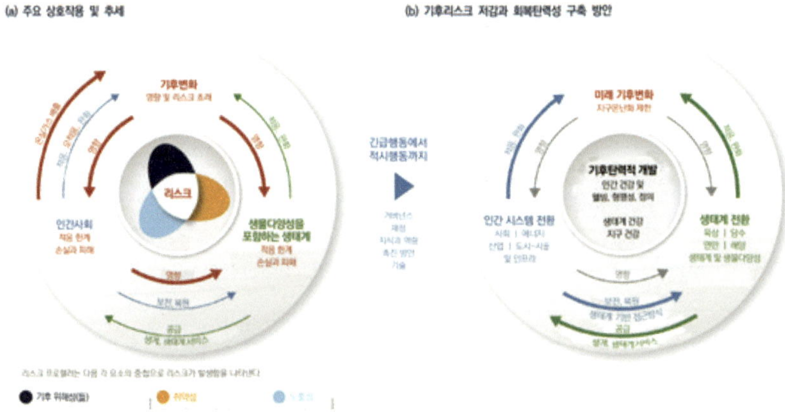

그림 12-11. 기후리스크로부터 기후탄력적 개발까지의 개념도 출처: IPCC(2022)

12-4. 결론 및 맺음말

기후변화는 우리에게 당면한 문제이며 기후위기에 대응하기 위한 정책을 즉각적으로 추진하여야 한다. 자연유산을 활용하여 국가의 지속가능성을 높이고 우리주변의 환경을 바꿀 수 있는 공공재적 관점에서의 대응이 필요하다. 특히, 자연유산은 온실가스의 감축과 기후변화 적응을 동시에 달성할 수 있는 중요한 역할로 작용할 수 있는 유일한 분야이다. 문화재청에서 국가유산청으로의 변화를 꾀하고 있는 시점에서 기후변화는 기존의 문화재에서 국가유산으로의 전환을 촉진할 수 있는 새로운 촉매제로 기여할 것이다. 이를 위해서는 현재 문화재청이 환경부, 산림청, 농림축산식품부, 해양수산부와의 협업을 통해서 기후위기 대응을 위한 시너지를 도출하고 문화재청만의 고유한 영역을 확장시켜 나가야 할 것이다.

조경 분야에서는 자연유산법의 본회의 통과에 따른 전통조경 분야의 확대, 자연유산의 보전과 활용을 통한 상호호혜적인 관계를 구축하기 위한 관련 연구를 진행해야 할 것이다. 특히 우리나라의 고유 식물들을 활용한 녹지의 조성은 자연유산을 활용한 문화적 가치와 더불어 기후변화시대에 대응하는 새로운 자연유산의 환경적 가치를 높일 수 있을 것으로 기대해본다.

13

기후변화에 따른 생물종 서식적지 변화 및 산사태 대응

청주대학교 | 김호걸

조경학이 가지는 공간 계획에 대한 강점을 바탕으로 기후변화 대응 방안을 지원하는 연구를 소개한다. 특히, 기후변화로 인한 생물종의 서식적지 변화 연구, 기후변화로 인한 산사태 민감성 연구에 관한 사례를 중점적으로 살펴봄으로써 기후변화 대응과 관련하여 조경학적 접근의 중요성과 발전 가능성을 논의한다.

13-1. 경관생태학적 사고

이 장에서는 우리가 사는 사회와 환경을 공간 단위로 이해하는 방법과, 이를 바탕으로 효율적이고 적합한 기후변화 대응 계획을 수립하는 데 조경학이 도움을 줄 수 있는 사례를 소개하고자 한다. 가장 먼저 다루고자 하는 것은 경관생태학적 사고이다. 경관생태학은 생물종이 이루는 공동체와 이들이 존재하는 환경 조건 사이의 복합적인 상호 작용을 해명하는 학문이라고 정의한다(이동근 등, 2004). 특히 항공사진을 해석하는 과정에서 경관생태학적 접근이 강조되었다. 경관생태학의 최종 목표는 전체 지역에 대한 종합적인 이해라고 할 수 있다. 이는 넓은 지역의 전체상을 해석하는 항공사진 판독의 종합적인 접근과 공통점을 가지고 있었고, 결과적으로 경관생태학의 개념과 밀접하게 연관된 것이다.

이와 같이 경관생태학은 넓은 지역에 대한 경관 구성 요소 간의 상호 관계에 초점을 맞추고 종합적인 이해를 강조하고 있다. 항공사진 기술을 바탕으로 경관에 대한 거시적인 접근이 가능해지면서 경관생태학의 개념이 발달하게 된 것이다. 필자는 경관생태학에 대한 학습과 이해를 바탕으로 대상 공간을 구성하는 요소 간의 수평적인 상호 관계에 대한 중요성을 이해하는 계기가 되었다. 기존에는 대상 공간이 가진 문제점을 개선할 수 있는 방법에 한정된 반면에 경관생태학적 사고를 통해 더욱 넓고 다양한 공간, 공간 단위 간의 상호 관계에 관해 관심을 가지게 되었다.

13-2. 기후변화와 생물종 서식적지의 변화

(1) 생물종 서식적합 지역

생물종의 서식적합 지역(서식적지)은 경관생태학과 연관되어 있는 중요한 개념이다. 특히, 생물종이 서식하는 공간의 수직 요소와 수평 요소를 종합적으로 이해하는 경관생태학의 접근을 잘 반영하고 있다는 점에서 관련성이 높다. 생물종 서식적합 지역 분석의 원리는 다음과 같다. 실제 생물종이 서식하는 것이 확인된 공간과 해당 공간의 여러 환경 조건 사이의 관계를 해석하고, 이를 바탕으로 현재 생물종의 서식 정보가 없는 지역에 대해서도 서식할 수 있는지를 추정하는 것이다.

서식적합성 분석에는 다양한 도구가 존재하지만 필자는 통계 기반의 공간 분포 모형에 관심을 두고 습득하게 되었다. 공간 분포 모형은 생물종의 위치 정보와 환경 공간 정보를 바탕으로 서식적지의 분석에 활용하는 알고리즘이다. 생물종 서식적지 분석을 통해 잠재 서식지를 파악하게 되면 개발과 같은 교란으로부터 보호해야 할 지역과 상대적으로 보호할 가치가 낮은 지역을 판단할 수 있다. 이는 보호지역의 관리 및 확대와 같은 공간 계획과 정책 의사결정을 지원하는 데 효과적인 도구이자 기초 자료로 활용될 수 있다.

(2) 기후변화를 고려한 생물종 서식적지 변화 분석[01]

기후변화는 특정 국가나 지역의 문제가 아니라 지구 전체에 영향을 미치는 위험이다. 특히, 생물종은 인간처럼 다양한 기술을 이용하여 대처하는 것이 불가능하므로 더욱 기후변화에 취약하다고 할 수 있다. 따라서 기후변화를 고려했을 때 생물종의 서식적지가 어떻게 변화하는지를 예측하는 연구가 필요하다. 이에 필

---

01 이 내용은 김호걸(2012)의 내용 일부를 인용했다.

자는 석사 학위 논문의 주제를 기후변화에 따른 생물종의 서식적지 변화로 설정했다.

석사 학위 논문의 대상 생물종은 조사 결과 기후변화에 취약함이 드러난 동물 및 식물로 구성된다. 식물은 낙엽활엽수림, 상록활엽수림, 혼효림을 대상으로 설정했으며, 동물종은 기후변화에 영향을 받을 것으로 예상되는 조류(큰오색딱따구리, 청딱따구리)와 양서류(맹꽁이, 북방산개구리)를 대상으로 설정했다. 식물에 대한 미래 예측 분석 결과는 동물종의 서식적지 변화에 영향을 미치는 요인으로 활용했다. 공간 범위는 대한민국으로 설정했으며 시간 범위는 현재를 2000년, 미래를 2050년과 2100년으로 설정했다.

서식적지 분석에 사용된 공간 분포 모형은 멕센트(Maximum Entropy Model. Maxent)[02]를 이용했다. 멕센트 모형은 대상이 되는 생물종의 출현 정보를 바탕으로 최대 엔트로피 접근법을 통해 생물종의 분포를 예측하는 기계학습 모형이다. 이 모형은 종 출현 지역의 환경 특성과 대상지의 환경 특성이 가장 일치하는, 즉 종의 서식에 가장 적합한 지역(엔트로피가 최대인 지역)을 찾아내어 대상종의 분포 가능성을 예측한다. 다른 공간 분포 모형과의 차이점은 출현 자료만을 이용하여 비출현 자료가 없는 경우에도 높은 신뢰도를 가지는 결과를 도출할 수 있다는 점이다.

식물 분석을 위해 사용된 자료는 임상도를 이용하여 각 산림 식생 유형에 대해 면적이 가장 큰 폴리곤을 선별하고 출현 지점을 추출하는 방식을 적용했다. 동물 종은 제2차 전국 자연환경조사의 자료를 활용했다. 기후 자료는 월평균 기온, 최고 기온, 최저 기온 및 강수량 자료를 활용했다. 기후변화 시나리오는 기상청에서 제공하는 SRES A1B 시나리오를 활용했다.

낙엽활엽수림에 대한 서식적지 분포 변화를 예측한 결과 2050년에는 현재보다 좀 더 고도가 높은 산지에 분포가 많아지는 경향을 보였다. 2100년에는 이러한 경향이 더욱 강해지며 전반적으로 낙엽활엽수림의 분포가 백두대간 일대에 집중되는 양상을 보였다. 상록활엽수림에 대한 서식적지 분포 변화를 예측한 결과 2050년에는 현재보다 북상하는 경향을 보이며, 특히 남쪽 해안과 동쪽 해안에 인

---

02 https://biodiversityinformatics.amnh.org/open_source/maxent/

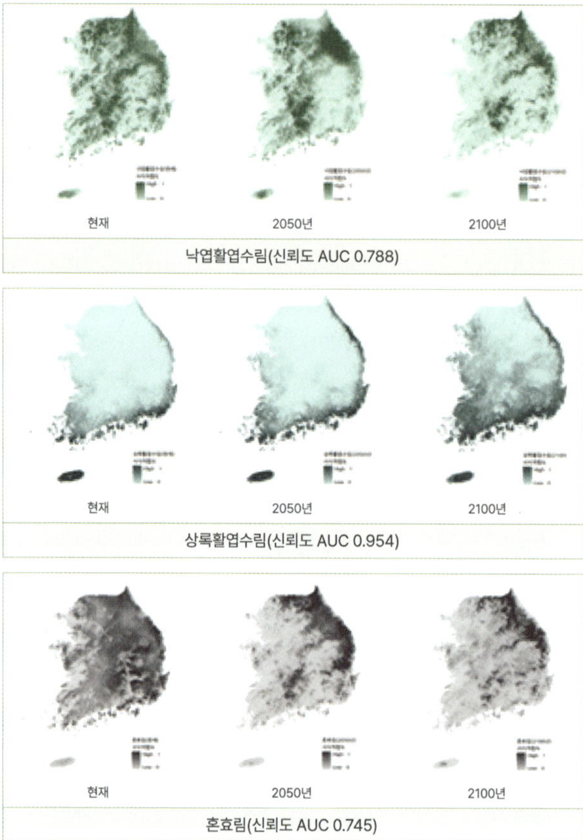

그림 13-1. 식생 분포 변화의 예측 결과 출처: 김호걸(2012)

접한 지역에서 서식 분포가 증가했다. 2100년에 이르면 상록활엽수림의 분포가 북상하면서 서식 분포가 증가할 것으로 예측되었다. 혼효림에 대한 서식적지 분포 변화를 예측한 결과 2050년에는 혼효림의 서식 분포가 고도가 더 높은 산지로 서식 분포가 줄어드는 경향을 보였다. 2100년에는 이러한 경향이 더욱 강해지면서 백두대간 일대에서 혼효림의 서식적합도가 높게 될 것으로 예측되었다.

여기서는 연구 대상인 네 개 종 중 두 개 종에 관한 결과만을 소개하고자 한다. 큰오색딱따구리에 대한 서식적지 분포 변화를 예측한 결과 2050년에는 현재보다 큰오색딱따구리의 분포가 고도가 높은 산지로 이동하는 경향을 보였다. 2100년의 예측 결과에서도 이러한 경향은 계속되어 고도가 높은 지역으로 서식 분포가 이동하며 제주도를 제외한 지역에서는 서식에 적합한 지역이 북상하는 경향

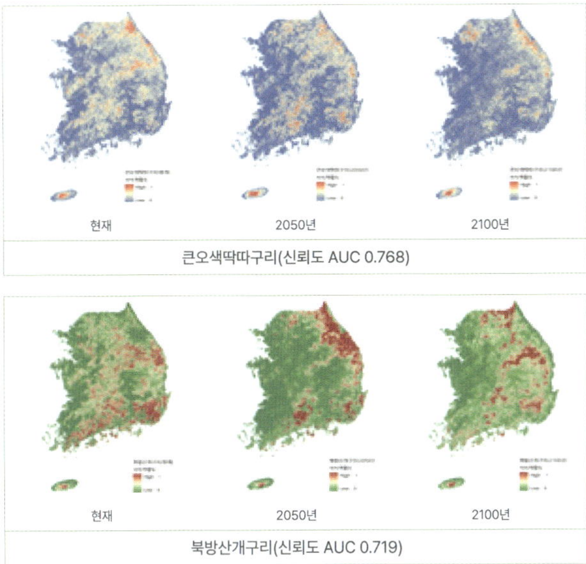

그림 13-2. 큰오색딱따구리와 북방산개구리의 서식적지 예측 결과 출처: 김호걸(2012)

이 강하게 나타났다. 딱따구리가 선호하는 낙엽활엽수림 및 혼효림 분포의 북상과 현재 선호하는 기후대의 이동에 따라 딱따구리의 서식 분포가 북상한 것으로 판단된다.

북방산개구리에 대한 서식적지 분포 변화를 예측한 결과 2050년에는 북방산개구리가 서식하기에 적합한 지역이 고도가 높은 산지로 이동하는 양상을 보였다. 2100년에도 이러한 경향이 지속되어 고도가 높은 산지에서 서식적합도가 높게 예측되었다. 현재보다 미래에 북방산개구리의 서식적지는 남해안에 인접한 서식지가 북상하는 경향을 보이고, 수평 방향으로는 동쪽으로 이동할 것으로 예측되었다. 북방산개구리가 선호하는 산간 지역(주로 낙엽활엽수림, 혼효림)과 기후가 반영된 모형으로 미래를 예측했으므로 기온의 상승과 선호하는 식생의 북상에 따라 북쪽으로 이동한 것으로 파악된다.

기후변화로 인한 생물종의 멸종위기를 방지하기 위해 우선으로 보호가 필요한 지역을 파악하고자 현재 시점의 서식적지 도면과 미래 시점의 서식적지 도면을 중첩하여 갭(Gap) 분석을 실시했다. 갭 분석은 생물다양성을 보전하기 위해 가장 높은 가치를 가지는 지역을 선정하는 분석 방법으로 보전할 구역과 아닌 구

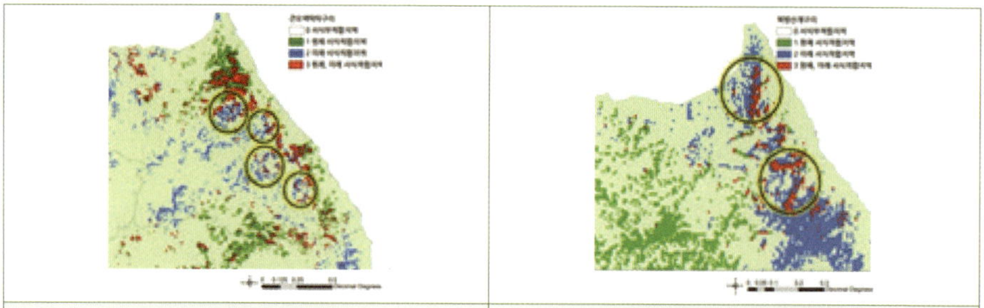

큰오색딱따구리 사례 | 북방산개구리 사례

그림 13-3. 큰오색딱따구리와 북방산개구리의 보호지역 설정이 우선으로 필요한 지역
출처: 김호걸(2012)

역의 종분포를 비교하여 보호할 가치가 높은 지역을 파악하는 데 활용된다.

갭 분석 기반의 중첩 분석 결과 도면은 네 개의 범례(서식 부적합지, 현재 서식적지, 미래 서식적지, 현재와 미래의 공통된 서식적지)로 구분할 수 있었다. 기후변화의 영향으로 서식적지가 이동할 것을 고려한다면 미래의 서식적지 또한 대체 서식지를 마련하는 차원에서 보호구역으로 설정할 필요가 있다. 하지만 미래의 서식적지로 예측된 모든 지역을 보호구역으로 설정하는 것은 현실적인 방안이 아니므로 현재와 미래에 공통된 서식적지에 인접한 미래의 서식적지에 초점을 맞추는 것이 적합하다고 판단했다. 해당 지역은 현재의 서식적지와 맞닿아 있고 미래의 서식적지가 될 가능성 또한 높은 지역이므로 보호구역의 설정에 우선으로 고려해야 할 지역이라고 판단했다.

이 연구는 미래 예측 과정에서 기후 요인만의 변화를 고려하고, 토지 이용의 변화와 같은 다른 환경 요인의 변화를 고려하지 못했다는 한계가 존재한다. 그럼에도 불구하고 기후변화를 고려한 보호지역을 설정할 때는 중요한 기초 자료로 활용할 수 있을 것으로 판단된다. 이와 같이 경관생태학적 관점에서는 생물종의 보전을 목적으로 하는 연구는 특정 생물종 및 지역에 국한하여 설정하는 것이 아니라 다양한 생물종과 넓은 국토 공간을 대상으로 한다는 특성이 있다. 이러한 특성은 생물학, 생태학, 지리학 등의 학문과는 다르다는 점에서 차별성을 가진다.

13-3. 기후변화와 산사태에 대한 조경학적인 접근

(1) 조경학 기반의 산사태 연구

조경학 기반의 산사태 연구는 어떤 특징이 있는지를 알아보자. 필자의 박사 학위 논문은 다양한 규모(전국, 광역 및 기초 지방자치단체)에서의 산사태 취약성과 민감성을 분석하는 것을 목적으로 했다(김호걸, 2017). 박사 학위 논문의 내용을 간략하게 요약하면 다음과 같다. 전국 규모에서는 우리나라의 232개(2013년 기준) 시·군·구를 대상으로 평가지표 기반의 방법론을 적용하여 산사태 항목을 포함하는 기후변화 취약성 평가를 수행했다(Kim et al., 2016). 광역 지방자치단체인 강원도를 대상으로는 데이터 기반의 단일 모형을 적용하여 대표농도경로(Representative Concentration Pathways, RCP) 기후변화 시나리오에 따른 미래 산사태 민감 지역 예측 분석을 수행했다(Kim et al., 2015). 또 기초 지방자치단체인 인제군을 대상으로는 다중 모형을 적용하여 불확실성을 고려한 산사태 민감 지역 분석을 수행했다(Kim et al., 2018a).

특히, 기후변화 시나리오를 반영한 연구를 수행하면서 기후변화로 인한 미래의 영향을 예측하는 연구는 다양한 불확실성을 포함하게 된다는 점을 파악했다. 기후변화의 영향을 예측하는 연구에서는 주로 기후 모형, 영향 모형, 추가 영향 등으로 인해 분석을 진행함에 따라 불확실성이 점점 커지게 된다. 이러한 불확실성을 고려하기 위해 다양한 시나리오와 다양한 모형을 적용하여 앙상블 기법을 적용하는 연구가 수행되고 있었다. 이에 필자도 다양한 모형과 앙상블 기법을 적용하여 강원도 인제군을 대상으로 불확실성을 고려한 산사태 민감성 분석을 수행했다(Kim et al., 2018a).

산사태에 민감한 지역을 추정하는 것도 중요한 연구이지만 적응 대책이 시급한 지역을 파악하여 예산 분배의 우선순위를 결정하는 데에 도움을 주는 연구도 중요하다. 명확한 의사결정을 지원하기 위해서는 산사태에 민감한 지역의 면적도 참고할 수 있지만 산사태로 인한 피해 비용을 추정하는 것이 더욱 효과적으로 활용될 수 있다. 이제 필자는 데이터 기반의 다중 모형과 대표농도경로(RCP) 기후변화 시나리오를 이용하여 산사태의 민감성을 분석하고, 이를 활용하여 미래의 산사태 피해 비용의 추정과 적응 대책에 투입된 비용에 대비하여 감소한 피해 비용(비용/편익) 분석을 수행했다(Kim et al., 2018b).

이후 태양광 발전소를 대상으로 산사태 민감성을 데이터 기반의 모형으로 분석하는 연구도 수행했다(Kim and Park, 2021). 우리나라는 산지의 면적이 넓은 특성이 있어 태양광 발전소를 산지에 설치하는 경우가 많으므로 산사태로 인한 피해가 우려되고 있기 때문이다. 또 데이터 기반 분석과 물리 기반 분석을 연계한 산사태 피해 범위를 추정하는 연구도 수행했다(Kim et al., 2021). 그리고 서로 다른 분석 방법이 가지는 장단점을 보완하기 위한 방법론을 찾고자 했다. 여기서는 데이터 기반의 다중 모형과 기후변화 시나리오를 활용하여 미래의 산사태 피해 비용을 추정하고 적응 대책의 비용과 편익을 분석한 연구(Kim et al., 2018b)를 소개하고자 한다.

(2) 기후변화를 고려한 산사태의 경제적 영향 분석[03]

공간 범위는 대한민국으로 설정했으며, 시간 범위는 현재를 2001~2010년, 중기 미래를 2040년대(2041~2050년), 장기 미래를 2090년대(2091~2100년)로 설정했다. 단, 산사태 피해 비용을 평가할 때는 신뢰성을 높이기 위해 1997~2014년 사이에 구축된 데이터를 활용했다. 산사태 민감 지역 분석은 10개의 데이터 기반 모형[04]을 이용했으며, 다중 모형 기반의 앙상블 기법을 적용하여 불확실성을 고려했다. 데이터 기반 모형은 산사태 발생 지점의 위치 정보와 해당 지점의 환경 요인과의 관계를 분석하여 산사태에 민감한 지역을 추정한다.

---

03 이 내용은 Kim et al.(2018b)의 내용 일부를 인용했다.

04 GLM(Generalized linear model), GAM(Generalized additive model), MARS(Multivariate adaptive regression splines), GBM(Generalized boosted regression model), CTA(Classification tree analysis), ANN(Artificial neural network), SRE(Rectilinear envelope similar to BIOCLIM), MDA(Mixture discriminant analysis), RF(Random forest), MAXENT(Maximum entropy algorithm)

산사태 민감 지역 분석에 사용한 발생 지점 자료는 산림청과 지방자치단체에서 수집한 정보를 활용했다. 민감 지역 분석에 사용한 환경 변수는 기후, 지형, 토양 및 식생 변수들을 활용했다. 기후 변수는 현재와 미래에 대해 구축되었으며, 미래 기후변화 시나리오는 RCP 2.6, 4.5, 6.0, 8.5의 4개를 활용했다. 지형과 토양 및 식생 변수는 현재 시점에 맞추어 구축하고 미래에는 변화하지 않는 것으로 가정했다.

현재와 미래에 대해 추정된 산사태 민감 지역의 정보를 바탕으로 산사태 피해 면적을 산정했다. 재해연보(1997~2014년) 정보를 바탕으로 산사태 발생 면적당 피해 비용을 산정했다. 산사태 피해를 방지하기 위한 적응 대책과 관련하여 정보를 수집했으며 토목공학적인 대책이 아닌 조경학적인 접근을 통해 지속 가능한 대책을 마련하여 기후변화 적응뿐만 아니라 완화에도 도움을 주고자 했다.

적응 대책은 크게 네 가지 유형이 있으며, ① 산림 유형 관리, ② 임령 관리, ③ 토양 배수 조건의 개선, ④ 토양 유형 관리로 구분했다. 여기서 산림 유형 관리는 산사태에 덜 민감한 수종으로 관리하는 것을 의미하며, 임령 관리는 산사태 확률이 낮은 임령으로 관리하는 것을 의미한다. 그리고 토양 배수 조건의 개선은 산사태에 덜 민감한 배수 조건으로 개선하는 것을 의미하며, 토양 유형 관리는 산사태에 덜 민감한 토양 유형으로 관리하는 것을 의미한다.

이와 같은 방법을 적용하여 현재와 미래의 산사태 민감 지역을 추정했다. 목표 연도와 기후변화 시나리오의 유형에 따라 산사태 민감 지역의 면적이 크게 달라질 것으로 추정되었다. 네 가지 기후변화 시나리오에서 중기 미래에는 현재 시점에 비해 좁은 산사태 민감 지역을 보여 주었다(표 13-1 참조). 하지만 장기 미래에는 RCP2.6을 제외한 모든 시나리오에서 현재보다 산사태 민감 지역이 증가할 것으로 추정되었다. RCP2.6 시나리오가 기후변화의 완화를 위해 적극 노력하는 사회를 가정한다는 점에서 산사태 영향을 줄이기 위해서는 적응 대책뿐만 아니라 완화 대책도 중요하다는 점을 이해할 수 있다.

현재 시점의 산사태 피해 비용을 추정하기 위해 과거 18년(1997~2014년) 동안 재해 연보에 기록된 산사태로 인한 1ha당 피해 처리 및 복구비용을 수집했다. 재해 연보에 따르면 산사태 발생 지역 1ha당 최소 9,000만 원, 평균 1억 6,900만 원,

표 13-1. 현재와 미래의 산사태 민감 지역 면적 및 현재 민감 지역 면적 대비 비율

출처: Kim et al.,(2018b)

Target Year		Landslide Hazard Area(ha)	Area Ratio Comparing Present Hazard Area(%)
Present(2001-2010)		1,334,600	-
RCP2.6	2040s	175,400	13.14%
	2090s	439,700	32.95%
RCP4.5	2040s	744,600	55.76%
	2090s	1,653,300	123.88%
RCP6.0	2040s	551,100	41.29%
	2090s	1,927,400	144.42%
RCP8.5	2040s	255,400	19.14%
	2090s	2,901,700	217.42%

최대 4억 8,300만 원까지 피해 비용이 발생했다. 2001년부터 2010년까지 실제 발생한 피해 비용의 평균값은 1,312억 원으로 나타났다. 과거 18년 동안 산사태 피해 비용의 평균값을 바탕으로 피해 비용을 추정한 경우에 실제와 가장 유사한 비용인 1,208억 원을 보였으며, 피해 비용 분석 결과가 실제보다 약 7.93% 적게 추정되고 있어 신뢰성이 확보되었다고 판단했다.

기후변화 시나리오별, 목표 연도별 민감 지역 면적에 피해 비용의 평균값을 곱하여 미래의 산사태 피해 비용을 추정했다(표 13-2 참조). 네 가지 시나리오를 종합하여 정리하면, 2040년대에는 최소 233억 원에서 최대 1,735억 원의 산사태 피해 비용이 발생할 것으로 추정되었다. 2090년대에는 최소 1,001억 원에서 최대 5,215억 원의 산사태 피해 비용이 발생할 것으로 추정되었다. 시나리오별 민감 지역 면적의 차이가 크기 때문에 피해 비용도 크게 차이가 나타나게 되었다.

각 시나리오에 적응 대책 네 가지를 적용하여 산사태 민감 지역 면적의 감소량을 추정했다. 적응 대책이 없는 경우에 대비하여 산사태 민감 지역 면적의 감소 효과가 높은 적응 대책의 순서는 '① 산림 유형 관리, ④ 토양 유형 관리, ② 임령 관리, ③ 토양 배수 조건의 개선'으로 나타났다. 적응 대책에 따라 감소한 산사태 민감 지역을 기준으로 피해 비용을 다시 추정했고, 이를 바탕으로 적응 대책별로 감소한 산사태 피해 비용이 도출되었다.

표 13-2. 산사태 피해 비용 추정의 결과 출처: Kim et al.,(2018b)

Unit: Million Won				
Target Year		Cost of Damage		
		Minimum (90.75 Million Won per 1ha)	Average (169 Million Won p er 1ha)	Maximum (483.78 Million Won per 1ha)
Present		64,886	120,878	345,903
RCP2.6	2040s	12,514	23,312	66,710
	2090s	53,763	100,156	286,605
RCP4.5	2040s	93,158	173,546	496,617
	2090s	219,223	408,395	1,168,657
RCP6.0	2040s	82,498	153,688	439,791
	2090s	218,759	407,531	1,166,186
RCP8.5	2040s	21,320	39,717	133,654
	2090s	279,938	521,502	1,492,323

산사태 적응 대책의 비용과 편익을 추정하기 위해 다음과 같은 정의를 바탕으로 분석을 수행했다. 여기서 비용은 적응 대책에 드는 비용을 의미하며, 편익은 적응 대책을 적용할 때 감소하는 피해 비용을 의미한다. 사례가 매우 부족했지만 산사태 복구 사업과 관련된 국내 자료를 바탕으로 적응 대책을 수행할 때는 1ha 당 소요되는 비용을 최소값, 평균값, 최대값으로 추정했다.

모든 시나리오와 목표 연도의 평균값을 기준으로 비용 대비 편익이 높은 순서는 '① 산림 유형 관리, ② 임령 관리, ④ 토양 유형 관리, ③ 토양 배수 조건의 개선'으로 나타났다(표 13-3 참조). 다음 표 13-3의 값은 비용 대비 편익을 의미하며 그 값이 1보다 크면 비용보다 편익이 크다는 것을 의미한다. 적용에 따른 산사태 민감 지역 면적의 감소 순서는 '① 산림 유형 관리, ④ 토양 유형 관리, ② 임령 관리, ③ 토양 배수 조건의 개선'이었지만 비용 대비 편익을 고려한 경우 순서가 달라졌음을 확인할 수 있었다. 최종적으로 ① 산림 유형 관리, ② 임령 관리가 비용 대비 효과가 좋은 적응 대책으로 파악되었다.

이 연구는 미래 산사태 민감 지역, 피해 비용, 적응 대책 비용과 편익을 분석하여 산사태 적응 대책의 우선순위를 고려한 예산 분배를 할 때 의사결정자를 지원

표 13-3. 산사태 적응 대책의 비용과 편익 분석 결과 출처: Kim et al.,(2018b)

Target Year		Adaptation Measure			
		1	2	3	4
RCP2.6	2040s	0.19	0.10	0.01	0.07
	2090s	0.51	0.28	0.02	0.28
RCP4.5	2040s	1.25	0.97	0.07	0.68
	2090s	2.78	1.95	0.18	1.28
RCP6.0	2040s	0.72	0.50	0.05	0.43
	2090s	2.02	1.37	0.15	1.14
RCP8.5	2040s	0.28	0.19	0.02	0.12
	2090s	3.12	2.10	0.20	1.49
Average		1.36	0.93	0.09	0.69

할 수 있는 연구라는 점에서 중요한 의의가 있다. 특히, 조경학 기반 적응 대책의 강점을 강조하고자 했다. 기존 토목공학 기반의 적응 대책은 주로 사방댐을 활용한 대책이 중심이지만 이 연구에서 다룬 적응 대책은 조경학 기반의 다양한 복원 및 관리 기법이었다. 이는 자연 기반 해법의 하나로 지속 가능한 대책으로서 중요한 의미가 있으며 적응과 완화의 공동 효과를 증진할 수 있는 기회를 제공할 수 있다. 다만, 미래 산사태 민감 지역을 추정할 때 기후 요인 외에는 변화를 고려하지 못했다는 한계점이 존재한다.

조경학 기반의 생물종 서식지와 산사태에 관한 연구는 생물학과 토목공학 전문가들과는 다른 접근법을 가지고 있다. 때로는 조경이라는 영역의 한계로 인해 비판의 대상이 되기도 하지만 종종 공간을 기반으로 한 새로운 접근에 관해 관심을 받기도 한다. 조경학을 기반으로 한다는 점에서 다른 분야가 가진 전문성에 비해 부족한 부분이 있을 수 있다. 그러나 다른 분야와의 통합과 융합을 통해 조경학 기반의 해결책을 제공하는 것은 정책적으로 상당히 유효하며 활용성이 높다고 판단된다.

필자가 수행하는 연구는 정량적인 결과를 도출하고 있으며, 이를 바탕으로 공간 계획이나 정책을 제안하고 있다. 하지만 공간 계획 및 정책의 수준이 구체적이지 못하고 추상적인 경우가 많다. 이는 활용이 가능한 정보의 수준이나 자료의 해상도와 같은 한계가 있어 나타나는 현상이다. 앞으로 이러한 한계를 극복하여 공간 계획에 특화된 조경학 기반의 강점을 살려 실용적이고 효율적인 정책을 도출하는 방법을 연구하고자 한다.

이와 함께 국제적인 기후위기에 대응하기 위한 연구 수행이 필요하다. 기후변화 완화의 측면에서는 조경 공간 계획, 설계, 조경 재료 생산, 시공, 유지 관리, 재료의 폐기 등의 전 과정을 고려한 탄소중립과 넷제로를 달성할 수 있는 제도 및 평가 방안에 관한 연구를 수행하고자 한다. 기후변화 적응의 측면에서는 생물종 멸종위기 대응, 산사태 피해 방지 대책의 수립에 관한 연구를 수행하고자 한다. 이러한 연구들은 모두 조경학을 기반으로 한 수평적이고 광역적인 접근이 필요하다. 향후 디지털 트윈을 통해 공간 정보의 해상도와 신뢰도가 높아진다면 딥러닝을 기반으로 한 고해상도의 분석을 통해 효과적인 공간 계획을 제공하고자 한다.

14

기후위기 적응 대책의 수립과 이행

인천연구원 | 류지은

기후위기 적응 대책 수립의 근거와 해당 법에 근거하여 수립된 지방자치단체와 공공기관의 기후위기 적응 대책의 사례를 소개한다. 각 기후위기 적응 대책에 포함되어야 하는 주요 콘텐츠인 수립 주체, 방법, 필수 항목 등 실제 적응 대책 수립에 필요한 내용을 담았다.

14-1. 지방 기후위기 적응대책은 왜 수립해야 할까?

기후위기 적응대책은 이미 존재하는 탄소를 즉각적으로 소멸시킬 수 없기 때문에 이미 기후변화는 진행되고 있다는 부분은 인정하고, 인간에게 미치는 피해라도 변하는 기후에 적응하여 최소화하자는 취지로 도입된 개념이다. 따라서 적응대책은 재난 · 안전에 대한 부분을 필연적으로 포함하고 있으며, 극한 기후로 인하여 인간 및 자연에 미치는 영향을 저감하는 것이 목적이 된다.

기후위기 적응에 포함되는 범위는 매우 넓으며, 침수 피해와 건강 피해, 산림재해 등과도 관련성이 매우 높다. 따라서 재난 · 안전과 구분할 수 있는 기준이 다소 불명확한 측면이 있다. 기후변화는 사회 · 경제적 취약계층, 기후변화로 인한 피해 발생 가능지역이 높은 곳에 거주하는 소위 저지대 반지하와 같은 취약지역에 거주하는 사람에게 더 많은 피해를 준다. 따라서 이들의 피해를 줄이고 예방하기 위하여 탄소중립기본법 제3조4목에서는 '탄소중립 사회로의 이행 과정에서 피해를 입을 수 있는 취약한 계층 · 부문 · 지역을 보호하는 등 정의로운 전환을 실현한다'라고 정의를 하였다. 이에 따라 지방 기후위기 적응대책에서도 이러한 부분을 중점적으로 고려하여 기후위기 적응대책을 수립하고 있다.

지자체별로 수립한 보고서는 기간 안에 환경부에 제출해야 하며, 적응대책 수립을 위하여 한국환경연구원 국가기후위기적응센터에서 다양한 자료제공, 평가도구 활용방법 교육, 정보 공유등을 지원하고 있다

정책 보고서는 대부분 법령에 근거하여 법정 계획을 수립하기 위해 작성한다. 「기후위기 대응을 위한 탄소중립·녹색성장 기본법」(법률 제18469호, 2021. 9. 24. 제정) 제4조, 제40조 및 제41조에 따라 국가와 지방자치단체(광역 및 기초 자치단체), 공공기관은 탄소중립을 위한 기후위기 적응 대책을 의무적으로 수립해야 한다. 적응 대책을 수립하는 지침을 환경부에서 제공하고 있으며, 이를 기준으로 보고서를 작성하고 이행평가를 시행한다.

14-2. 지방자치단체의 기후위기 적응대책 수립은 어떻게 할까?

(1) 지방 기후위기 적응 대책을 수립하는 방법

환경부에서는 지방 기후위기 적응 대책을 수립하기 위한 작성과 관련하여 2022년 '지방 기후위기 적응 대책 수립 및 이행평가 지침'을 발표했으며, 해당 지침에는 지방 기후위기 적응 대책의 수립 기준 및 작성 방법, 이행평가, 대책의 수립 및 이행평가 관련 행정 사항 등이 포함되어 있다. 계획을 수립하는 시점으로부터 5년을 계획 기간으로 하며, 국가 기후변화 적응 대책을 기준으로 각 지방자치단체의 특성을 반영하여 적응 부문을 구성하도록 하고 있다.

기후위기 적응 대책은 2011년 제1차 국가 기후위기 적응 대책이 수립된 이후 국가는 현재 2021년에 제3차 대책이 발표되었으며 광역시·도는 2022년에 수립을 완료했다. 기초 지방자치단체는 광역의 적응 대책이 수립된 이후에 연계성을 가지고 수립되기 때문에 최근 제2차 기초 지방자치단체 기후위기 적응 대책이 완료되었다.

환경부에서는 기초 지방자치단체 기후변화 적응 대책의 수립을 지원하기 위해 2013년, 2015년, 2017년까지는 기초와 광역 지방자치단체를 분리하여 지침이 나왔지만 2020년부터는 광역과 기초 지방자치단체를 별도로 구분하지 않았고 적응 대책 지침을 공통으로 적용할 수 있도록 했다.

최근 개정된 지침에 따르면(2022년 5월) 이전 지침과는 달리 지역 리스크를 도출하기 위해 국가 리스크 목록의 검토, 지역 영향평가, 모형을 활용한 지역 취약성 평가, 지역 리스크 선정을 위한 종합평가를 통해 지역 리스크 목록을 도출하도록 했다. 그리고 기존과 달리 리스크를 도출하기 위해 평가 및 분석을 수행하고, 이를 기준으로 결과를 정리하여 리스크로 기후위기 영향을 관리하는 것이 다른 점이다.

그림 14-1. 기후위기 적응 대책의 수립 기간

(2) 적응 대책 수립의 주체

광역 및 기초 지방자치단체에서는 환경부에 '기후위기 적응대책보고서'를 일정 기간까지 제출해야 한다. 직접 담당 공무원이 작성하는 경우도 있지만 대부분 지방 연구원 및 환경 컨설팅업체가 연구 용역 등을 통해 적응 대책을 수립하고 있다. 환경부에 공문과 함께 광역 및 기초 지방자치단체 담당자가 보고서를 제출하면 환경부에서 검토한 뒤에 검토 의견을 회신하며, 이를 반영하여 최종적으로 보고서를 제출하는 절차를 거치고 있다.

(3) 적응 대책의 필수 항목

적응 대책의 목차는 환경부 지침(2022년 5월)에 나와 있으며 다음 표 14-1과 같은 항목으로 구성된다. 지침에는 검토가 필요한 상위 계획 목록, 기후변화 현황을 분석하기 위해 검토해야 하는 기후 요소 목록, 지역 리스크 도출을 위해 사용이 가능한 목록 및 방법 등 적응 대책을 수립하기 위한 가이드라인이 상세히 기술되어 있다.

표 14-1. 지방자치단체 적응 대책의 목차 출처: 환경부

I. 대책의 개요
1. 배경 및 목적
2. 수립 근거 및 지위·성격
3. 추진 경위
4. 대책의 범위 및 추진 체계

II. 제○차 적응 대책 종합평가
1. 제○차 적응 대책 주요 내용
2. 부문별 추진 실적 평가
2.1 추진 결과 및 주요 성과
2.2 한계 및 문제점
2.3 향후 시사점 및 개선·보완 사항

III. 지역 현황 및 전망
1. 지역 현황 및 특성
2. 적응 관련 정책·계획 및 상위 계획 조사
3. 기후변화 현황 및 전망
3.1 기후변화 현황
3.2 기후변화 전망
3.3 종합 분석 결과

IV. 지역 리스크
1. 국가 리스크 목록 검토
2. 지역 영향평가
2.1 지역의 문헌 및 통계 분석
2.2 주민 인터뷰 및 설문조사
2.3 모형을 활용한 영향평가
3. 지역 취약성 평가
4. 지역 리스크 선정을 위한 종합평가
5. 지역 리스크 목록

V. 세부 이행 과제 수립
1. 총괄
2. 비전 및 목표
3. 부문별 추진 방향 및 전략
4. 부문별 세부 이행 과제

VI. 대책의 집행 및 관리
1. 연차별 소요 예산 및 재원 계획
2. 이행 추진 기반 정비 및 체계 구축
3. 이행평가 및 모니터링 계획

(4) 이행평가

2022년 5월 환경부 지침 이전까지는 이행평가 지침이 별도로 존재했지만 이후 작성과 이행평가 지침이 하나로 합쳐졌다. 이행평가는 작성한 기후위기 적응 대책 세부시행계획에 대해 매년 이행평가 지표를 기준으로 '자체 평가 계획의 수립, 중간 점검, 자체평가, 평가 결과 환류'의 단계를 거치면서 자체적으로 취합해 환경부에 매년 보고하고 있다. 과제별 담당자가 이행평가 결과를 작성하고 적응 대책 담당 공무원이 취합하여 환경부에 보고하는 과정을 거친다.

지침에는 세부 사업평가 기준이 정량지표와 정성지표로 구분하여 평가하도록 되어 있으며, 평가 등급을 미흡, 보통, 우수, 매우 우수의 4단계로 구분하도록

되어 있다. 이전에는 엑셀프로그램을 이용해 취합하여 환경부에 보고했지만 최근 들어 지방 기후위기 적응 대책 모니터링(이행평가) 시스템을 구축하여 웹으로 취합하면서 관리하기가 용이해졌다.

최근 제3차 국가 기후위기 적응 대책이 수립된 이후 관·민 거버넌스 협력 및 주민 참여가 강화되면서 적응 대책을 수립할 때는 대국민 참여를 도입하고 있으며, 지방자치단체의 적응 대책 이행평가에도 국민 참여 방안을 도입하려고 시도하고 있다. 지방 기후위기 적응대책 이행평가의 2022년 사업에 대해서는 '대구'와 '충남'이 시범사업으로 주민 및 전문가 참여를 통한 이행평가를 시행하였으며, 2023년 사업부터는 전체 광역시를 대상으로 확대하여 적용하도록 하였다. 이는 전문가 검토를 통해 객관성 및 공정성을 확보하고, 주민평가단 참여를 통해 정책에 대한 홍보 효과 및 이해를 증진시키려는 목적이 있다. 전문가 참여 이행평가는 2022년 이후 광역시에 설치된 탄소중립지원센터 등을 활용할 수 있다. 주민평가단을 구성하더라도 평소에 정부 정책을 관심 있게 모니터링 하는 사람이 많지 않기 때문에 정보 부족으로 정확한 평가가 어려우므로, 주민평가단을 구성한 후에 사전교육을 통해 정책의 목적과 대상, 기대효과 등에 대한 정보를 제공 후 평가 및 의견을 청취하는 것이 바람직할 것이다. 다만, 모든 부문의 기후위기 적응정책에 대한 주민 참여 평가는 관심도 및 이해도 차이로 중점 사업 또는 국민이 체감할 수 있는 과제들을 중심으로 하는 것이 의미 있는 결과를 도출할 수 있을 것이다.

(5) 탄소중립과 기후위기 적응

「기후위기 대응을 위한 탄소중립·녹색성장 기본법」에 따르면, 국가와 광역시, 기초지자체는 탄소중립 녹색성장 기본계획을 10년을 계획 기간으로, 5년 마다 수립·시행해야 한다. 해당 계획에서는 탄소 감축으로 대표되는 기후위기 대응과 기후로 인한 피해를 줄이기 위해 재난재해 및 건강 등 모든 분야에 대한 단기·장기간 대비를 강조하는 기후위기 적응이 모두 포함된다. 따라서 보고서에 기후위기 적응을 기술해야 한다면, 기존 기후위기 적응대책과 중복이 발생한다. 다만 목표 기간의 차이 등이 존재하므로 탄소중립 녹색성장 기본계획에서 기후위기 적응 부분은 단기·중기·장기 계획과 목표 등 큰 방향성을 기술하고, 세부사업 및 5년을 계획 기간으로 하는 비전 및 목표는 기후위기 적응대책에 포함되는 것으로 구분하고 있다.

14-3. 기업도 기후위기 적응대책을 수립해야 할까?

(1) 기후위기 적응 대책을 수립하는 방법

공공기관 기후위기 적응 대책의 수립과 관련하여 환경부에서 2022년 6월에 수립 지침을 발표했다. 지방 기후위기 적응 대책과 마찬가지로 계획 기간은 5년이며, 시설물의 내구연한과 공공 서비스의 특성 등을 고려하여 적응 대책 수립 시점으로부터 20년 후까지의 예측을 통해 단기간 및 장기간 목표를 설정했다.

(2) 적응 대책 수립의 주체

공공기관 기후위기 적응 대책을 수립하는 대상 기관은 환경부 고시로 2023년 3월 현재 62개 기관이 지정되었다. 지정된 기관은 3년마다 점검하여 개선해야 하며, 교통·수송, 에너지, 용수, 환경, 기타로 구분되어 있다.

(3) 적응 대책의 필수 항목

공공기관 기후위기 적응 대책은 지침에서 기후변화 영향의 주요 대상인 시설물, 시설관리자, 공공 서비스에 대한 내용을 중심으로 수립하도록 설명하고 있다. 이와 관련하여 한국환경연구원에서는 정기적으로 보고서를 작성하는 방법 및 기존 공공기관 기후위기 적응 대책의 우수 사례 등을 소개하면서 질의응답 등을 통해 공공기관 기후위기 적응대책 수립을 지원하기 위한 교육을 시행하고 있다.

기관별로 시설물을 범주화 한 예시와 극한기후지수 자료를 제공하고 있으며, 해당 자료는 환경부 지침(2022년 6월)의 기후변화 영향 분석 및 위험도 평가에 활용할 수 있다. 리스크 분석에 활용하기 위한 자료로 기후위기 영향 및 공공기관 기후위기 대응 수준에 대한 체크리스트를 환경부에서 제시해 주고 있다(환경부,

표 14-2. 공공기관 기후위기 적응 대책을 수립하는 대상 기관

출처: 환경부 고시(제2022-84호, 2022. 4. 29. 제정)

구분	대상 기관명	비고
교통·수송	한국도로공사, 서울시설공단, 국가철도공단, ㈜에스알, 한국철도공사, 서울교통공사, 부산교통공사, 대구도시철도공사, 인천교통공사, 광주광역시도시철도공사, 대전교통공사, 인천국제공항공사, 한국공항공사, 부산항만공사, 인천항만공사, 울산항만공사, 여수광양항만공사, 경기평택항만공사	18개 기관
에너지	한국전력공사, 한국수력원자력㈜, 한국남동발전㈜, 한국남부발전㈜, 한국동서발전㈜, 한국서부발전㈜, 한국중부발전㈜, 한국가스공사, 한국석유공사, 대한석탄공사, 한국지역난방공사, 서울에너지공사, 제주에너지공사	13개 기관
용수	한국수자원공사, 한국농어촌공사, 서울특별시상수도, 부산광역시상수도, 대구광역시상수도, 인천광역시상수도, 광주광역시상수도, 대전광역시상수도, 울산광역시상수도, 세종특별자치사상수도, 제주특별자치도상수도	11개 기관
환경	국립공원공단, 수도권매립지관리공사, 한국원자력환경공단, 서울특별시하수도, 부산광역시하수도, 대구광역시하수도, 인천광역시하수도, 광주광역시하수도, 대전광역시하수도, 울산광역시하수도, 세종특별자치시하수도, 제주특별자치도하수도, 한국환경공단, 부산환경공단, 대구환경공단, 인천환경공단, 관주환경공단	17개 기관
기타	한국광해광업공단, 한국산업단지공단, 한국토지주택공사	3개 기관

2022년 6월). 1점부터 5점까지 각 체크포인트의 기준에 의거해 평가하도록 되어 있다. 시설물의 기후위기 영향, 시설관리자의 기후위기 영향, 공공 서비스의 기후위기 영향에 대한 부분, 그리고 공공기관 기후위기 대응의 수준에 대한 체크포인트를 예시로 제공해 주고 있다. 리스크 분석을 위해 해당 체크포인트를 기준으로 각 기관별로 실정에 맞게 수정하고, 해당 자료를 기관 관계자들에게 설문조사 방법으로 데이터를 수집하여 설문조사 결과와 환경부 지침의 극한기후지수 자료를 '5×5 리스크 매트릭스'로 나타내어 리스크를 분석하는 방법을 주로 이용하고 있다(그림 14-2 참조). 동일한 기관이라도 사업소의 위치 등 지역별로 기후변화로 인한 피해 발생의 가능성 및 세부 시설의 구성이 다르므로 각 사업소의 현황에 적합하도록 체크포인트를 재구성하여 설문조사를 하는 것이 위험도 평가 결과에 매우 큰 영향을 미칠 수 있으므로 주의하여 활용해야 한다.

기후변화 리스크 매트릭스

- 기후영향요소별 발생가능성을 가로축으로 하였을 때, 영향의 크기는 세로축으로 하여 작성
- 발생가능성과 영향의 크기에 따라 매트릭스 위에 점을 찍을 때,
  - 사각형의 넓이가 리스크의 크기
  - 점의 위치에 따라 리스크관리 방법을 결정

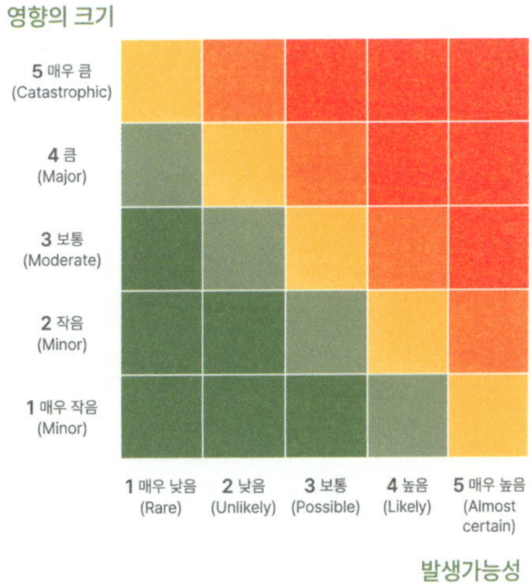

그림 14-2. 기후변화 리스크 매트릭스 출처: 환경부와 한국환경연구원(2015)

2030 극한기후지수

RCP4.5, RCP8.5 시나리오에 대한 2025~2035년 평균 극한기후 발생 가능성을 시군구 단위로 1-5점 사이의 값으로 환산한 지표

지역		RCP4.5					RCP8.5				
시 · 도	시 · 군 · 구	폭염	한파	호우	대설	강풍	폭염	한파	호우	대설	강풍
서울특별시	종로구	1.54	1.04	1.14	1.04	1.00	1.91	1.01	1.10	1.02	1.00
	중구	1.69	1.04	1.12	1.04	1.00	2016	1.04	1.09	1.02	1.00
	용산구	1.79	1.02	1.11	1.04	1.00	2.36	1.00	1.12	1.02	1.00

그림 14-3. 극한기후지수 출처: 환경부와 환경연구원(2022)

항목	체크 포인트	1점	2점	3점	4점	5점
기후요소 영향	기후영향요소에 대한 △△시설의 영향이 크다고 생각하십니까?					
시설물 안정성	기후영향요소에 따른 취약시설 파악 및 보호를 위한 대응계획/데책이 마련되어 있습니까?					
	기후영향요소에 따른 △△시설의 ○○영향에 대한 대응계획/대책이 마련되어 있습니까?					

그림 14-4. 시설물의 기후위기 영향 체크리스트(안) 출처: 환경부와 환경연구원(2022)

(4) 이행평가

공공기관 기후위기 적응 대책 이행평가는 2020년도부터 CAM-TI(Climate change Adaptation Monitoring Tool for Infrastructure) 엑셀프로그램을 이용하고 있다. 해당 자료는 공공기관 기후위기 적응대책의 사업별 이행평가 자료 취합을 목적으로 한국환경연구원에서 개발한 프로그램으로, 매크로 등을 이용하여 일부 값은 자동으로 계산되도록 했지만 지침에 해당 내용과 관련해 구체적으로 기술되어 있지 않아 담당자가 작성한 뒤에도 이해도 및 활용도가 저조한 실정이다.

(5) 자발적 기후위기 적응대책

공공기관 기후위기 적응대책 수립은 이번이 처음은 아니다. 2016년에 환경부 지침(환경부 기후변화협력과-2012호, 2016)에 근거하여 5개 분야 48개의 공공기관 및 지방공기업이 기후위기 적응대책 수립 대상 기업으로 선정되었다. 수립 지원을 위하여 환경부와 역무대행 역할을 수행하는 한국환경연구원에서는 기업이 자발적으로 기후위기 적응대책을 수립할 수 있도록 수립지침을 배포하고, 간담회를 개최 하였다. 35개 기업은 자발적으로 기후위기 적응대책을 수립하였으며, 이에 따른 이행평가 역시 자발적 이행평가로 볼 수 있다. 법적 강제성은 없으며, 적응대책을 수립하지 않더라도 별도의 불이익을 받지는 않지만 전 세계적으로 기후위기와 탄소중립에 대한 관심도가 증가하고 있기때문에, 기후위기 적응대책의 수립과 이행에 참여하려는 기업들의 노력이 확산되고 있다. 다만, 공공기관 및 지방공기업이라 하더라도 기업의 세부 시설물 현황, 기후변화로 인한 자연재해 피해 등과 같은 기업 내부의 자료를 활용해 기후위기 적응대책을 수립하였기 때문에 국가, 광역 및 기초 지자체의 기후위기 적응대책은 모두 전체 공개로 국가 기후위기적응정보 포털에 공개되어 있지만, 공공기관 기후위기 적응대책 보고서는 현재 공개되어 있지는 않다.

14-4. 기후위기 적응대책의 효과를 높이기 위해 지방정부와 기업이 해야할 일

기후로 인한 건강 및 재산 피해가 증가함에 따라 기후위기 시대의 적응은 반드시 필요하다. 기업과 개인이 자체적으로 적응하는 것도 필요하지만 기후변화 취약 계층이라고 여겨지는 노약자나 실외 노동자, 저소득계층 등은 기후위기에 따른 피해를 줄이는 적응을 스스로 하기 어려운 환경에 처해 있으므로 정부의 도움이 필요한 것이 사실이다. 이러한 필요성에 기반으로 한 '탄소중립기본법'이 제정되었다.

다만, 우리나라의 기후위기 적응은 국민들이 필요에 따라 스스로 시작하는 상향식(bottom-up)이 아니라 법을 먼저 제정하고 그에 근거하여 정부 주도로 기후위기 적응 대책을 수립하는 하향식(top-down)으로 운영되므로 일반 국민들이 대책의 효과를 직접 확인하는 것은 쉽지 않다. 이는 기후위기 적응이 1~2년 내의 단기 계획과 운용으로는 눈에 보이는 결과를 도출하기 어렵기 때문일 수도 있다. 그래서 최근에는 국가 기후위기 적응 수립에 국민 참여를 절차에 포함하고 있다.

우리나라는 과학적 근거를 매우 중요하게 생각하여 환경부 지침에서는 국가 리스크 목록 검토, 영향평가, 모형을 활용한 취약성 평가, 종합 분석을 통한 지역 리스크를 도출하도록 했으며, 적응 대책을 수립하기 위한 VESTAP, MOTIVE와 같은 다양한 기후변화 영향 및 취약성 평가 도구를 개발하여 지방자치단체에 활용을 권하고 있다. 물론 별도의 연구가 어려운 환경 컨설팅업체나 지방자치단체 입장에서는 이러한 자료가 매우 활용성이 높을 수 있지만 지역의 환경 및 특성을 반영하여 리스크 목록 및 정책과의 연계를 하기에는 공간의 규모와 일률적인 지표 등으로 인해 한계가 존재한다. 따라서 실효성 높은 광역 및 기초 지방자치단체의 기후위기 적응 대책을 수립하기 위해서는 국가 자료의 활용 외에도 지방자치단체에서 자체적으로 수집하는 공간 자료와 영향평가 등을 국가 자료와 연계하도록 하는 것도 필요하다.

환경부 지침에 따르면 공공기관 기후위기 적응 대책의 경우 기관의 기후 리스크 분석 결과를 근거로 수립하도록 하며, 환경부에서는 리스크 분석 지원을 위해 극한기후지수나 기후위기 영향 및 공공기관 기후위기 대응 수준의 체크리스트를 제공하고 있다. 공공기관의 경우 각 시설이나 해당 사업소의 기후 영향 및 피해 등은 사업소에서 근무하는 노동자가 가장 잘 알고 있으므로 이들을 대상으로 체크리스트를 활용한 설문조사 등을 활용하여 공공기관의 기후 리스크를 찾아내어 이를 보완하는 방식으로 접근하는 것이 바람직하다. 이는 현실적으로 시설의 설비 하나하나에 대한 기후 영향을 테스트할 수 있는 별다른 방법이 없으므로 대응 수준과 영향을 경험에 근거한 설문조사 방법을 동원하는 것이 효율성이 높다. 다만, 주관적인 영향이 크므로 객관성을 가지기 위해서는 설문응답자들의 편차를 줄이는 방법을 고민해야 할 필요가 있다.

기후위기 적응 대책을 위해 정부에서는 다양한 고민과 평가 방법 및 정책 등을 지속적으로 마련하고 있으며 실효성이 높은 기후위기 적응 정책을 도출하기 위해서는 한국환경연구원, 국립환경과학원, 환경부, 지방자치단체, 지방 및 국책 연구기관, 국민 등이 함께 노력해야 할 것이다.

15

기후변화 적응 계획 의사결정 시스템

오스트리아 국제응용시스템분석 연구소 | 현정희

기후변화 적응 정책의 이행이 부족하며, 이는 미래 예측과 정보 부족, 명확한 판단 방법의 부재로 인해 발생한다. 특히, 지역 및 가구 수준에서 기후변화에 대한 위험이 느껴지고, 시민 참여와 현장 관리가 필요하는 문제와 대책간의 간격을 좁힐 수 있는 기후변화 적응 옵션 중 자연기반 대책과 조경 분야의 연구 역할이 강조되고 있다. 체계적인 적응계획수립을 위해서는 기후 영향 분석, 잠재적 적응 옵션 확인, 의문 식별이 필요하며, 적응 정책에는 규제 및 다양한 노력이 포함되는데 최근에는 적응경로 기반의 계획방식이 적용되고 있다.

15-1. 기후변화와 적응 계획의 중요성

기후변화 적응의 중요성이 부각되고 있음에도 불구하고 실제로 이행된 적응 정책은 상대적으로 적다. 이행 부족의 원인을 알아보면 미래에 대해 예측하기가 어렵고, 이를 대비할 수 있는 최적의 대응책이 무엇인지를 판단하기 위한 정보가 부족하며, 판단할 수 있는 명확한 방법이 없다는 점을 들 수 있다. 기후변화 적응 이행 수립 계획은 미래에 가속화될 것으로 예측되는 기상 변화에 대응하기 위해 다양한 시나리오에 따른 기후 영향을 현재 시점에서 분석하고, 잠재적인 적응 옵션을 확인하며, 정책 결정 과정에서 제기될 수 있는 의문을 식별할 수 있어야 한다.

특히, 기후변화의 영향과 위해는 지역 및 가구 단위에서 위험이 느껴지고 이에 대응하기 위해서는 시민 참여와 현장에서 관리가 필요하다. 최근에는 자연 기반 적응 대책(nature-based solutions)에 대한 관심이 높아지며 대책들의 이행과 관리 및 효과를 평가하기 위해 조경 분야의 역할이 명확해지고 있다. 이 장에서는 기후변화 적응 계획 과정에서부터 적응 경로 기반 의사결정 방법론을 검토하여 조경학 연구와의 연계를 살펴보고자 한다.

기후변화 적응이란, 지구 온난화를 주 요인으로 한 지구 전체의 기후위기와 이에 따른 생활, 사회, 경제 및 자연 환경과 관련된 피해 등의 영향을 방지하거나 저감하는 것을 의미한다. 이는 환경의 보전은 물론이고 지구 환경 보전까지 연결해야 한다. 인류가 지금까지 만든 시스템은 폭염, 강우, 가뭄 등에 대해 어느 정도까지는 자연과 잘 견디는 능력을 가지고 있다. 댐이 있으면 홍수와 가뭄 피해가 저감되고, 에어컨을 사용하면 폭염에도 견딜 수 있게 된다. 이와 같이 견딜 수 있는 힘을 '기후탄력성'이라고 한다. 이 힘은 지역과 계층과 분야 그리고 어느 정도 준비가 되었는지에 따라 다르다. 전 지구에 걸친 온난화로 인해 기후변화의 영향은 높아진 노출과 취약성 그리고 낮은 적응 능력이 결합될 경우에는 더욱 심각해진다. 이미 높은 노출과 취약성에 위험한 특정 시스템에서는 높은 적응 능력으로도

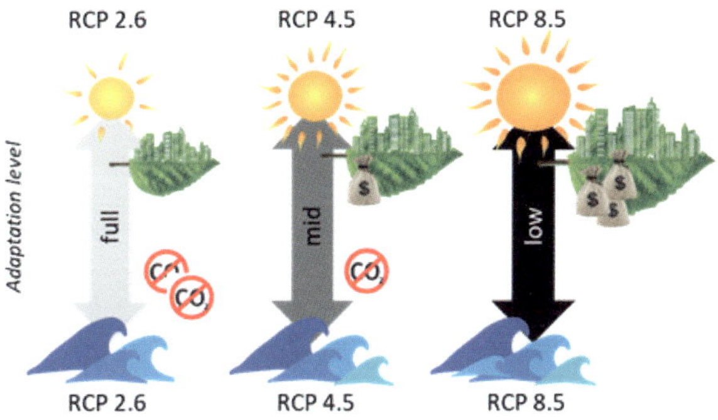

그림 15-1. 감축 시나리오, 비용, 적응 기술의 선택 및 한계 간의 상충 관계(trade-off)

위험이 발생하는 것을 방지하기에는 충분하지 않다. 사회 전반에 걸친 기후변화의 영향을 줄이는 노력이 필요하며 모든 계획과 정책에 기후변화와 관련된 내용이 포함되어야 한다. 이산화탄소를 줄이는 감축도 중요하며 어떻게 잘 적응할 것인가를 고민하고 대응하는 것이 바람직하다(그림 15-1 참조).

적응에는 기후변화 영향과 관련된 계획과 이에 대한 회복력 구축 그리고 사회의 대응 및 복구 능력의 향상이 포함되며, 이는 기후변화로 인한 피해와 교란을 줄이는 데 도움이 될 수 있다. 적응 정책에는 취약성을 줄이기 위한 규제가 포함된다. 예를 들어, 재해 복구, 중요 시스템 및 자원에 대한 영향평가, 관찰 및 모니터링, 복합적인 위해를 최소화하기 위한 노력 등이 있다.

기후변화로 인한 영향이 광범위한 영역에서 복잡하게 나타나고, 미래 시나리오를 적용하는 과정에서의 불확실성이 존재함에 따라 과학을 기반으로 한 많은 모델이 만들어졌지만 기후과학의 정보 접근성은 매우 낮은 실정이다. 이러한 과학 정보를 계획 수립 및 정책 결정 과정에서 활용할 수 있도록 지금까지 기후 정보 제공이라는 측면에서 많은 시도가 있었으나 원활하게 이용되지 않고 있는 상황이다. 특히, 정책입안자가 기후변화 문제를 내면화하기에는 전문 지식을 요구하는 강도가 높고, 특히 기후변화와 관련된 과학 정보의 접근성이 낮아 정보를 해석하기가 어렵기 때문에 구체적인 계획 수립 없이는 대응이 어려운 과제이다.

기후변화 적응 대책의 도출에는 기후변화 영향평가, 취약성 평가, 리스크 평가가 바탕이 되어 있다. 특히, 리스크 평가는 관리 방안 구성의 매개체로서 역할을 하는 것으로 알려져 있으며 영국, 호주 등에서 적응 정책 수립할 때 활용되고 있다. 영국의 제2차 기후변화 리스크 평가(CCRA)가 과학적 분석 방식을 어떻게 사용했는지를 논의해 보면(Brown et al., 2018) 정책 의사결정을 지원하기 위해 보다 폭넓은 증거 자료를 이용하는 것을 지향했지만 실제로 이용한 자료는 2009년도 기후 전망 예측 자료를 저, 중, 고 시나리오별로 분석했다.

기후변화 적응과 기후 리스크 관리의 연계가 어려운 이유 중의 하나는 제도적 장벽에 있다. 대다수 국가에서는 기후변화 관련 정책 및 결정은 환경과 관련된 부처 및 조직에서 관리하고 있으며 재난 재해 관리는 국토 및 개발과 관련된 부처에서 주로 이루어진다. 이와 같이 분리되어 있는 구조는 의사소통 과정을 방해하며 정보 장벽을 만들게 된다. 예를 들어, 유럽연합(EU) 국가에서는 대부분 재난관리가 민사 보호와 관련된 법적 조항이 포함되어 있어 적응를 통합하여 재난 위험을 줄이기 위한 장기 전략 계획보다는 재난위험경감(Disaster Risk Reduction)에 대한 단기 계획 또는 재난 대응 및 복구 계획을 가지고 있다.

최근 호주의 연구 사례에 따르면 리스크 및 재난위험경감 간의 통합을 지역 거버넌스를 통해 지역 이해관계자와의 파트너십을 구축하고 조직 강화와 같은 참여 메커니즘을 촉진할 수 있는 새로운 기회가 될 수 있음이 밝혀졌다(Forino et al., 2018). 니카라과의 연구 사례에 따르면 지식과 정보의 단편화와 다양한 거버넌스 수준(지역과 국가) 간의 조정이 이루이지지 않아 위험관리의 계획과 실행이 실패하고(Rivera et al., 2015), 잠비아의 연구 사례에 따르면 적응과 리스크 관리의 정책 통합과 수평적 및 수직적 거버넌스 개선과 정책 이행의 비효율 감소의 필요성이 과제로 확인되었다(Pilli-Sihvola and Vaataainen-Chimpuku, 2016). 또 더 나은 거버넌스를 위해서는 기후 리스크와 관련된 일반적인 인식을 높이는 것도 포함된다.

기후변화 적응과 기후 리스크와의 연계가 어려운 두 번째 장벽은 기후 리스크와 취약성의 변화를 적응 정책 및 대책과 연결하는 것이다. 따라서 적응 대책의 효과는 이행 중에 상시 모니터링 해야 한다. 그리고 세 번째 장벽은 리스크가 고정되어 있지 않으며 진화하는 위험과 노출 및 취약성의 결과로 매우 빠르게 변할 수 있다. 따라서 의사결정자는 미래에 직면할 수 있는 리스크를 현재의 시점에서 대응해야 한다. 그래서 미래의 위험을 모델링하고 예측하는 연구가 더욱 증가하고 있으며 새로운 방법론과 정보가 수집되고 있는 추세이다.

15-2. 적응 경로를 고려한 적응 계획

의사결정이란, 이행 계획을 작성할 때 의사결정자가 판단 기준을 설정하고, 이를 기반으로 한 여러 대안 중에서 선택을 내릴 수 있도록 하는 모든 과정을 의미한다. 다시 말해 실행이 가능한 대안을 확인하고 이로부터 대책을 선택하는 과정이다. 의사결정은 계획의 일부이며, 문제 식별에서부터 시작하여 선택을 내리는 것으로 끝난다. 계획과 의사결정은 밀접한 관계로 계획 없이 의사결정이 내려질 수는 있지만 의사결정 없이 계획이 완료될 수는 없다. 실무에서 의사결정 단계에 포함되는 계획 요소들은 ① 정보 수집 및 분석, ② 문제 정의, ③ 목표 설정, ④ 이행 과제 선정으로 구성된다.

기후변화 적응 정책의 특성상 다양한 이해관계자가 관여되어 있고 막대한 비용이 소요된다. 그러므로 적응 계획을 세울 때 다양한 이해관계자들을 설득하고 지지를 얻기 위해서는 합리적으로 판단을 내릴 수 있는 정책평가 자료가 필요하다. 따라서 기후변화 적응 정책을 효율적으로 이행하기 위해서는 정책에 대한 명확한 이해와 객관적인 평가가 바탕이 되어야 하지만 정성적인 판단으로 정책이 수립되고 있을 뿐이며 정책 효과를 예측한 정량적 판단이 이루어지지 않고 있다.

적응 대책을 평가하여 어떤 대책이 이행되어야 할지를 확인하고 우선순위를 정하는 과정이 필요하게 된다. 다양한 평가 방법이 있는데 가장 일반적으로 사용되는 기법은 경제학 관점에서 이루어지는 비용-편익분석 또는 다기준분석이 있다. 이러한 방법은 대부분 적응 대책 및 기술들을 장기간의 수명을 가정하여 정태적으로 평가하는데 미래 영향의 가변성, 피해 대상의 취약성 또는 역치가 달라지기 때문에 적응 옵션 평가를 장기간에 걸쳐 적절하게 평가하고 계획할 수 있는 방식이 다양하게 제시되고 있다. 특히, 적합한 투자 시점을 평가하기 위해 예측되는 미래 모습의 시나리오 설정에 따라 다양한 적응 전략들이 평가된다. 하지만 예측하고 있는 미래 모습은 불확실성이 크기 때문에 '예측 후 해결(predict and plan)'이라는 프레임워크에서 벗어나 기후변화에 관한 정부 간 협의체(IPCC)에서 제안되고 있는 장기적인 '행동 후 학습(learning by doing)'을 장려하는 정책 접근법으로 적응 경로(Adaptation pathway)가 제시되고 있다.

기후변화에 관한 정부 간 협의체(IPCC)에서 제시하는 효과적인 의사결정 지원의 공통 원칙은 다음과 같다. 과학적 연구 우선순위가 아닌 사용자의 수요에 맞게 이루어져야 하고 사용자의 수요는 사용자와 연구자 간의 논의를 통해 규명될 수 있다. 또 제도적 안정성을 추구하고 사용자와 생산자를 효율적으로 연계하여 필요한 신뢰와 친숙함을 확보할 수 있다. 따라서 모든 당사자가 '융통성과 적응성 그리고 경험을 통한 학습이 가능한 구조적 의사결정 지원'의 필요성을 인식하고 이에 기여할 수 있도록 해야 한다(IPCC, 2014). 우리나라는 아직 의사결정 단계를 지원하는 정보와 도구가 분산되어 있어 적응 경로 기반의 의사결정을 지원하는 통합 시스템을 구성하기에는 어려움이 있다. 특히, 광범위하고 복잡한 기후변화 정보를 다룰 때 의사결정자의 전문 지식과 역량이 각각 다르고 지역 특성을 반영하는 정도에 따라 다양한 대안이 나타날 수 있다는 점에서 기후변화 의사결정에 어려움이 있다.

적응 경로는 목표에 따른 세부 사업들을 조합하여 장기적인 적응 경로를 제시하고 적응 계획에 반영할 때 의사결정자가 ① 적응 대책의 이행 가능성, ② 최종 적응 목표 시점에서의 목표달성도를 볼 수 있다. 적응 경로의 목적은 결과물로 최적의 계획안 하나를 제공하는 것이 아니라 경로안 도출 과정에서 불확실성과 동태적 장기 계획으로 나타나는 의사결정의 피드백 과정을 보여 주는 것이다. 적응 경로는 '무적응(no-action taken)' 경로와 적응의 최소한의 기준이 될 수 있는 안전값(safety threshold)에 대비하여 그려질 수 있다. 원으로 표현된 적응 대책은 하나 또는 여러 개의 정책 및 기술일 수 있고, 정책 및 기술의 도입 규모 또한 명시할 수 있으며, 적용 시점에 따른 영향 저감 효과를 알 수 있다. 이와 같이 표현된 여러 적응 경로를 비교 분석할 수 있다. 다시 말해 장기적인 계획을 위해서는 시기별로 변화하는 여건에 따라 가장 효과적인 적응 대책과 기술을 선택할 수 있어야 한다(그림 15-2 참조).

현정희 등(Hyun et al., 2021)은 2100년까지의 기후변화 영향에 대응할 수 있는

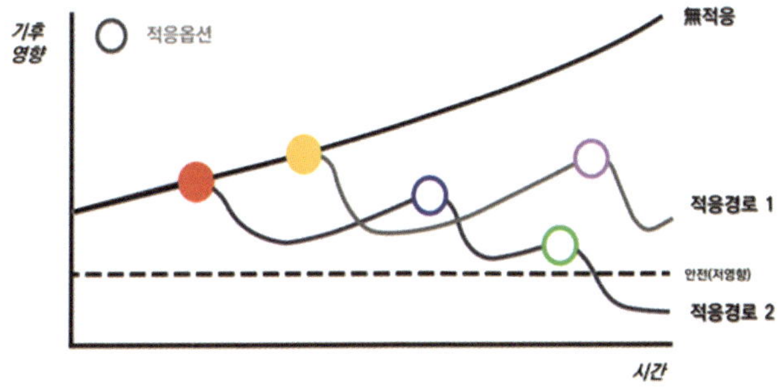

그림 15-2 적응 경로의 개념도 출처: 현정희 외(2019)

무수한 조합의 적응 경로안을 생성하고, 의사결정자의 선호에 따라 계획안을 식별할 수 있는 탐색적 계획 모델을 개발하여 의사결정 지원 도구를 제안했다. 적응 경로는 5년 단위의 계획 기간으로 구성되어 계획 기간별로 각각의 적응 기술 규모를 조정할 수 있다. 우수한 적응 경로는 미래의 기후 영향에 적응할 수 있거나 적응 비용이 적은 경우에 선택되도록 모델을 설계했다. 특히, 의사결정자의 선호도(제약 조건 및 적응 목표)에 따라 도시에서의 폭염 관련 상병자를 줄이기 위해 직접적인 적응 효과(상병자 수 저감)와 간접적인 적응 대책(그린인프라를 통한 옥외 열환경 개선)을 적용하여 RCP 4.5와 RCP 8.5 시나리오에서의 최적의 적응 계획을 살펴보았다.

먼저, 예산액이 높은 조건이 반드시 최적의 적응 계획으로 이어지지 않았으며, 오히려 낮은 예산액 조건에서 적응 목표의 설정에 따라 비교적 더 효율적인 적응 계획이 도출되었다. RCP 8.5 시나리오에서는 현재의 적응 옵션 포트폴리오로 2065년 이후의 기후변화 영향에 완전히 적응하기에는 불충분한 것으로 분석되었다. 그리고 10년 이상 적응 행동을 지체하는 경우 이후에는 적응할 수 없다는 결과이다. 마지막으로 그린인프라는 시간이 지남에 따라 적응 효과가 증폭되어 증가하는 미래 영향을 저감하는 데 효과적인 적응 기술임이 검증되었다.

적응 경로 모델을 사용하여 의사결정자의 선호도에 따라 언제 어떤 규모로 적응대책 및 기술을 도입했을 때의 적응 정도와 비용을 확인하여 적응계획안을 탐색할 수 있다. 특히, 기계학습 알고리즘을 사용하여 모델은 빠른 효율성으로 사

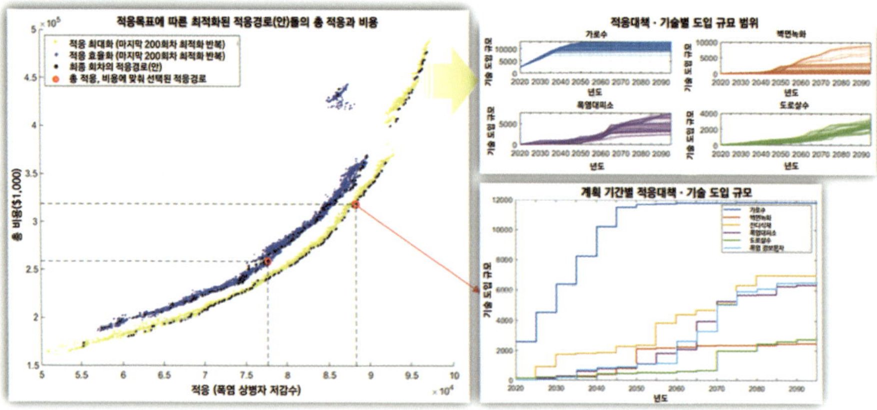

그림 15-3 최적화된 적응 경로 선택 및 계획안 검토 출처: Hyun et al.,(2021)

용자의 선호도에 따라 최적의 적응 경로를 실시간 시뮬레이션으로 탐색할 수 있다. 그림 15-3에서 이러한 탐색 방식을 도식화했다. 제일 큰 왼쪽 그림에서는 적응 경로 탐색에서 총 비용과 적응 정도에 맞추어 최적화된 대안들을 확인할 수 있고, 의사결정자의 예산과 적응목표치에 따라 적응 경로안을 확인(왼쪽 그림에서 하나의 점을 선택함)하고자 할 때 오른쪽 아래 그림과 같이 적응 기술의 도입 규모를 시간별로 확인하여 적응 계획 수립에 참고할 수 있다. 이와 같이 적응 경로 모델이 추후 사용자 인터페이스로 개발되었을 때는 의사결정자가 적응 경로 탐색을 통해 실효성 있는 적응 계획을 수립할 수 있을 것이다.

15-3. 조경과 기후변화 적응 계획

기후변화로 인한 영향을 가장 직접적으로 받는 지방자치단체 및 시민 수준에서의 실효성 있는 적응을 위해서는 보다 명확한 지역 맞춤형 정보를 수집하고 기여할 수 있는 상향식 적응 계획과 이를 위한 의사결정 과정이 필요하다. 기후변화로 인한 영향 예측과 대응 정책 및 대책평가를 위한 고해상도의 시공간 정보와 지역 상황에 적합한 문제를 도출하기 위한 대상지의 노출과 취약성 및 민감도 관련 정보 체계 그리고 미래의 영향과 사회경제적 시나리오가 구축되어야 한다.

기후변화에 관한 정부간 협의체(IPCC)에 따르면 기존의 대응이 기후변화 영향을 줄이는 데 적절하다는 증거가 거의 없다. 적절한 대응에 대한 증거는 홍수 위험과 극심한 폭염으로 인한 사망자 및 경제적 손실에 대한 취약성 감소와 관련해 일부 있으나 특정 적응 대책들의 효과에 대한 증거는 여전히 제한적인 실정이다. 또 전 지구적 규모, 국가 또는 여러 부문에 걸쳐 다양한 수준과 범위에서 적응의 적절성과 효율성을 체계적으로 평가한 연구도 아직 없다. 기후 리스크 관리와 적응 사이의 가장 직접적인 연결은 적응 대책의 효과가 기후 리스크를 얼마나 줄이고 회복력을 높이는 데 얼마나 성공적이고 적절한지를 측정한다는 것이다.

아직까지 우리는 리스크를 줄여 나가지 못하고 더욱 빠르게 리스크를 늘리고 있다. 또 리스크 감소보다 리스크 관리 방법의 진전이 더욱 이루어지고 있다. 리스크 관리 방법과 계획의 발전이 중요함에도 불구하고 이를 이행하는 인센티브의 제공 및 설득력이 부족한 경우가 많다. 예를 들어, 새로운 기후 리스크가 발생했음에도 이와 관련된 건물 및 도시 개발과 관련된 계획 규정과 건물 표준을 수정하는 데 시간이 몇 년이 걸릴지 예측할 수조차 없다. 따라서 기후 리스크 관리의 비용과 효과 또한 전반적으로 평가되어 리스크 관리를 주류로 인식하고 위험 정보에서 지식으로 변화하며 책임 또한 강화되어야 한다.

기후변화 리스크 관리 방식은 일반적으로 다음 네 가지 광범위한 범주로 나누어진다. ① 완화–온실가스 배출 감축을 위한 노력, ② 적응–기후변화에 대처할 수 있는 사회의 능력 향상, ③ 지구공학 또는 기후공학적인 대응–온실가스 배출의 영향 중 일부에 대응하기 위한 지구 시스템의 추가적이고 고의적인 변화, ④ 지식 기반 확장–사전 예방적 위험관리를 지원하는 데 도움이 될 수 있는 기후 시스템에 대한 관심과 이해이다. 하지만 이러한 활동이 개별적으로 이루어지면 효율성이 떨어지며 관리 체계가 필요하다. 특히, 기후변화로 인한 리스크는 시공간에 따라 다르며 지역 및 시스템 전반에 걸쳐 연쇄적으로 발생한다. 따라서 이러한 상호 작용과 개별적 대응의 비효율 또는 위험이 통합적으로 이루어져야 하기 때문에 관리 계획과 이를 위한 의사결정 과정이 중요하다.

기후 리스크의 효과적인 관리는 적응이 여러 부문의 기후 리스크와 통합되어 있는지, 리스크 감소의 효과성이 기후 탄력적(climate resillient) 개발 여부와 장기적인 기후 리스크에 대응하는지에 달려 있다. 물-에너지-농업 연계(nexus)처럼 리스크 관리를 통합 방식으로 관리해야 하는 필요성은 기후 리스크에서도 생태계, 도시, 건강, 빈곤 및 생계에 걸쳐 다양하고 각각의 요소의 상호 작용에 따른 영향으로 입증된다. 또 리스크 관리가 단발적인 피해 사상에만 대응할 수 있는 것이 아니고 체계적으로 예측할 수 없는 리스크 상황에서도 대응할 수 있도록 적응 능력을 높여야 한다. 이를 '전환적(transformative) 리스크 관리'라고 하며, 예를 들면 다음과 같다.

- 의사결정자 중에서도 리더가 문제 해결을 하고자 하는 의지와 방식 탐색의 능력을 강화한다.
- 관리 계획의 의사결정을 지원하기 위해 정기적인 시나리오 분석과 전략을 탐색한다.
- 리스크 피해의 감소뿐만 아니라 시스템, 자산, 운영, 위치 및 사회를 더욱 취약하게 만드는 근본적인 스트레스 요인을 완화하기 위한 노력을 한다.
- 데이터 활용성을 높이는 디지털화 및 정보 공유 플랫폼을 배포한다.

전환적 적응에는 점진적인 변화가 아닌 공간 계획, 거버넌스 협력, 연계(nexus)

접근 등의 통합적인 계획과 관리를 유도하는 복잡하지만 효율성이 높은 접근 방식이며 미래 리스크 관리의 과제이다. 따라서 조경학의 통합적인 분석 관점에서 기후위기 대응에 이바지하는 것이 시의적절하다.

4. 기후변화로 인한 환경재해 대응

16

도시열섬을 줄이는 소규모 녹지의 역할과 활용

건축공간연구원 | 박종훈

도시 구조물을 뒤덮고 있는 여러 인공 재료는 태양열의 반사 및 흡수를 통해 낮밤을 가리지 않고 도시 기온을 높게 만든다. 여름철 도시는 냉방 수요의 증가, 에너지 비용의 증가, 탄소 배출의 증가를 야기한다. 작은 도시 공간에서 과도한 열의 발생 지점의 관리에 소규모 녹지의 냉섬 효과를 적절하게 활용하는 것은 도시열섬 저감 전략의 기본이다. 도시녹지를 잘 관리하는 것은 이제 심미적 측면에서의 의미를 벗어나 탄소중립의 중요 수단으로 인식되어야 한다.

16-1. 도시열섬 이해하기

도시열섬은 도시의 온도가 높게 나타나게 되어 도시 지역과 주변 지역의 온도 분포도를 만들었을 때 도시가 하나의 섬처럼 두드러지게 보이고 주변과의 경계가 명확하게 구분되어 이를 설명하기 위해 붙여진 이름이다. 도시열섬을 이해하기 위해서는 도시의 열적 특성에 대한 지식이 요구되므로 이에 대한 설명을 하고 도시열을 감소하기 위해 녹지가 가지는 열섬저감 효과와 활용 방법에는 무엇이 있는지를 알아볼 것이다.

도시열섬에 대한 이해를 증진하기 위해 도시 활동의 특성과 인공열, 도시 인공 재료의 특성과 태양열, 도시 열분포의 특징을 설명한다. 결론적으로 도시 활동을 통해 배출되는 열과 태양으로부터 도시로 들어오는 열이 합쳐지며 온실 효과를 나타내는 대기와 도시 공간의 구조적 특징으로 인해 섬의 형태를 보이는 것이 열섬임을 이해하게 될 것이다.

또 도시에는 고온역만이 아닌 저온역인 냉섬도 존재하고 이미 도시의 열섬저감 완화 기능을 수행하고 있으며 건물의 그늘과 녹지가 가지는 특징을 이해하게 될 것이다.

(1) 도시의 에너지 사용과 인공열 배출

도시는 인간의 경제 활동을 극대화하는 데에 최적화된 곳이다. 사람들은 경제 활동을 위해 서로 모여 있어야 효율적이며, 경제 주체인 기업(또는 직장)에서는 이를 위해 고밀화된 고층 건축물을 필요로 한다. 그리고 도시에는 어마어마한 숫자의 기업이 있고 여기에서 일하는 사람들도 엄청나게 많다. 이들은 음식물을 섭취해야 하고 휴식을 취하기도 하며 이동을 하고 잠을 자야 하므로 도시에는 식당, 백화점, 공원, 아파트 등 다양한 도시 시설들이 위치한다. 또 도시에는 도로 시설과 그 위를 달리는 많은 차량이 있다. 그리고 도시가 계절 변화에 따라 어떻게 달라지게 되는지를 알아보자. 여름에는 무더위를 피하기 위해 에어컨이 제공하는 냉방 없이 살 수 없고, 겨울에는 따뜻한 난방을 필요로 한다. 사람들이 도시에서 살면서 비용으로 지불하고 있는 것들을 생각해 보면 매일 이용하고 있는 가전제품과 냉난방 시설, 자동차 등은 건물 안팎과 도로 및 보도 위에 위치하면서 인간의 경제 활동을 지원하고 있다. 이러한 시설 또는 장비들이 기능을 하기 위해서는 전기나 연료 등이 필요하며, 사람들이 지불하는 사용료, 즉 각종 세금, 요금을 통해 비용을 지불하게 된다.

다시 말해 우리가 식사를 통해 에너지를 충전하는 것처럼 더울 때, 추울 때, 어두울 때, 식사할 때, 이동할 때 필요한 시설들이 움직이려면 에너지가 필요하다. 그리고 경제 활동을 하는 수많은 사람이 모여 있는 도시는 그만큼 엄청난 양의 에너지를 필요로 한다. 에너지는 열량이나 칼로리라고 표현되기도 하며, 사람들을 지원하는 시설들도 에너지를 사용하면 열을 내뿜게 된다. 여름철에 도시를 걷다가 편의점이나 건물을 지날 때 에어컨 실외기에서 나오는 뜨거운 바람을 느껴 보았을 것이다. 사람들이 건물이나 자동차를 사용하면서 배출되는 열을 '인공열'이라고 한다. 이러한 인공열이 모든 건축물과 자동차 및 시설에서 배출되고 있으며, 도시 전체에서 배출되는 양을 가늠해 보면 어마어마한 양일 것이라는 추정이 가능하다.

(2) 태양열과 도시의 인공 재료

태양열은 도시의 온도를 좌우하는 기본 조건이다. 아침에 해가 뜨면서부터 태양열은 태양광과 함께 도로, 건물벽 등 도시의 표면에 떨어진다. 정오를 지나면서 태양고도가 가장 높을 때 태양열의 강도가 가장 세며, 오후와 저녁이 되면서 태양열의 강도는 점차 감소한다. 태양열과 도시의 관계는 도시를 구성하고 있는 물질들의 특성을 가지고 설명할 수 있다. 도시를 구성하는 건축물과 도로 및 보도의 재료는 보통 콘크리트, 아스팔트, 화강석 등으로 활용 목적에 알맞게 가공되어 사용되고 있다. 도시의 구조물은 다양한 하중을 견디고 여러 극한기상을 견디며 오랫동안 형태와 기능을 유지하도록 재료의 특성이 발달되어 왔기 때문에 주로 이들의 특성은 단단하고 두꺼우며 무겁다. 원재료는 자연에서 구하지만 인간의 가공 기술과 시공 기술을 통해 가공된 인공 재료들이다. 이러한 재료들은 대부분 태양열을 받게 되면 표면에서 태양열을 막아 주기 때문에 건물 안에서 활동하는 인간이 여름에는 뜨거운 태양열을 피할 수 있고, 겨울에는 따뜻한 태양열을 받도록 도와주며 태양열로부터 보호하는 역할을 하기도 한다. 그런데 이러한 인공 재료들은 태양열을 만나면 반사도 하고 흡수도 하며 저장도 하는 여러 가지 열 반응을 나타내게 되고, 이러한 반응들로 인해 건축물이나 도로 등의 도시 표면과 가까운 곳은 열적 특성을 보인다. 해가 있는 낮에는 주로 인공 재료로부터 반사된 열로 인해 도시 내부의 온도가 상승한다. 그리고 밤에는 보통 반사될 수 있는 열이 없으므로 그만큼 온도가 낮아져야 하지만 앞서 언급한 재료의 특성으로 인해 낮에 축적된 태양열이 밤에 방출된다. 여름에는 이러한 야간의 열로 인해 열대야가 나타나기도 한다. 그리고 도시가 아닌 지역에서는 낮에 열을 흡수하는 재료가 적으므로 밤에는 온도가 떨어져 시원해진다. 그래서 넓은 지역에 걸쳐 살펴보면 인공 재료로 가득찬 도시는 그렇지 못한 주변 지역보다 여름철 온도 또는 낮 동안의 온도가 상대적으로 높다.

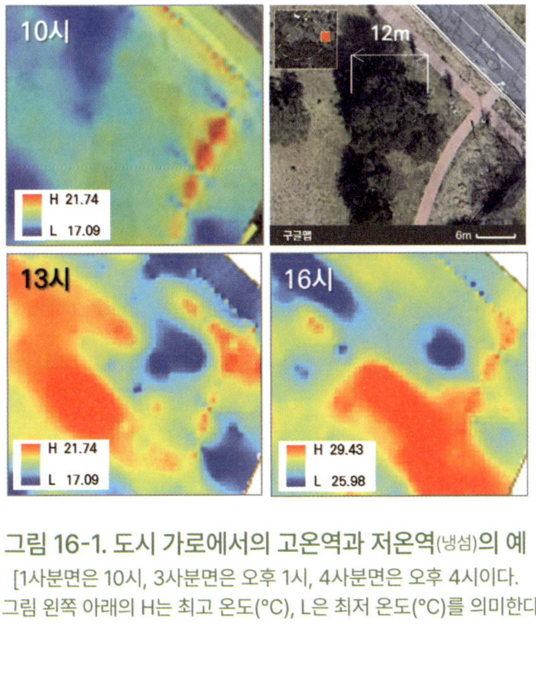

그림 16-1. 도시 가로에서의 고온역과 저온역(냉섬)의 예

[1사분면은 10시, 3사분면은 오후 1시, 4사분면은 오후 4시이다.
각 그림 왼쪽 아래의 H는 최고 온도(°C), L은 최저 온도(°C)를 의미한다.]

(3) 도시열섬과 고온 지역

여러분은 도시열섬 현상 또는 도시열섬 효과라는 말을 들어보았을 것이다. 현상이나 효과라는 용어는 도시열섬의 특성을 잘 나타내고 있다. '도시열섬 현상'은 도시열섬의 발생이 일상적이지 않으며 특정한 계절이나 특정한 시간대에 나타남을 의미한다. 덧붙여 도시 내의 온도 분포를 살펴볼 때 온도가 더 높은 고온 지역이 있다는 것도 내포되어 있다. '도시열섬 효과'는 도시열섬 발생으로 인한 온도 상승으로 인해 도시에 피해나 손실이 발생할 때 주로 언급된다.

도시열섬 발생을 가장 잘 살펴볼 수 있는 곳은 도시의 중심지와 같이 여러 형태의 높은 건축물이 밀집되어 있고 도로로 둘러싸여 있으며, 보행로가 보도블럭으로 포장되어 있는 곳으로 우리가 일상적으로 발견할 수 있는 곳이다. 이러한 지역에서 도시열섬 발생을 뚜렷하게 관찰할 수 있는 시기가 여름이라고 생각하기가 쉽지만 보통 봄이나 가을이며, 한낮보다는 오전이나 오후라고 알려져 있다 (그림 16-1 참조). 그렇지만 도시열섬의 정도가 가장 심한 계절이 여름인 것은 확실하며, 고온역을 관찰하는 연구를 통해 어떻게 열섬저감을 할 것인지에 대한 연구가 지속적으로 이루어져 왔다.

16-2. 도시냉섬의 역할

(1) 도시냉섬의 기능과 종류

여름철 오후에 햇빛이 뜨겁게 내리쬐는 거리를 걷다가 그늘을 만나게 되면 햇빛을 피했다는 반가운 마음이 들며 에어컨 바람을 만났을 때처럼 시원함을 느꼈을 것이다. 도시의 그늘은 지면으로 직접 들어오는 태양광이 차단되는 지점이며, 이러한 지점의 온도는 태양광을 직접 받는 지점보다 상대적으로 낮다. 온도분포도에서 온도가 하강한 이러한 저온역을 일컬어 열섬과 반대되는 개념인 '냉섬'이라고 한다.

도시의 냉섬은 열섬의 정도를 완화하는 기능을 수행하고 있다. 다시 한 번 여름철에 경험했던 그늘을 기억해 보자. 여기서 생각할 수 있는 것은 그늘에도 종류가 있다는 것이다. 예를 들어, 건물로 인해 형성된 건물 그늘, 가로수 등 나무로 인해 형성된 녹지 그늘, 그리고 피난처(shelter)나 퍼걸러(pergola) 등 그늘이 목적인 시설물로 인한 그늘 등이 있다(그림 16-2 참조). 이러한 각각의 냉섬들이 그 기

그림 16-2. 소규모 녹지와 건물 그늘의 예

[1번, 2번은 소규모 녹지, 3번, 4번은 건물 그늘, 5번, 6번은 그늘이 전혀 없는 일사면이다.]

출처: Park et al.,(2021. 재구성)

능을 더 잘하기 위해서는 서로 연결해야 할 필요가 있다. 냉섬 지역에 냉기가 흐른다면 도시열섬의 완화 효과가 더욱 강력해질 것이다. 이를 가능하게 하는 것이 바람이다. 바람 자체는 공기 속의 수증기를 기화하는 기능을 가지고 있다. 그래서 냉섬 안에서의 바람은 냉기를 포함하므로 사람이 느낄 수 있을 정도로 시원함을 제공한다.

(2) 냉섬으로서 소규모 녹지와 건물 그늘

좀 더 구체적으로 알아보면 도시에서 대표적인 냉기의 생산지인 소규모 녹지와 건물 그늘의 특징을 살펴보자. 소규모 녹지란, 도시에 분포하고 있는 녹지 중에서 근린공원, 하천 등 대규모의 녹지가 아닌 도심의 가로에서 만날 수 있는 가로수, 작은 공원 등 규모가 작은 녹지를 말한다. 대규모 녹지처럼 작은 녹지도 도시열섬의 완화 역할을 충분히 수행하고 있다. 건물 그늘은 그늘을 형성하는 건축물 면적과 양의 상관관계가 있으며 그 크기가 대체로 소규모 녹지보다는 크다. 면적이 크다는 것은 햇빛이 차단되는 면적이 크다는 것을 의미하며 기온 상승이 높지 않음을 뜻한다.

1) 공통 사항: 그늘

여름철에 기온의 하강을 가져오는 소규모 녹지와 건물 그늘의 공통 요인은 그늘이며, 그늘 형성의 패턴은 다음 두 가지로 나눌 수 있다. 첫 번째 그늘 형성의 패턴은 '그늘의 방위'이다. 그늘의 방위는 개별 건축물이나 녹지 등에 의해 태양광이 차단되는 그늘 형성 지점들을 알게 해 준다. 낮 동안 그늘이 형성되는 지면은 그늘이 없는 지면에 비해 기온이 낮다. 태양열이 흡수되지 않은 지면은 야간에도 방출되는 열이 적어 밤 동안에 기온이 높아지는 열대야의 발생을 줄이는 역할을 한다. 우리나라는 여름철인 8월 오후 1~4시에 대부분 그늘이 형성되는 방위는 서쪽과 서북쪽이다(그림 16-3 참조). 이는 건축물이나 녹지의 서쪽과 서북쪽에 위치하는 지점에 그늘이 형성된다는 것을 의미하며 이곳의 기온이 상대적으로 낮다.

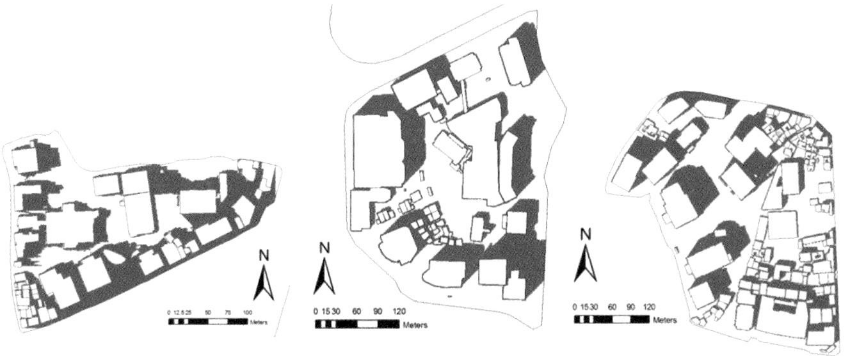

그림 16-3. 건물 그늘 형성 형태의 예
[회색부분은 건물 그늘을 의미한다] 출처: Park et al.,(2021. 재구성)

두 번째 그늘 형성의 패턴은 '그늘의 길이'이다. 정오를 전후로 태양의 고도가 높을수록 그늘의 길이는 작으며, 아침이나 늦은 오후가 되어 고도가 낮을수록 그늘의 길이는 커진다. 그늘의 길이는 건축물이나 수목의 높이와도 연관되지만 태양의 고도가 높을 때는 상관없게 된다. 그늘의 길이가 크게 되면 그늘로 덮이는 지면이 넓어지게 되어 기온이 상대적으로 낮아지게 된다. 도시열섬의 완화 효과가 한낮보다는 아침 또는 오후에 더 잘 관찰되는 이유도 태양고도와 연관되어 있다.[01]

2) 차이점: 증발산

소규모 녹지는 그늘을 형성하는 형태가 건물 그늘과 비교했을 때 교목의 수관층[02]과 같이 지면과 가깝게 형성되는 태양광 차단 장치로 인해 생기는 그늘의 효과가 추가된다. 태양열은 반사와 흡수를 반복하므로 그늘이 형성되는 구간이더라도 온도저감의 정도가 다르게 나타난다. 교목으로 이루어진 지점의 경우 태양광이 차단되고 수관층에 의해 지면과 수관층의 각도는 0°가 되어 태양열의 반사와 흡수가 비교적 낮아 온도저감이 효율적이다. 또 건물 그늘의 경우 지면과 건

01 정오에 태양고도가 가장 높으며, 이때 태양과 가장 가까워 태양열의 강도가 가장 높지만 그늘이 형성되는 크기는 제일 작다. 자연히 냉섬의 효과가 제대로 발휘되지 못한다.

02 나무는 뿌리, 기둥, 수관층으로 구성된다. 뿌리는 나무를 지면에 고정하는 땅 속의 구조이며, 뿌리 위부터 수관층까지 잎이 없는 굵은 기둥이 있다. 그 위에는 가지가 무성하며 잎이 자라나고 있는 수관층이 있다. 수관층은 태양광을 차단하여 그늘을 형성하며 증발산 현상도 일어난다.

물의 각도는 대부분 90°가 되므로 열의 반사와 흡수가 높아 교목으로 이루어진 녹지보다 기온이 높을 수 있다. 그리고 소규모 녹지가 기온 저감을 하는 역할에는 그늘 형성 외에도 한 가지가 더 있다. 이는 수목이 가지고 있는 증발산 작용이다. 식물의 기작을 통해 잎에서 증발산이 일어나게 될 때 주변의 열을 함께 흡수하여 수증기가 증발하게 되므로 기온을 낮추는 결과가 나타난다. 너무 더울 때 운동장에 물을 뿌리면 시원하게 되는 것과 같은 원리이다. 수관이 풍부한 가로수 밑에서 기온을 측정해 보면 그늘이 전혀 없는 지면에서 측정한 기온보다 많게는 5℃까지 낮다(Park et al., 2017).

(3) 소규모 녹지와 건물 그늘 중 어느 것이 냉섬 효과가 더 좋을까

건물 그늘과 소규모 녹지는 냉섬으로서 차이가 있을지 알아보자. 실험으로 측정한 결과 건물 그늘과 소규모 녹지의 기온 저감 효과는 비슷하다는 것이 결론이다(Park et al., 2021). 그런데 두 가지 중 어느 것이 더 효과적인지 묻는다면 건물 그늘 면적이 소규모 녹지의 그늘 면적보다 크기 때문에 기온 저감도 클 것이라 예상할 수 있지만 소규모 녹지가 그늘 면적이 훨씬 작더라도 기온 저감에는 더 효과적이라고 할 수 있다.

보통 기온을 측정하는 지면으로부터 1.5m 높이의 지점에서 그늘 형성이 이루

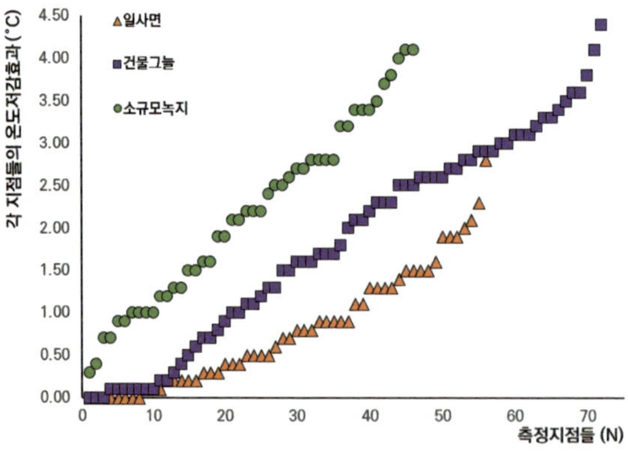

그림 16-4. 소규모 녹지, 건물 그늘, 일사면의 온도 비교

[Y축 값은 기온 저감 효과의 크기이다. 연두색 원이 소규모 녹지, 보라색 사각형이 건물 그늘, 주황색 삼각형이 일사면을 뜻한다.] 출처: Park et al.,(2021. 재구성)

어지는 수관층 밑부분과 지면과의 거리가 짧은 소규모 녹지가 외부 열에 의한 기온 상승의 영향이 작기 때문이다. 또 녹지로부터 생기는 증발산 효과로 인해 기존의 기온 하강에 추가된 효과가 발생하게 된다. 이러한 점이 소규모 녹지가 면적은 작더라도 기온 하강의 강도가 건물 그늘보다 높아지는 이유이다.

그림 16-4는 소규모 녹지와 건물 그늘의 온도저감 효과를 보여 주고 있다. 소규모 녹지(연두색 원)는 모두 0℃보다 큰 값을 보이고 있으며 4.5℃까지 온도저감 효과를 보인다. 건물 그늘(보라색 사각형)은 0℃를 보이거나 0℃에 가까운 값들이 소규모 녹지보다 많다. 최고의 온도저감 효과는 4.5℃ 이상이 된다. 이 결과에 한정해 살펴보면 소규모 녹지와 건물 그늘의 온도저감 효과 기울기가 서로 비슷하며, 온도저감의 범위도 크게 차이가 나타나지 않음을 확인할 수 있다. 앞서 언급했던 두 냉섬 요소의 기온 저감 효과가 비슷하다는 것을 방증하는 것이다. 소규모 녹지는 다음절의 활용편에서 자세히 다루지만 규모가 작더라도 온도저감 효과가 있으므로 건물 그늘이 없는 곳에 위치한다면 냉섬 효과가 충분할 것이라는 점을 보여 준다.

16-3. 도시열섬 완화를 위한 소규모 녹지의 활용

(1) 열섬 완화 계획과 설계에서의 활용

1) 열섬저감을 위한 소규모 녹지의 크기와 구조 및 형태

소규모 녹지가 가지는 냉섬으로서의 기능은 규모와 구조와 매우 연관성이 높다. 에어컨에 비유해 보면 용량이 클수록 냉방 범위가 커진다고 할 수 있다. 소규모 녹지 내에서도 작은 녹지보다는 큰 녹지가 더 기온 저감 효과가 높다. 여기서 작은 녹지는 온도저감이 이루어지는 최소의 크기라고 할 수 있다. 관련 연구에 따르면 교목 세 그루에 해당하는 면적(250m^2)과 부피(1,000m^3)가 기온 저감을 보이는 최소한의 규모로 보고되었다(Park et al., 2017). 이는 도시를 걸어 다니면서 일상적으로 발견하게 되는 가로수이다. 물론 이 나무들의 수관층은 넓은 잎들로 울창하게 채워져 태양열 차단이 잘되며 증발산도 매우 용이하다는 것을 전제로 한다. 소규모 녹지로서 큰 녹지라고 한다면 수목들로 이루어진 소공원들을 의미한다(그림 16-2 참조). 더 넓은 면적의 태양광 차단과 증발산으로 보다 효과적이면서도 냉섬 강도가 높으며 온도저감 효과도 높게 나타난다(그림 16-4 참조).

소규모 녹지의 구조는 쉽게 이해하기가 어렵다. 그렇지만 위에서 설명한 소공원들을 떠올려 보면 이해하기가 수월할 것이다. 그러한 공원은 큰 수목(교목), 작은 수목(아교목, 관목), 지피류 등의 서로 다른 높이의 나무들이 어울려 있다. 이러한 나무들로 이루어진 녹지가 교목들로만 이루어져 있는 녹지보다 기온 저감에 효과적이다. 그 이유는 각각의 수관층이 햇빛을 차단하거나 흡수하며, 또한 증발산 효과를 보이는 양이 교목으로 단순하게 이루어진 수관층과는 비교가 안 될 정도로 크기 때문이다(Park et al., 2017).

기온 저감이 보다 잘되는 녹지의 형태도 고려할 만하다. 녹지 중에서도 기온 저감의 핵심 기능을 제공하는 수관층이 모인 형태가 어떻게 되어 있는지가 중요하다. 우리가 잘 아는 형태로 설명하면 녹지의 크기가 같은 경우에는 원형의 녹지가 선형의 녹지보다 기온 저감에 더 유리하다(Park et al., 2017). 그 이유는 냉기가 만들어지고 일시적으로나마 보존할 수 있는 영역을 가장 크게 확보하기 위해서는 녹지의 중심으로부터 거리가 비교적 일정한 원형이나 다면형의 녹지 형태가 유리하기 때문이다. 열섬저감에 유리한 소규모 녹지의 외형은 보다 경제적으로 최적화된 녹지 계획안을 마련할 때 필요하다. 같은 면적이라면 원형이 유리하다는 것이며, 교목과 관목이 혼합되어 있는 것이 열섬저감에 바람직할 것이라는 시사점을 준다. 무엇보다 수관층이 잘 유지 관리되는 것이 바탕임을 기억하는 것이 중요하다.

2) 열섬을 줄이려면 소규모 녹지를 어느 곳에 배치해야 할까

소규모 녹지의 위치에 있어 다음 두 가지를 생각해 볼 수 있다. 하나는 다른 냉섬인 건물 그늘과 상생 효과를 얻기 위한 방안을 생각할 수 있고, 다른 하나는 녹지를 구성함에 있어 가장 최적화된 수목과 수목의 적정한 이격거리를 설정하는 방안을 고려해 볼 수 있다.

앞서 건물 그늘과 소규모 녹지를 비교하면서 그늘의 방위에 대해 설명했다. 건축물은 한 번 시공되어 위치를 잡게 되면 멸실되기 전까지는 위치 변동이 쉽지 않다. 그러므로 그늘의 위치도 변하지 않는다. 여름철 일사면으로 인해 냉섬이 요구되는 곳은 건축물의 동쪽과 북쪽 면이다. 그림 16-3에서는 동쪽과 북쪽이 하얀색으로 보이고 있으며 이곳이 일사면으로 온도 상승이 주로 이루어지는 공간이다. 이러한 곳에 녹지가 위치하게 된다면 효과적인 열섬 대책으로 기능하게 될 것이다. 물론 도시에 녹지를 새롭게 마련할 때 방위를 고려하는 것은 어려운 문제이다. 그러나 이미 동쪽과 북쪽에 위치하고 있는 녹지를 수관층이 잘 유지되도록 계획하고 관리하는 것은 보다 수월하게 적용해 볼 수 있는 열섬 관리 방법일 것이다.

열섬저감을 위해 수목과 수목의 적정한 이격거리는 어떤 의미가 있는 것인지를 알아보자. 도시에서 가로수를 배치하기 위한 이격거리는 보통 옆 수목의 수관이 서로 닿지 않도록 정하고 있다. 가로수 수관층의 전정 등 유지 관리를 위한 조치이다. 기온을 줄이게 되는 녹지의 냉섬 영역을 연구한 결과 녹지의 중심으로부

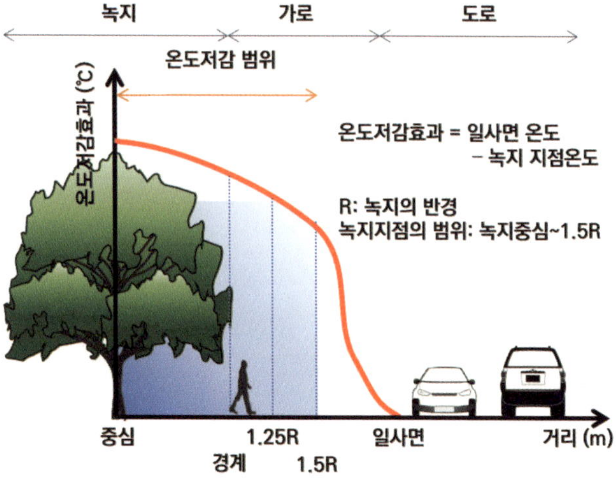

그림 16-5. 소규모 녹지의 냉섬 영역 출처: Park et al.,(2021. 재구성)

터 녹지의 경계부까지는 확실히 온도저감이 있었으며, 여기에 더해 녹지 중심과 경계부까지 거리의 1/2에 해당하는 외부 영역까지 냉섬 효과가 지속되는 것으로 보고되었다(그림 16-5 참조). 예를 들어, 반지름이 5m인 가로수 녹지인 경우 냉섬의 영역이 가로수 녹지 경계부에서 2.5m까지 계속된다는 의미이다. 도시의 동쪽과 북쪽의 가로수에 대해서는 도로상의 안전 등을 위해 수관층의 가지치기가 필요하지만 열섬저감의 기능을 유지하기 위해서는 과도한 가지치기를 지양해야 한다.

(2) 소규모 녹지를 열섬저감 정책에 활용

열섬저감 정책에 소규모 녹지를 활용하기 위해 우선 중요한 것이 잘 관리하는 것이다. 반복해서 언급하지만 기온 저감에 직접 관계를 가진 녹지의 요소는 수관층이다. 수관층을 적절하고도 건강하게 잘 유지하는 것이 곧 기온 저감을 위해 가장 필요한 정책 중의 하나이다. 이를 위해 현재 가로수나 도시녹지와 관련된 법과 제도에서 수관층을 적절하게 보호하고 유지 관리하도록 보완하는 것이 필요하다. 소규모 녹지는 도시 시설의 하나이며, 주요 목적이 자연을 통해 휴게 장소를 제공하던 기존의 패러다임에서 한 단계 더 나아가야 한다. 도시의 녹지는 과도한 에너지 사용을 줄여 저탄소를 가능하게 하는 도시 시설로 인식되어야 한다.

도시열섬 이해하기에서 도시의 에너지 사용과 도시열섬과의 관계를 설명했다. 우리가 마주하고 있는 현재와 미래의 환경 문제는 기후변화로 인한 극한기후 발생과 그에 따른 피해로 방송, SNS 등에서 자주 언급되고 있다. 기후변화의 가장 근본적인 이유는 산업화 이후 지구의 온도가 급격히 오르게 되었기 때문이다. 도시는 지구의 온도를 급격히 올리는 원인이 되며, 앞서 언급했던 도시에서의 열악해진 열환경과 과도한 에너지 사용을 적시한다. 과도한 에너지 사용은 어마어마한 규모의 탄소 배출로 설명되고 있다.

이 이야기를 소규모 녹지가 있는 도시의 작은 공간으로 재설정하여 계속 언급하고 있는 건물이 있고 그 주변에 녹지가 있다고 가정해 보자. 여름철 낮 시간에 건물은 냉방 등 인간의 활동으로 에너지를 사용하게 되어 계속 탄소를 배출하고 있다. 이 건축물은 탄소를 줄이기 위해 녹색 건축물로 구조와 에너지 체계를 바꾼다. 주변 녹지는 과도한 열을 줄여 녹시 주변의 온도를 낮추고 건물로 향하는 태양열을 최대한 분산하여 열 상승을 줄인다. 이와 같이 낮아진 온도로 인해 건물의 냉방 부하를 줄이게 되어 에너지 사용이 감소된다. 이것이 도시 공간의 작은 영역에서 탄소를 줄이는 방법이다. 건물들과 녹지가 잘 어우러진 도시의 영역에서는 (비록 아직까지는 모델이지만) 열섬 완화에 문제가 없도록 잘 가꾸어진 녹지와 에너지 효율 개선이 확실하게 이루어진 건축물의 조합으로도 탄소중립 사회로 나아갈 수 있는 효과적인 방안을 찾을 수 있을 것이다.

17

그린인프라를 통한 도심보행자 복사열 저감

일본 산업기술종합연구소 | 박채연

외부 공간에 있는 사람의 열 스트레스에 가장 큰 영향을 미치는 것은 햇빛(태양열)을 포함한 복사열이다. 도심보행자의 복사열을 계산하여 여러 가지 도심 환경이 변화될 때 저감되는 복사열을 확인할 수 있다. 특히, 가로수와 같은 그린인프라는 복사열을 효과적으로 저감할 수 있어 보행자의 열환경에 유리한 도시 공간을 설계할 수 있다.

17-1. 도심보행자의 복사열

(1) 복사열 문제

여름철 도심 거리를 걸을 때 무더위에 지친 경험이 있을 것이다. 인간은 햇빛을 포함한 열, 습도, 바람 등에 의해 종합적으로 더위를 느끼는데 이를 '열 스트레스가 높다' 또는 '열쾌적성이 낮다'라고 표현한다. 열 스트레스라는 용어는 안전하고 편안한 실내 공간을 만들기 위해 건축 공간에서 먼저 사용되었지만 조경과 옥외 공간의 중요성이 높아지면서 도심의 외부 공간에서도 열 스트레스가 중요하게 다루어지고 있다. 더욱이 기후변화로 인해 점차 여름철 기온이 높아지고 폭염의 빈도와 강도가 늘어날 것으로 전망되고 있어 그 중요성이 더욱 커지고 있다. 이번 장에서는 열 스트레스에 영향을 미치는 여러 가지 요인 중에서 복사열(radiant heat)에 관해 이야기하고자 한다.

복사는 열이 높은 곳에서 낮은 곳으로 이동하는 현상이며 이를 통해 이동되는 열을 복사열이라고 한다. 복사열은 태양에서 내리쬐는 열인 단파복사열(또는 태양 복사열)과, 온도를 가지는 물체의 표면에서 방출되는 장파복사열로 나누어진다. 단파복사열은 하늘에서 일부가 산란하여 오기도 하며(산란 일사) 직선으로 오기도 한다(직달 일사). 낮 동안에 외부 공간에서 더위를 느끼는 가장 큰 이유는 햇빛, 즉 직달 일사를 받고 있기 때문이다. 장파복사열은 하늘에서뿐만 아니라 건축물, 바닥, 나무 등 주변의 모든 물체에서 방출되고 있다. 특히, 햇빛에 노출된 아스팔트처럼 표면 온도가 뜨거운 물체일수록 높은 장파복사열을 방출한다.

그렇다면 도시에서 복사열이 더욱 문제가 되는 까닭을 알아보자. 도시는 다른 지역보다 자연피복(녹지 공간, 수 공간 등) 비율이 낮고 아스팔트와 같은 포장피복 비율이 높다. 복사열이 도시 공간에 들어오다가 다른 표면을 만나게 되면 일부는 통과하지만 일부는 반사되는데 이때 자연피복에서의 반사도가 아스팔트의 반사도보다 더 크다. 2017년 8월에 단파복사열 측정을 통해 잔디와 아스팔트의 반사도를 측정한 결과 각각 0.21, 0.13으로 잔디가 더 큰 반사도를 가지고 있었다(Park et al., 2017). 만약 입사되는 단파복사열이 같다면 잔디에서 훨씬 많은 양의 열이 반사되어 나가기 때문에 남아 있는 열은 적어질 것이다.

또 도시에는 건물들이 높은 밀도로 들어서 있는데, 반사된 복사열이 하늘로 다시 나가지 못하고 옆에 있는 건물들에 계속 반사되어 갇히게 된다. 이를 '복사열 갇힘 효과(Trapping Effect)'라고 한다. 이 밖에도 건물은 인공 열을 발생하고 낮 동안에 흡수한 열을 밤 시간에 방출해 열대야를 만들기도 한다. 이와 같이 건물이 밀집되어 있는 도시 환경은 열환경의 악화를 가져오는 데 큰 역할을 하지만 그림자를 만들어 그 아래를 걷는 보행자가 단파복사열을 받지 않게 되어 열 스트레스를 낮추기도 한다.

(2) 복사온도

복사온도(Mean Radiant Temperature, MRT)란, 특정 물체에 입사되는 복사열을 온도 단위로 치환한 지표이다. 보행자의 복사온도는 주변에서 보행자에게 반사 및 입사되는 단파복사열과 장파복사열을 합한 것을 의미하며, 보행자의 열 스트레스를 판단하기 위한 지표로 활용되고 있다. 도심의 복사열을 시뮬레이션해 복사온도를 산출할 수도 있으며, 여러 방향에서 입사되는 복사열을 측정하여 산출할 수도 있다.

복사온도를 측정할 경우 최대한 주변(360°)에서 입사되는 복사열을 측정해 방향각을 이용해 합산하며, 일반적으로 다음 그림 17-1과 같이 총 여섯 개의 방향에서 입사되는 복사열을 측정한다(위, 아래, 동, 서, 남, 북). 2018년 9월 25일 낮에 서교동의 다양한 지역에서

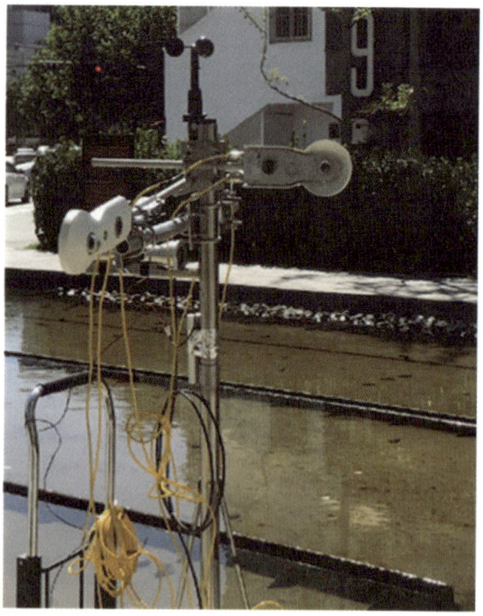

그림 17-1. 복사온도를 계산하기 위해 여섯 방향의 복사열을 측정하는 모습

복사열을 측정한 결과 햇빛 아래에서는 51°C, 건물 그림자 아래서는 20~21°C, 수목 그림자 아래에서는 23~36°C의 복사열이 측정되었다. 복사온도가 가장 높은 곳은 직달 일사가 내리쬐는 곳이며, 수목이나 건축물과 같은 수직적인 요소를 통해 그림자가 생기면 햇빛이 차단되어 복사온도가 낮아진다.

17-2. 도심보행자의 복사온도 모델링

우리는 컴퓨터 코딩 프로그램 매트랩(MATLAB)을 통해 도심보행자의 복사온도를 계산하는 시뮬레이터를 만들었다. 도심의 건축물, 도로, 보행로, 수목의 기하학 구조의 입력 변수(예를 들면, 높이와 폭)와 온도 및 습도와 같은 기상 변수를 입력하면 그 보행로를 지나가는 보행자가 받는 평균 복사온도를 계산해 주는 시뮬레이터이다. 복사열뿐만 아니라 물리 기반의 수식들이 공간적으로 표현될 수 있도록 코딩을 하면 원하는 공간 변수에 따른 값을 자동으로 계산할 수 있다. 시뮬레이션의 장점으로는 실제로 측정하지 않아도 새로운 공간에 대한 복사온도 값을 쉽게 계산할 수 있다는 점이다. 또 기상 변수에 변화를 주어 미래의 기후변화 상에서의 복사온도의 변화도 예측할 수 있다.

(1) 형태 계수

복사열을 계산하는 데 핵심은 도시 요소 사이에서 반사하고 방출하는 복사열의 방향과 양을 계산하는 것이다. 이를 '복사전달'이라고 한다. 이를 계산하기 위해서는 먼저 형태 계수를 알아야 한다. 공간에 A, B라는 물체(면)가 있을 때 물체 A에서 나오는 복사열 중에서 물체 B로 입사되는 복사열의 비율을 A→B 형태 계수라고 하며, 도시 요소 간의 관계별로 계산되어야 한다. 필자는 몬테카를로 광선추적(Monte Carlo Ray Tracing) 기법을 활용하여 다층 구조의 건물과 수목에서의 형태 계수를 구했다. 여기서 몬테카를로란, 반복된 무작위 추출을 이용하여 어떤 함수의 값을 근사하게 계산하는 통계 방법이다. 광선추적은 실제로 도시 공간에 복사열이 오고 가는 것을 광선으로 표현하여 광선이 가는 길, 반사되는 길, 흡수되는 길 등을 모의하는 것이다. 다시 말해, 몬테카를로 광선추적 기법에서는 물체 A에서 무작위로 수없이 많은 광선을 발생시켜 그중 몇 개의 광선이 물체 B에 도착하는지를 통계적으로 계산하는 방법이다. 이를 이용하면 물체 A에서 발생하거나 반사된 장파 또는 단파 복사열을 추적하여 물체 B까지 입사되는 복사열이 얼마인지를 계산할 수 있다.

(2) 시뮬레이션 과정

몬테카를로 광선추적 기법에서 광선을 하늘에서 같은 간격으로 내려오게 하고 그 방향을 일사 방향으로 고정하면 각 요소에 도달하는 직달 일사열을 계산할 수 있다(그림 17-2(a) 참조). 광선의 시작점과 방향을 복사열이 방출 또는 반사하는 방향으로 무작위로 만들면 각 요소 간의 형태 계수를 구할 수 있다(그림 17-2(b) 참조). 이와 같이 구해진 형태 계수와 하늘에서 들어오는 단파복사열과 장파복사열 값을 통해 각 요소에서 보행자 방향으로 반사 또는 방출하는 단파복사열과 장파복사열의 값을 구한다. 보행자의 위치도 지정할 수 있지만 일반적으로 수목과 건물 사이의 중간 지점에 보행자가 있다고 가정한 뒤에 복사온도를 계산하게 된다. 최종적으로 복사온도(MRT)를 구하는 식은 다음과 같다.

$$MRT(^{\circ}C) = \left[\frac{1}{\sigma}\left\{\sum_{i=1}^{n} F_{i\to P}\left(LE_{up}(i) + 0.7\frac{K_{up}E(i)}{0.97}\right) + 0.7\frac{K_{dir}P}{0.97}\right\}\right]^{0.25} - 273.15$$

여기서,

σ : 볼츠만 상수 (5.67X10-8)

LE : 장파복사열

K : 단파복사열

$F_{i\to P}$: 요소 i에서 보행자(P)의 형태 계수

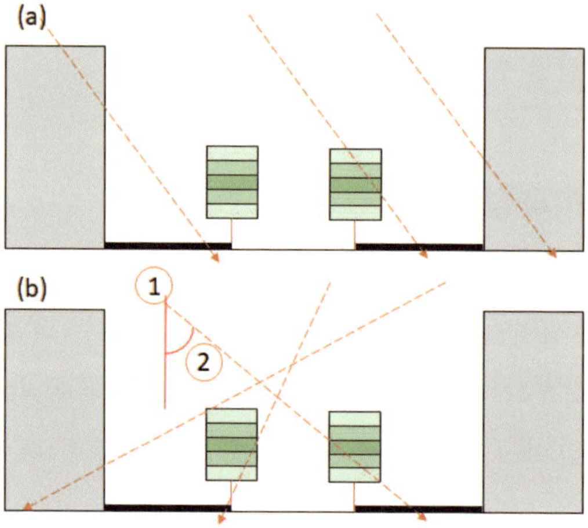

그림 17-2. 몬테카를로 광선추적(Monte Carlo Ray Tracing) 기법에서 (a) 직달 일사열을 구하는 그림, (b) 임의의 시작점(1)과 임의의 방향각(2)을 통해 형태 계수를 구하기

17-3. 수목을 통한 복사온도 저감

수목은 대표적인 자연피복을 이루는 요소로 여러 연구에서 도시 온도를 낮출 수 있는 전략으로 평가되고 있다. 우선, 수목은 건물과 같이 그림자를 만들어 단파복사열을 낮출 수 있는 효과가 있고, 증발산(evapotranspiration)을 통해 잠열을 만들어 주변의 열을 낮추기도 하며, 풍속에 변화를 주어 주변 온도를 낮출 수 있다. 예를 들어, 도시에 수목의 면적이 증가하면 도시 기후의 변화를 가져와 냉방에너지 수요가 감소될 수 있다.

(1) 복사온도 저감 시뮬레이션

복사열에 초점을 맞추어 보면 수목은 주변에서 입사되는 복사열을 차단(반사, 흡수)하여 보행자의 복사온도를 줄일 수 있다. 필자는 도로변의 수목이 복사열을 줄일 수 있는 메커니즘을 시뮬레이션을 통해 확인했다. 앞서 소개한 보행자 복사온도 시뮬레이터를 활용하여 그 효과를 비교하고 분석했다. 도시의 요소를 하늘과 건축물 벽 및 도로로 구분했을 때 수목이 있을 때와 없을 때의 복사온도를 계산하여 비교했으며, 그 결과 수목이 없을 때는 약 50°C인 복사온도가 수목의 크기와 밀도 등에 따라 많은 경우 34°C가 감소했다. 감소된 복사온도의 요인을 살펴본 결과 하늘에서 입사하는 단파복사열을 가장 많이 줄였고, 벽과 바닥에서 반사되어 들어오는 단파복사열과 방출되는 장파복사열도 유의미하게 줄였다(그림 17-3 참조). 수목 또한 온도를 가지는 물체이므로 장파복사열을 보행자에게 방출한다. 하지만 이를 모두 합산했을 때 감소된 복사열이 훨씬 큰 것을 알 수 있다.

수목을 통한 복사열 저감량은 수목의 크기와 도로에 심어진 밀도(수목 간의 간격이 좁을수록 밀집도가 높음)에 따라 확연한 차이를 보였다. 밀도가 같을 때 수목의 크기에 따라 수고가 약 6m인 수목은 10°C, 수고가 약 15m인 수목은 20°C, 수고가 약 22m인 수목은 33°C를 감소시켰다. 수목의 밀도가 높아질수록 큰 수목의 경우

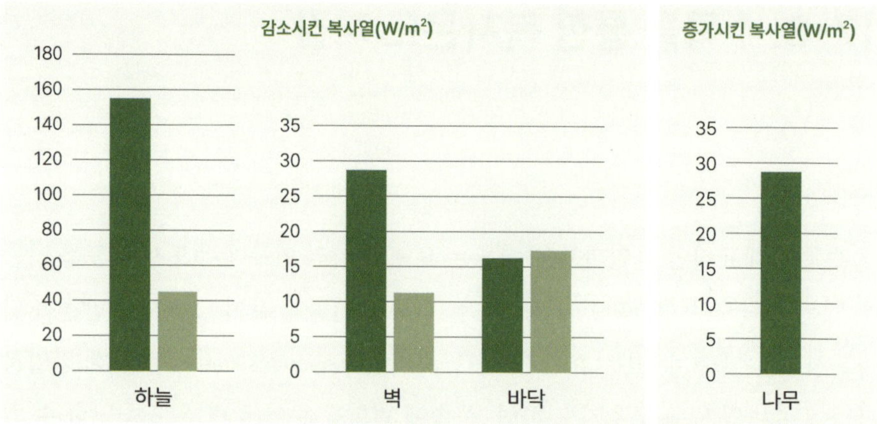

그림 17-3. 계산한 수목의 복사열 저감 요인

(파란색은 단파복사열을, 주황색은 장파복사열을 의미한다.) 출처: Park et al.,(2019. 결과 편집)

22°C에서 34°C까지 감소시켰고, 작은 수목의 경우에는 6°C에서 21°C까지 감소시켰다.

(2) 수목 계획에 활용하는 방법

시뮬레이션을 통해 무엇을 알아낼 수 있으며 이를 수목 설계나 계획에 어떻게 활용할 수 있을지를 알아보자. 우선, 연구를 통해 발견한 것을 다음과 같이 정리할 수 있다. 첫째, 수목의 크기가 클수록 보행자의 복사온도가 더욱 효과적으로 내려간다. 둘째, 도로에 수목의 밀도가 높을수록(수목 간 간격이 좁을수록) 보행자의 복사온도가 내려가며 이는 수목의 크기가 작을 때 더욱 두드러지게 나타난다. 이를 수목 설계에 활용한다면 보행자 복사온도만을 고려할 때는 최대한 큰 나무를 심는 것이 유리하다. 특히, 가장 더운 시기에 태양열을 막아 보행로에 그림자를 만들 수 있는 크기의 수목을 고르는 것이 중요하다. 만약 크기가 작은 수목을 선택해야 한다면 최대한 좁은 간격으로 심어 복사온도를 효과적으로 낮추어야 한다. 하지만 여기서 놓치지 말아야 할 점은 이 결과들이 오로지 복사열만 고려했을 때의 기준이라는 것이다. 바람이나 습도 등을 고려한다면 너무 밀도 있게 심는 것보다 어느 정도 간격을 띄웠을 때 열 스트레스에 효과적일 수도 있다. 따라서 복사열뿐만 아니라 바람, 습도, 온도를 복합적으로 알아보는 수목 효과 분석이 앞으로 더 연구되어야 할 것이다.

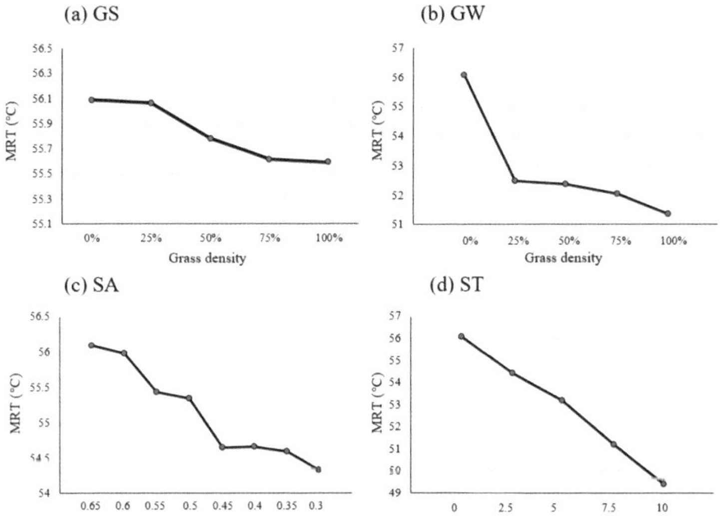

그림 17-4. 개별 인프라의 규모에 따른 복사온도(MRT)의 변화값

[(a) GS: 그린웨이, (b) GW: 벽면 녹화, (C) SA: 보행로 반사도 저감, (d): ST: 수목]

출처: Park, Lee, and Hyun(2019. Fig. S2.)

17-4. 수목과 다른 인프라를 통한 복사온도 저감

(1) 개별 인프라의 효과

보행자의 복사온도를 줄일 수 있는 전략으로 수목만을 알아보는 것에서 더 나아가 다른 인프라를 함께 살펴보았다. 필자는 수목과 더불어 건축물의 벽면을 잔디로 녹화한 벽면 녹화, 보행로 일부에 잔디를 심는 그린웨이, 보행로 전체를 반사도가 낮도록 색상을 바꾸는 반사도 저감, 네 가지를 모두 복사온도 저감 전략으로 보고 그 효과를 시뮬레이션 했다. 서울시 성북구 장위동에 수목 등 열 저감 인프라가 없는 도로를 연구 대상으로 정했다. 현재를 기준으로 분석한 결과 기존의 복사온도는 56.1°C로 나타났다. 수목의 수를 0개에서 10개로 늘렸을 때 복사온도는 약 49°C까지 내려갔으며, 나머지 인프라를 통해서는 51℃에서 55°C까지 내려갔다(그림 17-4 참조).

복사온도가 열 스트레스에 큰 영향을 미칠 수 있다고 판단되는 55°C를 '극한복사온도날(Extreme Heat Days, EHD)'이라 정의하고 그 수가 얼마나 줄 수 있는지를 확인했다. 연구의 대상 시기는 2050년대까지로 기후변화로 인해 지구 평균온도의 상승이 상대적으로 낮을 때(RCP 2.6)와 상승이 높을 때(RCP 8.5)의 두 가지 시나리오를 활용했다. 그 결과 어떠한 복사온도 저감 인프라도 없을 때 대상지는 2050년대에 극한복사온도날(EHD)이 RCP 2.6에서는 29일, RCP 8.5에서는 138일로 증가했다. 수목을 심었을 때 이러한 모든 극한복사온도날은 영(0)으로 줄었다. 그 밖의 인프라인 벽면 녹화, 그린웨이, 보행로 반사도 저감 전략은 RCP 2.6에서 각각 극한복사온도날을 10일, 7일, 10일로 줄였고, RCP 8.5에서는 극한복사온도날을 87일, 59일, 74일로 줄였다. 보행자 수준에서 볼 때 미래 극한복사온도날의 수를 줄이는 데에는 수목(가로수 등)이 가장 효과적이며, 벽면 녹화보다는 그린웨이가 효과적인 것을 확인했다.

(2) 복합적인 인프라 효과

위 연구에는 몇 가지 한계가 존재하며 그중 하나가 개별 요소의 효과만을 파악했다는 것이다. 실제 도시 공간에는 두 가지 이상의 인프라가 함께 적용될 수 있으며, 그러한 경우에는 효과가 예상했던 것과는 다르게 나타날 수 있다. 필자(Park et al., 2020)는 다음과 같은 예를 들어, 설명한다. 수목과 그린웨이의 두 가지 인프라가 있다고 할 때 수목의 복사온도를 줄이는 효과는 10이고 그린웨이의 효과는 3이다. 하지만 두 가지를 모두 적용했을 경우 복사온도를 줄이는 효과가 13으로 나타나지는 않을 것이다. 수목과 그린웨이의 두 가지 인프라가 시너지 효과를 내어 14가 될 수도 있고, 그 효과가 일부 중첩되어 12가 될 수도 있으며, 완전히 중첩되어 10이 될 수도 있다. 이러한 문제를 고려하기 위해서는 여러 인프라를 한 곳에 적용했을 때의 복사온도를 시뮬레이션 해야 한다. 하지만 여러 인프라가 적용되는 경우 그 적용 가능한 수가 무수히 늘어나게 된다. 앞서 언급한 개별 인프라 중에서 수목의 효과만을 파악했을 때는 수목을 1개부터 10개까지 늘려가면서 복사온도를 계산하여 총 열 번의 시뮬레이션으로 가능했다. 그러나 수목과 그린웨이와의 복합적인 효과를 고려하기 위해서는 10×10=100개의 적용 가능 수가 생긴다. 이와 같이 인프라의 수가 늘어날수록 적용 가능 수는 더욱 증가한다.

이 문제를 간단하게 해결해 주는 방법이 바로 최적화(optimization)이다. 최적화

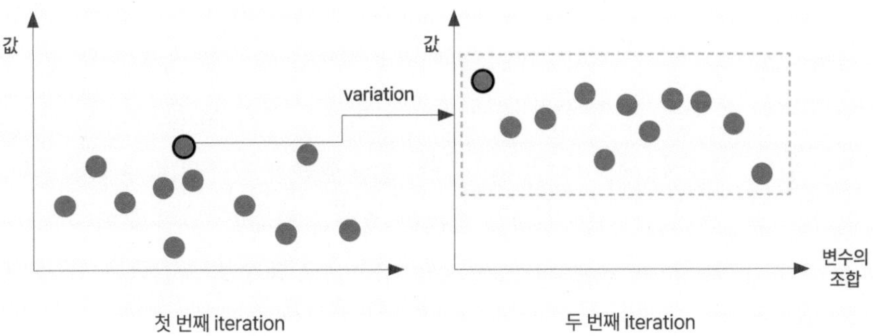

그림 17-5. 최적화 방법론에서 첫 번째, 두 번째 반복iteration에 있어 변수의 조합을 원으로 표시한 것.

는 무수히 많은 경우의 수가 있는데 그중 어떤 경우가 가장 최적의 값을 가지는가를 알아낼 때 사용된다. 수목의 개수와 그린웨이 면적 비율과 같은 것을 변수로 두고, 그 변수는 수많은 난수를 만들게 된다. 이때 가장 좋은 값을 가지는 변수의 조합을 획득한다. 그 다음부터는 좋은 값을 가진 변수에 약간의 변주를 주어 비슷한 난수들을 다시 만들어 내고, 또 그중에서 가장 좋은 값을 가지는 변수의 조합을 획득한다(그림 17-5 참조). 이를 계속 반복하면 점차 그 값이 더 좋아지고 최종적으로 선택된 변수의 조합을 '최적의 조합'이라고 할 수 있다. 최적화 방법은 답이 하나가 아닌 문제(여러 가지가 모두 좋은 답이 되는 경우)를 해결하는 데 유용하기 때문에 설계나 계획에서 많이 활용될 수 있다.

그리고 수목, 그린웨이, 벽면 반사도 감소, 보행로 반사도 감소의 네 가지 인프라를 조합하여 최적의 설계안을 찾는 연구를 수행했다. 최적화 방법 중에서 non-dominated sorting genetic algorithm II(NSGA II)라는 방법을 활용하여 두 가지 축을 기반으로 최적의 변수 조합을 찾아냈다. 첫 번째 축은 보행자의 복사온도 감소이며, 두 번째 축은 시공 및 관리 비용이다. 수목은 그 효과가 가장 좋은 대신 시공 및 관리 비용이 가장 크게 소요된다. 그래서 우리는 두 가지 축을 두고 각기 다른 비용에 따른 최적의 조합을 찾았다.

분석 결과 총 48개의 최적의 계획(변수 조합)을 찾아냈다. 비용이 증가할수록 복사온도 감소의 혜택도 증가했다. 199,968달러가 필요한 비용이 가장 높은 계획에서는 평균 복사온도가 21.6°C 감소되었다. 5,610달러가 필요한 비용이 가장 적은 계획에서는 0.9°C가 감소되었다. 기존의 복사온도가 약 70°C임을 생각한다면 최소 10.4°C와 14.3°C씩 낮추면 열 스트레스로 인한 사망 위험을 5%와 10%씩 줄일 수 있게 된 것이다. 이때 필요한 비용은 각각 88,734달러와 118,725달러가 된다. 설계자들은 이러한 연구 결과물을 활용해 비용 절감과 복사온도 저감이라는 두 가지 목표 간의 균형을 고려한 계획을 선택할 수 있게 된다. 앞으로도 물리적 및 정량적인 그린인프라의 효과가 설계와 계획에 적용될 수 있는 방안들이 많이 연구되어야 할 것이다.

18

그린인프라의 열관련 측정 기법

한국환경연구원 | 권유진

이 장에서는 지구 온난화에 대응하여 조경의 공간 계획에서의 역할과 적응을 위한 지속 가능한 방법에 대해 알아본다. 특히, 열 저감 그린인프라의 종류, 관련 연구의 경향 및 열 관련 데이터를 구축하는 방법, 나아가 관련 연구에 대한 조경 분야에서의 적용 및 응용에 대해 논의한다. 그 후 미래의 조경 분야에서 요구되는 비전과 연구 과제에 대해 발제를 제시했다.

18-1. 그린인프라와 열환경 연구 트렌드

조경의 발전적 역할은 환경의 심미성 및 공익성에 더하여 안전성과 창조성 및 자유성 그리고 스마트성이 강화된 유용성이 내포되어야 할 것이다. 동시에 관련 전문가들은 공간의 고유한 심미성을 존중하고 재난 및 재해로부터 쾌적하고 안전한 공간을 조성하기 위한 노력이 요구되고 있다. 아울러 기후위기에 대응하고 전승적 자연 자산의 보존과 생태적 기능에 대해 면밀하게 파악될 시점에 이르렀다. 조경 분야에서도 정체성을 지닌 지역 특성적 자산에 대한 정량 데이터와 물리식을 기반으로 과학 기반의 검증 연구가 점진적으로 수행되고 있다. 이 장에서는 도시의 재난 중에서 기후 온난화로 인해 심화된 열 관련 재난의 실증적 연구 방법과 향후 제기되는 연구 과제 및 미래 지향적 영역에 대해 다루고자 한다.

지구 온난화로 인한 해수면 상승과 기후위기는 여름철의 극심한 폭염과 도시 열섬 효과에 영향을 미치고 있다. 도시의 과도한 인구 집중으로 에너지 소비가 급증하고 있어 여름철 더위에 적응할 수 있는 지속 가능한 방법에 대해 관심을 가질 수 밖에 없다. 그래서 여름철 냉방 에너지 사용을 저감할 수 있는 그린인프라의 종류와 그 냉각 효과(Ng et al., 2012)에 대한 정량적 연구가 활발하게 이루어지고 있다.

(1) 그린인프라에서의 열 저감을 위한 연구 대상

1) 수목

열 저감 또는 기온 저감을 가져오는 그린인프라의 종류로 수목의 냉각 효과에 대한 연구들이 있다. 이 연구들은 캐노피 아래에서의 기온을 낮추거나 그늘을 제공하여 직사광선(또는 단파복사열)을 감소시키는 연구이다. 예를 들어, 식재되어 있는 수목의 부피와 수량 또는 식재 패턴(Kwon et al., 2019), 수목의 종류(Edmondson et al., 2016)에 따른 기온 변화 또는 열 저감 효과에 대한 연구가 있다.

2) 잔디 및 잔디공원

그린인프라의 대상 중에서 잔디 및 잔디공원에 대한 연구는 표면이 잔디로 이루어진 공간은 뜨거운 온도를 저감하는 데 도움이 된다는 전제의 연구이다. 수목에 비해 잔디에 의한 열 저감이 상대적으로 효과적이지는 않다(Lee et al., 2016). 그러나 수목과 지피식물이 함께 외부 공간에 적용되었을 때는 열환경을 개선하는 데에 도움을 준다는 결과를 도출한 연구가 있다(Shashua-Bar et al., 2011). 그 밖에 잔디의 적용 위치에 따른 열 저감 효과를 다룬 연구와 잔디공원 주변의 온도 저감 효과와 관련된 연구(Ng et al., 2012)가 있다.

3) 옥상녹화 및 벽면녹화

지속 가능성이 중요시되면서 탄소중립에 대한 관심이 높아지고 있다. 특히, 도시 공간 속에서의 녹색 건축에 대한 수요와 더불어 건축물에 적용하는 녹지인 옥상녹화와 벽면녹화의 효용에 대한 연구도 활발히 진행되고 있다. 이에 열환경 개선 측면에서의 옥상녹화와 벽면녹화에 대한 효과를 분석한 다수의 연구가 있다. 여름철 건축물의 쿨링 효과를 통한 냉방 에너지 소비의 감소와 관련된 연구(Razzaghmanesh et al., 2016)와 벽면녹화 및 옥상녹화가 복합적으로 적용된 공간의 열 저감 연구(Herath et al., 2018)가 있다.

18-2. 열 관련 데이터와 구축 기법

연구의 공간적 및 내용적 범위에 따라 구축하는 열 관련 데이터의 종류와 해당 데이터의 측정 방법이 달라진다. 국내 열 측정 데이터로는 표면 온도(피복 온도) (Benas, Chrysoulakis and Cartalis, 2017), 지상으로부터 1m 위의 기온, 자동측정장치(AWS)에서의 측정 데이터, 기상청 데이터, 원격탐사Remote Sensing를 활용한 열(Li et al., 2013) 또는 기온 데이터 등이 있다.

(1) 데이터 측정

열 저감 효과를 알고자 하는 공간의 규모와 연구의 방법에 따라 측정 방법이 달라진다. 국가, 시, 군, 구 등과 같은 커뮤니티 이상의 공간 규모에서의 녹지의 열 저감 효과를 알아보기 위한 방법으로 원격탐사를 통한 지표면 온도(LST) 측정(Chen et al., 2020) 또는 정규식생지수(NDVI) 활용 방법과 자동측정장치(AWS)와 같은 기후 센서 활용(Anjos et al., 2017) 방법이 있다. 커뮤니티 규모 또는 도보자 스케일에서의 녹지의 쿨링 효과 측정에는 실측(in-situ) 이동식 기온 또는 복사열 센서 측정(Kwon et al., 2019) 방법이 있다.

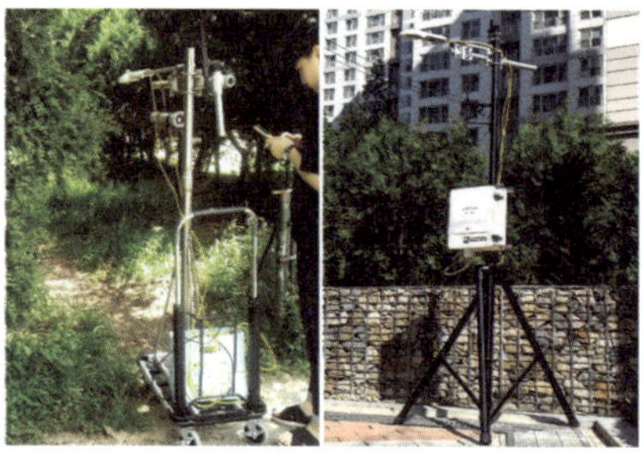

그림 18-1. 이동식 기온/복사열 측정 장치

그림 18-2. 자동측정장치(AWS) 설치 위치

(2) 시뮬레이션

기온 또는 복사열 데이터를 구축할 때 발생하게 되는 공간적 및 시간적 변수들의 통제를 위해 기후 모델이 탑재되어 있는 시뮬레이션에 의한 방법들이 있다.

1) Envi-met

이 방법은 CFD 기반의 3차원 분석 모델이다. 도메인을 2D로 설정하여 3D로 결과를 도출하는 모델로 1~10초의 시간 해상도와 0.5~10m의 공간 해상도를 가지고 있어 미시적 공간에 대한 대기 흐름에 따른 미세먼지 및 기온 분포의 분석이 가능하다. 도메인을 설정할 때 건축물(파사드 재질 및 색상)과 지표면의 종류(투수성 및 불투수성 구분)와 식재의 종류 및 부피를 선택할 수 있어 가능한 한 실질 연구 대상지를 표현할 수 있다. 따라서 이 방법은 조경설계와 도시계획 및 건축설계 분야에서 활용되고 있다. 결론적으로 이 방법은 열쾌적성 지수에 대한 산정이 가능하지만 설정된 도메인의 경계 부분 밖에서의 대기의 흐름은 고려하지 않는나는 단점이 있다.

2) Rayman

이 시뮬레이션 프로그램은 구름 또는 건축물 등이 복사열에 미치는 영향을 추정한다. 이 방법에는 기후 변수(기온, 상대습도, 풍속, 복사), 지리적 변수 등의 입력 변수가 필요하다. 식재는 종에 따른 구분 없이 원뿔로, 건물은 직육면체 형태로 표현되므로 실질 연구 대상지의 공간적 특성을 반영하는 데에는 한계가 있다. 시뮬레이션 결과는 열쾌적성 평가에 활용되는 열쾌적성 지수인 평균 복사온도(Mean Radiant temperature, MRT)이다. 장점은 무료로 사용이 가능하고 유저 인터페이스(User Interface)가 편리하게 설계되어 있다는 것이다.

3) Solar and Longwave Environmental Irradiance Geometry(SOLWEIG)

평균 복사온도(MRT)와 여섯 개 방향(위, 아래, 동, 서, 남, 북)에서 복사열의 공간적 및 시간적 변화를 시뮬레이션 하는 도구이다. 이 프로그램은 지형 및 지리 정보와 기상 데이터(단파복사열, 기온, 상대습도), 식재 및 지표피복 정보를 입력 변수로 입력한다. 그 결과 시뮬레이트한 연구 대상지의 그림자 패턴과 천공률(Sky View Factor, SVF)을 도출할 수 있다. 이 방법은 주로 기후학과 열환경 및 도시 환경의 열쾌적성 분야에 적용되고 있다.

18-3. 관련 연구의 조경적 응용

앞서 언급한 방법을 통해 구축된 열 저감 효과 데이터는 인간이 당면하고 있는 이슈들을 공간적으로 해결하는 데에 활용될 수 있다. 지도화된 녹지와 열 관련 정량 데이터를 통해 공간의 환경 보건, 도시 계획, 경제적, 사회적, 문화적 및 첨단 산업 분야에서의 접근이 가능하다.

이러한 방식을 통해 조경적 접근이 가능한 예를 들면 다음과 같다. 첫째, 안전과 보안을 추구하는 열 재해에 대한 취약성(Kwon et al., 2020) 개선이 가능한 녹지를 조성한다. 둘째, 건조 환경의 지역적 특성이 포함된 열환경을 유형화한다. 셋째, 기후 변화에 적응하기 위한 열 조닝을 설정한다(Kwon et al., 2021). 넷째, 시민의 웰빙을 위한 열쾌적성이 확보된 공간을 조성한다. 다섯째, 지역 정체성과 스마트 기술이 반영된 지속 가능한 환경을 조성한다(Kwon et al., 2019). 여섯째, 건강과 심미적 철학이 내포된 자연과 인간의 공존 공간을 조성하기 위한 기후변화에 대응하기 위한 녹색 건축 및 옥외 공간의 제도적 및 정책적 기준의 수립 등이 있다.

18-4. 조경의 미래

기후변화로 인한 자연 재해와 인공 재난으로 인해 환경의 역할이 대두되고 있다. 이와 함께 삶의 질을 향상하고 자연을 존중하는 조경 분야에서의 지속 가능한 접근과 자연의 회복력을 고려한 해결 방안이 강구되어야 한다. 특히, 공간을 창조하는 관련 분야 전문가들이 고안한 기존의 이용자 측면에서의 공간 조성 방법에서 발전하여 참여자 입장으로의 전환이 필요하다. 정보통신기술(IT)의 발전에 힘입어 보다 정량적이고 과학적 및 검증적 기반의 접근 방법에서 스마트한 기법이 요구되고 있다. 따라서 이를 응용한다면 각각의 개성이 존중될 수 있는 실증적 해결 방안들이 미래 지향적으로 제시되어 신속하고 정확하며 합리적인 해결을 위해서는 다방면에서의 유용한 이용자 중심의 도구(데이터 기반 애플리케이션, 플랫폼 등)가 필요하다. 이에 수반되는 미래의 매력적이고 기대되는 분야의 속성은 창조성, 자유성, 유용성의 세 가지이다.

(1) 미래 지향적 조경 비전의 속성

1) 창조성

조경 및 환경 관련 독창적 장소를 기반으로 첨단 기술의 쇄신이 반영된 매력

그림 18-3. 창조적 조경의 예 1
출처: https://www.bbc.com/future/article/20130624-architecture-for-a-changing-world, (2023년 검색)

그림 18-4. 창조적 조경의 예 2
출처: https://www.bbc.com/future/article/20131115-green-wonder-your-park-in-2050, (2023년 검색)

을 표출하는 특성을 의미한다. 예를 들어, 공간 이용자로 하여금 과거에 경험해 보지 못한 형태, 소재, 규모, 질감, 위치, 기능 등의 설계 요소를 가진 공간을 경험하게 하는 것을 말한다.

2) 자유성

자유성이란, 공간 계획 설계자가 사회, 경제, 문화 분야 등 모든 측면의 제약에서 탈피하여 자유로운 분위기에서 본인의 의지로 만들어 내는 힘을 가지게 하는 원천이다. 또 이용자에게 적용되어 공간의 쓰임을 자의적으로 결정하게 하는 것을 일컫는다.

3) 유용성

유용성이란, 사회적 및 경제적으로 합리적이고 공동체의 합의에 따른 rationale에서 비롯되는 개념으로 ESG 경영과 같은 접근과 smartness가 요구되는 특성을 말한다.

(2) 발전적 과제

향후 연구가 이루어져야 할 연구 과제는 다음과 같다.

1) 공간의 세부 상세적 특성을 파악하기 위한 데이터 구축 및 활용 도구 분야

예를 들어, 미시적 또는 거시적 공간의 피복 종류, 재료 등의 요소 데이터 3D 수집 및 분석 프로그램이 있다.

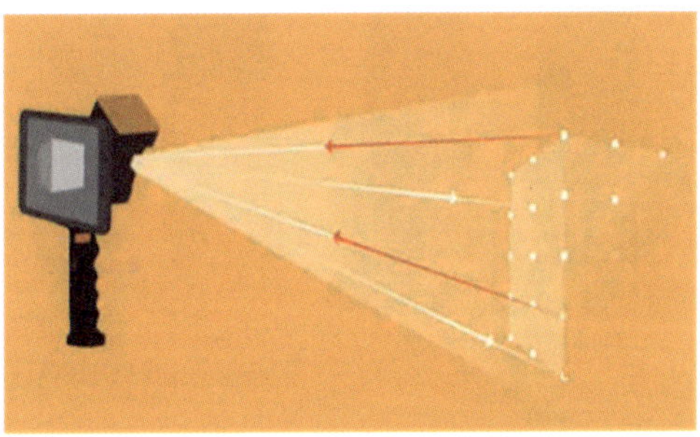

그림 18-5. 라이다(LiDAR) 출처: https://geoslam.com/what-is-lidar(2023 검색)

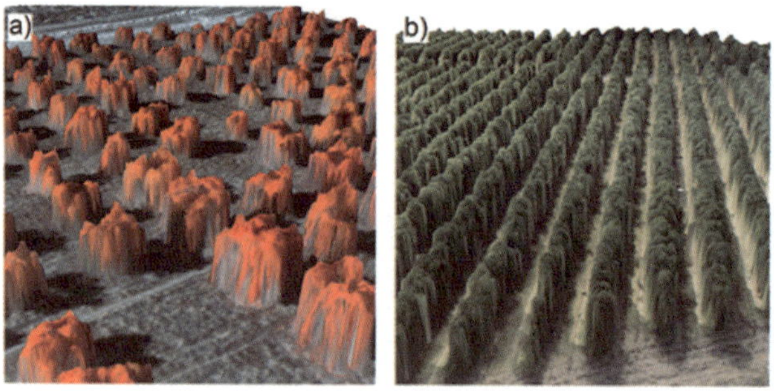

그림 18-6. 드론 센서로 촬영한 농장 출처: Torres-Sanchez, J., et al.,(2015)

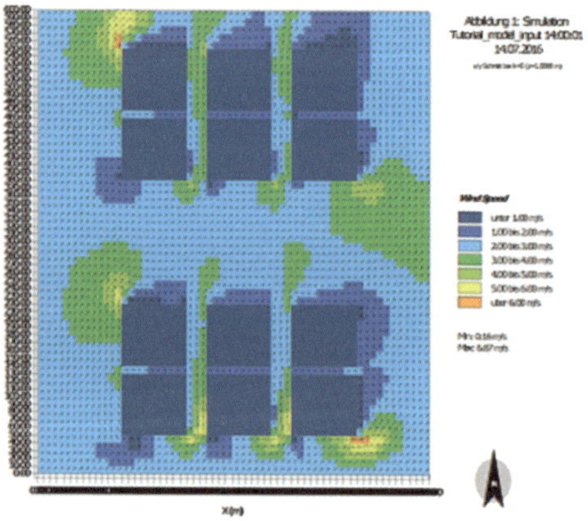

그림 18-7. 바람길 시뮬레이션 샘플

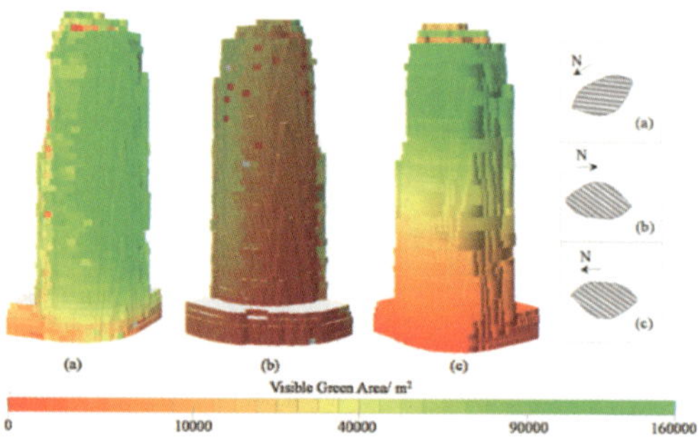

그림 18-8. 녹시율 3D 시뮬레이션 샘플 출처: Yu et al.,(2016)

2) 데이터 특성이 설계에 반영되어 표출될 수 있게 하는 3D 도구 분야

예를 들어, 바람길, 녹시율 3D 시뮬레이션 프로그램이 있다.

3) 인공지능을 활용한 이슈의 해결 방안 모색

예를 들어, 심층강화학습(Deep Reinforcement Learning)을 활용한 열 저감(목적)을 위한 조경 관련 정책의 우선순위를 도출한다.

4) 실용적 기술의 도입용 특허

예를 들어, 블루투스 기능이 부착된 측정 도구의 고도화 및 개발, 데이터 구축 플랫폼, 분석 방법(열수지 유형화 및 취약성 분석)이 있다.

5) 기술의 판매 및 로봇화

예를 들어, 기존의 설계 방법과 기후변화 관련 재난을 극복하기 위한 공간 조성 설계의 융·복합적 온톨로지(Ontology)가 탑재된 로봇 개발이 있다.

19

실내 및 실외 환경에서 폭염 대응방안

미국 캔자스대학교 | 안윤정

본 장은 폭염의 정의, 폭염 대응 가이드라인 및 대책, 폭염 취약계층 정의와 관련한 연구 동향에 대해 소개한다. 취약요인을 결정하는 요소에 대해서 토의하고 사람들이 실제로 느끼는 지표 즉, 다양한 열적 쾌적성 지표에 대해 소개하며 현재 국내/외에서 적용되고 있는 폭염 대응 대책의 장점 및 한계점에 대해서 논의한다. 마지막으로 더욱 효과적으로 폭염대응 대책을 적용하기 위한 다양한 데이터를 어떻게 활용할 수 있을지 제시하였다.

19-1. 폭염 정의와 취약요인

폭염은 전 세계적으로 사망과 여러가지 질병을 야기하고 있다. 특히 2019-2022년 전 세계적으로 유행한 COVID-19와 폭염과의 조합은 폭염 리스크를 악화시켰고, 폭염 관련 질병 및 부담을 가중했다. 2022년에 과학자들은 폭염에 대한 대중의 인식을 높이기 위해 폭염을 'Zoe'라고 명명했다. 2022년 미국의 극심한 더위 사망자 수는 10년 및 30년 평균보다 높았다. 며칠 동안 열에 노출되면 핵심 취약 계층을(예: 야외 근무자, 운동선수, 임산부, 빈곤 아동 및 기존 질환이 있는 사람)초과하여 다양한 질병 및 사망을 초래할 수 있다.

역사적으로 폭염관련 연구는 단일적이고 극한 기온에 초점을 맞추고 폭염을 측정하는 기준으로 기온을 주로 적용했다. 많은 연구에서 폭염은 여름 동안 일일 최고 및 최저 기온의 95, 97 또는 81번째 백분위수보다 높은 기온이 3일 이상 연속된 것으로 정의되어 왔다. 이에 따라 이전 연구에서는 앞서 언급한 임계값을 기반으로 폭염 주의보 및 폭염 경보 메시지는 하나의 중요한 폭염 대응 대책으로 고려되었으며, 폭염 경보 효율성을 평가하는 데 중점을 둔 연구가 다수 수행되었다.

하지만 최근 연구에서는 기온만 고려한 폭염의 정의에 대해서 한계점을 제시했다. 기온만 고려하는 것의 주요 한계는 인체의 체온 조절, 인간 건강 및 웰빙에 영향을 미치는 다른 물리적 노출을 무시한다는 것이다. 이에 따라 일사량, 상대습도, 풍속, 기압, 기온 등 여러 기상변수를 종합한 열적 쾌적성 지표가 도입됐다. 지표 중 습구흑구온도지수(Wet Bulb Globe Temperature, WBGT)와 열지수(Heat Index, HI)가 가장 널리 사용된다. 열지수(HI) 는 온도와 습도가 조합되어 계산된다. WBGT는 태양 복사, 상대 습도, 풍속, 기압 및 주변 온도로 계산된다. 습구흑구온도지수(WBGT)는 인체의 체온 조절 및 대사 열 조절과 밀접한 관련이 있다. 다수의 연구자들은 또한 습구흑구온도지수와 열지수가 사망률 및 이환율과 높은 상관관계가 있음을 입증했다.

과거의 폭염 대응은 장기간 연속적인 폭염 현상에 거의 주의를 기울이지 않았다. 장기간의 열 노출 또는 만성적인 폭염 노출은 위험에 처한 주요 그룹(예: 야외 근로자, 운동선수, 임산부, 빈곤 아동 및 만성질환자)의 생리적 용량을 초과할 수 있다. 장기적인 열 노출은 또한 비만, 심혈관 질환, 호흡기 질환 및 진성 당뇨병과 같은 기존의 만성 질환을 악화시킨다. 수많은 연구에서 주거 조건 개선을 위한 광범위한 사회 프로그램, 도시 계획, 건강에 대한 장기폭염 노출의 영향을 줄이기 위한 신체 활동 지침은 사회적 및 문화적인 방향에서 이루어져야 함을 강조해왔다.

지리학자들은 극심한 열 취약성의 결정요인을 조사하고 지리적 위치에 따른 폭염의 영향에 대해 조사했다. 연구자들은 사회경제적 요인으로 생활 여건과 소득 수준을 제시했다. 보다 구체적으로 생활환경이 열악하고 에어컨이 없는 사람, 전기료를 감당할 수 없는 빈곤층은 열에 취약하다. 또한, 다수의 연구에서 연령, 성별, 인종, 교육수준, 만성질환 등 인구통계학적 요인을 제시했다. 예를 들어, 60세 이상, 여성, 아프리카계 미국인, 호흡기 질환 및 심혈관 질환과 같은 질병이 있는 저학력자에서 온열질환과 긍정적인 관계를 보였다. 또한 당뇨병이 있고 특정 약물을 복용하는 사람들은 위험이 증가할 수 있다.실내온도, 실외온도, 최고기온, 최저기온, 근린환경, 도시지역 등 환경변수와 열영향도 하나의 요인으로 언급되었다. 예를 들어, 도심에서는 야간에 열섬현상(Urban Heat Islands, UHI)이 최저기온을 높임으로써 온열질환이 증가한다. 또한 높은 실내 온도와 실외 온도는 온열질환과 높은 상관관계를 보였다.

일부 연구에서는 취약성의 결정 요인을 조사하고 이를 통합하여 열 취약성 지도를 만들었다. 다른 연구에서는 기후 지역, 지리적 위치 및 사회경제적 위치에 따라 극심한 더위가 인간 건강에 미치는 영향을 조사했다. 미국 질병통제예방센터(CDC)는 고령자, 영유아, 만성질환자, 저소득자, 운동선수, 실외 근로자 등을 열에 취약한 그룹으로 정의하고 실내에서 열에 더 많이 노출되고 더위를 피할 수 없는 계층으로 정의했다. 그리고 최근에는 임산부, 적절한 냉방 시스템을 갖추지 못 한 사람 혹은 가정, COVID-19에서 회복한 사람도 열 취약 그룹으로 간주되었다[01]. 이러한 연구는 더욱 확장되어 GPS(Global Positioning System), 휴대용 센서 및 고성능 컴퓨팅을 활용하여 개인 수준에서 열 노출을 조사했다. 수많은 연구에서 휴대용 센서를 사용하여 개인의 열 노출과 건강 결과에 대한 보다 정확한 측정을 식별했다.

01 Global Heat Health Information Network, "Which People Are the Most Vulnerable to Both Heat Stress and COVID-19?"

19-2. 효율적인 폭염 적응 대책 적용을 위한 노력

(1) 실외환경

지리학자의 연구와 노력은 열 안전 지침을 개발하고 폭염취약 계층에 대한 경고 메시지를 맞춤화 하는 데 기여했다. 많은 연방 및 지방 정부는 인간의 건강에 미치는 영향을 줄이기 위해 광범위한 대책을 개발했다. 가장 보편적인 대책은 폭염 예방지침 배포 및 폭염 주의보/경보 메시지 발표, 임시 무더위 쉼터 운영, 식생 및 녹지 증가, 녹색 인프라 설치 등이 있다.

일부 연구자들은 이러한 전략이 실내 및 실외 온도를 낮춤으로써 사망률 및 열 관련 질병의 수를 줄이는 데 도움이 된다는 것을 발견했다. 그러나 다른 연구자들은 폭염대응 대책이온열 관련 질병과 사망을 줄이는 데 얼마나 효과적인지 의문을 제기했다. 연구원들은 열 예방 조치의 효과를 평가하고 정책을 구현하는 효과적인 방법을 제안하기 위해 한계를 논의하고 연구 했다.

학자들과 정부는 냉방 장치, 에너지 보조금, 무더위 쉼터 및 녹지 공간과 같은 극한의 열 예방 조치에 대해 연구해 왔다. 그러나 현재 사용 가능한 인구 조사 및 행정 데이터로는 예방 조치를 보다 효율적으로 제공하는데 한계가 있다. 따라서 이번 장에서는폭염 대응대책을 보다 효율적으로 적용하기 위해 어떻게 다양한 형태의 데이터 및 폭염 측정 방법을 활용하여 폭염 피해를 저감할 수 있는지 예시를 제시하고자 한다.

아열대 및 열대 기후에서 여름철 기단은 지속적으로 인간 건강에 위협이 된다. 일부 연구자들은 습구흑구온도지수, 열지수 또는 보편적 열 기후 지수(Universal Thermal Climate Index, UTCI)와 같은 열 지표가 덥고 습한 기후에서 열 위험을 더 정확하게 표현할 수 있다고 제안했다. 하지만 습구흑구온도지수 정보를 측정하기 위해 흑구 온도계가 필수적이나, 많은 기상관측소에 흑구온도계는 설치되어 있지 않은 실정이다. 이에 따라 많은 연구자들이 열적 쾌적성 지표 측정을 위해 여러 가지 방법을 제시했다. 기상관측으로부터 습구흑구온도지수를 추정하는 다양한 방법론 중에서 Liljegren et al.(2008)의 방법이 가장 정확한 알고리즘(Equation 1.1)이라고 많은 연구에서 제시했다. 구성 요소는 자연 습구 온도(T_{nw}), 흑구 온도(T_g) 및 기온(T_a)의 가중 합이다. T_{nw}는 환경에 완전히 노출된 젖은 심지에 의한 복사 및 대류 열 전달(풍속이 변함에 따라)을 측정한다. Tg는 복사 및 대류 열 전달 과정 모두의 영향을 받으며 태양 복사에 의한 에너지 획득을 나타낸다. Ta는 주변 공기 온도를 나타낸다.

$$WBGT = 0.7\,T_{nw} + 0.2T_g + 0.1T_a \quad \text{Equation (1.1)}$$

연구자들은 열관련이 환율과 사망률을 조사하기 위해 습구흑구온도지수와 열지수를 모두 적용했다. 두 지표 모두 사망률 및 온열관련 질병과 밀접한 관계가 있는 것으로 나타났다. 그러나 일부 연구자들은 습구흑구온도지수와 열지수 사이의 불완전한 상관관계를 발견하고 습구흑구온도지수가 열지수보다 높은 상대습도에서 더 정확할 수 있음을 발견했다.

습구흑구온도지수는 직업적 열 노출 측정 및 작업장 열 위험 평가 등 여러 직업 건강 및 안전 지침에 활용된다. 예를 들어, 휴식 전에 안전하게 수행할 수 있는 작업 시간은 습구흑구온도지수를 기준으로 한다. 2019년 미국국립해양대기청의 국립기상청은 실험 중 인습구흑구온도지수 정보를 대중에게 제공하기 시작했다. 그러나 현재까지 많은 연구에서 연구에서는 국립기상청에서 제공되는 습구흑구온도지수의 정확성을 검증하지 않았다. 많은 직업적 열 노출 지침이 습구흑구온도지수를 기반으로 하기 때문에 부정확한 습구흑구온도지수 예측은 유용성이 제한될 수 있다.

미국국립해양대기청의 습구흑구온도지수 검증 연구가 제한된 데에는 가용데이터의 원인이 가장 크다. 기상정보를 활용하여 습구흑구온도지수를 계산하기 위해서는 태양 복사열 정보가 가장 중요하지만 미국국립해양대기청 조차도 몇 안 되는 관측소에서만 시간대별 태양 복사열 데이터를 수집하고 있다. 이에

Ahn et al.(2022)[02]는 웹클롤링을 통해 16개 비영리 기관에서 제공하는 시간 별 기상 데이터를 1,152 관측소에서 수집해 습구흑구온도지수를 계산했다(WBGT_obs). 미국국립해양대기청은 실험중인 습구흑구온도지수 정보를 제공 하고 있지 않기 때문에 미국국립해양대기청에서 습구흑구온도지수를 계산하는 가장 근접한 방법론과 기상예측데이터(ERA5와 NDFD)를 활용해 습구흑구온도지수를 계산했다(WBGT_est). 많은 연구에서 큰 수역, 바다와의 근접성, 토지 이용과 같은 지역의 지형이 지역 기후 조건에 영향이 있음을 밝혔다. 또한 다른 연구에서는 격자형 과거 기상 데이터의 정확도가 각 지역 기후대에 따라 다르다고 제안했다.

따라서 Ahn et al., (2022) 분석에는 30m 해상도 디지털 고도 모델의 고도 및 지형 정보를 포함해 환경 변수가 WBGT_obs와 WBGT_est의 차이를 얼마나 설명할 수 있는지 연구했다. Ahn et al.(2022) 결과는 건조 기후가 가장 큰 차이를 보였고, 다른 기후 지역은 경미하거나 중간 정도(-0.64°C ~ 1.46°C)의 차이를 보였다. 일반적으로 est_WBGT는 상당히 신뢰할 수 있음을 파악했다. 하지만 1.5°C는 사람의 건강에 크게 영향을 미칠 수 있는 정도이기 때문에 기상 정보의 정확도를 개선해야 한다고 설명했다. 예컨대 많은 직업적 열 노출 지침이 습구흑구온도지수를 기반으로 하기 때문에 부정확한 기후 정보는 건강 문제를 일으키거나 현재 사용 가능한 지침을 잘못 적용할 수 있다. 따라서 통계적 편향 보정을 적용하여 모델을 개선할 것을 제안했다.

(2) 실내환경

미국인들이 87%, 노인의 70% 이상의 시간을 실내에서 보내고 있음에도 불구하고, 많은 연구가 실외 환경과 인간의 건강에 초점을 맞추고 있다. 최근 실내 환경과 인간의 건강에 대한 관심이 다시 불붙고 있다. 세계적인 유행병인 COVID-19와 극심한 더위의 조합은 특히 실내 환경에서 극심한 더위의 위험을 악화시켰다. 열에 취약한 그룹에 대한 이 확장된 정의에는 임산부, 부적절한 냉각

---

02 Ahn et al., "Verifying Experimental Wet Bulb Globe Temperature Hindcasts Across the United States."

시스템(e.g. 에어컨)을 가진 사람, 코로나로 인한 장기 코로나 환자가 포함된다. 극심한 더위의 영향을 줄이기 위해 수많은 연구에서 주택 조건, 도시 계획 및 신체 활동 지침을 개선하여 건강, 사회 및 문화적 관행에 대한 만성적인 열 노출의 영향을 줄이기 위한 광범위한 사회 프로그램을 제안했다.

폭염 대응 대책 중에서 냉각 장치를 사용하는 것은 열 스트레스와 부정적인 건강 결과의 위험을 줄이기 위한 가장 효과적인 가정 전략으로 고려되고 있다. 역학 연구는 에어컨 소유와 열 관련 질병, 입원 및 사망률 사이의 연관성을 조사했다[03]. 또한 연구에 따르면 다양한 유형의 에어컨 (중앙통제형, 벽걸이형, 창문형, 이동식형,냉각수식)가 있는 가구 내에서 냉각효과와 효율에 차이가 있을 수 있다. Waugh et al., (2021)[04]은 에어컨 유형에 따라 일일 평균 실내 공기 온도가 실외 온도보다 10°C 낮거나 10°C 높다는 것을 발견했다. 다수의 학자들이 에어컨 유형에 따른 폭염 건강 영향을 연구했다. Cardoza et al. (2020)는 에어컨 사용에 따라 사망률이 감소함을 밝혔다.

미국에서는 여름 기간 동안 무더위 쉼터를 제공하여 에어컨이 없거나 더위에 지친 사람들이 쉬어 갈 수 있는 공공실내 장소를 제공했다. 냉방 센터는 정전의 위험을 줄이거나 대중의 재정적 부담을 줄일 수 있기 때문에 사람들에게 유익하다. 시원한 공용 공간을 운영함으로써 개별적으로 에어컨을 사용하는 사람이 줄어들 것으로 기대할 수 있다. 이것은 온실 가스 배출을 줄이는 데 유리할 수 있다. 냉난방 시설도 지방자치단체에서 운영하고 있는데 냉방비와 전기료를 감당할 수 없는 사람들은 무료로 이용할 수 있다. 또한 무더위 쉼터는 누구에게나 열려 있다. 특히 이러한 시설이 필요한 사람들은 노숙자 등 빈곤층이다. 무더위 쉼터는 누구에게나 공개되어 있다. 따라서 그들은 이 센터가 열릴 때 이 센터에 접근할 수 있다.

그러나 이 정책에는 몇 가지 단점이 있다. 우선 시설의 접근성이 장애인에게

---

03 Cardoza et al., "Heat-Related Illness Is Associated with Lack of Air Conditioning and Pre-Existing Health Problems in Detroit, Michigan, USA: A Community-Based Participatory Co-Analysis of Survey Data"; Cardoza et al., "Air Conditioning and Heat-Related Illness in Detroit, Michigan, USA: A Community-Based Participatory Epidemiologic Analysis"

04 Waugh et al., "Indoor Heat Exposure in Baltimore: Does Outdoor Temperature Matter?"

문제가 되어 왔다. 일부 연구자들은 무더위 쉼터가 고르지 않게 분포되어 있음을 발견했다. Lane et al., (2014)[05]는 이러한 무더위 쉼터의 불평등한 분포가 무더위 쉼터 활용에 장벽이 될 수 있음을 발견했다. 다른 연구자들은 일부 노인들이 등반 또는 신체적 이동성 문제(예: 아래층으로 이동) 때문에 집을 떠나는 것을 꺼린다는 사실을 발견했다. 이 시설의 또 다른 약점은 운영시간이다. 많은 연구에서 열대야나 높은 최저 기온이 열 관련 질병과 사망의 수를 증가시킨다는 사실을 발견했다. 그러나 대부분의 무더위 쉼터는 하루 중 가장 더운 시간에 열려 있다. 따라서 야간에 사람들이 서비스를 필요로 할 때 무더위 쉼터는 서비스를 제공할 수 없다.

또한 무더위 쉼터가 있다는 인식은 일부 사람들이 시설을 이용하는 것을 막기도 한다. 사람들은 무더위 쉼터가 노숙자나 노인들만을 위한 것이라고 생각한다. 또한 일부 사람들은 에어컨이 기존 건강 문제를 악화시킬 수 있다고 생각한다. 따라서 에어컨에 노출될 수 있는 장소를 사용하거나 가지 않는다. 무더위 쉼터 위치 정보는 책자, 인터넷, 모바일 애플리케이션을 통해 공유된다. 따라서 문맹이거나 기술적 열세로 인해 이러한 정보에 대한 접근성이 낮은 사람들은 무더위 쉼터에 쉽게 접근할 수 없다.

마지막으로 무더위 쉼터는 COVID-19 등과 같은 전염병 기간 동안 운영 되지 못한다는 단점이 있다. 이에 따라 몇몇 지역 시장은 COVID-19와 싸우면서 대중을 위한 몇 가지 냉각 옵션을 제공하기 위해 대중을 위한 COVID-19폭염 계획을 발표했다. 옵션은 ①빈곤층을 위한 공과금 지불 지원, ②개인 보호 장비(PPE)와 사회적 거리두기를 위한 충분한 공간을 갖춘 무더위 쉼터 제공, ③정전 예방 및 대응을 위한 사전 단계 발전기, ④60세 이상 저소득층에게 에어컨 제공.

하지만 이 대책을 적용 하는 데에 문제점이 있다. 미국 인구조사국의 미국 주택 조사(AHS)의 가정 별 냉방장치 정보를 인구 조사 기관 수준 데이터에 통합했다. 그러나 미국 주택 조사의 데이터는 일부 대도시 지역의 카운티 수준에서만 사용할 수 있다. Gronlund &Berrocal(2020)[06]은 American Housing Survey 마이크

05 Lane et al., "Extreme Heat Awareness and Protective Behaviors in New York City."

06 Gronlund and Berrocal, "Modeling and Comparing Central and Room Air Conditioning Ownership and Cold-Season in-Home Thermal Comfort Using the American Housing Survey."

로데이터를 적용하고 필지 수준에서 에어컨 가용성을 추정했지만 정확도는 도시마다 다르며 냉방장치보급의 공간적 이질성을 설명하지 않았다.

전국적인 인구 조사가 없는 상황에서 양질의 부동산 정보를 수집하는 부동산 회사는 신뢰할 수 있는 냉방장치 정보를 제공할 수 있다. 따라서 Ahn et al (2022)는 민간 부동산 회사인 'Zillow'와 협업하여 가장 중요한 에어컨 수요가 있는 지역을 식별하고 열 예방 조치를 우선적으로 시행했다. 목표를 달성하기 위해 Ahn et al (2022)[07]는 캘리포니아주의 가정 별 냉방장치 유무에 대해 연구하고 에어컨 소유권과 사회 경제적 변수 간의 관계를 조사했다. Ahn et al (2022)은 각 가구의 냉방 장치 유무와 관계가 높은 주택 속성을 골라했다. 데이터 전처리는 랜덤 포레스트(RF) 분석을 통해 결측값대체를 예측했다. 다음으로 후속 다중 클래스 랜덤 포레스트는 가구 냉방장치 유무 유형(중앙, 기타(벽걸이형,창문형 등),없음)을 추정했다. 랜덤 포레스트 모델은 98%의 전체 정확도를 보여주었다(중앙 에어컨에 대한 클래스별 정확도: 98%, 없음: 96%, 기타: 95%, 예: 99%). Jackknifing은 위도, 경도, 난방 유형 또는 시스템, 고도, 건설 연도, 냉방 도일 및 건물 품질이 가장 높은 Gini 중요도 값을 나타내는 것으로 나타났다. 이 결과는 가정용 냉방 시스템 제공, 에너지 보조금, 냉방 센터, 녹지 접근성 증가와 같은 폭염 예방 조치 구현에 적용 수 있을 것이다.

본 장은 다양한 데이터를 활용한 폭염과 폭염 취약계층에 대한 정의 실내 및 실외 환경에서 폭염 대응방안 소개 했다. 본 장은 향후 연구를 위해 다음과 같이 제안했다. 폭염은 여러가지 기상 조건을 통해 결정된다. 그렇기 때문에 폭염 대응 대책은 지역 기후에 따라 다르게 적용되어야 한다. 예컨대 습한 지역에서 선풍기 및 냉각수식냉방 장치는 효과적이지 못하다. 또한 도시 녹지 면적을 높이는 방법은 식물의 광합성 작용으로 인한 증발이 도시 내 습구흑구온도지수를 증가시킬 것이다. Chakrabortyet al. (2022)[08]는 열지수의 도시-농촌 차이를 조사하고 도시 형태가 유럽의 상대 습도와 열 스트레스를 바꾼다는 것을 발견했다. 기온과

07 Ahn and Uejio, "Modeling Air Conditioning Ownership and Availability."

08 Chakraborty et al., "Lower Urban Humidity Moderates Outdoor Heat Stress."

열에 대한 노출을 줄이기 위해 도시 지역의 초목을 덮는 것이 종종 권장된다. 그러나 식생 피복 증가는 기온 감소는 항상 직접적 영향이 있지 않으며 식생 증발은 습도를 증가시켜 열지를 증가시키는 것을 파악했다. 또한,폭염에 대한 피해를 줄이기 위해서는 정확한 날씨 정보를 제공하여야 하며 폭염 취약 계층을 중심으로 이루어져야 한다. 폭염 예방 교육, 전단지배포, 노령자 건강 체크를 위한 가정방문, 냉방장치 제공, 전기 사용료보상 제도 등이 더욱 효과적으로 이루어 질 수 있도록 추가 연구가 필요한 것이다.

20

기후변화와 자연 재해 및 정량적 리스크 관리

슈나이더일렉트릭코리아 | 이종욱

정량적 리스크 평가와 관리, 신뢰도 공학을 활용한 리스크의 저감, 복합 재해 영향의 예측을 통한 잠재적 피해 예측 등이 효과적인 자연 재해 예방을 위해 어떻게 활용될 수 있을지를 논의한다.
위험관리를 위한 국제 기준인 ISO 31000에 규정되어 있는 통합적 리스크 관리 체계를 소개하고, 인공지능 알고리즘과 자동화 시스템 등과 맞물려 신속하고 합리적인 재해 예방 관련 의사결정을 내리기 위한 토대에 대해 논의한다. 자연 환경과 인간 활동을 종합적으로 연구하는 융·복합 학문으로서 조경의 역할을 기후위기의 시대인 현재의 관점에서 견지해 본다.

20-1. 기후변화 대응을 위한 정량적 리스크 관리

산업화 이후 인간의 활동으로 인한 온실가스의 배출이 급속한 기후변화의 원인이라는 사실에 대해 아직 논란의 여지가 있다는 사람들도 존재한다. 그러나 최근 발간된 기후변화에 관한 정부간 협의체(IPCC) 6차 보고서에 따르면, 1750년경부터 온실가스의 증가가 관찰된 것은 분명히(unequivocally) 인간의 활동에 기인한 것이고, 2011년에 기후변화에 관한 정부간 협의체(IPCC) 5차 보고서가 나온 이후에도 대기 중의 온실가스 농도는 꾸준히 증가하여 이산화탄소(CO_2) 농도가 2019년 기준 410ppm에 이르는 등 기후변화가 지속되고 있음에 다수의 과학자와 전문가가 동의하고 있다.

기후변화는 극한의 기상과 기후 현상을 증가시켜 자연과 인간 사회가 감당할 수 있는 적응의 범위를 벗어난 대형 자연 재해를 일으키기도 한다. 우리나라에서는 2020년에 역대 가장 긴 여름 장마가 찾아와 섬진강 제방의 붕괴로 많은 이재민이 발생하는 등 전국에 걸쳐 큰 홍수 피해가 발생했다. 또 2022년 8월 초에는 서울시 도심 지역에 하루 사이 연평균 강수량의 30%가 넘는 420mm 이상의 폭우가 쏟아져 수천 대의 차량이 침수되고 다수의 사망자가 발생하기도 했다. 한편, 기후변화로 인한 극한의 기후 및 기상 현상은 여름철 폭우에만 국한하지 않고 폭염, 가뭄, 산불 등의 다양한 양상으로 나타나고 있다. 2022년 3월에는 동해안 산불로 서울시 면적의 4분의 1 이상(약 2만 ha)의 산림이 불타는 피해를 입기도 했다.

기후변화, 자연 재해 그리고 리스크 관리에 대한 논의는 조경학의 범위에서 벗어나 있는 것으로 보일 수도 있지만 넓은 의미에서 조경(landscape architecture)은 인간을 둘러싼 환경을 계획하고 설계하며 관리하는 학문이라는 점을 고려했을 때 인류가 직면한 최대의 난제로 손꼽히고 있는 기후위기를 극복하기 위한 노력에 조경 분야의 연구자들도 동참해야 할 필요가 있을 것이다. 단순한 예를 들면, 도심지 식재의 증대와 녹화면적률의 개선은 탄소흡수원을 늘려 기후변화를 개선할 수 있을 것이며, 도심지 열섬 효과를 완화하는 효과를 가져 올 수 있다. 또 지형, 지질, 토성, 식생 및 인간 정주의 현황에 따른 종합적인 토지 형태 연구는 산사태 및 홍수를 예방하고 피해를 경감하는 데 일조할 수 있다. 이 장에서는 기후변화 대응을 위한 조경의 역할 중에서도 자연 재해 피해의 저감을 위한 정량적 리스크 분석과 관리 방안에 대해 소개하고자 한다.

20-2. 리스크의 이해와 관리 방안

리스크를 정의하는 방법은 다양하게 존재하지만 기후변화와 자연 재해를 연구하는 분야에서 자주 인용되는 표현 방식은 다음과 같다.

$$\text{Risk} = \int (\text{Hazard, Exposure, Vulnerability})$$

다시 말해 기후변화와 연관된 리스크는 특정 시간 내의 주어진 영역에서 위해(hazard)한 사건이 발생할 확률과, 위험에 노출(exposure)되는 인명과 자산의 수량, 자연 현상의 발생으로 인해 손실을 볼 수 있는 취약성(vulnerability)의 함수 관계로 정의할 수 있다(Varnes, 1984).

리스크는 절대적인 수치라기보다는 상대적 산출치로 환산되어 제한된 인적 및 경제적 자원을 효율적으로 분배해 위험 요소를 관리하기 위한 지표로 사용될 수 있다. 국제표준기구(International Standard Organization)에서는 2009년에 리스크 관리를 위한 표준인 'ISO 31000'을 발간하여 리스크 관리에 대한 체계적인 접근법을 제안하기도 했다. 기후변화에 따른 자연 재해 리스크를 관리하는 방안으로도 이 체계(framework)가 적용될 수 있으며, 다음 그림 20-1과 같이 단순한 분석에 그치지 않고 정량적으로 산출된 지표에 근거한 세부적 관리 방안까지 연결된 절차(process)가 수립되어야 한다(Purdy, 2010).

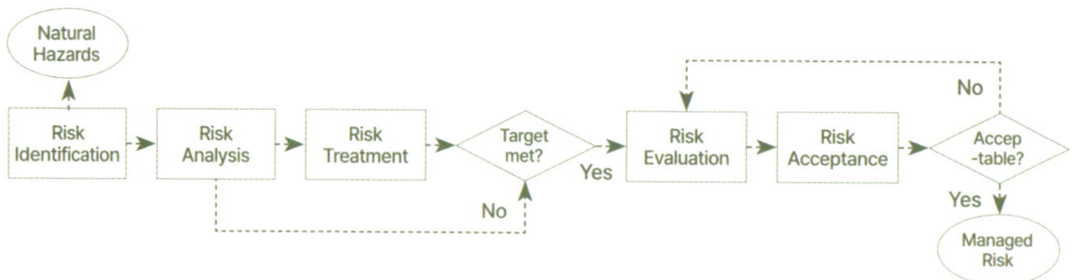

그림 20-1. 자연 재해 리스크 관리를 위한 절차 체계 개념도

이러한 리스크 관리 절차를 적용하기 위해서는 우려되는 개별 리스크가 우리 사회에서 감내하고 받아들여질 수 있는 수준의 것인지 아닌지를 판단하기 위한 기준이 마련되어야 한다. 영국 보건안전청(UK Health and Safety Executive)은 집단을 위한 리스크 허용 기준을 제안한 적이 있다. 여기서 10명 이상이 사망할 수 있는 위험한 사고가 1000년 동안 1회 이상 발생될 것으로 예상된다면 이러한 사회적 위험(societal risk)을 받아들일 수 없다(unacceptable)는 내용을 다루고 있다. 이와 함께 그 이하의 위험은 '합리적으로 실행이 가능할 만큼 낮은(as low as reasonably practicable-ALARP)' 수준으로 정의하고 있으며, 이보다 더 낮은 위험에 대해서는 '받아들여질 수 있는(acceptable)' 위험으로 나타내고 있다(H.S.E., 2009). 여기서 주지해야 할 것은 리스크 허용에 대한 기준이 모든 사회에 동일하게 적용될 수 없으며, 어떤 수준의 위험과 함께 인간 활동이 영위될 수 있는지는 사회적 합의와 개인의 선택에 따라 결정될 수 있다는 점이다.

20-3. 자연 재해 피해 저감을 위한 정량적 리스크 평가

앞서 알아본 리스크 관리 체계와 리스크 허용 기준을 적용하여 자연 재해로 인한 피해를 줄일 수 있는 방법을 알아보자. 계획 단계에서의 산사태 피해 예방을 위한 사업지 선정 연구 사례를 통해 정량적 리스크 평가 적용 방식을 간략히 가늠해 볼 수 있다. 사례 지역은 강원도 산악 지역 일대의 경사지이며, 팬션 숙박업을 위해 사업지를 물색하는 단계를 가정하여 정량적 리스크 평가를 수행했다.

우선, 산사태가 발생할 수 있는 확률[Probability of Landslide Events, P(H)]을 추정하기 위해 강우 자료를 검색해 보았을 때 2015년을 기준으로 하여 지난 100년 동안 기록된 대한민국의 최대 일일 강수량은 800mm이었다. 해당 강우 기록과 그 외 지질 및 토양 자료 등을 토대로 산사태 위험도를 예측할 수 있는 물리식 기반 모델인 미국 지질조사국(U.S. Geological Survey-USGS)의 TRIGRS(Transient Rainfall Infiltration and Grid-Based Regional Slope-Stability Analysis)를 이용하여(Baum, 2008) 선정된 부지의 산사태 발생 가능성을 분석해 보았을 때 안전율(Factor of Safety)은 1을 하회하여(안전율≤1이면 산사태 발생 가능), 최악의 시나리오(wort case scenario)에서 산사태가 충분히 발생할 수 있을 것으로 추정되었다. 따라서 P(H)=0.01 event·year−1로 산정이 가능하다.

다음으로 산사태 확산 거리를 고려한 공간적 영향 확률[Probability] 자 크기(30m×30m)를 고려하여 0.6으로 추정했으며, 건물 형태에 따른 개별[of Spatial impact by Landslides Considering the Runout Distance, P(L)]은 분석 모델의 격 취약성[Vulnerability of Individuals by Building Type, V(B)]은 펜션 건물이 강화 콘크리트로 지어졌다는 가정 하에 0.2를 적용했다(A.G.S., 2000), 시간적 점유 확률[Temporal Probability by Occupancy, P(O)]]은 성수기와 비수기 사용 빈도(연간 30% 정도의 이용률을 가정함)와 종일 거주 시간(하루에 8시간은 외부 활동을 한다고 가정함)을 고려하여 0.3×

0.7=0.21을 적용했다. 이를 종합한 산사태 발생에 대한 시설 이용자의 개인별 리스크(Individual Risk, IR)는 다음과 같다(Lee & Lee, 2018).

$$IR = P(H) \times P(L) \times P(O) \times V(B)$$
$$= 0.01 \times 0.6 \times (0.3 \times 0.7) \times 0.2$$
$$= 2.5 \times 10^{-4}\ \text{fatality} \cdot \text{year}^{-1}$$

이 사례에서의 리스크 평가 결과를 UK-HSE의 리스크 허용 기준과 비교해 보았을 때 2.5×10^{-4} fatality·year^{-1}의 리스크는 곧바로 '받아들일 수 있는(acceptable)' 수준은 아니지만 '합리적으로 실행이 가능할 만큼 낮은(As Low As Reasonably Practicable, ALARP)' 수준의 리스크임을 알 수 있다.

따라서 폭우 일기 예보를 안내할 때 이용객의 즉각적인 대피 유도 등의 추가적 방호 조치(시간적 점유 확률 P(O)의 저감)를 통해 받아들여질 수 있는(acceptable) 수준으로 사업지의 산사태 위험도를 낮추어야 한다는 판단을 할 수 있다. 아울러 10명 이상의 이용객이 동시에 이용하는 방식은 치명적인 재해(catastrophic disaster)로 귀결될 수 있으므로 대형 사고를 예방하기 위해 지양해야 한다는 점을 알 수 있다.

20-4. 신뢰도 공학을 활용한 리스크 관리 방안의 마련

신뢰도[Reliability, R(t)]는 기계 및 전기, 제어 분야에서의 안전 확보를 위해 자주 활용되는 개념으로(I.E.C., 1998) 다음 공식으로 비신뢰도[Unreliability, F(t)]와 연결지어 설명할 수 있다.

$$R(t) = Ns(t) / N$$
$$F(t) = 1-R(t) = 1-e^{-\lambda t}$$

신뢰도 R(t)는 총 개체수[Number of total items, N]에서 일정 시간 경과 후 제 기능을 유지하는 개체수[Number of unfailure items, Ns(t)]에 대한 비율을 의미하며, 유도 공식을 적용하면 비신뢰도 $F(t) = 1-e^{-\lambda t}$의 도출이 가능하다.. 해당 공식을 적용하여 연간 고장률이 5%인 개체에 대한 신뢰도 곡선을 나타내면 다음 그림 20-2와 같다. 다시 말해 외부 영향이 없는 균일한 조건에서 1년에 100개 중 5개의 개체는 고장을 일으키므로 신뢰도 R(t)는 점차 감소될 것이며, 반대로 비신뢰도 F(t)는 시간이 흐를수록 증가하게 된다.

이 개념은 산사태와 낙석이 발생하는 비탈면에 적용하여 위험관리를 위한 방

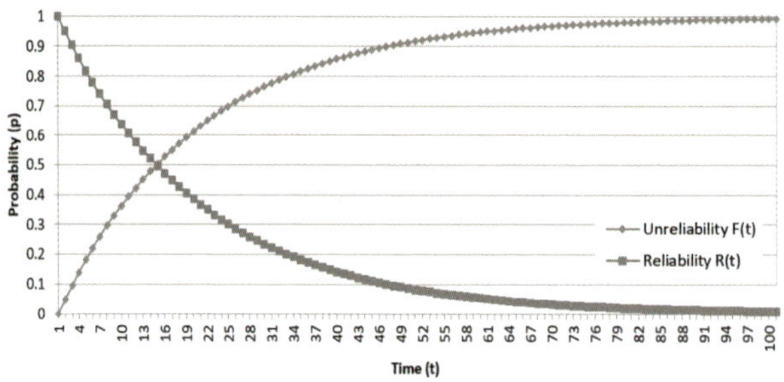

그림 20-2. 연간 고장률 5% 개체의 신뢰도 곡선

안 또는 정량적 리스크 분석을 위한 방법으로 활용할 수 있다(Lee & Lee, 2018, Lee et al., 2021). 위 공식에서 총 개체수 N을 리스크 관리가 필요한 사면의 전체 수로 보고, 제 기능을 유지하는 개체수[Number of unfailure items, Ns(t)]를 특정 시간 동안 산사태 또는 낙석이 발생하지 않은 개체수로 본다면 신뢰도 공식을 활용하여 대상 사면에서 낙석 또는 산사태의 발생 확률을 산정할 수 있다.

예를 들어, 조사 기간 30년 동안에 1회의 낙석이 관찰된 인공 절토사면(artificial cut slope)이 고속도로와 같은 기반 시설에 조성되어 있다고 가정해 보자. 이 사면에서의 낙석 발생 빈도(occurrence rate)는 λ=0.033으로 추정이 가능하다(단, 한 사면에서의 연속된 사건은 서로 연관(correlate)되어 있지 않고, 독립 사건으로서 포아송프로세스(poisson process)를 따른다고 가정함). 낙석 발생 빈도가 λ=0.033인 경우 기반 시설의 운영 기간을 50년이라고 했을 때 전체 운영 기간에서 낙석이 발생할 확률 평균치 $P_U(t)$를 다음 공식을 통해 유추해 볼 수 있다.

$$\begin{aligned} P_U(t) &= \frac{1}{T}\int_0^T 1-e^{-\lambda\cdot t}\ \mathrm{d}t \\ &= \frac{1}{50}\int_0^{50} 1-e^{-0.033\cdot t}\ \mathrm{d}t \\ &= 0.5103 \end{aligned}$$

여기서 절토사면의 관리 주체가 해당 리스크가 과도하다고 판단하여 운영 기간 중 낙석 발생 확률을 0.2 이하로 관리하려고 정했다면 전체 운영 기간에 정기점검을 시행하거나 추가적인 방호 장치 등을 설치할 수 있을 것이다. 정기 유지보수를 통해 시간이 지나면서 축적되는 위험도를 최초 상태와 같이 초기화할 수 있다고 보았을 때 다음 산술식에 따라 낙석 발생 확률 $P_M(t)$를 그림 20-3과 같이 줄여 관리할 수 있다(10년 주기의 전체 정비의 경우임).

$$\begin{aligned} P_M(t) &= \frac{1}{T}\int_0^T 1-e^{-\lambda\cdot t}\ \mathrm{d}t \\ &= \frac{1}{10}\int_0^{10} 1-e^{-0.033\cdot t}\ \mathrm{d}t \\ &= 0.148 \end{aligned}$$

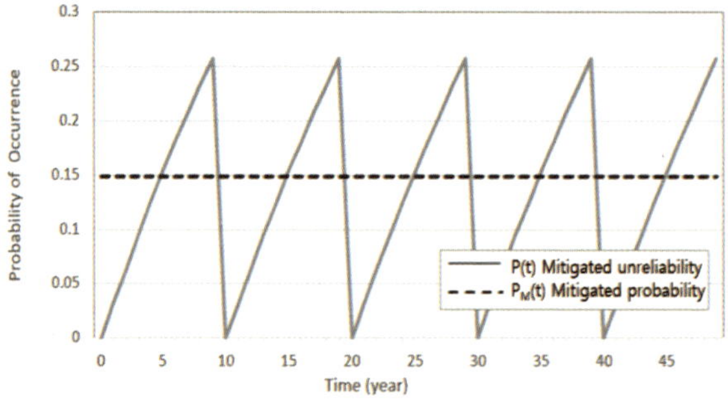

그림 20-3. 정기 점검을 통해 저감된 평균 리스크의 수준

20-5. 복합 재해 위험의 분석과 물리식 기반 모델의 활용

기후변화로 인한 자연 재해는 산사태, 산불 등의 단일 양상으로 나타날 수 있으나 산불이 일어난 이후에 폭우가 내려 산사태 피해가 가중되는 등 두 가지 이상의 재해가 복합적으로 나타나 피해가 증가할 수도 있다. 2018년에 미국 캘리포니아 주 몬테시토(Montecito)에서 발생한 토석류 산사태의 경우가 대표적인 사례이다. 여기서 주민이 약 20명 사망하고 150명 이상의 부상자가 발생했었다. 또 홍수의 경우 집중 호우 시의 댐 붕괴로 인해 홍수 피해가 가중되는 경우가 발생할 수 있다. 2018년에 미얀마의 스와르(Swar) 지방에서 발생한 폭우 시의 댐 붕괴로 인한 홍수와, 2020년 미국 미시건 주 에덴빌(Edenville)에서 일어난 제방 붕괴로 인한 홍수가 최근의 복합 재해 사례에 해당된다.

복합 재해는 다중 위험 요소(multi-hazard risk)가 상호 작용하여 예상 밖의 큰 피해가 발생하는 현상을 일컫는 용어이다. 이는 발생 형태에 따라 다음 표 20-1과 같이 구분하기도 한다. 복합 재해는 그 발생 빈도가 상대적으로 적어 주목받지 못하는 경우가 많지만 잠재 피해의 규모가 대규모 재해(catastrophic disaster) 수준으로 클 수 있으므로 지속적인 관심이 필요하다.

표 20-1. 복합 재해 형태에 따른 구분

Types of compound disaster	Descriptions of types
Independent events type	Accumulated risk caused by single hazard events that a damage is caused by exposure to A or B event.
Deposition events type	A precedent event changes the susceptibility and increases the probability and magnitude of damage caused by next event.
Domino or cascading events type	Sequential occurrence of hazard events causes a complex disaster in the form of a chain effect.
Coupled events type	Risk associated with the same triggering event that generates different hazard types and increases magnitude

복합 재해로 인한 피해는 산사태, 홍수 등의 영향을 비교적 정교하게 모의할 수 있는 물리식 모델을 활용하여 증가되는 피해의 정도를 분석할 수 있다. 물리식 모델은 다수의 연구기관에서 개발한 검증된 패키지가 존재하나 강우, 지층, 토층, 식재층 등의 물리적 성질을 모의식에 함수의 형태로 코딩(cording)하여 결과를 예측한다는 공통점을 가지고 있다. 예를 들어, 미국 지질조사국(U.S. Geological Survey, USGS)의 산사태 예측 모델인 TRIGRS에 사용되는 입력 변수는 다음 표 20-2와 같이 다양한 물성을 포함한다.

또 다른 예를 들면, 네덜란드 트벤테대학교(University of Twente)의 Faculty of Geo-Information Science and Earth Observation(ITC)에서 개발한 물리식 기반 홍수 예측 모델인 openLISEM의 구성을 살펴보면 다음 그림 20-4와 같이 지층과 토층의 물성뿐만 아니라 토지피복의 형태에 따른 투수율과 식생 등을 모두 반영하여 유출수(discharge water)를 계산하고 홍수의 양상을 모의함을 알 수 있다(ITC, 2018). 이와 같은 물리 모델을 활용하면 통계적 유추에 의한 재해 발생 확률의 추정에서 더 나아가 특정 강우 사상 및 지역의 환경 여건을 고려한 재해 영향을 예측할 수 있다.

복합 재해의 영향이 우려되는 지역에서는 산불로 인해 변성되는 토양의 수리전도도를 산사태 모의에 반영하면 투수율 감소로 인해 발생할 수 있는 토석류 산사태의 증가 정도를 미리 예측해 볼 수 있다. 또 유역(catchment) 단위의 정교한 지형 모델을 구축하고, 댐 건설로 인해 늘어나는 담수량을 홍수 모델에 반영한다면 앞서 알아본 폭우 시의 댐 붕괴로 인해 가중될 수 있는 피해의 범위를 비교적 정확하게 알아볼 수도 있다.

표 20-2. 산사태 예측 모델 TRIGRS의 물리식 입력 변수

지층 및 토층 관련 물성 변수 입력 자료	
ψ = 지하수 압력 수두(m) Z = 토심(m) d = 지하 수위(m) Ks = 토양 포화 수리전도도(m/s) IZLT = 강우전 정상 침투율	InZ = 단위 시간의 지표 침투율 D0= 포화 수리 확산 계수(m2/s) θ = 사면경사도(°) H(t-tn) = Heaviside 계단 함수 ierfc = 여오차함수

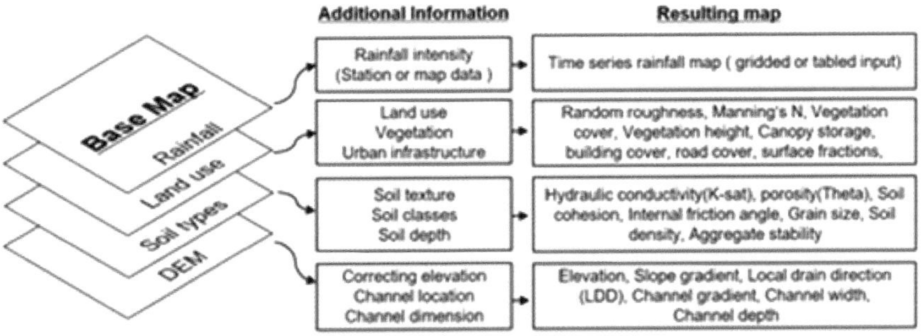

그림 20-4. 물리적 기반 홍수 모델링을 위한 입력 데이터

20-6. 융복합 학문으로서의 조경학과 통합적 리스크관리

그렇다면, 정량적 리스크 평가와 관리, 신뢰도 공학을 활용한 리스크의 저감, 복합 재해 영향의 예측을 통한 잠재 피해 예측 등은 궁극적으로 어떤 목적을 가지고 활용되어야 효과적인 재해 예방에 도움이 될 수 있을까? 지금도 우리 주변에는 다양한 개발 사업이 민간 또는 정부 주도로 이루어지고 있고, 일상에서 시민들에게 노출되는 리스크의 수준은 환경의 변화로 인해 증가 또는 감소되고 있다. 꼭 개발 사업의 사례를 들지 않더라도 매일 많은 사람이 이용하는 도로, 철도 등의 기반 시설들은 시간이 지날수록 노후화되어 재해가 발생했을 때 예상 밖의 큰 피해를 유발할 수도 있다. 이러한 주변 위험 요소들에 대한 논의를 정책결정자와 주민 간에 활발하게 진행하고 판단의 근거를 마련하기 위한 도구로서 리스크 평가 및 관리 방법들이 사용될 수 있다면 개발 사업에 대한 사회적 합의가 용이해지고 재해 대응 전략이 강화될 수 있을 것이다.

위험관리를 위한 국제 기준인 ISO 31000에도 규정되어 있는 바와 같이 리스크는 위험 요소의 확인, 분석, 저감, 평가 및 수용으로 이어지는 통합적 체계를 통해 관리되어야 한다. 현재 급속하게 발전하고 있는 인공지능AI(Artificial Intelligence) 알고리즘과 자동화 시스템은 체계적 리스크 관리 방안과 맞물려 향후 재해 대응을 위해 신속하고 합리적인 의사결정을 내리는 데 중추적 역할을 하게 될 것이다. 독일에서는 완전 자동화된 행정 행위에 관한 조항이 연방법에 포함되는 등 인공지능과 자동화 시스템을 국가 행정에 도입하기 위한 준비가 진행되고 있다. 2021년에 개정된 우리나라 「행정기본법」 제20조에도 인공지능 기술을 적용한 완전 자동화된 시스템이 법률로 정하는 바에 따라 행정 처분이 가능하다는 조항이 포함되었다. 가까운 미래에는 자연 재해 시뮬레이션 결과가 정밀한 3D 도시 정보 등과 같은 디지털 트윈(digital twin) 자료와 실시간으로 연동되어 홍수, 산사태, 산불 등의 피해를 저감하는 데 적극 활용될 것이다.

조경은 전통적인 의미에서의 정원(garden)과 공원(public park)의 조성 등을 다루는 학문이지만 기술의 진보가 빠르게 이루어지고 있으므로 자연 환경과 인간 활동을 아울러 종합적으로 연구하는 융·복합 학문으로서의 역할을 기대할 수도 있다. 혹자는 지금을 '기후위기의 시대'라고 일컫는다. 조경 분야의 연구자들도 기후변화로 인해 빈번히 발생하고 있는 극한 기상 현상에 대해 관심을 가지고 미래에 우리 사회가 자연 재해 리스크에 얼마만큼 노출될 것인지, 기후 리스크를 정량적으로 어디까지 줄여야 할지, 그리고 이에 대비하기 위한 우리의 전략은 무엇일지를 고민해 볼 필요가 있을 것이다.

21

기후변화와 복합재난의 위험

한국행정연구원 | 박상진

기후위기 시대에 우리는 앞으로 불규칙적이고, 복잡하며, 광범위한 재난 피해를 시기와 장소에 관계없이 더 높은 강도로 겪게 될 것이다. 기존의 재난 대응의 노력으론 충분치 않으며, 기후변화 영향과 복합재난의 특성을 고려한 다각적이고 종합적인 대응 방법이 필요하다. 다가올 다양한 변화의 양상을 이해하여 잠재적인 위험으로부터 사전 예방에 노력을 기울여야 한다.

21-1. 기후변화와 재난

(1) 기후변화의 원인과 영향

기후변화는 18세기 산업혁명을 시작으로 인간의 활동으로 인해 배출된 온실가스가 원인이라는 사실에 이제 이견은 없다(IPCC[01], 2018). 대기 중에 축적된 온실가스는 지구의 온도를 증가시켜 전 지구 대기해양 시스템의 패턴을 서서히 변화시키고 있다. 기후변화의 대표적인 영향에는 어떠한 것들이 있을까.

1) 북극한파와 극심한 이상기후

지구의 온도 상승으로 인해 극지방 빙하가 빠른 속도로 녹고 있다. 북극의 경우, 빙하의 융해가 찬 기운을 가두는 제트기류를 불안정하게 하여 최근 북반구 중위도 지역에서 예상치 못한 한파와 폭설 등이 발생하고 있다(Kug et al., 2015). 또한, 기후변화는 물 순환(Water cycle)에 지대한 영향을 끼친다. 평소보다 더 많은 폭우, 극심한 가뭄, 폭염 등을 일으킨다. 이러한 이상기후는 지역에 따라 그 정도가 다르며, 극심한 물 부족, 심각한 화재, 대형 홍수 등의 영향으로 이어진다. 특히, 2~5년에 한 번씩 열대 태평양 지방에서 발생하는 엘니뇨, 라니냐와 같은 현상이 발생할 때 그 영향은 더욱 두드러지게 나타난다.

2) 해수면 상승

해수면 상승(Sea level rise)은 빙하의 융해와 바닷물의 밀도가 낮아져 부피가 팽창하는 현상이다. 전 세계 해수면은 현재 매년 3-4mm씩 상승하고 있으며, 2100년까지 지역에 따라 0.3-2.0m 상승할 것으로 예상된다. 특히, 해안 저지대 지역

---

01 IPCC(Intergovernmental Panel on Climate Change)는 기후변화에 대처하기 위해 세계기상기구(WMO)와 유엔환경계획(UNEP)이 1988년에 공동 설립한 국제기구로, 전 세계 과학자가 참여·발간하는 IPCC평가보고서(Assessment Report)는 기후변화의 과학적 근거와 정책 방향을 제시하고 UNFCCC에서 정부 간 협상의 근거자료로 활용하고 있다.

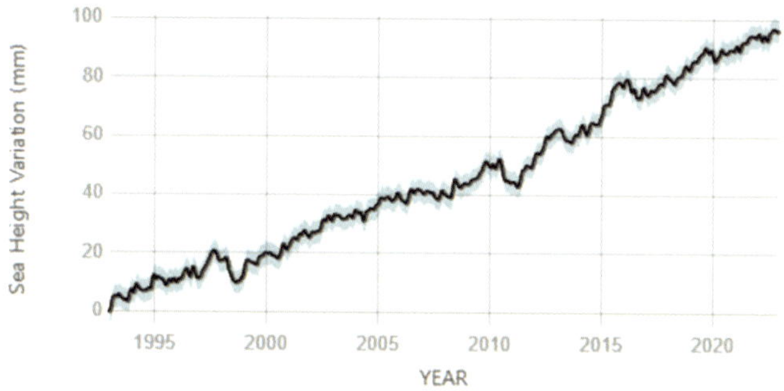

그림 21-1. 전 지구 해수면 높이 변화(1993년 대비 96.7mm 상승)
출처: NASA, https://climate.nasa.gov/vital-signs/sea-level/(23.4.4 검색)

은 2060년까지 10억 명이 넘는 사람들이 거주하게 될 것으로 예상됨에 따라 여러 지역이 위험에 처할 것으로 보인다(Watson et al., 2015).

3) 생물다양성 감소

기후변화의 영향은 생물이 적응하기 어려운 속도로 서식처를 빠르게 변화시키거나 파괴하여 생물이 살 수 없는 환경을 만들어 총체적으로 생물다양성(Biodiversity)[02] 감소를 야기하고 있다(Bellard et al., 2012).

(2) 기후변화: 1.5°C의 위기

파리협정(Paris Agreement, 2015)을 통해 전 세계의 수천 명의 과학자와 정부 관계자들은 기후변화로 인한 지구의 온도 상승을 1.5°C 이하로 제한해야 한다는 것에 협의하였다. 1.5°C가 중요한 이유는 그 이상이 되었을 때 2.0°C까지 상승은 이미 배출된 탄소로 인해 멈출 수 없으며, 그 이후는 지구의 자정능력을 잃을 것으로 보기 때문이다. 심각한 것은 당초 2052년에 도달한다던 1.5°C는 10년 앞당겨져 2040년 이전에 도달한다는 것이다(IPCC, 2022). 이 속도는 지금도 조금씩 앞당겨지고 있다.

---

02 생물다양성은 육상 및 해양 생태계 등 모든 생태계에서의 생물체 간의 변이성을 말한다. 생물종(Species)의 다양성, 생물이 서식하는 생태계(Ecosystem)의 다양성, 생물이 지닌 유전자(Gene)의 다양성을 총체적으로 지칭한다.

(3) 기후변화와 재난

1) 재난의 정의

'재난'은 「재난 및 안전관리 기본법 제3조」에 따라, "국민의 생명·신체·재산과 국가에 피해를 주거나 줄 수 있는 것"으로 정의한다. 재난의 정의를 언급하는 이유는 기후변화 영향과 개념의 혼동을 막기 위함이다. 기후변화 영향은 온도상승, 가뭄, 폭우, 해수면 상승, 생물다양성 감소 등 기후의 패턴 변화로 발생하는 현상(Event)이고, 재난은 사람의 생명과 재산 피해(Damage)를 뜻한다.

2) 기후변화 영향과 재난 피해

① 유럽의 살인적인 폭염

최근 몇 년간 유럽은 이상고온 현상으로 곤혹스러운 여름을 보내고 있다. 특히, 2019년 여름, 프랑스 파리에서는 45.8°C를 넘는 기온을 기록하였다.

② 호주의 최악의 대형 산불

2019년 가을, 호주에서 사상 최악의 산불 피해가 발생하였다. 우리나라 국토면적에 맞먹는 약 1,000만ha가 넘는 지역을 태웠고, 수억 마리의 동물들이 화재로 죽었다. 원인은 유례없는 기록적인 고온, 가뭄의 장기화 때문이었다. 전문가들은 기후변화로 인한 해수면 온도변화를 주요 원인으로 지적하였다.

③ 열대지역, 동남아시아에서 한파

2019년 겨울, 베트남에서 갑작스러운 한파로 저체온증 사망 사례가 발생하였다. 열대지역에 위치하여 평소 겨울철에도 영상 20도를 웃도는 지역에서 예상치 못한 이상기후를 경험한 것이다. 당시 기온은 불과 영상 10도였다.

④ 국토의 1/3이 물에 잠긴 파키스탄

2022년 여름, 파키스탄에서 국토의 1/3이 물에 잠기는 역대 최악의 폭우로 인한 홍수 피해를 겪었다. 도로, 집, 농작물 등의 재산 피해는 물론, 천 명 이상의 사람이 사망하였다.

⑤ 미국 캘리포니아, 폭우 사태

2023년 1월, 지난 몇 년간 지속적인 가뭄과 산불로 고통 받던 미국 캘리포니아 주는 갑작스러운 물 폭탄으로 또 다른 고통을 겪었다. 3주 동안 이어진 폭우로 최소 19명이 숨지고, 약 3만 1,000여 가구 이상이 정전 피해를 겪어야 했다. 많은 양의 비가 내렸음에도 불구하고, 여전히 물 부족에 허덕이는 캘리포니아 주는 '엎친 데 덮친 격으로' 가뭄과 홍수 비상 상태를 동시에 내린 상태이다.

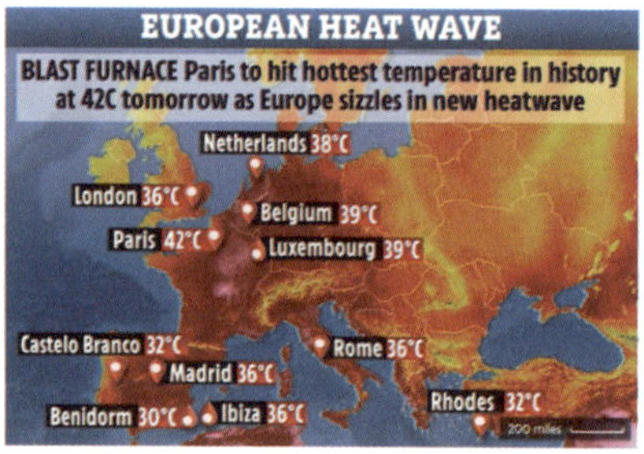

[2019년 유럽, 최악의 폭염 당시 온도 분포, http://www.thesun.co.uk/news/9383682/europe-heatwave-number-of-deaths-2019/]

[2019년 호주, 산불을 진압하는 소방관의 모습, https://www.theguardian.com/australia-news/2019/nov/22/australia-bushfires-factcheck-are-this-years-fires-unprecedented]

[2022년 파키스탄 신드 북부, NASA 위성에서 촬영한 홍수 전(8/4)과 후(8/28) 비교, https://earthobservatory.nasa.gov/images/150279/devastating-floods-in-pakistan]

[2023년 미국 캘리포니아주, 파하로강 범람으로 왓슨빌 마을 홍수, https://www.seoul.co.kr/news/newsView.php?id=20230314015004]

그림 21-2. 기후변화 영향으로 인해 일어나는 전 세계 재난 피해 사례

⑥ 생물다양성 감소와 코로나19

코로나바이러스 감염증(COVID-19)으로 전 세계가 겪은 고통의 시간의 근본적인 원인 또한 기후변화이다. 지구 온도상승은 동식물의 서식처 변화에 영향을 끼치고, 서식처의 변화가 인간의 활동 범위와 겹치게 되어, 인간이 바이러스의 감염에 취약해지는 환경에 노출된 것이다.

3) 최근 발생하는 재난의 특성

앞서 살펴본 대표적인 기후변화 영향과 그로 인한 재난 피해의 양상과 형태를 정리하면 최근 발생하는 재난 특성을 세 가지로 정리할 수 있다. 첫째, 불확실성(또는 예측 불가능성)이다. 예기치 못한 때와 장소에서 폭우가 오고, 예상을 벗어나는 폭염, 가뭄, 한파/폭설 등이 일어나고 있다. 둘째, 복잡성이다. 과거에 하나의 원인이 하나의 결과로 이어지는 형태가 아닌 여러 원인이 겹쳐 여러 형태의 양상으로 나타난다. 이는 경제와 기술의 발전으로 인한 초연결성의 사회시스템 발전으로 인해 재난 피해의 양상을 더욱 복잡하게 만들고 있다. 셋째, 피해의 대형화이다. 단순해 보이는 재난의 시작이 복잡한 양상으로 퍼지면서 그 피해를 더욱 광범위하게 대형화 시키고 있다. 기존의 재난 대응을 위한 접근 방식은 앞으로 우리가 겪게 될 다양하고 복잡한 위험들로부터 안전을 보장받기 힘들 것이다. 따라서 기후변화 영향과 함께 복합재난의 특성을 고려한 종합적인 대응 방법이 필요하다.

21-2. 복합재난과 위험 평가

(1) 복합재난

1) 복합재난의 유형

복합재난은 일반적으로 어느 한 재난 또는 여러 유형의 재난이 동시에 발생하거나, 연쇄적으로 발생하여 하나의 또는 여러 형태의 양상으로 나타나 광범위한 피해를 발생시키는 것을 말한다. 복합재난은 보통 세 가지 유형으로 설명한다. 첫 번째는 하나의 위험 요소가 다른 위험 요소를 유발하는 유형이다. 일명 '도미노 효과(Domino effect)' 또는 '방아쇠 메커니즘(Trigger mechanism)'이라고 한다. 동일본 대지진(2011)처럼 지진으로 인한 쓰나미 발생이 이 유형에 해당한다. 두 번째는 어떤 재난의 위험이 다른 재난에 영향을 주는 유형이다. 단순히 발생의 확률 또는 그 규모에 영향(Influence)을 주는 유형이다. 가령, 산림 경사지에 임도 개발 행위로 인해 향후 눈사태, 산사태, 낙상사고 등의 재난에 영향을 주는 것이 그 예라고 할 수 있다. 마지막 유형은 위험 요소 간 인과관계와는 별개로 같은 장소에서 우연히 동시에(Coincidence) 발생하는 경우이다(Gill & Malamud. 2014, Tilloy et al. 2019).

세 가지 유형은 동 시간대에 발생하는 메커니즘의 여부, 인과관계의 여부, 이렇게 두 가지 축을 중심으로 유형 설명이 가능하다. 여기서, 앞서 설명되지 않은 복합재난의 사례도 발생할 가능성은 충분하다. 가령, 건조한 기후 탓에 산불이 발생한 지역에서 시간이 지나 태풍으로 인해 피해를 또 겪게 되는 경우는 위험 요소 간

표 21-1. 복합재난의 유형

	동 시간대 발생 O	동 시간대 발생 ×
인과관계 O	Trigger (예: 지진으로 인한 쓰나미 발생)	Influence (예: 산지 개발로 산사태, 눈사태, 낙상사고의 증가)
인과관계 ×	Coincidence (예: 폭우로 인해 일정 공간 내에서 홍수와 산사태가 동시에 발생)	Accumulation (예: 산불 지역에 태풍 피해 경험)

인과관계가 없고 동 시간대에 발생하지도 않으며 피해가 누적(Accumulation)되는 특성이 있다. 실제로 앞서 소개한 매년 가뭄과 산불로 고통 받는 미국 캘리포니아 주에서 올해(2023년) 발생한 돌발홍수가 이와 같은 사례라고 볼 수 있다. 따라서 필자는 세 가지 유형의 복합재난에서 네 가지 유형으로 새롭게 정의하고자 한다.

2) 복합재난 연구의 중요성

복합재난을 유형으로 구분하는 이유는 유형별 대응에 필요한 연구 방법론이 다를 수 있기 때문이다. 기존의 재난 대응을 위한 일반적인 접근법으론 현대의 재난 특성을 다루기 쉽지 않다. 최근 재난은 경제·사회 시스템의 복잡화와 함께 기후변화 영향으로 복합성의 특성을 가지기 때문이다. 따라서 복합재난 특성과 유형에 맞는 적절한 대응 전략과 기술개발이 필요하다.

(2) 재난 위험 평가

1) 위험에 대한 정의

위험을 이해하는데 중요한 개념은 확률(Probability)과 취약성(Vulnerability)이다. 위험은 일부 가능성(Possibility)을 포함하고 있고, 실제적인 위협이 되는 외부의 위해요소(Hazard)가 발생했을 때 위험이 현실화는 되는 개념으로 그 이전 상태에서 예방적 차원이 강조된다. 또한 취약성은 과거로부터 현재까지의 사회적, 경제적, 물리적인 환경(여건) 또는 미래의 잠재적인 변동 요인을 포함하는 개념으로, 실질적인 위험이 현실화 되는데 결정적인 역할을 한다.

표 21-2. 위험(Risk)에 대한 수학적 정의

출처	내용
OECD (2004)	위험확률(Probability) × 결과(Consequence)
Wisner et al. (2004)	위해요소(Hazard) × 취약성(Vulnerability)
European Commission (2010)	위해의 영향(Hazard impact) × 발생확률(Probability of occurrence) [*Hazard impact: 인간적 영향(사상자), 경제적 및 환경적 영향(경제적, 환경적 피해 비용), 정치적 및 사회적 영향(비물리적 침해)]
UNISDR (2015)	위험확률(Probability of an event) × 결과(Negative consequences)

2) 재난 위험 평가(Disaster risk assessment)의 과정과 접근법

UNDP(2010)는 재난 위험 평가를 "위험에 노출된 사람, 재산, 서비스, 생계 및 그들이 위치한 환경에 잠재적인 모든 위험 요소를 분석하고 취약한 기존의 여건들을 평가하여 그러한 위험의 성격과 범위를 결정하는 프로세스"라고 정의하였다. 또한, 평가 과정을 7단계로 정리하였지만, 이는 다시 내용적으로 크게 3단계로 설명 가능하다. 단계별 요구되는 적절한 접근법은 다음과 같다.

① **위험인지** (Risk identification): 상황에 대한 정확한 파악과 정보 수집이 가장 중요하다. 경험적인 자료의 수집과 기초적인 통계가 필요하다.

② **위험분석** (Risk analysis): 충분한 정보수집과 통계를 바탕으로 실제 피해가 발생할 수 있는 가능성을 위해(Hazard), 노출(Expose) 그리고 취약성(Vulnerability)을

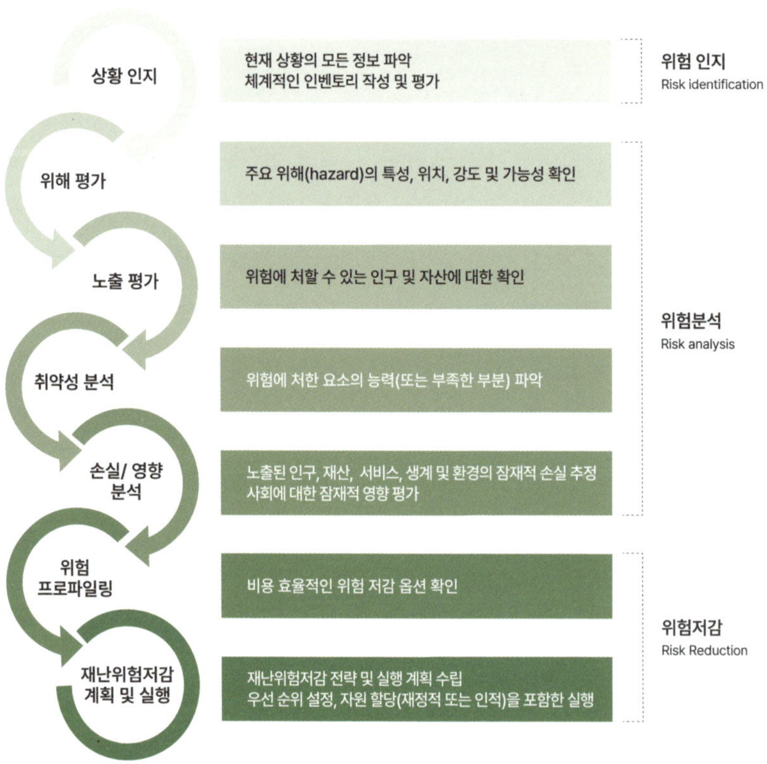

그림 21-.3 재해 위험 평가의 7단계 출처: UNDP(2010. 저자 재구성)

조합으로 분석해야 한다. 그 과정에서 정량적인 과학적 접근 방식을 필요로 한다.

③ **위험저감** (Risk Reduction): 위험저감을 위한 옵션(Options)의 과학적 근거의 실효성과 함께 효율적인 의사결정 접근 방식이 필요하다. 각 단계가 모두 중요하지만, 핵심과정이라 할 수 있는 '위험분석(Risk analysis)'단계에 적용 가능한 방법론과 기술에 대해 조금 더 알아보자.

3) 재난 위험분석(Risk analysis)의 방법

재난 위험분석은 복합재난의 유형에 따라 다르게 접근할 필요가 있다. 앞서 설명하였듯 복합재난의 유형은 크게 동 시간대에 발생 여부, 인과관계의 여부, 이렇게 두 가지 축으로 네 가지 유형화가 가능하다. 동시간대에 발생한다는 것은 시간적 스케일의 격차가 크지 않다는 것이고 인과관계가 있다는 것은 일정한 공간 내에서 서로 작용을 한다는 것을 뜻한다.

먼저, 시간적 스케일에 따라 적절한 방법론이 존재한다. 발생의 시간적 간격이 크지 않는 복합재난 유형의 경우, 시뮬레이션의 접근 방식이 유용하다. 물리방정식에 의한 컴퓨터 시뮬레이션을 통해 일정 공간 내 동시간대 발생하는 복합재난 위험분석이 가능하다. 반대로 동시간대에 발생하지 않는 복합재난 유형의 경우, 가상 시뮬레이션을 수행하기 물리적인 한계가 존재하므로 확률통계 및 네트워크 분석 등을 이용한 접근법이 유용하다.

정리하면, 물리방정식 기반의 시뮬레이션의 방법은 앞서 네 가지로 나눈 복합재난 유형 중 동시간대에 발생하는 유형인 'Trigger', 'Coincidence'에 유용하다. 'Influence'와 'Accumulation' 유형은 확률통계 및 네트워크 분석의 방법론이 적절하다. 단, 여기서 'Coincidence'의 경우, 서로 인과관계가 없는 독립적으로 발생하는 특성 때문에 확률통계 및 네트워크분석 방법도 적용가능하다. 즉, 확률통계 및 네트워크 방식이 조금 더 광범위하게 활용될 수 있다는 것이다. 또한 시뮬레이션 방식은 복잡하고 어렵다는 단점이 있지만, 역동성을 분석하여 과정을 확인할 수 있다는 장점이 있다. 이렇듯 두 접근 방식의 장단점을 고려하여 재난 유형에 따라 위험분석을 수행하는 것이 필요하다.

21-3. 재난위험의 미래 그리고 조경의 역할

(1) 다양한 변화 요인들

기후위기 시대에서 앞으로 재난위험의 미래는 어떻게 될 것인가. 이를 이해하기 위해 재난위험에 영향을 주는 다양한 변화 요인들을 살펴보자.

1) 사회적 및 경제적 변화

가장 중대한 사회적 변화는 무엇보다 인구 구조의 변화라고 할 수 있겠다. 최근 통계청에서 발표된 우리나라 출산율은 0.78로 OECD 국가 중 최하위를 기록하였다(2023년 2월). 그에 반해 노인인구는 점점 늘어나고 있다. 현재 65세 이상 인구는 전체 구성비의 17.5%이다. 2036년이 되면 30%, 2051년이 되면 거의 40%를 초과하게 된다. 이는 재난에 취약한 계층이 많아진다는 것이다. 더불어 경제적인 빈부차가 더욱 커지고 있어, 사회적 갈등을 야기함과 동시에 재난 취약인구가 많아질 것임을 예상할 수 있다.

2) 기술적 및 지정학적 변화

4차 산업혁명과 함께 기술의 발전으로 초연결적인 사회로 변모하면서도 각종 기반시설의 노후화는 복합재난의 위험성을 증가시키게 하는 요인이 되고 있다. 또한 중국, 일본, 러시아와 등 강대국들 사이에 위치한 우리나라의 지정학적 특성은 외교적으로 복합적인 전략을 항상 고민하게 한다. 특히 재난위험과 관련하여 코로나19와 같이 국경을 초월하는 재난 발생의 확대 가능성을 고려한다면 이러한 지정학적 위치에서 협력적 관계의 구축은 필수적이다.

(2) 조경의 역할

조경은 도시와 자연의 환경적 조화를 통한 연결고리 역할과 함께, 사회, 문화,

생태 등 다양한 분야를 넘나드는 종합적인 학문이다. 공간에 대한 이해를 바탕에 두는 학문이기에 기후변화, 재난 분야와도 매우 밀접한 관계가 있다.

다양하고 복잡한 위험으로부터 안전하고 지속가능한 사회가 되기 위해선 외부의 위험요소를 파악하여 차단 및 제거를 통해 가능하기도 하지만, 내부의 탄력적인 회복력(복원력)을 강화하는 전략도 함께 필요하다. 즉, 한정된 자원 내에서 균형 있는 계획적 전략이 필요한 만큼 다각적이고 총체적인 접근이 중요하다. 따라서 조경이라는 학문적 성격을 고려했을 때 우리 사회가 앞으로 기후변화와 재난의 위험으로부터의 안전한 사회로 나아가는데 있어 핵심적인 역할을 할 수 있을 것이다.

5. 지속가능발전을 위한 환경개선 방안

22

도시녹지 공간 개선 정책에 대한 선호도 평가

국립환경과학원 | 김지연

도시녹지 공간을 조성하고 관리할 때 고려해야 하는 도시민의 선호도 분석과 관련한 연구를 소개한다. 선택실험법을 활용한 도시녹지 공간 개선 정책에 대한 선호도 분석 과정 및 결과를 살펴보고, 향후 녹지 공간 개선 정책을 수립하고 이행할 때 고려해야 하는 부분에 대해 이야기한다.

22-1. 도시녹지 공간 개선 정책에 대한 선호도 평가의 필요성

도시녹지 공간은 도시의 여러 환경 문제를 완화하고 삶의 질을 증진하기 위한 주요 요소 중의 하나이다. 도시녹지 공간은 열섬 효과의 완화, 대기 중 오염 물질의 감소, 생물다양성 촉진, 소음 감소 등의 이점을 제공한다. 또 충분한 여가 및 사회적인 교류의 기회를 제공하고, 도시민의 정신적 및 육체적 건강의 향상에 기여한다. 도시녹지 공간에 대한 정의는 다양하지만 「도시공원 및 녹지 등에 관한 법률」 제2조를 참조하면 자연 환경 보전 및 자연 경관 개선 목적의 도시공원 및 근린공원을 포함한 산, 하천, 농경지, 광장 등의 개방 공간을 녹지로 규정할 수 있다. 다시 말해 도시 지역 내 공원과 조성녹지, 자연녹지를 포함한 광의의 개념으로 정의할 수 있다.

도시녹지 공간의 조성 및 관리는 대부분 정부에 의해 이루어지므로 정부는 도시민의 녹지 공간에 대한 선호도를 파악하여 도시민의 만족도를 증가하기 위한 노력을 기울일 필요가 있다. 그동안 우리나라는 녹지의 양적인 공급을 늘리는 방향으로 도시녹지 공간 개선 정책을 추진해 왔다. 그러나 양적 공급 위주의 정책은 도시민의 질적 및 양적 요구 수준에 부응하지 못하며 각 도시의 특성이나 시민들의 요구를 반영하기가 어렵다. 실제 우리나라의 도시녹지 공간과 관련한 지표는 일 인당 도시공원 면적, 일 인당(생활권) 도시림 면적 등인데, 일 인당 녹지 면적 등의 양적인 요소는 주민의 공원 만족도에 영향을 미치지 않는다는 연구 결과도 있다. 사용자의 요구 사항을 반영하지 않은 도시녹지 공간 개선 정책의 이행은 사용자의 불만을 야기할 수 있다. 그러므로 도시녹지 공간에 대한 도시민의 선호도를 파악하고, 이에 부합할 수 있도록 도시녹지 공간을 조성하고 관리하여 한정된 예산 내에서 효율적으로 개선 정책을 이행할 필요가 있다.

그동안 도시민의 녹지 공간 선호도 분석과 관련해 다수의 연구가 수행되어 왔는데 도시녹지 공간에 대한 선호도를 평가하기 위한 대표적인 방법 중의 하나는 선택실험법(Choice Experiment, CE)이다. 선택실험법은 가상 시나리오에 기초하여 환경재를 구성하는 각기 다른 속성들에 대한 사람들의 선호도를 포착하는 진술 선호(stated preference) 연구이다. 최근 녹지와 같이 시장에서 거래되지 않는 환경재의 선호도를 분석하고 가치를 평가하는 데 선택실험법을 활용하는 연구가 많이 시행되고 있다. 특히, 가격이 속성으로 포함되는 경우 효용이 쉽게 추정되기 때문에 환경경제학에서 선택실험법으로 경제적 가치를 평가하는 연구가 많다.

최근에는 선호 이질성을 고려한 연구가 증가하고 있다. 여기서 선호 이질성이란, 분석 단위에서 관찰되는 응답자들의 선호 차이점을 말한다. 후생경제학의 관점에서는 개인의 선호를 만족시키는 것이 사회정책의 목표가 되어야 하므로, 정책 집행으로 인한 후생을 극대화하기 위해서는 개인별 선호의 이질성에 대한 고려가 필요하다. 선택실험법을 활용한 연구에서도 기존에는 이질성을 반영하지 않았지만, 최근에는 개인의 고유한 특성을 인정하고 모집단의 선호 이질성을 반영한 연구가 이루어지고 있다.

이 연구에서는 선택실험법을 활용하여 도시녹지 공간의 개선 정책에 대한 도시민의 선호도 및 선호의 이질성을 확인하고자 했다. 이와 같은 연구 결과는 한정된 예산 투입으로 녹지 개선 정책의 수요자인 도시민의 효용을 극대화하는 효율적인 도시녹지 공간 개선 정책을 추진하는 데에 기여할 수 있다.

22-2. 선택실험법을 활용한 선호도 평가 방법

(1) 공간적 범위

성남시는 1989년에 신도시 건설 계획에 따라 분당구가 조성된 계획도시이다. 성남시의 도시생태현황지도(2010)를 분석해 보면 산림, 공원, 초지 등의 도시녹지 공간이 전체 피복 중에서 55.3%를 차지한다. 성남시는 산림 및 하천으로부터 공원까지 300m 이내의 거리에서 공원 및 녹지가 직접 연결되는 공원 및 녹지 네트워크율이 80.0%에 이를 만큼 녹지까지의 접근성과 연결성이 우수하다는 연구 결과도 있다. 이와 같이 성남시는 정책에 따른 녹지 공간의 조성 및 관리가 비교적 잘되고 있는 계획도시로서 도시녹지 공간 개선 정책에 대한 선호도를 파악하기에 적절하다.

(2) 선택실험법

선택실험법은 재화의 가치가 분리될 수 있는 여러 속성으로 구성되어 있으며, 속성별 가치의 합을 재화에 대한 총 가치라고 보는 컨조인트 기법(Conjoint Analysi, CA) 또는 속성가치평가법(Attribute Based Valuation)을 아우르는 방법론이다.

선택실험법은 실험 설계와 조사 및 계량 분석의 순서로 이루어진다. 그중 선택실험법 설계 및 조사는 ① 속성, 수준의 정의, ② 실험 설계, ③ 표본 추출, ④ 설문조사의 단계로 이루어진다. 여기서 선택 실험의 설문조사는 몇 가지 선택 세트로 구성되며, 응답자는 선호하는 대안 중에서 하나를 선택한다. 대안은 여러 속성 집합에 의해 정의되며 각 속성은 하나 이상의 수준으로 구성된다. 개인의 선택은 선택 세트에 포함된 서로 다른 대안의 속성 수준들 사이의 트레이드오프(trade-off)의 결과를 의미한다. 선택 사항들은 각 속성과 수준이 개인의 전체 효용성에 미치는 기여도를 추정하기 위해 그 결과를 계량 분석한다.

1) 실험 설계 및 설문조사

① 속성 및 수준의 정의

선택 실험 설계를 위해 도시녹지 공간 개선 정책의 속성 및 수준을 정의했다. 기존 문헌에서 도시녹지 공간 이용에 영향을 미치는 녹지 공간의 특성과 정책적으로 개선을 추진할 수 있는 부분을 종합적으로 고려하여 도시녹지 공간까지의 접근성 증대 정책, 도시녹지 공간 간의 연결성 개선 정책, 도시녹지 공간 질의 개선 정책, 도시녹지 공간의 양 증대 정책, 도시녹지 공간 내 시설 증대 정책의 다섯 가지 녹지 공간의 개선 정책에 세금 증액 정책을 추가하여 총 여섯 가지 속성을 정의했다. 세금을 제외한 다섯 가지의 속성은 총 3단계로, 세금은 4단계로 수준을 정의했다(표 22-1 참조).

표 22-1. 선택 실험에 사용된 속성 및 수준 출처: Kim et al.,(2022)

속성 (개선 정책)	수준	설명
접근성	5분	거주지에서 도시녹지 공간까지 도보로 걸리는 시간
	10분	
	15분*	
연결성	나쁨*	거주 도시 내 녹지 공간 간의 연결성
	보통	
	좋음	
녹지 공간의 질	빈약*	거주 도시녹지 공간 내의 생물다양성 (생물종의 종 수, 종별 개체수)
	보통	
	풍부	
녹지 공간의 양	0%*	거주 도시 내의 전체 녹지 양
	5% 증가	
	10% 증가	
시설	0%*	거주 도시녹지 공간 내의 편의 시설
	5% 증가	
	10% 증가	
세금	0%*	도시녹지 공간의 개선 정책이 한 단위 개선될 때 추가로 부담할 수 있는 세금액
	10% 증가(7천 원/년)	
	20% 증가(14천 원/년)	
	30% 증가(21천 원/년)	

* 현재 상태를 유지하는 것을 뜻함

② 실험 설계

도시녹지 공간의 개선 정책에 대한 선호도를 분석하기 위해 다음과 같이 실험을 설계했다. 다섯 가지 녹지 정책의 속성은 3개의 수준으로, 세금은 4개의 수준으로 구분하여 이를 바탕으로 구성할 수 있는 총 972개($3^5 \times 4$)의 대안 중에서 속성 간 상관관계를 배제하는 주 효과 직교 설계를 통해 18개의 대안을 도출했다. 설문은 2개의 대안과 현행을 유지하는 대안 중에서 1개를 선택하게 했다. 18개의 대안을 2개씩 임의로 짝을 지어 153($_{18}C_2$)개 실험 조합을 구성하고, 여기에 아무 것도 선택하지 않음이라는 대안을 추가했다.

③ 표본 추출

2015년 성남시 도시민 500명을 대상으로 설문조사를 시행했다. 설문 대상은 성별, 연령별, 지역별(3개 구)로 인구를 비례 할당하여 층화 추출했다.

④ 설문조사

2015년 11월 4일부터 11월 20까지 성남시 시민 500명을 대상으로 설문조사 전문업체가 온라인으로 조사했다.

2) 계량 분석

① 모수 추정

이 연구에서는 모수 추정을 위하여 혼합로짓 모형(Mixed Logit Model, MXL)을 활용하였다. 혼합로짓 모형(MXL)은 개인별 이질성을 확인할 수 있으며, 기본 모형인 로짓 모형이 전제하는 IIA 가정을 요구하지 않기 때문이다.

② 한계지불의사

한계지불의사(Marginal -Willingness to Pay, MWTP)란, 환경재 속성의 단위 변화에 따른 지불의사 변화분을 말한다. 선택 실험에서는 지불 의향(WTP)을 통해 금전 가치를 평가할 수 있다. 전체 효용을 속성 변수 k로 편미분한 속성별 추정 계수 β_k를 분자로, 전체 효용을 비용 변수 fee로 편미분한 β_{fee}를 분모로 하여 다음

식 22-1와 같이 추정할 수 있다.

$$MWTP_{xk} = -\frac{\beta_k}{\beta_{fee}} \tag{22-1}$$

③ 상대적 중요도

상대적 중요도는 하나의 속성 내에서 속성 수준에 따라 변화하는 효용값을 말하며, 부분 가치의 최대값과 최소값의 차이로 산정할 수 있다. 상대적 중요도가 크다는 것은 그 속성에 응답자가 민감하게 반응한다고 해석할 수 있다. 속성 변수 중 A 번째 속성 변수의 상대적 중요도(Relative Importance, RI)는 다음 식 22-2와 같다.

$$RI_A = \frac{|\beta_A| R_A}{\sum_{k=1}^{K} |\beta_k| R_k} \tag{22-2}$$

R_A는 A번째 속성 변수가 가지는 범위를 뜻한다.

22-3. 도시녹지 공간 개선정책에 대한 선호도 평가 결과

(1) 설문조사 결과

설문조사 결과 성남시 응답자의 특성은 다음과 같다. 전체 500명 중 남성은 50.40%, 여성은 49.60%를 차지했다. 연령별로 살펴보았을 때 20대가 21.60%, 30대가 25.60%, 40대가 28.40%, 50대가 24.40%를 차지했다. 거주 지역별로는 수정구가 23.00%, 중원구가 26.00%, 분당구가 51.00%를 차지했다. 이와 같은 표본의 특성은 통계청의 성남시 인구센서스 자료와 비교할 때 모집단의 특성을 적절히 대변한다고 볼 수 있다(표 22-2 참조).

(2) 모수 추정 결과

모수 추정 결과는 다음과 같다. 성남시 도시녹지 개선 정책과 관련한 속성의

표 22-2. 성남시 설문 응답자의 특성

구분		응답자(수)	비율(%)	2015 통계청 인구 센서스 자료(%)
성별	남성	252	50.40	50.00
	여성	248	49.60	50.00
나이	20~29	108	21.60	21.00
	30~39	128	25.60	25.40
	40~49	142	28.40	28.20
	50~59	122	24.40	25.40
거주 지역	수정구	0.28	23.00	23.80
	중원구	130	26.00	25.80
	분당구	255	51.00	50.40
합계		500	100.00	

평균 및 표준편차는 유의 수준 10% 내에서 유의미한 것으로 나타났다(표 22-3 참조). 다시 말해 모든 속성에 대한 선호의 이질성이 확인되었음을 의미한다.

평균에 대한 추정 계수가 세금과 접근성을 제외한 나머지 속성에 대해 양(+)의 값을 보이며, 세금을 제외한 녹지 공간 개선 정책에 긍정적인 선호를 보였다(표 22-3 참조). 접근성에 대한 추정 계수는 음(-)으로 나타났지만 음(-) 부호는 15분이 소요되는 현재를 기준으로 10분, 5분으로 시간이 단축되는 방향에 대한 선호를 의미하므로 접근성이 개선되는 정책을 선호하는 것으로 해석할 수 있다. 세금 증가에 대해서는 부정적인 입장을 보였다.

추정 계수를 살펴보면 녹지 공간의 질, 연결성, 녹지 공간 내의 시설, 녹지 양, 녹지 공간 접근성의 개선 정책, 세금의 순으로 선호를 보였다. 도시녹지 공간의 연결성, 녹지 공간 질의 개선 정책에 대해서는 개선 정도에 따라 차이를 보였는데(표 22-3 참조) 녹지 질, 연결성 모두 나쁜 수준에서 보통의 수준으로 개선될 때

표 22-3. 혼합로짓 모형(MXL)을 활용한 모수 추정 결과

속성		평균	표준편차	변동 계수 (표준편차/평균)
접근성(min)		-0.03* (1.89)	0.03*** (3.35)	3.16
연결성	나쁨-보통	0.82*** (8.07)	0.46** (1.97)	0.56
	보통-좋음	0.64*** (5.60)	0.97*** (5.91)	1.51
녹지 질	빈약-보통	1.33*** (10.77)	1.16*** (7.79)	0.87
	보통-풍부	0.47*** (4.05)	0.79*** (4.30)	1.68
녹지 양(%)		0.05*** (5.06)	0.07*** (4.32)	1.34
녹지 내 시설(%)		0.10*** (7.71)	0.133** (6.33)	1.25
세금(원)		-8.00E-05*** (9.82)	1.10E-04*** (11.64)	1.38
Pseudo R2		0.29		
N		414(82.80%)		

Z-values는 괄호 안에 표기함 / 유의 수준: ***1%, **5%, *10%.

보통의 수준에서 더 좋은 수준(풍부, 좋음)으로 개선될 때보다 더 높은 선호를 보였다.

변동 계수를 분석하여 속성 및 수준별 이질성의 정도를 비교했다. 이는 표준편차 값을 평균으로 나눈 값으로 그 값이 클수록 이질성이 크다고 해석할 수 있다. 접근성 증대 정책이 변동 계수 3.16 값을 보이며 가장 큰 이질성을 보였다. 다시 말해 해당 정책에 대한 이견이 크다는 것을 알 수 있다. 연결성 및 녹지 질은 나쁜 수준에서 보통의 수준으로 개선될 때가 보통의 수준에서 좋은 수준으로 개선될 때보다 더 적은 이질성을 보이며(표 22-3 참조), 해당 정책에 대한 이견이 더 적음을 확인할 수 있었다.

(3) 한계지불의사

추정 계수로 한계지불의사를 도출한 결과는 다음 표 22-4와 같다. 중앙값으로 살펴보면 녹지 질 개선 정책에 가장 큰 한계지불의사를 보였다. 녹지 질이 빈약에서 보통으로 개선될 때 12,250원의 세금을 더 낼 의향이 있었다. 그 밖에 녹지 공간의 시설은 1%씩 증가할 때마다 909원, 녹지 공간의 양이 1% 증가하는 데는 478원, 접근성이 1분씩 줄어들수록 1년에 237원의 세금을 추가로 지불할 의사가 있었다(표 22-4 참조).

표 22-4. 한계지불의사 추정 결과

속성		평균값	중앙값	표준편차	최소값	최대값
접근성		-140	-237	1,883	-7,722	24,566
연결성	나쁨 - 보통	4,870	7,994	77,932	-1,328,867	654,870
	보통 - 좋음	5,480	5,647	55,826	-874,238	356,823
녹지 질	빈약 - 보통	16,078	12,250	86,241	-899,917	1,254,073
	보통 - 풍부	6,457	4,699	47,476	-387,486	805,457
녹지 양		201	478	5,094	-86,867	30,721
녹지 내 시설		447	909	14,362	-269,990	64,063

(4) 상대적 중요도 분석 결과

선호도 추정 계수로 상대적 중요도(RI) 를 산정한 결과는 다음 표 22-5와 같다. 평균값으로 상대적 중요도를 살펴보면 세금(26.28%)이 가장 높았고, 도시녹지 공간의 질 개선(25.21%), 연결성 개선(21.37%), 도시녹지 공간 내 시설 증대(14.42%), 녹지 양 증대(7.99%), 접근성 증대(4.73%) 순이었다. 다시 말해 세금 증액에 가장 민감한 것으로 나타났다(표 22-5 참조).

표 22-5. 상대적 중요도(RI) 분석 결과

속성	평균값	중앙값	표준편차	최소값	최대값
접근성	4.73	5.06	2.99	0.02	13.57
연결성	21.37	20.08	7.61	6.89	46.17
녹지 질	25.21	25.52	10.59	1.04	52.36
녹지 양	7.99	7.04	4.30	0.02	25.11
녹지 내 시설	14.42	13.81	8.04	0.02	42.24
세금	26.28	19.42	17.12	0.29	74.16

22-4. 맺음말

이 장에서는 선택실험법을 활용하여 도시민의 녹지 개선 정책에 대한 선호도를 평가하는 방법을 살펴보았다. 도시민은 도시녹지 공간의 질 개선(생물다양성), 연결성 개선 등 질적인 측면을 개선하는 데 높은 선호도를 보였다. 또한 연결성 개선 및 녹지 질의 개선 정책에 대해 수준별로 선호의 증가 폭이 다르게 나타났다. 두 정책 모두 현재의 상태(나쁨, 빈약)에서 보통으로 개선되는 경우에 보통에서 더 좋은 상태(좋음, 풍부)로 개선될 때보다 더 큰 선호도를 보였다. 이는 녹지의 질과 연결성 개선 정책에 대해서는 후생적인 측면에서 임계점이 존재한다는 것을 보여준다. 그리고 도시녹시 공간 개신 정책의 선호에 있어 이질성이 존재하였다. 이와 같은 선호의 이질성 확인은 도시녹지 공간 개선정책에 대한 선호의 다양성을 확인할 수 있게 해주고, 추후 정책 계획에 영향을 미칠 수 있다. 한계지불의사 도출을 통해 정책 투입에 따른 효과를 금전적 가치로 환산할 수 있었으며, 속성 간의 경제적 후생 효과를 직접 비교할 수 있었다. 상대적 중요도 산정을 통해서는 속성 간의 우선순위를 가릴 수 있었다.

우리나라는 도시화 과정에서 훼손된 도시녹지 환경을 개선하기 위해 정부가 일방적으로 양적인 공급을 늘리는 정책을 집행해 왔지만 이제는 도시민의 만족도를 높이기 위한 보다 진전된 형태의 정책 수립과 이행이 필요하다. 이를 위해서 도시녹지 공간의 개선 정책을 추진할 때는 도시민의 선호도를 파악하고 선호의 이질성을 분석하여 반영해야 할 필요가 있다. 이와 같은 과정이 실행된다면 한정된 예산 투입으로 정부는 도시녹지 환경의 개선이라는 목적을 달성할 수 있고, 수요자인 도시민의 효용을 극대화될 수 있는 비용 효과적인 도시녹지 공간의 개선 정책 이행이 가능할 것으로 기대된다.

23

택지개발사업과 생태계 서비스 평가

㈜삼보기술단 | 구미현

생태계가 잘 유지됨으로써 인간에게 주어지는 혜택인 생태계 서비스에 대한 이해를 바탕으로 도시민의 대표적 거주 공간인 택지개발사업에서 생태계 서비스를 평가한 연구 사례를 소개한다. 택지 개발에 따라 달라질 수 있는 생태계 서비스의 상태 변화를 예측하고 그 변화를 정량적으로 평가할 수 있는 평가 모형을 개발한 것이다.

23-1. 생태계서비스의 이해

(1) 생태계 서비스의 의미

생태계 서비스는 자연 생태계가 인간에게 제공하는 다양한 혜택을 의미한다. 다시 말해 생태계 서비스는 인간의 생존을 위해 필요한 식량, 물, 에너지 등과 같은 자원을 공급해 주고 홍수, 태풍과 같은 자연 재해로부터 인간을 보호해 주며 대기질과 수질의 악화를 막아 주는 역할을 한다. 그래서 생태계 서비스는 인간의 삶이 자연 속에서 조화롭게 유지할 수 있도록 하면서 나아가 삶의 질을 높이는 데 중요한 역할을 한다.

생태계 서비스는 에를리히(Ehrlich)가 1981년에 처음 사용한 이후에 데일리(Dail)y의 저서(Daily, 1997), 코스탄자(Costanza)의 논문(Costanza et al., 1997), 유엔의 '새천년 생태계 평가(MA: Millenium Ecosystem A sessment, 2005)' 보고서 그리고 생태계와 생물다양성의 경제학(TEEB: The Economics of Ecosystems and Biodiversity, 2010) 등을 통해 중요 개념으로 발전되어 왔다. 생태계 서비스는 생태계의 다양성, 복잡성 그리고 인간과의 관계 등 복잡한 관계와 상호 작용의 이해를 바탕에 두고 있다. 또 생태계가 주는 편익을 경제적 가치 또는 정량적 평가를 통해 추정하고 이와 함께 정책 결정 과정에서도 이를 활용할 수 있어 의미가 크다. 이에 따라 생태계의 가치를 알기 위해 전 지구적 규모뿐만 아니라 지구 단위인 좁은 공간 규모에서도 다양한 시도들이 진행되고 있다.

(2) 개발 사업에서 생태계 서비스의 중요성

개발 행위는 생태계의 훼손을 유발하고 생태계로부터 얻는 혜택을 줄일 수 있어 결과적으로 인간 삶의 질도 떨어지게 할 수 있다. 특히, 생태계의 훼손은 주로 지구 단위로 추진되는 개발 사업에서 발생하기 때문에 개발 계획의 수립 단계에서부터 생태계의 훼손을 줄이는 방안을 마련하는 것이 필요하다.

도시민이 누리는 쾌적한 삶을 위해서는 주거 지역의 자연 환경이 중요하다. 사람들이 일상생활에서 흔히 접하는 자연은 멀리 떨어져 있는 보호지역의 자연이 아니라 주거지역의 자연이다. 개발 사업으로 피해를 보는 자연도 개발 대상지와 주변 지역의 자연 생태계이다. 우리나라 대다수 국민은 도시 지역에 살고 있고 전체 가구 유형 가운데 공동 주택의 비율이 높아 개발 대상 주거 지역의 생태계 서비스를 평가할 수 있다면 생태 복지 차원에서도 의미 있는 연구가 될 것이다. 이를 위해 개발사업의 계획 단계에서부터 개발 대상 주거 지역의 생태계 서비스를 평가하여 추진한다면 개발에 따른 생태계의 훼손 정도를 낮추는 효과가 있을 것이다.

따라서 생태계 서비스 개념에 대한 이해를 바탕으로 도시지역 택지개발사업이 생태계 서비스에 미치는 영향을 정량화한 평가 모형의 필요성을 인식하고 이를 연구한 사례(구미현, 2014)를 소개하고자 한다. 이 평가 모형은 개발 대상지 전체 생태계 서비스를 파악할 수 있는 구체적이며 실천적인 평가 기법이 될 수 있다. 이를 통해 개발 사업의 시행 전과 시행 후 전체 생태계 서비스에 대한 상태 변화를 평가할 수 있다. 해당 사례는 개발 사업으로 인해 초래될 수 있는 생태계 서비스 감소량을 최소화하려는 소극적인 수단이 아니라 생태계 서비스의 향상을 도모하는 적극적인 수단으로 보호지역 생태계와는 다른 일반 지역 생태계의 가치를 창출하는 데 이바지할 것으로 기대한다.

23-2. 개발 사업에서 생태계 서비스 평가 방법

(1) 생태계 서비스 평가의 방향 설정

1) 생태계 서비스의 유형

생태계 서비스 평가에서 서비스의 유형은 평가의 기초가 되고 유형에 따른 특징은 평가의 출발이 된다. 새천년 생태계 평가 보고서(MA, 2005)에 따르면 생태계 서비스의 유형은 다음 네 가지로 구분된다. 첫째 인간에게 식량과 원료 물질 등의 상품을 생산하고 공급하는 서비스이다. 둘째 대기질 조절, 기후 조절, 질병 조절 등의 생명 지원 시스템과 생태계 과정을 조절하는 서비스이다. 셋째 광합성, 토양의 생성, 영양 염류의 순환, 서식지 제공 기능을 포함하는 지원 서비스이다. 넷째 문화적 다양성, 심미적 가치 등을 제공하는 문화 서비스이다.

생태계 서비스의 유형별 특징은 생태계 서비스의 공급과 수혜 측면에서 살펴보면 공급 서비스와 문화 서비스는 각각 생태계로부터 직접 받는 물질적 편익과 비물질적 편익을 말하며, 이들은 혜택의 수혜자가 있는 서비스로 인간 복지에 직접 영향을 미치는 서비스이다. 반면에 조절 서비스는 생태계 과정을 조절하면서 얻는 편익이고, 지원 서비스는 공급과 조절 그리고 문화 서비스를 생산하는 데에 도움을 주는 서비스로 서비스를 달성하는 과정에서 인간 복지에 간접적인 영향을 미치게 된다(표 23-1 참조).

2) 생태계 서비스의 개념을 고려한 평가

생태계 서비스는 생태계의 구조와 기능으로부터 인간에게 제공하는 혜택을 의미한다. 생태계 서비스의 평가는 생태계의 구조와 기능을 측정할 수 있고 인간의 삶의 질과 관련된 부분을 평가 요소로 추출할 수 있어야 한다. 또 개발 사업이 생태계 서비스에 미치는 영향을 평가하기 위해서는 평가 목적에 따라 생태계 서비스의 일부 또는 네 가지 유형의 모든 생태계 서비스를 포함하여 평가할 수 있

표 23-1. 생태계 서비스의 유형별 특징

유형	특징	종류
공급 서비스	• 인간이 직접 이용하도록 물질적 편익을 제공하는 • 생태계 기능 · 자연 생태계로부터 얻는 생산물(재화) · 생물 유전 자원의 다양성을 인간에게 제공하는 서비스	식량, 섬유, 용수, 의약품, 천연 약재 및 생화학 물질 등
조절 서비스	• 인간의 생활에 피해를 주는 요소를 줄이는 생태계 기능 · 생태적 과정을 조절하여 얻는 편익 · 자연과 반자연 생태계의 생물지리학적 순환과 생태계를 조절	기후 조절, 대기 정화, 수질 정화, 침식 보호 등
지원 서비스	• 생물의 조절에 적절한 생태계 기능 · 공급과 조절 및 문화 서비스를 함께 향상해 생물 생존에 적합한 환경 유지 · 다른 생태계 서비스와 달리 간접적이고 장기간에 걸쳐 영향이 나타남	토양 생성, 영양염 순환, 광합성, 일차 생산, 서식지 제공, 물순환 등
문화 서비스	• 인간이 생태계를 인식 및 이용하도록 비물질적 편익을 제공하는 생태계 기능 · 생태계로부터 얻는 심미적, 지적, 정신적 가치	레크리에이션과 생태 관광, 정신적 및 종교적 가치, 교육적 가치 및 심미적 가치 등

어야 한다. 아울러 유형화한 서비스는 각각 측정할 수 있는 항목으로 분류해야 한다.

3) 환경영향평가와 비교를 통한 생태계 서비스의 평가

환경영향평가 제도는 개발 사업에 따라 발생할 수 있는 환경 영향을 평가하기 위한 정책 도구이다. 사업의 개발 계획이 환경영향평가의 대상으로 환경에 미치는 영향을 평가한다. 우리나라는 이미 1977년에 환경영향평가 제도를 도입한 이후 지속 가능한 발전을 구현하기 위해 개발 계획을 수립할 때부터 환경에 미치는 영향을 미리 파악하여 환경에 불리한 영향을 미치는 것은 피하거나 줄이는 방안을 모색해 왔다. 그러나 개발 사업으로 인한 생태계 훼손 논쟁에서 환경영향평가는 제대로 된 영향력을 발휘하지 못하는 측면이 있다. 이는 환경영향평가 과정에서 훼손 문제를 다루는 방법이나 검토 과정이 미흡하기 때문이다. 평가 항목의 매체별 환경 영향을 줄이는 데 초점을 두기 때문에 생태적 기능을 평가할 수 있는 수단으로 구조화되어 있지 못하다고 볼 수 있다.

표 23-2. 생태계 서비스 평가와 환경영향평가의 목적 및 시사점

구분	생태계 서비스 평가	환경영향평가
평가목적	• 생태계의 구조와 기능이 인간에게 제공하는 혜택을 최대화 · 생태계 서비스로부터 혜택을 도출 · 혜택 극대화 방안을 마련	• 사업 시행으로 인한 환경 문제의 최소화 · 항목별 환경 문제 및 영향을 도출 · 저감 방안(회피, 제거, 감소)을 마련
시사점	• 자연 생태계의 역할과 인간의 혜택 부분을 고려 • 환경영향평가의 자연 생태 환경 분야를 확대하여 생태계의 기능을 강조해야 할 필요가 있음	• 생태계 서비스의 조절과 지원 서비스 형태가 대부분 · 공급과 문화 서비스는 비중이 작고 정성적인 표현 위주 • 인간의 혜택 관점에서 언급이 없음 • 인공 시설물 도입 저감 방안을 포함

생태계 서비스의 평가는 생태계가 인간에게 제공하는 편익과 기능을 계량화하고, 개발 사업을 시행하는 과정에서 해당 지역의 생태계 구조와 기능이 인간에게 제공하는 혜택을 최대화하도록 유도하는 것이 중요하다. 개발 사업이 생태계 서비스에 미치는 영향을 사전에 예측하고 평가하여 서비스의 증감에 대한 내응 방안을 수립하여 환경영향평가처럼 개발 계획의 수립 단계에서 사전적으로 평가하는 것이 바람직할 것이다(표 23-2 참조).

(2) 생태계 서비스 평가 방법

1) 생태계 서비스 평가의 주안점

생태계 서비스 평가는 개발 사업의 계획 단계에서 이루어진다. 개발 사업에 따라 토지 이용 변화가 일어나는 공간은 사업 대상지 내부이다. 개발에 따른 생태적 영향은 대상지 내부뿐만 아니라 주변부도 받을 수 있지만 평가에 이용할 수 있는 조사 자료가 부족하여 환경영향평가서에서 제공하는 정보를 기반으로 사업 대상지 내부의 생태 공간을 생태계 서비스 평가 대상으로 한정했다. 생태계 서비스 평가 대상은 중복될 우려가 있어 서비스 유형별 평가 대상을 차별화하는 것이 필요하다. 그래서 전문가 자문을 거쳐 서비스 유형별 평가 주안점을 설정했다(표 23-3 참조).

표 23-3. 생태계 서비스 평가 주안점 및 평가 내용

구분	평가 주안점	평가 내용
공급 서비스	생태적 공간의 양에 대한 평가	인간이 직접적 또는 간접적으로 이용
조절 서비스		
지원 서비스	생태적 공간의 질에 대한 평가	공급, 조절, 문화 서비스를 지원하는 서식 공간
문화 서비스	생태적 공간의 구조(분포)에 대한 평가	공간적 구조 분석 방법 적용

공급 서비스는 인간이 직접 이용할 수 있도록 식량이나 용수 등을 제공하는 생태계 기능을 말하므로 인간에게 제공하는 양을 평가했다. 조절 서비스는 인간의 생활에 피해를 주는 요소를 줄이는 생태계 기능으로 보고 인간에게 직접 제공하지는 않지만 인간이 받을 수 있는 피해를 줄이는 생태계 기능으로 결국 생태계의 양적 측면이 중요하다.

반면에 지원 서비스와 문화 서비스는 양으로 평가하기 어려운 서식지의 질과 인간의 인식에 기반으로 한 요소를 포함하고 있어 다른 측면에서 접근하는 것이 필요하다. 지원 서비스는 인간 이외 생물의 생존에 적합한 환경을 제공하는 생태계 기능으로 공급 서비스와 조절 서비스 및 문화 서비스를 지원하는 특성이 있다. 생물의 생존에 적합한 환경이 유지되면 개별 서비스 기능이 향상되므로 생물의 서식 공간에 대한 질적 측면에 착안하여 평가했다.

문화 서비스는 인간이 생태계의 현명한 이용을 도모한 측면에서 바라본 생태계 기능이다. 인간이 생태계를 이용하는 측면을 평가하기 위해 이용 공간에 대한 하드웨어 접근과 함께 이용 프로그램에 대한 소프트웨어 접근이 동시에 필요하다. 그러나 이용 공간은 개발 계획 단계에서 평가할 수 있지만 이용 프로그램은 개발 사업이 완료된 뒤에 실제 운영 단계에서 평가할 수 있다. 계획 단계에서는 이용 프로그램이 마련되지 않아 평가하기 어렵기 때문에 문화 서비스가 제공될 수 있는 공간을 평가하는 것으로 한정했다.

2) 생태계 서비스 평가의 구조

개발 사업에서 생태계 서비스 평가 영역을 도출하고 이를 가장 잘 설명할 수

있는 정량적인 평가지표를 선정했다. 개발 대상지를 개발 전과 개발 후의 생태계 서비스의 상태 변화를 분석할 수 있는 평가 모형을 개발하고 이를 사례 대상지에 적용했다. 또 생태계 서비스 평가가 개발 사업에서 실효성을 가지기 위해 현행 제도인 환경영향평가와 연계할 필요가 있다.

환경영향평가는 개발 계획이 확정된 후 개발 사업 시행에 따른 환경영향을 구체적으로 예측하고 해로운 환경영향을 최소화하기 위한 제도로서 그 절차는 개발 이전 상태의 현황조사, 개발 계획을 고려한 환경영향 예측, 예측된 영향의 저감방안 그리고 개발 사업이 완료된 후 사후모니터링 단계로 진행된다. 이것은 개발 이전과 이후의 상태를 비교하여 저감 대책을 마련하고 검증 절차를 거치게 된다.

생태계 서비스 평가 골격은 환경영향평가와 같이 개발 사업 시행에 따른 생태계 서비스의 상태 변화를 예측하고 서비스 증진을 최대화하는 것으로 구상했다. 이를 위해 생태계 서비스 평가 절차도 개발 전 서비스 상태의 현황조사, 개발 계획을 고려한 생태계 서비스 상태 변화 예측, 예측된 서비스 변화량의 증진방안 그리고 개발 사업이 완료된 후 서비스의 변화량을 확인하는 사후모니터링 단계로 진행했다. 따라서 개발 전과 개발 후의 생태계 서비스 상태 변화를 측정하고 개발로 인한 생태계 서비스 증감 정도를 파악함으로써 서비스 증진 대책을 마련하는 것으로 설정했다.

23-3. 택지개발사업 생태계 서비스 평가 모형 개발

(1) 택지개발사업 생태계 서비스 평가 모형의 개념

우리나라는 국민의 91% 이상이 도시 지역에 살고 있고(국토교통부, 2022), 공동주택 비율이 전체 가구 유형의 78.3%로 높아(통계청, 2022) 주거 지역의 생태계 서비스는 도시인의 삶에서 중요한 의미가 있다. 택지개발사업은 생태계의 변화를 유발하게 되며, 그로 인해 그곳에 거주하는 시민들의 삶의 질에 직접 영향을 미치게 된다. 택지개발사업에 대한 생태계 서비스의 평가를 통해 개발 행위로 초래되는 생태계 서비스의 저하를 오히려 향상할 수 있다면 가장 이상적인 방향일 것이다. 이를 위해 개발 대상 주거 지역에 적용할 수 있는 생태계 서비스의 평가 기준과 평가 기법을 마련하는 것이 필요하다.

이 사례에서 평가 모형이란, 택지개발사업이 시행되는 대상지 내부 생태 공간을 기준으로 개발 후의 생태계 서비스의 상태 변화를 평가하는 방법을 말한다. 이를 위해 생태계 서비스 개념을 반영한 평가지표를 도출하고 지표값을 산정하여 종합한 평가 모형을 의미한다.

(2) 택지개발사업의 생태계 서비스 평가지표의 선정

택지개발사업에서 생태계 서비스 평가지표가 가져야 할 요건은 다음과 같이 요약할 수 있다. 첫째, 생태계의 구조와 기능을 고려한 평가가 가능해야 한다. 둘째, 인간에게 혜택을 제공하는 측면을 포함해야 한다. 셋째, 개발에 따른 생태계 서비스 변화량을 평가할 수 있고 개발 전후의 상태 비교가 가능해야 한다. 마지막으로 지표로서의 용이성이 있어야 한다. 이와 같은 조건을 충족하는 지표 후보군 가운데에서 생태계 서비스 개념을 대표하고 측정이 쉬우며 정량적인 평가

표 23-4. 생태계 서비스 평가지표

구분	평가 항목	평가지표(20개)	지표 설명
공급 서비스	식량	농산물 생산량	생태계가 인간에게 제공하는 식량의 양
	용수	침투량	생태계가 제공하는 물의 공급량
	바이오매스	식물 현존량	생태계가 제공하는 목재, 연료 등 사용이 가능한 양
	생물자원	생태 1·2등급 권역	생태 자원의 가치와 활용 가능성이 큰 지역의 면적
조절 서비스	대기 정화 조절	대기오염 물질 흡수량	대기오염 물질을 흡수하는 생태계의 기능
	기후 조절	수·녹지 면적	도시열섬과 같은 미기후를 조절하는 생태계 기능
		탄소저장량	기후변화를 초래하는 대표적 온실가스인 이산화탄소를 저장하는 생태계의 기능
	자연 재난 완화	식생 면적 (활엽수·혼효림)	흡수 또는 산사태 등 자연 재해를 완화하는 생태계의 기능
	가뭄 조절	투수성지반면적	토양이 수분을 보유하여 물을 흡수하고 배출하는 생태계의 역할
	자연 정화 조절	수질오염 정화능	자연의 힘으로 오수 등을 정화하는 수질 정화능
	침식 조절	완경사지 피복 면적	토양의 침식 또는 유실을 조절하는 생태계 기능
지원 서비스	서식지 제공	서식지 규모의 안정성	서식지 크기가 클수록 다양한 개체가 서식하여 생물의 생존에 유리
		서식 공간의 이질성	대상지 내 특성이 다른 서식 공간의 인접한 정도
		지형 보전·복구 면적	서식지 질에 대한 간접적 추정 방식
문화 서비스	경관	경관미	인간의 시선을 통해 보이는 자연 경관의 변화 정도
	레크리에이션	레크리에이션 활동공간면적	성인이 일상 영역 내에서 활동할 수 있는 레크리에이션 활동 공간의 크기
		분산도	레크리에이션 활동 공간의 분포, 분산 정도
		다양성	레크리에이션 규모와 형태의 다양한 정도
	교육적 가치	근접성	교육 시설과 가까이에 있는 교육 공간 면적
		잠재성	다양한 특성을 가진 교육 공간의 존재

가 가능하도록 대표성, 측정 용이성, 그리고 정량성을 지표 선정의 기준으로 삼았다. 생태계 서비스 평가 항목과 평가지표는 문헌조사와 전문가 심층 인터뷰 및 설문조사를 토대로 설정했다(표 23-4 참조).

이 연구의 평가 대상은 개발 전과 개발 후의 토지 이용 변화가 나타나는 개발 대상지 내부 지역에 한정하므로 각 평가지표들은 주택지구 내부 생태 공간을 대상으로 정량화 방법을 설정하여 측정했다. 지표별 평가값의 단위가 달라 비교가 어려운 부분은 개발 전과 개발 후의 평가값에 로그함수를 취하여 평가값의 표준화를 실시했다.

(3) 택지개발사업 생태계 서비스 평가의 모형

1) 평가 방법의 틀

개발에 따른 생태계 서비스의 상태 변화는 정량적으로 분석할 수 있어야 한다. 개발 전(A)과 개발 후(B)의 각 서비스 상태값을 산정하고 그 변화 정도를 판단할 수 있는 평가 방법의 틀로서 전후 평가 방법((B-A)/A)으로 산정할 수 있다. 이는 평가값이 –1(음)에서 +1(양)까지 값을 가지게 된다. 개발 후 생태계 서비스가 증가하면 양(+)의 값, 감소하면 음(-)의 값, 그리고 서비스 변화가 없으면 0(제로)값을 나타내도록 하여 개발로 인한 생태계 서비스의 영향을 예측하고 평가할 수 있도록 했다.

생태계 서비스 평가의 목표는 개발 후 생태계 서비스 상태가 개발 전보다 향상되도록 개발 계획을 유도하는 것이다. 생태계 서비스 평가에서는 이러한 평가 목표가 뚜렷하게 나타날 수 있어야 한다. 최적의 개발 상태는 생태계 서비스가 없는 개발 전 상태와 비교하여 생태계 서비스가 제공된 개발 후의 생태계 서비스 평가값이 1이 되는 경우를 의미한다. 따라서 생태계 서비스 평가값은 개발 전과 개발 후의 생태계 서비스의 상태 변화를 나타내고 있으며 또한 생태계 서비스 개별지표의 평가값을 보면 어느 부분이 취약한지를 파악할 수 있다.

2) 평가지표의 중요도

생태계 서비스 평가지표는 서비스 유형으로 계층화되어 있고 전문가 조사에 기반하는 측면에서 계층화 분석법(Analytic Hierarchy Process, AHP)를 사용하여 개별지표의 가중치를 도출했다. 계층화 분석(AHP) 결과 생태계 서비스의 유형에 속한 평가지표별, 그리고 서비스 유형별 상대적 중요도를 가중치로 도출했다. 생태계 서비스의 유형에 따른 가중치는 조절 서비스(0.374)가 가장 높았고, 뒤이어 공

표 23-5. 중요도 산정 결과

* 중요도는 종합가중치가 높은 지표 순서로 1부터 20까지 순위를 부여한 것임

평가지표	평가지표 가중치 (1단계)		서비스 유형	서비스 가중치 (2단계)		종합 가중치 (C=A×B)	중요도*
	1차	2차(B)		1차	2차(A)		
총계	1	1		1	1		
소계	1	1	공급	0.258	0.262		
농산물 생산량	0.238	0.239				0.063	5
침투량	0.136	0.123				0.032	14
식물 현존량	0.203	0.217				0.057	6
생태 1·2등급 권역	0.424	0.420				0.110	2
소계	1	1	조절	0.394	0.374		
대기오염물질 흡수량	0.132	0.138				0.052	9
수·녹지 면적	0.139	0.133				0.050	10
탄소 저장량	0.202	0.201				0.075	3
활엽수·혼효림 면적	0.175	0.146				0.055	8
투수성 지반 면적	0.122	0.148				0.055	7
수질오염 정화능	0.126	0.126				0.047	11
완경사지피복 면적	0.104	0.108				0.040	13
소계	1	1	지원	0.233	0.227		
서식 규모의 안정성	0.653	0.534				0.121	1
서식 공간의 이질성	0.156	0.186				0.042	12
지형보전·복구 면적	0.190	0.280				0.064	4
소계	1	1	문화	0.115	0.136		
경관미	0.218	0.183				0.025	16
레크리에이션활동공간면적	0.158	0.152				0.021	18
분산도	0.138	0.143				0.019	20
다양성	0.145	0.146				0.020	19
근접성	0.208	0.206				0.028	15
잠재성	0.134	0.170				0.023	17

급 서비스(0.262)와 지원 서비스(0.227)였으며 문화 서비스(0.136)는 낮았다. 다시 말해 조절 서비스를 1이라 가정하면 공급 서비스는 0.7, 지원 서비스는 0.6에 해당하고 문화 서비스는 0.4에 불과한 것으로 나타났다(표 23-5 참조).

3) 생태계 서비스 평가 모형

개발 사업에 따른 생태계 서비스 평가 모형은 각 서비스별 평가값에 가중치를 부여하고 모두 합한 다음 식으로 나타낼 수 있다.

생태계 서비스 평가 모형
= 0.262 × 공급 서비스 평가값 + 0.374 × 조절 서비스 평가값
+ 0.227 × 지원 서비스 평가값+0.136 × 문화 서비스 평가값

생태계 서비스 평가 모형의 적용 가능성을 알아보고자 수도권 지역에서 시행된 4개 보금자리주택지구(서울 서초, 서울 내곡, 고양 원흥, 하남 강일)를 통해 검증해 보았다. 해당 지구는 개발제한구역 내에 위치하여 자연 환경과 도시민의 삶의 질에 대한 고려가 더욱 필요한 지역이므로 그 의미가 크다. 검증한 결과 평가 모형은 사례대상지와 개발 사업의 특성을 반영했으며, 개발 사업의 전후 생태계 서비스에 미치는 긍정적 또는 부정적 영향이 큰 특성을 파악할 수 있었다. 전체 평가지표 중 식물현존량, 생태 1등급 및 2등급 권역, 탄소저장량, 활엽수 및 혼효림 면적, 그리고 지형보전 및 복구 면적의 5개 지표는 중요도와 결과값에 미치는 영향이 커서 개발 계획에서 먼저 고려해야 할 요소로 나타났다.

(4) 택지개발사업 생태계 서비스 평가 모형의 효용성

이 생태계 서비스 평가 모형은 개발 계획에 대한 생태계의 구조와 기능을 평가하면서 다음과 같은 효용성을 가진다.

첫째, 택지개발사업을 대상으로 단지 규모의 생태계 기능에 대한 평가 요소와

평가 체계를 개발했다. 이를 통해 생태계가 인간에게 제공하는 다양한 혜택을 정량적으로 평가할 수 있게 했다.

둘째, 개발 사업의 시행으로 초래된 생태계 서비스의 상태 변화에 대해 개발 전과 개발 후의 비교평가가 가능하게 했다. 개발 사업이 생태계에 미치는 영향을 분석할 수 있도록 구조화했으며, 생태계 서비스의 증감 요인을 쉽게 파악할 수 있도록 했다.

셋째, 개발에 따른 생태계 서비스 감소분을 상쇄한 상태에서도 일정 수준 이상의 생태계 서비스를 유지할 수 있도록 일률적인 평가 기준을 적용하지 않고 대상지별 특성을 반영한 평가를 했다.

넷째, 전후평가를 기반으로 수립된 생태계 서비스의 향상 방안은 사후 관리를 통해 그 이행 여부를 파악할 수 있다. 그리고 해당 개발 사업을 완료한 뒤에 모니터링을 통해 개발 계획에 대한 사후평가를 할 수 있다.

이에 따라 향후 개발 계획을 수립할 때는 기존의 틀을 크게 바꾸지 않은 상태에서도 생태계 서비스를 향상하는 방향으로 개발 사업의 추진이 가능할 것으로 본다. 아울러 생태계의 다양한 기능과 인간의 이용도 함께 고려하는 측면에서 도시 지역의 생태계 보전과 현명한 이용에 대한 판단 기준으로 작용할 수 있을 것이다.

24

경관 변화와 생태계 서비스 평가

중국 연변대학교 | 김예화

이 장에서는 경관과 생태 과정을 반영하는 생태계 서비스 평가에 대해 소개하고자 한다. 경관은 생태 과정이 진행되는 매체로서 경관의 분류와 모니터링이 중요하다. 이 장에서는 현장조사가 어렵지만 지속적인 모니터링이 필요한 북한의 개간산지와 무입목지 분류 사례에 대해 소개한다.다음으로 생태계 서비스의 정량평가 사례를 소개하며 분석 시공간 척도에 대한 중요성에 대해 논의하고자 한다.

24-1. 경관 변화 분석

경관(Landscape)은 자연 풍경과 지상의 형태를 뜻하며, 자연 요소와 인간 활동의 작용으로 인해 생성된 통일된 패턴을 가지고 있는 특성이 있다. 경관의 과정에는 생물학적 과정, 비생물학적 과정, 인문학적 과정 등 여러 가지 생태학적 과정이 있다. 여기서 생물학적 과정이란, 주로 식물의 성장, 유기물의 분해 또는 양분의 순환, 물의 정화 과정, 생물학적 군집의 천이, 종의 공간적 운동 등을 말한다. 그리고 비생물학적 과정이란, 바람, 물, 토양 등 생태 인자와 기타 물질의 흐름, 에너지 흐름 등을 말한다. 인문학적 과정이란, 인간의 활동, 생산 및 생활 등을 포함한 가장 복잡한 과정이다. 이러한 과정은 하나의 경관 단위 내부 또는 여러 경관 단위의 상호 작용에 의해 이루어지며, 순환 과정에서 인류에게 여러 가지 생태계 서비스를 제공한다.

경관 구조는 주로 토지 이용의 유형 또는 생태계의 크기, 모양, 비율 및 공간 특성을 나타낸다. 경관은 생태 과정의 매체이고 생태 과정은 경관 구조의 변화를 초래한다. 경관과 생태 과정의 변화는 생태계 서비스에 직간접적인 영향을 미치게 되며 여러 생태계 서비스 간의 상호 관계도 이에 따라 변화하게 된다. 따라서 생태계 서비스의 변화 요인을 찾기 위해 경관 유형 데이터는 가장 기초적이고 결정적인 자료이다. 하지만 지역에 따라 토지 이용/피복 데이터의 특성상을 반영하지 못하는 경관 단위가 있을 수 있으므로 생태계 기능을 고려하여 세부적으로 데이터를 구축해야 할 필요가 있다. 예를 들어, 개간산지, 산림 습지 등이 있다. 경관 유형의 분류는 주로 위성 영상을 이용하여 데이터를 구축하지만 위성 영상에서의 반사값이 유사하거나 면적이 작아 판독이 어려운 경우도 있다. 이러한 문제를 해결하기 위한 여러 가지 방안이 제안되고 있다. 다음은 위성 영상을 활용하여 북한 산림의 주요 황폐 지역 분류 사례를 소개하고자 한다(Jin et al., 2016).

북한은 전 세계에서 산림 황폐율이 높은 나라 중의 하나이며, 개간된 산지와 황폐된 산림의 증가는 북한 산림 생태계와 인근 주민의 생활에 위협을 주는 가장 주요한 요소이다. 이러한 산림 파괴의 주요한 원인은 북한의 인위적인 산불과 산지의 개간이다. 산지의 개간으로 인해 토양층이 얇아지고 농작물의 생산력이 감소되며 결국에는 방치되어 황폐지로 이어진다. 또 매년 반복적인 인위적 산불로 인해 대량의 무입목지가 생성된다. 북한은 이러한 산림 훼손으로 인해 자연 재해에 취약하며 매년 홍수, 산사태, 산불 등의 재해로 인한 심각한 피해가 보고되고 있다. 특히, 강우로 인한 토양 유실 또는 산사태 등이 매년 더 심각해지면서 토양 자체의 생산성이 감소되어 조림 사업을 시행하더라도 생태계 복원이 어렵게 된다. 따라서 지속 가능한 토지 계획과 생태계 서비스의 최적화를 위해 개간산지와 무입목지를 지속적으로 모니터링 하는 것이 필수적이다.

북한처럼 접근이 어렵고 사용할 수 있는 데이터가 부족한 지역을 높은 공간 해상도로 주기적으로 정확하게 분석하는 것은 여전히 어려움이 존재한다. 북한 지역의 황폐산지는 주로 개간산지와 무입목지의 두 가지 경관으로 분류할 수 있다. 그러나 개간산지와 무입목지, 논밭 등은 한 장의 위성 영상에서 유사한 반사값을 보이고 있으며, 분류할 때는 오차가 비교적 크게 나타난다. 이를 해결하기 위해 각 경관 유형의 계절 특징을 분류에 적용했다. 다음 그림 24-1은 북한의 주요한 식생피복 유형인 논, 밭, 개간산지, 무입목지, 산지, 고원지대의 여섯 가지 경관의 식생, 토양 수분, 토양 노출 등의 계절적 특징을 나타낸다. 정규식생지수(Normalized Difference Vegetation Index, NDVI) 한 가지 지수만을 사용하면 그 반사값과 변화 추세가 유사하므로 분류할 때 오차가 발생하게 된다. 따라서 식생지수 외에 토양 노출과 토양 수분을 나타내는 NDSI(Normalized Difference Soil Index)와 NDWI(Normalized Difference Water Index) 지수의 계절적 특징을 분류에 활용했다. 각 식생피복 유형의 정규식생지수(NDVI)는 유사한 계절적 변화를 보이고 있지만 유형의 특징에 따라 토양 노출과 수분은 봄철과 가을철에 서로 다른 특징을 보이고 있다.

계절적 특징을 활용한 지수 중에서 분류에 가장 기여가 높은 지수를 선택하기 위해 랜덤 포레스트(Random Forest) 기계학습 분류 방법을 활용하여 각 지수의 중

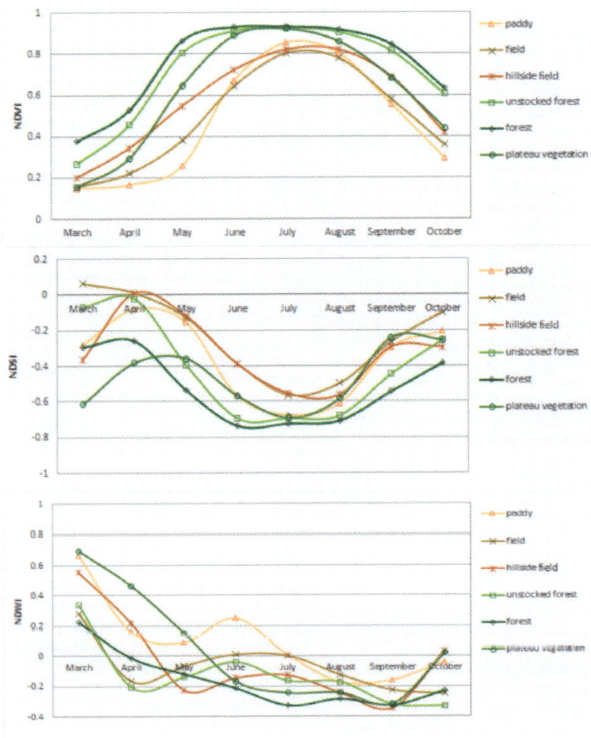

그림 24-1. 논, 밭, 개간산지, 무입목지, 산지 및 고원 지대 여섯 가지 경관의 식생, 토양 수분, 토양 노출 계절적 특징

요도를 평가했다. 그 결과 해발 높이, 식생 성장기(3~5월)의 NDSI, 9월의 NDVI, 4월의 NDWI가 분류에 가장 큰 기여를 했다. 고원 지대, 개간산지, 논밭의 NDVI 패턴이 유사하지만 지형이 다르기 때문에 이러한 식생 유형을 분류하기 위한 우선순위 변수는 표고였다. 농작물을 위한 준비가 3월에 시작되었기 때문에 갓 밭갈이를 한 개간산지와 논밭은 토양 노출에 의해 NDSI 값이 비교적 높다. 기타 식생피복 유형은 초반에 초목 또는 눈으로 덮여 있으므로 3월의 NDSI는 개간산지와 논밭을 효과적으로 분류할 수 있었다. 가을철(9월)의 논밭은 수확을 준비하므로 산지, 무입목지와의 정규식생지수(NDVI) 값의 차이를 관찰할 수 있다. 4월의 NDWI 값은 주로 고원 지대 분류에 기여했다. 고원 지대는 다른 경관 유형에 비해 융설 속도가 느리고 봄철 NDWI 값이 다른 경관 유형에 비해 높으므로 고원 지대와 기타 식생피복 유형의 분류에 기여할 수 있다.

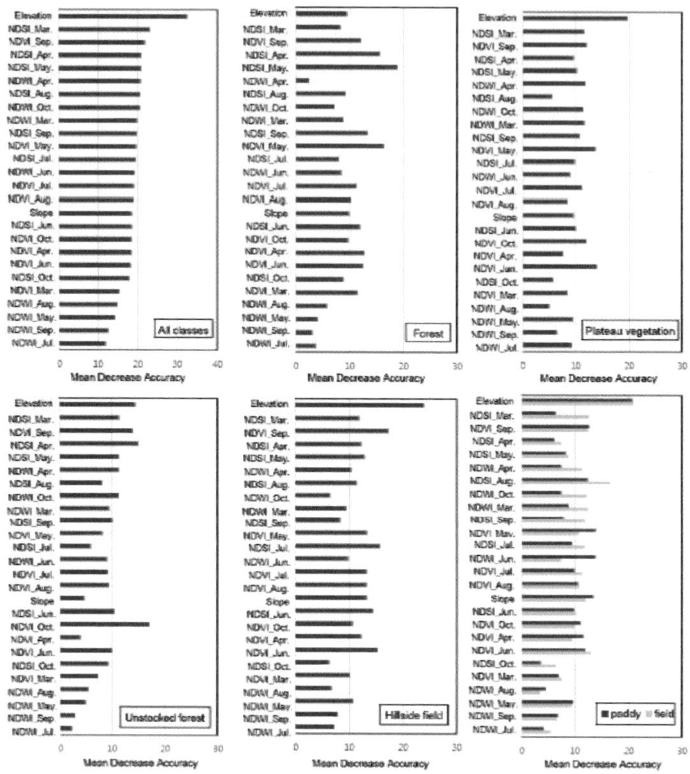

그림 24-2. 계절 특징을 반영한 다중지수의 분류 기여도

분류 결과 북한의 산림 파괴 지역은 약 400만 ha이며 전체 산림의 약 34.2%를 차지하는 것으로 나타났다. 그중 개간산지는 약 270만 ha이고, 무입목지는 130만 ha인 것으로 나타났다. 식생의 성장, 식생의 캐노피, 식생의 수분 상태를 표현하는 지수인 NDVI와 NDSI 및 NDWI의 계절적인 변화 특성은 반사값이 유사한 피복에서 전형적인 계절적 차이를 보였다. 이는 단일 영상을 사용했을 때의 반사값의 유사성으로 나타난 오류를 해결해 주고 분류의 정확도를 높였다. 분류에 20% 이상으로 크게 기여한 식생지수는 3월에서부터 5월까지 식생 성장 기간의 NDSI, 계절이 끝나는 기간인 9월 NDVI, 그리고 계절 초기와 마지막 시점인 3월, 4월, 10월의 NDWI인 것으로 나타났다. 이 변수들의 조합을 통해 1990년부터 2016년까지 북한 산림 파괴 지역의 변화를 분석한 결과 다음과 같다.

위 분류 방법을 이용하여 2000년과 2010년 및 2016년의 산림 파괴 지역을 분

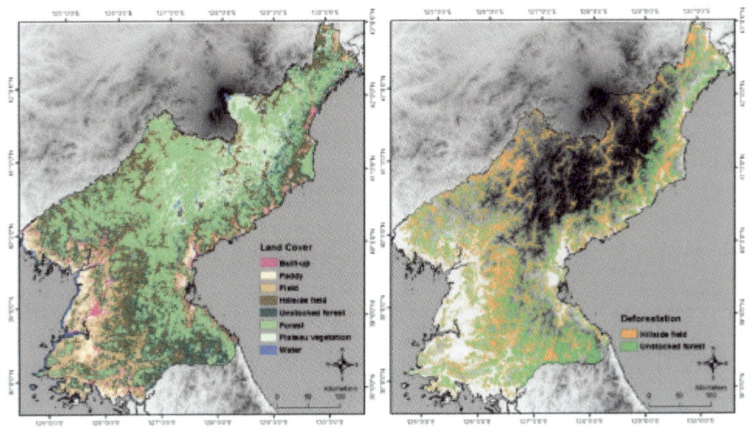

그림 24-3. 북한 토지피복 분류(A)와 산림 파괴 지역 분포(B)

류했고 개간산지와 무입목지의 변화 추세를 분석했다. 1990년대부터 2001년까지 약 16,219km^{2}의 산지가 무입목지로 전환되었고 연간 산림파괴율이 3.04%로 가장 높았다. 1990년대에는 북한의 토지법에 따라 산지 개간이 공식화되면서 많은 산지가 개간을 위해 무입목지로 전환되었다. 2001년부터 2010년까지는 주로 무입목지가 개간산지로 전환되었고 산림파괴율은 매년 약 0.77%이다. 2010년부터 2016년까지의 산림파괴율은 다시 증가되어 매년 1.53%로 개간산지 비율이 33.1%로 가장 많이 분포했다(그림 24-4 참조).

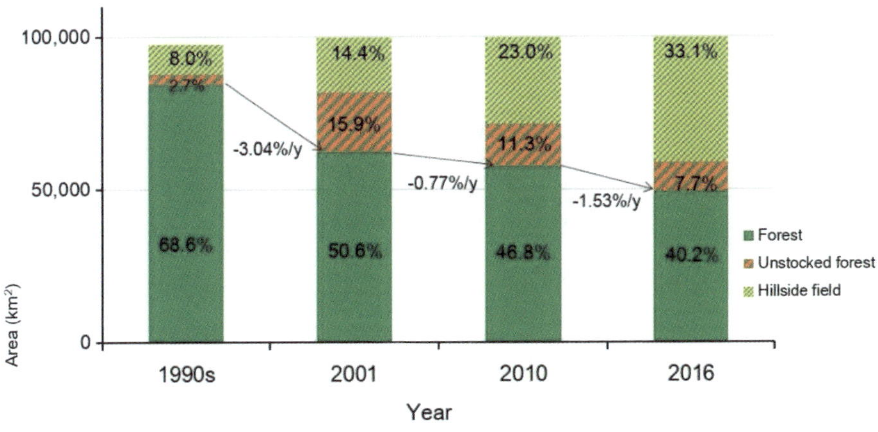

그림 24-4. 1990년부터 2016년까지 북한 산림감소율과 파괴 지역 비율

24-2. 생태계 서비스 정량평가

생태계 서비스는 생태계 구조와 생태 과정에 따라 제공되며, 일부 생태계 기능은 그에 알맞는 척도가 있으며 생태계 서비스의 평가와 관리는 생태계 순환의 특징과 일치해야 한다. 특히, 물과 토양 순환과 관계되는 서비스는 척도의 선택이 중요하다. 예를 들어, 물순환에 따른 수자원 공급 서비스, 홍수 조절 서비스 등이다. 다음에는 경관 구조와 생태 과정을 반영한 물리적 모형을 소개하고자 한다. 모형의 장점은 여러 공간 척도 및 시간 척도에서의 분석이 가능하며 토지 이용 시나리오에 따른 생태계 서비스 효과 분석에도 사용할 수 있다.

(1) SWAT 모형을 이용한 수자원 공급-수요 평가

SWAT(Soil and Water Assessment Tool) 모형은 미국 농무성 농업연구소에서 개발된 모델로서 물리적 이론에 근거한 연속 모형으로 준분포형 모형이다. SWAT 모형은 대규모의 복잡한 유역에서 장기간에 걸친 다양한 종류의 토양과 토지 이용 및 토지 관리 상태에 따른 물과 유사 및 농업 화학 물질의 거동을 예측할 수 있다. 많은 연구에서 SWAT 모형을 활용하여 유역의 수자원 공급, 홍수 조절, 수질 정화 등에 대해 평가했다. 다음은 SWAT 모형을 이용한 두만강 유역 수자원 공급 서비스와 수자원 수요의 불균형 평가 사례이다(Qi et al., 2023).

두만강은 중국 길림성 5대 수계 중의 하나로 하천의 길이는 525km이고 유역 전체 면적은 3.32만 km^2이다. 두만강의 평균 유량은 약 51.15억 m^3이고, 평균 강수량은 588.66mm이다. 이 지역의 기후 특징은 대륙성 계절풍 기후이며 계절적 특징이 명확하다. 최근 5년 동안의 강수량은 매년 6~9월에 집중되어 있고 이때의 강수량은 연간 강수량의 50~80%를 차지한다. 갈수기인 10월부터 다음 해인 5월까지 약 8개월 동안의 강수량은 연간 강수량의 5~18%를 차지하며 이는 수자원의 연간 불균형을 초래한다. 따라서 수자원 공급평가 값은 연간 평균값 또는 연간 총량으로 대표할 수 없고 더 세부적인 시간 척도 분석이 필요하다.

그림 24-5는 직접 사용이 가능한 지표수와 지하수의 연간 총량과 농업용수, 생활용수, 공업용수, 생태용수를 포함한 연간 총 수요량의 평가 결과이다. 연간 공급량은 수요량에 비해 부족하지만 실제 이 지역의 수자원 관리에서는 생태용수량을 거의 고려하지 않고 있어 농업용수, 생활용수, 공업용수의 수요를 만족할 수 있는 상태이다. 하지만 생태용수를 고려하지 않는 관계로 일부 하천은 수면이 감소되어 수생태계의 안전에 영향을 초래한다. 실제로 두만강 유역 생태용수에 사용되는 수량은 연간 총량의 4%밖에 안 되며 남평, 개산툰 등 주요 수문관측점의 유량이 평년보다 대량으로 줄었다.

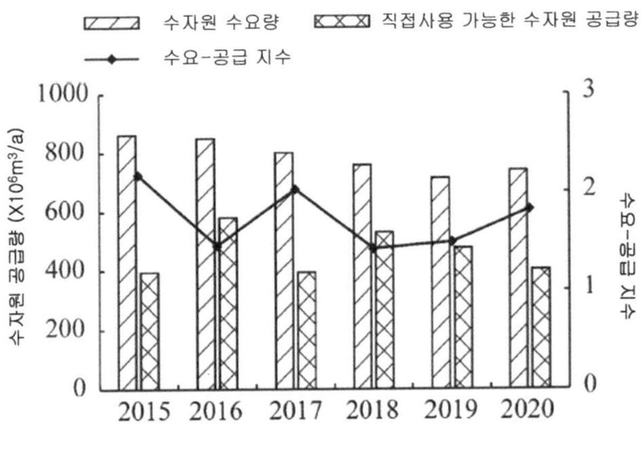

그림 24-5. 2015~2020년 두만강 유역 연간 수자원 수요-공급 평가

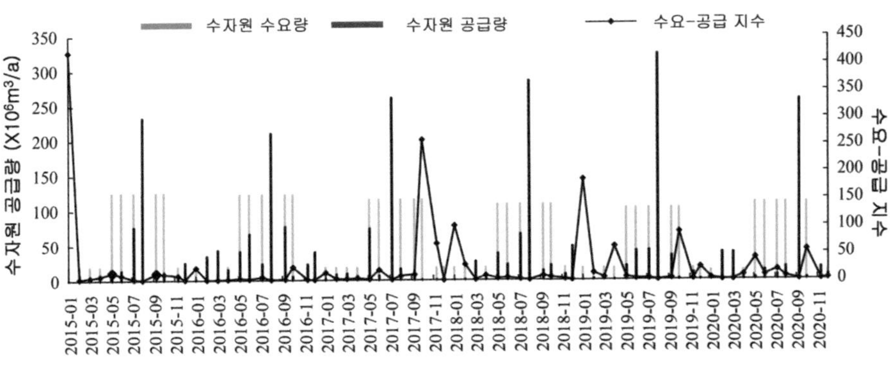

그림 24-6. 2015~2020년 두만강 유역 월별 수자원 수요-공급 평가

월별 평가 결과 수요와 공급의 극값의 발생 빈도가 비교적 높고 주로 10월부터 다음 해 2월까지의 공급량이 심각하게 부족한 것을 알 수 있다. 봄부터 여름까지는 농작물의 생장 시기로 이때 대량의 농업용수가 필요하므로 수요와 공급 사이 관계가 더욱 심각한 불균형 상태에 이르게 된다. 연간 공급량 평가 결과에서는 수요와 공급의 차이가 많이 나지 않지만 월별 평가 결과 수요와 공급은 불균형을 이루고 있다. 이를 통해 지역의 수자원 이용 계획과 관리의 과학적 근거를 마련하고 기후변화 대응에 활용할 수 있을 것으로 사료된다.

(2) CASA 모형을 이용한 NPP 평가

식생의 탄소 흡수 기능을 평가하는 방법에는 생체량 회귀 모형 외에도 위성 영상을 이용한 원격탐사 기법(Running et al., 2004)이 있다. 위성 영상을 활용한 방법은 넓은 면적에서의 탄소흡수원의 정량적인 산정과 간접적인 영향을 모니터링할 수 있다는 장점이 있다. 위성 영상을 이용한 원격탐사 기법은 식생지수와 기상 요소를 이용한 모형(Ren et al., 2008), 엽면적지수와 식생 생육 모형을 결합한 모형(Doraiswamy et al., 2005), 광합성 유효복사율을 이용한 모형(Potter et a., 1993, Tao et al., 2005) 등이 있다.

CASA 모형은 기후 및 토지피복의 현황을 보다 정확하게 표현할 수 있는 빛이용효율을 통해 순 일차생산량(NPP)을 계산한다. CASA 모형 역시 여러 시간과 공간 척도에서의 모의가 가능하며, 전 지구 단위의 생산효율성 모형으로 토양 수분, 순 일차생산량(NPP), 토양 탄소 및 토양 질소의 세 가지 부모형(submodel)으로 구성되어 있다(Potter et al., 1993). 이 중에서 순 일차생산량(NPP) 모형은 빛이용효율에 따라 순 일차생산량(NPP)을 계산하도록 설계되어 있고, 이는 흡수된 태양 복사량이 광합성을 통해 유기물로 전환되는 비율을 정량화한 지수이다. 특히, 빛이용효율은 원격탐사 기법을 적용할 수 있고 광역 지역에 대한 식생의 빛 흡수량 및 순수 탄소흡수량을 추정할 수 있으므로 주로 위성 영상 기반의 모형에 사용된다. 다음은 CASA NPP 모형을 통해 네 가지 산지개발사업(산업단지, 관광단지, 광물 채취, 체육 시설)으로 인한 순 일차생산량(NPP) 변화를 평가한 사례이다(Jin et al., 2017).

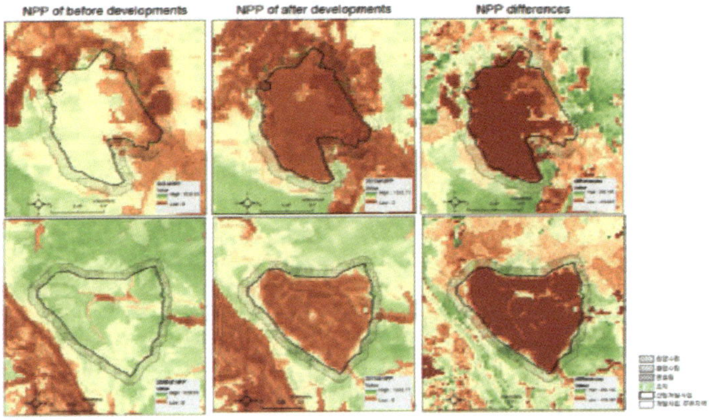

그림 24-7. 산업단지 개발 전후 순 일차생산량(NPP) 비교

개발사업지 유형별로 분석한 결과 개발지 내에서의 양적인 변화는 산업단지가 평균 66.1g C/m^2/year 감소, 관광단지는 평균 52.6g C/m^2/year 감소, 체육 시설은 평균 1.3g C/m^2/year 감소, 토석 광물 채취는 평균 67.2g C/m^2/year 감소된 것으로 나타났다. 산업단지 개발 사업과 토석광물채취사업에서 가장 큰 변화값을 보이고 있으며, 이는 개발할 때 개발지 내의 식생을 대부분 제거하기 때문에 양적인 변화에서 가장 높게 나타났다. 체육 시설 산지개발사업 유형에서 가장 적은 감소를 보이고 있으며, 이는 체육 시설 개발사업은 사업 유형의 특성상 녹지로 구성되어 있기 때문에 순 일차생산량(NPP) 변화량이 적음을 알 수 있다. 그리고 이 연구에서 제시한 방법은 교목뿐만 아니라 초지 등 기타 유형의 녹지에서도 평가할 수 있음을 알 수 있다.

산지 개발지 주변 100m 이내 산림에서의 식생 탄소흡수 기능에 대한 질적인 영향을 살펴보면 산업단지 개발사업에서 순 일차생산량(NPP)이 49.4g C/m^2/year 감소되어 기타 사업 유형보다 명확한 차이가 있음을 확인할 수 있다. 산업단지 개발사업은 사업지 내의 모든 산림이 개발지로 변화할 뿐만 아니라 개발이 진행되면서 주변 지역에서 도로 및 기타 형태의 개발이 동시에 진행되고 있다. 이로 인해 가장자리가 생성되고 산림 내부 식생이 노출되면서 토양 수분이 기존의 상태에서 변하게 된다. 또 식생피복이 개발지로 변화하면서 개발지 내의 지표 온도가 상승하고 겨울철 공장의 가동으로 인한 열 발생은 개발지 주변 지역의 온도를 기존의 온도보다 상승하는 효과를 주고 있다. 산업단지 개발 사업의 이러한 특성으로 인한 산림생태계의 구조적인 변화는 주변 산림 식생의 생장 시기의 생산성 또는 식생활력도에 영향을 미치게 되어 기타 사업 유형보다 더 많은 양의 순 일차생산량(NPP)이 감소되는 것으로 판단된다. 그 밖의 가장자리의 생성은 교란종 및 외래종의 유입을 초래하여 산림 식생의 활력도에 영향을 미치게 된다. 그러나 개발사업 주변 지역의 산림 식생에서 일부 임상에서는 순 일차생산량(NPP) 변화가 없거나 다소 증가한 지역이 있는데, 이는 각 산업단지의 개발 구조와 형태에 따라 주변 식생에 미치는 영향의 강도에서 나타나는 차이라고 판단되며 사후 환경영향평가를 통해 지속적인 모니터링이 필요하다. 그 밖에 관광단지 개발사업 주변 지역 산림 식생의 순 일차생산량(NPP)은 평균 19.0g C/m^2/year 감소되었지만 표준편차가 80.1g C/m^2/year로 개별 사업 형태에 따라 영향이 다르게 나타나는 것을 알 수 있다.

체육 시설 또는 토석광물채취사업의 유형에서는 개발사업 주변 지역의 산림 식생에 개발 전후 차이가 거의 없는 것으로 나타났다. 체육 시설 개발사업과 토석광물 채취 개발사업 및 관광단지 개발사업은 사업 주변의 토지피복 변화가 비교적 적으며 가장자리 식생에 미치는 영향이 비교적 적은 것으로 사료된다.

24-3. 경관 특징에 따른 생태계 서비스 다중 척도 정량 평가 필요

경관의 변화는 필연적으로 생태계 서비스에 영향을 미치게 되고 토지 이용의 변화와 함께 생태계 서비스 간의 불균형이 발생할 수 있다. 생태계 서비스의 불균형은 수요와 공급 사이에 발생할 수 있고, 생태계 서비스 간의 상호 작용으로 인해 발생할 수 있다. 예를 들어, 황토 고원의 식생복원 과정에 식생피복 유형에 따라 탄소 고정 기능과 수자원 공급 간의 불균형 관계가 발생하고, 수문 조절 기능과 토양 유지 기능은 시너지 효과를 가진다.

생태계 서비스의 정량평가는 분석 척도에 따라 그 결과가 다르게 나타난다. 예를 들어, 국가, 지역, 도시, 유역 등 서로 다른 공간 척도에서 생태계 서비스의 평가 결과와 상호 작용은 서로 다른 특징을 나타낸다. 선(Sun, 2017)의 연구에 따르면 강수 등 자연 조건과 토지 이용 변화 등 인위적 요소로 인해 군, 시, 지역 등 여러 공간 척도에서의 생태계 서비스 공급의 특징이 서로 다른 결과를 보이고 있다. 또 계절적인 요소에 의해 일부 생태계 서비스의 연간 공급 특징도 서로 다르게 나타난다. 리(Li, 2021)의 연구에 따르면 식생피복의 계절적 변화에 따라 토양 유실과 토양 풍식 기능의 관계는 시너지 작용에서 불균형으로 전환된다. 자연 생태계가 제공하는 생태계 서비스를 정확한 평가를 위해 반드시 대응되는 척도에서의 동력학 메커니즘을 이해해야 한다. 따라서 생태계 과정의 특징에 따라 시공간 척도를 선택하는 것은 생태계 서비스를 정확하게 파악하는 데 중요한 역할을 한다.

생태계 서비스를 정량적으로 분석하는 기초에서 지역 생태계 서비스의 통합 모델을 구축하고 토지 자원의 합리적인 계획을 통해 생태계 서비스의 불균형 현상을 최소화하는 것은 인위적인 활동이 생태계 서비스에 대한 영향을 최소화하는 가장 중요한 방식이다. 이를 위해서는 생태계 서비스의 정량평가를 통한 균형 또는 시너지 관계에 대한 심층 연구를 수행하고 토지 자원의 최적화 문제를 효과적으로 연결하여 생태계 서비스 평가의 객관성과 신뢰성 그리고 평가 결과의 실용성의 개선을 위한 과학적 지원을 구축할 필요가 있다.

25

도시 물순환 회복을 위한 공간계획 전략

한국건설기술연구원 | 배채영

기후변화에 따라 예측이 점차 불가능해지는 강우에 대응하여 어떠한 도시 물순환 회복 전략이 필요한지를 논의한다. 하수 시스템을 확장하는 전통적 방식 또는 지속 가능 전략으로 강조되는 자연 기반의 공간을 늘리는 방식 등 하나의 측면에만 집중하는 것으로는 앞으로의 물 문제를 해결하는 데 한계가 있으므로 두 측면의 상호성을 고려한 연구사례를 일부 제시하여 앞으로의 방향성을 고민해 보고자 한다.

25-1. 기후변화와 도시 물순환 체계의 변화

물순환은 일반적으로 지표와 수면에서의 증발과 강수, 지표면의 침투와 유출 등의 연속적인 과정을 말한다. 도시에서의 물순환은 이러한 자연계 물순환의 의미와 더불어 상수도나 하수도 등의 급배수 시설의 영향에 따라 발생하는 인공계 물순환을 포함한 순환계를 의미한다.

그런데 도시화와 기후변화로 인해 이러한 도시 물순환 체계가 위협받고 있다. 특히, 우리나라를 포함한 동아시아 지역의 홍수 피해는 점차 증가하고 있으며, 최근 홍수 피해를 일으킨 강우 패턴을 살펴보면 짧은 시간에 고강도 강우가 집중되는 국지성 강우의 규모와 빈도가 점차 증가하는 것을 확인할 수 있다.

한편, 도시 물순환을 위한 수공 구조물을 설계할 때 일반적으로 적용하는 방식은 과거에 관측된 임의지속시간의 강우 자료를 빈도 해석하여 확률강우량을 도출하고 이를 기반으로 목표치를 설정하는 방식을 따른다. 그런데 앞서 언급한 바와 같이 앞으로는 설정된 목표치를 뛰어넘는 강우 사상이 점차 증가할 것으로 예측되기 때문에 구조물의 설계 목표를 상향하는 것뿐만 아니라 도시 관리 측면에서의 전략, 더 나아가서는 전체적인 도시 물순환 시스템을 전환할 수 있는 공간 계획의 방향에 관한 관심이 높아지고 있다.

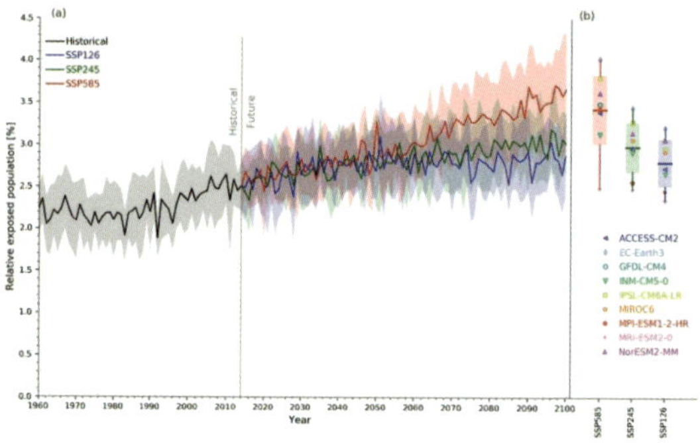

그림 25-1. CMIP6 다중 모델 기반 평균 재현 기간에 대한 전 지구 홍수 노출 인구의 변화 예측

출처: Hirabayashi et al.,(2021)

25-2. 도시 물순환 회복 전략

기후변화와 도시 물순환 문제로 인해 발생하는 홍수는 인명과 재산 피해를 초래하는 주요한 기후 재해 중의 하나이며, 특히 인구 밀도가 높은 도시 지역에서는 과도한 피해 비용으로 이어지게 된다(IPCC, 2022). 그래서 도시의 구조와 기능을 개선하여 홍수의 물리적 원인과 잠재적 영향을 효과적으로 관리하는 '도시홍수 관리(Urban Flood Management, UFM)'에 대한 요구는 점차 증가하고 있다.

전통적인 도시홍수 관리(UFM) 전략은 배수 인프라 용량을 늘리는 데 초점을 맞추어 왔으나 이러한 조치만으로는 증가하는 극한강우 사상에 대한 지속 가능한 해결책으로서의 한계가 있다. 지속 가능성에 관한 관심이 증가하면서 자연 수문 순환을 복원하고 표면의 침투 및 유지 용량을 극대화하여 유출을 제어하고 첨두 유출을 지연하는 전략이 주목받게 되어 현재 활발히 제안 및 적용되고 있다. 이러한 전략은 저영향 개발(Low Impact Development, LID), 그린인프라(Green Infrastructure, GI), 자연 기반 솔루션(Nature Based Solution, NBS) 등 다양한 용어로 표현되고 있다. 각 용어의 초점이 조금씩 다르지만 도시열섬 현상의 완화, 생물다양성 증진 및 수문학적 복원력의 향상 등 공공 이익을 제공한다는 데에 공통점이 있을 것이다. 이 중 저영향 개발(LID) 개념은 경관 기능 기반의 우수 관리에 초점을 두고 있으며 그린인프라(GI)는 기존 인프라에 생태 기술을 도입하는 것을 목표로 한다. 하지만 자연 기반 솔루션(NBS)은 기후 리스크의 감소와 관련하여 사용된 기존 개념을 포괄하기 위해 자주 사용되고 있다. 단위 기술 측면에서는 투수성 포장, 레인 가든, 생태 저류지, 옥상녹화 등이 여기에 해당한다.

다만, 이러한 기술은 주로 도시의 기존 시설물이나 유휴 공간에 적용할 수 있는 형태로 존재하므로 물순환 개선의 효과를 도출할만한 충분한 면적을 확보하기에는 한계가 있다. 그러므로 최대의 도시 물순환 개선의 효과를 도출하려면 기존의 인프라와 그린인프라 기술을 연결해야 할 것이다. 여기서 기존의 인프라는

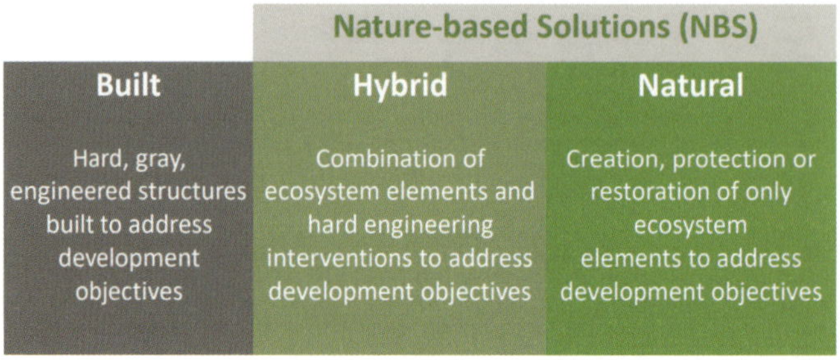

그림 25-2. 도시 물순환 회복을 위한 하이브리드hybrid 전략 출처: World Bank(2017)

배수관, 펌프장 등 전통적인 빗물 기반 시설을 말하며, 이를 '그레이 인프라'라고 부르기도 한다. 이와 같이 도시홍수 관리(UFM)에 관한 최근 방향은 빗물을 관리하고 물 처리 능력을 개선하기 위해 기존 인프라와 새로운 인프라 간의 연결을 고려해야 함을 강조하고 있다. 다음 절에서는 그린-그레이 인프라의 상호성을 고려한 홍수관리 전략과 효과를 분석해 보는 연구 사례를 살펴볼 것이다.

25-3. 도시 물순환 회복 전략의 효과 분석 연구

전략 및 정책의 효과를 분석하기 위해 다양한 연구 방법이 사용되고 있으며 크게 다음 두 가지로 나눌 수 있다. 첫 번째는 기존에 발생한 이벤트 자료들을 종속 변수로 하며 그 이벤트의 환경 요소를 독립 변수로 하는 통계적 회귀 모형을 활용하는 방법이다. 두 번째는 공간과 인프라에 대한 다양한 매개 변수와 물리식의 연결을 기반으로 한 시뮬레이션 모델이다. 첫 번째 방법은 종속 변수가 많은 경우 연구의 공간 범위가 큰 경우에 적용성이 높고 두 번째 방법은 분석하고자 하는 공간 범위가 도시 이하의 단위로 작거나 정책의 도입 시나리오가 구체적일 때 사용하기에 적합하다.

여기서는 도시 물순환 회복 전략을 동 단위의 공간 내 여러 영역에 설치하는 시나리오를 적용하기 전과 후에 대한 전체 시스템의 실제적 효과를 분석해 보는 연구를 중심으로 다루고자 한다. 이에 따라 두 번째 방법인 시뮬레이션 모델을 활용한 연구 사례를 중점적으로 살펴보고자 한다. 사용된 모델은 미국 환경보호청에서 1971년에 개발하여 지속적으로 최신화 중인 SWMM(Storm Water Management Model)이다. 이 모델은 단기 및 장기 강우 이벤트에 모두 적용할 수 있고 수량 및 수질 시뮬레이션이 가능하며 저영향 개발(LID) 등의 적용과 분석을 할 수 있다는 장점이 있어 많이 활용되고 있다. 해당 모델을 활용한 다양한 연구가 존재하는데 토지 이용 변화의 잠재적 수문학적 영향, 도시 유역의 유출 수질 예측 연구 등이 활발히 이루어지고 있고, 모델 신뢰성의 향상을 위한 검정 및 보정 연구도 많이 이루어졌다.

연구 사례는 홍수 전략의 효과에 가장 크게 영향을 미칠 수 있는 요소별로 두 가지 측면에서 살펴보고자 한다. 첫 번째는 강우 패턴의 영향이고, 두 번째는 전략의 도입 위치에 대한 영향이다.

(1) 도시 물순환 회복 전략에 대한 강우 패턴의 영향

1) 적용된 기상 자료

강우 패턴의 영향을 살펴보기 위해 확률강우량(Design Rainfall)을 이용하여 그린-그레이 인프라 제어 조건에 따른 효과 차이를 분석하고자 했다. 환경부(2019)가 제공한 확률강우량 데이터를 적용했으며, 5개의 재현 기간(5년, 10년, 30년, 50년, 100년), 2개의 지속 기간(3시간, 6시간), 2개의 시간 분포(2분위, 3분위)로 구분한 20개의 강우 패턴에 관한 결과를 도출했다(그림 25-3 참조). 여기서 재현 기간(return period)이란, 어떤 크기의 호우가 발생하는 데 걸리는 시간을 뜻하며, 재현 기간 5년이라 함은 5년에 한 번 발생하는 정도의 강우라는 의미이다. 시간 분포는 전체 지속 기간을 구분했을 때 어떤 시점에 첨둣값을 보였는지를 의미한다.

2) 구현된 그린-그레이 인프라 시나리오

복잡한 도시 지역에 대한 적용성이 높은 옥상녹화(Green Roof, GR)와 투수성포장(Permeable Pavement, PP)을 중심으로 그린 인프라(GI) 기법을 고려했다. 옥상녹화는 주로 침투와 증발을 제공하며 투수성포장은 저장된 물이 지하 배수구에서 하수구로 배출되기 전에 임시 저수 시설의 역할을 한다. 설치 지역은 주로 연구 영역의 토지피복 특성에 따라 결정했는데, 대상 연구 지역의 토지피복 중에서 모든 주거용, 행정용, 상업용 건물에 대해 옥상녹화를 설치했으며, 보행로와 주차장에 대해서는 투수성포장을 구현했다. 그레이 인프라의 변화는 배수 시스템

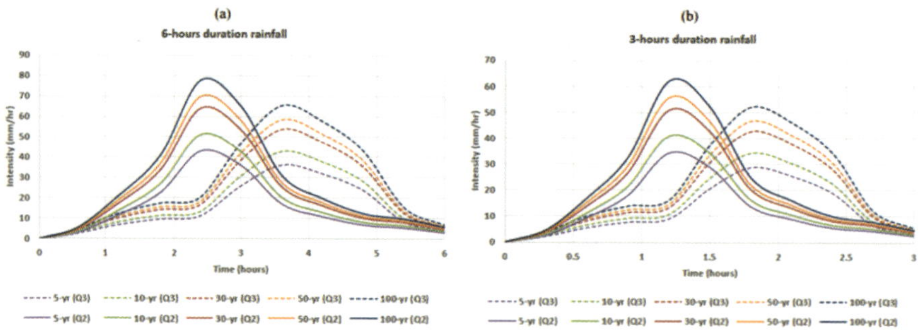

그림 25-3. 적용된 기상 자료에 대한 우량주상도

표 25-1. 구현된 그린-그레이 인프라 시나리오

Scenario	Combination		
	GR (ha)	PP (ha)	UDS
S1: Baseline (no-GI, UDS1)			1
S2: UDS1+GR	53.8		1
S3: UDS1+PP		5.9	1
S4: UDS1+GR+PP	53.8	5.9	1
S5: UDS2			2
S6: UDS2+GR+PP	53.8	5.9	2

(Urban Drainage System, UDS) 중에서 하수관 망의 변화에 초점을 맞추었다. 연구 지역에서 이루어졌던 대규모 관망 공사 시점인 2014년을 기준으로 전자(UDS1)와 후자(UDS2)로 구분했다.

효과를 평가하기 위한 수문학적 성과지수에 관한 연구도 다양하게 이루어지고 있다. 여기서는 많은 연구에서 적용되고 있는 첨두유량(Peak Flow Rate, m^3/s), 유출량 감소율(V_r, m^3), 홍수량(V_f, m^3)을 검토했다. 여기서 유출량은 강우 동안에 대상 사이트를 빠져나가는 물의 부피를 의미하며, 첨두유량은 기간 중 가장 큰 값의 유출량을 의미한다. 그리고 홍수량은 관거 용량을 초과하여 범람하는 부피를 의미한다.

3) 그린-그레이 인프라 도입의 효과

주요 결과를 검토해 보면 투수성포장은 강우 패턴의 영향을 크게 받지 않았고, 옥상녹화는 지속시간이 짧은 강우 사상에서 유출량 감소 효과가 더 컸다. 강우의 시간 분포가 다른 것은 유출량에 큰 영향을 미치지 않았으나 피크 유량에는 영향을 미쳤으며, 3분위 강우 사상보다 2분위 강우 사상에서 더 높은 감소 효과를 나타냈다. 다만, 대체로 감소 효과는 재현 기간 30년의 강우에서 급격히 떨어지는 경향을 보였다.

홍수량 감소 효과 측면에서는 그린인프라와 그레이인프라가 재현 기간 5년 강우에서는 서로 유사한 효과를 보였지만 10년 강우부터는 그레이인프라의 효

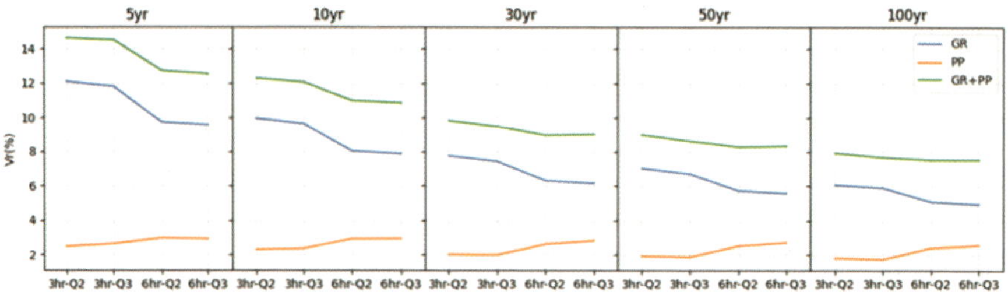

그림 25-4. 그린인프라 시나리오에 대한 지표유출량(V_r) 감소 효과

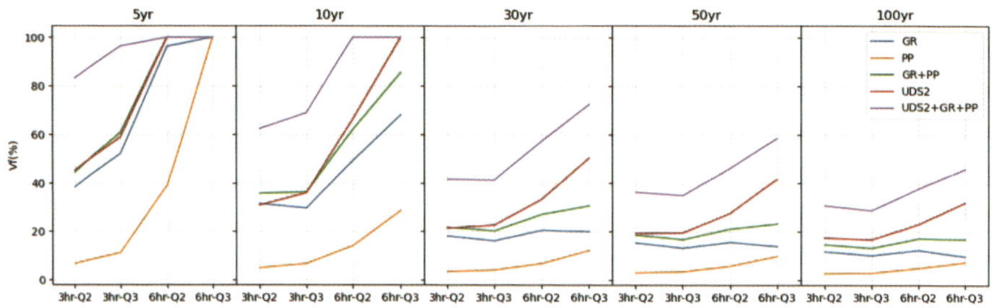

그림 25-5. 그린-그레이 조합 시나리오에 대한 홍수량(V_f) 감소 효과

과가 점차 그린인프라를 넘어서는 것을 확인했다. 유출량의 특성과 달리 홍수량의 감소율은 단기 강우보다 장기 강우에서 더 높았다. 시간 분포의 차이는 일반적으로 홍수량에 큰 영향을 미치지 않았지만 장기 강우의 경우 2분위보다 3분위 강우에서 그린-그레이 인프라의 영향이 더 높게 나타났다.

(2) 도시 물순환 회복 전략 위치 설정 영향

1) 기여 및 영향 영역의 도출

도시 물순환 회복 전략의 공간 영향 연구와 관련하여 초기 연구에는 주로 상류 흐름 때문에 하류에서 홍수가 발생한 것으로 가정했다(Horton, 1945). 이후에 홍수 발생이 반드시 상류 흐름에 기인하는 것은 아니라는 측면에서 가변 기여 영역(Variable Source Area, VSA)이라는 용어가 논의되었으며, 유역의 지형뿐만 아니라 토지 이용, 강우 패턴, 토양 특성 등도 영향을 미친다는 것을 강조했다. 이후로는 기후변화 적응을 위한 공간 계획에 있어 홍수 발생원의 흐름을 줄이고 취약한 지점의 홍수 위험을 최소화하기 위해 구현할 수 있는 전략을 입증하는 연구가 확장되기 시작했다.

다음 내용에서는 모형화 기반의 그린-그레이 인프라 적용 위치에 대한 민감도 테스트를 통해 효과적인 홍수 저감을 위한 그린-그레이 인프라 위치 설정 방안을 논의하고자 했다. 이를 위해 베르크루이스 등(Vercruysse et al., 2019)과 도슨 등(Dawson et al., 2020)이 제안한 연구 방법을 일부 적용하여 기여 및 영향 영역을 도출하고 그린-그레이 인프라 적용 시나리오를 설정해 시나리오별 효과 차이를 분석하여 공간 영향을 규명하고자 했다.

더불어 추후 기후변화 적응을 위한 의사결정에 기여하기 위해 도출된 영역에 대한 공간 계획의 방향을 제안하고자 했다. 여기서 기여 영역(source area)이란, 지표면 홍수에 가장 많이 기여하는 영역을 의미한다. 그리고 영향 영역(impact area)이란, 지표면 홍수량이 가장 많아 잠재 위험이 큰 영역을 의미한다. 영향 영역의 도출을 위해 특정 강우 사상에 대한 홍수량 모델링을 수행하여 개별 하위 유역(sub catchment)에 대한 값을 도출했다. 기여 영역을 도출하기 위해서는 입력값 중 강우량을 개별 하위 유역별로 생략하는 모델을 반복 실행하여 각 하위 유역이 홍수량에 기여하는 정도를 도출했다.

2) 시나리오별 효과 분석

설정된 시나리오에 따라 주요 성능지수에 대한 감소 효과를 분석한 결과 연구

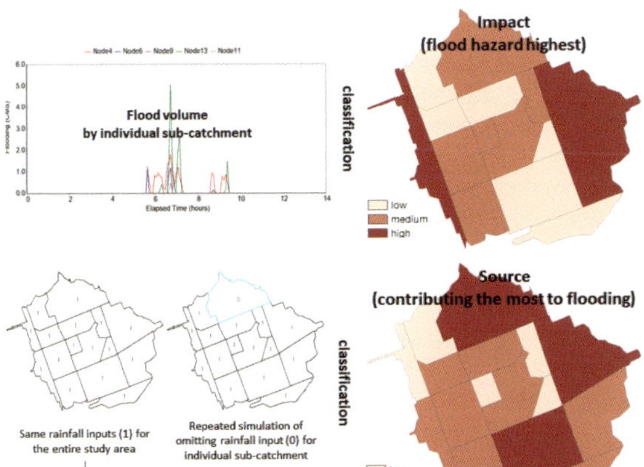

그림 25-6. 그린-그레이 위치 설정을 위한 기여 및 영향 영역 도출 방법론

표 25-2. 시나리오별 주요 결과

	Runoff (mm)	Flood (1,000m3)	Infiltration (mm)	Peak runoff (CMS)
Baseline (no installation)	264.0	16.7	0.7	33.7
S1. Green in source + Gray in impact	255.0	3.9	3.2	31.4
S2. Green in impact + Gray in source	257.9	12.6	4.4	31.5
S3. Green in impact and source	248.7	5.6	7.0	31.4
S4. Gray in impact and source	264.0	9.3	0.7	33.8

가설과 마찬가지로 기여 영역에 그린 인프라, 영향 영역에 그레이 인프라를 적용하는 시나리오(S1)가 홍수를 줄이는 데 가장 큰 효과를 보였다. 두 지역 모두 그린 인프라만을 적용한(S3) 예도 홍수 감소 효과가 높았으나 S1에 비해서는 낮았다. 지표유출 제어에서는 S1보다 S3가 우수했으며, 이는 상대적으로 침투 능력이 높기 때문으로 보인다. 다음 표 25-2는 지표 유출량, 홍수량, 침투량 및 첨두유출과 같은 주요 출력 성능지수의 각 시나리오에 관한 결과를 제시했다.

베이스라인과 비교하여 S1, S3, S4, S2 순으로 높은 효과를 보였다. S1과 S2를 비교한 결과 첨두홍수 지연 효과는 발견되지 않았지만 홍수 시작 시각이 60분 지연되었다. 또 피해가 가장 심했던 하위 유역에서 S1의 홍수량은 베이스라인에 비해 88.9%, S2는 30.4% 감소하여 효과가 큰 차이를 보였다.

여기서 주목할 점은 홍수량 감소 효과가 S1에서 가장 우수했지만 지표유출량 감소 효과는 그린 인프라만을 적용한 S3에서 가장 우수했다는 점이다. 이러한 결과의 원인은 연구 방법에서 기여 및 영향 영역을 도출하는 데 홍수량을 기준으로 삼았기 때문으로 보인다. 이는 저감 목표가 어떤 성능지수(홍수량, 지표 유출량, 첨두유출)에 맞추어져 있는가에 따라 그린-그레이 인프라 입지를 포함한 홍수관리 전략 수립의 방향도 달라질 수 있음을 시사한다.

3) 홍수 위험관리 공간 계획의 방향

도슨 등(Dawson et al., 2020)의 연구에서는 도출된 기여 및 영향 영역에 대한 정보를 기존의 토지피복 및 기반 시설 정보와 결합하여 홍수 위험관리 공간 분석 프레임을 제시하고 있으며, 여기서는 이를 기반으로 현재 또는 미래의 공간 계획의 적절성과 방향을 제시하고자 했다. 기여 및 영향 영역의 도출 결과에 따라 다음 네 가지 유형으로 분류할 수 있다. 첫 번째 유형은 공간 전체에 걸쳐 홍수 위험에 최소한으로 기여하고 홍수의 영향이 낮아 개입이 필요하지 않은(no intervention) 구역으로 정의한다. 두 번째 유형은 낮음에서 중간 정도의 홍수기여도와 낮음에서 중간 정도의 영향을 보이는 구역으로 가장 적절한 홍수관리 조치는 기존 인프라 시스템을 따라 물을 완화(relieve)할 수 있는 전략이 필요하다. 세 번째 유형은 홍수기여도가 높아 원인이 되는 영역을 중심으로 하며, 하류에 미치는 잠재 위험과 노출을 줄이기 위해 빗물을 유지(retain)하고 침투 능력을 향상하는 데 집중해야 한다. 마지막으로 지역의 홍수 영향이 높은 영역은 다른 기반 시설 시스템을 사용하여 빗물을 완화하거나 보유하기보다 추가 노출을 줄이고 강우에 저항(resist)하기 위한 전략이 필요하다.

그림 25-7에서 이 분류를 시범 대상지 전체에 적용한 결과와 대상지 토지피복도를 제시했다. 대상지는 전반적으로 저층 주거밀집 지역과 상업 시설로 구성되어 있는데, 향후 개발에서는 대상지 내 주거 지역이 밀집된 상류와 중심부 하단의 유지(retain) 구역을 중심으로 다양한 그린인프라 기법을 적용하고 기존 녹지 공간과 통합하여 보유하는 우수의 양을 최대화하는 데 중점을 둘 수 있다. 상업 시설과 주거 지역이 혼재된 중심부인 완화(relieve) 구역에는 극한강우가 발생하는 경우 배수 시스템에 대한 압력을 줄이기 위해 저류 기능을 활성화할 수 있

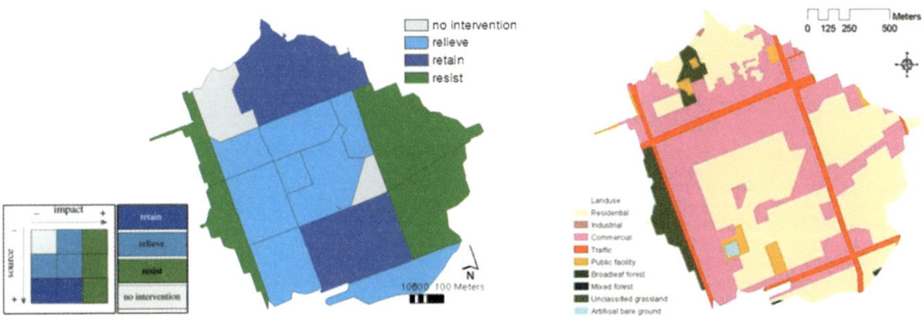

그림 25-7. FRM을 위한 공간적 분석 프레임

는 오픈 스페이스 도입 등을 계획할 수 있다. 마지막으로 하천 및 인접 배수 분구와 연결된 저항(resist) 구역에서의 공간 계획은 홍수로부터 건물을 보호할 수 있는, 즉 이 연구에서의 하수관거 확장 등 즉각적 효과를 도출할 수 있는 전략의 도입을 고려해야 한다.

이 장에서는 기후변화 측면에서 도시 물순환 회복 방향을 제안하기 위해 몇 가지 연구 사례를 검토해 보았다. 기후변화 시나리오만을 보았을 때 강우량은 점차 감소하는 추세이지만 우리나라의 경우 점차 열대 기후로 진입하고 있어 국지적으로 발생하는 고강도의 강우 문제도 피할 수 없다. 이러한 문제에 대응하기 위해 배수 인프라 용량을 늘리는 옵션이나 녹색 공간과 같은 침투 면적을 늘리는 옵션이 모두 중요하다. 하지만 정해진 비용 내에서 최대의 효과를 도출하기 위해서는 예측되는 다양한 시나리오의 검증 과정이 선행되어야 할 것이다. 다만, 여기서는 구조적 기술의 적용에 따른 물리적 효과만을 다루었는데 도시에서는 이 밖에도 사회적 및 경제적 요소나 정책에 대한 고려가 중요하다. 다양한 이해관계자의 통합 관리와 지역 사회의 장기통합개발계획이 결합했을 때 비로소 지역의 목표에 맞추어진 최적의 도시 물순환 회복 전략을 도출할 수 있을 것이다.

26

미세먼지로 인한 야외활동만족도

(주)대아이엔씨 | 김보미

건강위해성이 높은 미세먼지는 도시민의 야외 활동에 부정적 영향을 미친다. 하지만 일부 달리기나 자전거 활동 등을 즐기는 사람들은 미세먼지가 유해한 수준이더라도 야외활동을 즐긴다. 이 연구는 미세먼지로 인한 위험이 있음에도 야외활동의 유형에 따라 달라지는 야외활동만족도에서 착안했다. 이러한 결과는 야외활동만족도와 건강위험성 사이에서 딜레마 상황에 놓인 사람들에게 사회적 보호 방안과 국가 정책을 마련하기 위한 기초 자료로 제공될 수 있다.

26-1. 야외활동 속 미세먼지 영향

(1) 미세먼지와 야외활동

미세먼지가 1급 발암 물질로 규정되고 호흡기, 안구, 심폐, 뇌 등 인체 유해성 연구가 축적되면서 야외활동의 불안감이 높아지고 있다. 미세먼지는 야외활동을 하는데 심리적 부담감과 함께 건강 등의 염려를 동반하게 되어 사람들의 야외활동 기회를 감소하게 만든다.

하지만 미세먼지에 따른 다양한 부정적인 영향에도 불구하고 야외활동을 즐기는 사람들 또한 주변에서 쉽게 접할 수 있다. 이러한 경우 미세먼지 농도가 나쁜 상황임에도 신체 활동의 강도가 높은 달리기나 자전거 타기 등의 활동을 즐기는 사람들에 대한 의문이 들게 된다. 미세먼지로 인한 부정적인 영향이 있어도 건강을 위해 운동을 하는 것이 좋은가? 아니면 미세먼지로 인한 부정적인 영향이 있으므로 운동을 하지 않는 것이 좋은가? 에 대한 의문 말이다.

(2) 미세먼지와 야외활동만족도

조경학은 야외 공간의 삶의 질을 높이고 쾌적한 공간감을 제공하며 장소성을 부여하여 이용 공간의 만족감을 높여 주는 학문이다. 따라서 조경학에서 야외활동만족도는 야외활동을 경험하면서 느끼는 만족의 정도를 표현한 값으로 야외 공간 계획과 방향 설정의 기초 자료로 활용될 수 있다.

도시민들에게 대부분 긍정적 역할을 제공해 주는 야외활동만족도는 미세먼지로 인해 달라질 수 있다. 따라서 미세먼지처럼 야외활동만족도에 다른 영향을 미치는 관련 연구의 필요성이 제기된다.

26-2. 미세먼지로 인한 야외활동만족도

(1) 자료 수집 방법

자료 수집은 설문조사를 통해 야외 공간 이용자들의 만족도를 평가하게 된다. 특히, 미세먼지가 심한 날에도 특정 활동을 목적으로 야외활동을 즐기는 사람들과 즐기지 않는 사람들의 차이가 무엇인지 알아보기 위해 자전거 이용객과 비이용객으로 구분하여 설문조사를 실시했다. 이 연구에서 자전거 활동에 주목한 이유는 신체의 운동 강도가 다른 야외활동에 비해 높은 경향이 있어 공기 흡입량에 영향을 미치기 때문이다. 다시 말해 대기 환경이 좋지 않은 환경일 때 미세먼지의 흡입량이 증가하여 사람들의 건강위해성에 대한 불안도 또한 높아져 야외활동이 줄어들 것으로 예상할 수 있다. 하지만 오히려 미세먼지가 해로운 수준인 상황에서도 야외 자전거 활동을 즐기는 도시민들을 주변에서 흔히 찾아볼 수 있기 때문이다.

이 연구에서는 인터넷 설문조사를 통해 자료를 수집했다. 국내 인터넷 사용자들이 약 90% 이상이고, 환경에 대한 인식과 같은 설문조사 결과는 인터넷 이용 여부에 영향을 받지 않기 때문이다(Best et al., 2001).

이 연구의 설문은 구글 설문조사 사이트를 생성하고 인터넷 커뮤니티 상에서 이 연구 취지와 목적에 동의해 준 다섯 군데 커뮤니티에 설문조사 주소를 링크했다. 그리고 중복 응답을 피하고자 개인별 전화번호를 수집했다. 또 작성된 응답지는 종료할 때 구글 드라이브에 저장되고, 자동으로 통계 프로그램 내에서 분석이 가능한 자료로 변환된다.

설문조사는 설문지의 문제점을 파악하고 응답률과 완성도를 높이기 위해 예비 설문 3회와 본 설문 1회를 실시했고, 구글 설문조사 시스템의 오작동 여부 등을 수집하고 보완했다. 이 조사를 위한 설문 기간은 2019년 7월 15일부터 8월 15일까지 진행되었다. 일 년 중에서 이 기간은 미세먼지 농도 수치가 비교적 낮은 시기로 개개인에게 경험되어지는 건강상의 미세먼지 위험성 차이가 크지 않기 때문이다. 설문지의 응답률을 높이기 위해 10일 주기로 게시글을 재등록하고, 단일 페이지 내에서 마우스나 키보드를 움직여 기술하는 형식으로 구성했다. 또 주제별로 하위 항목을 구성하고, 설문응답자의 이해력을 높이기 위해 일부 지문에는 글과 그림을 병행하여 표기했다. 무응답의 경우 설문 종료를 불가피하게 설정하여 결측치값을 최소화했다. 그 결과 최종 자전거 이용객이 152부, 비이용객이 260부로, 총 412부가 회수되어 데이터베이스에 저장되었다.

(2) 분석 방법

분석 방법은 수정된 중요도만족도 분석(Deng, 2007)을 이용했다. 중요도만족도 분석은 하나의 평가 요소에 대해 느끼는 개인의 중요도와 만족도를 평가하고 4사분면에 표시하여 설문에 응한 그룹 간의 우선순위를 파악할 수 있다. 이 분석 기법은 간단한 통계를 통해 시각적 결과와 함께 그룹 간의 시사점을 명확하게 전달하여 우선순위를 제시할 수 있으므로 조경의 단계별 정책을 수립할 때 많이 이용된다.

야외활동만족도 평가 요소는 베어드와 라그드(Beard and Raghed, 1980)의 여가만족척도를 기초로 야외활동 만족척도 주제어를 추출하여 항목을 선정했다. 최종 항목은 미세먼지가 건강에 위협적인 수치일 때, 즉 미세먼지 농도가 나쁨 이상일 때 느끼는 사회적, 휴식적, 신체적 및 환경적 만족도이다. 여기서 사회적 만족도의 항목은 사회적 교류, 친밀한 관계 유지, 천절함, 자유시간 참여가 도출되었다. 또 휴식적 만족도의 항목은 긴장감 해소, 스트레스 해소, 정서적 행복, 야외활동의 즐거움이 도출되었다. 그리고 신체적 만족도의 항목은 신체적 도전, 신체적 회복, 건강 유지, 체력 증진이 선정되었다. 마지막으로 환경적 만족도는 장소의 쾌적함, 장소의 흥미로움, 장소의 아름다움, 장소의 디자인 분석 항목이 도출되었다.

각 항목에 대한 측정은 5점 리커드 척도를 사용한다. 1점 '전혀 그렇지 않다'부터 5점 '매우 그렇다'로 개인별 만족도를 조사하여 분석한다. 이 연구의 경우 설문 문항에서 '미세먼지 농도가 나쁨 이상이라고 하더라도 나는 나의 야외활동을 통해 사회적 교류를 하거나 친밀한 관계를 유지한다.' 등의 답변에서 '매우 그렇다' 1점, '전혀 그렇지 않다'는 5점으로 표시하지만 중요도만족도 분석 내에서는 만족도가 높을수록 만족도 값 또한 높아야 하므로 값의 치환 과정을 거쳤다. 따라서 '전혀 그렇지 않다'는 1점, '매우 그렇다'는 5점으로 역치환하여 분석했다.

특히, 수정된 중요도만족도 분석은 개개인의 만족도에 따른 상대적 중요도 값을 구한다. 실제 만족도가 높은 항목에 대해서는 중요도도 높게 평가하는 경향이 있으므로 이를 보완하기 위해 만족도 값을 자연 로그값으로 변환한 뒤 편상관 계수로 계산하여 개개인이 느끼는 각 항목의 중요도와 만족도의 오차를 줄이고자 했다.

추가로 설문응답자의 특성을 파악하기 위해서 성별, 연령 등은 범주형 명목척도로 구성하여 빈도를 분석했다. 분석 결과는 Microsoft Office Excel 2017과 SPSS 21.0(SPSS Inc., 2013) 프로그램을 이용하여 중요도만족도 4시분면상에 결과값을 표시했다.

26-3. 미세먼지로 인한 야외활동만족도 차이

(1) 표본 특징

설문응답자의 특징은 다음 표 26-1과 같다. 야외활동을 할 때 특정 목적을 가지고 활동하는 자전거 이용객의 경우 남자가 76.3%(116명), 비이용객은 여자가 69.6%(181명)로 성별에 따른 응답률의 차이가 있었다.

국내 미세먼지 인식은 전 국민에게 국가 예보 및 경보 문자 메시지를 발송한 시기인 2014년 이후로 도출되었다(79.6%, 81.5%). 미세먼지 정의나 PM10과 PM2.5의 차이점 등 미세먼지 정보는 자전거 이용객(59.2%, 53.3%)이 자전거 비이용객(48.8%, 40.8%)보다 모른다고 답한 비율이 더 높게 나타났다.

미세먼지 자료 수집 경로는 국내 인터넷과 애플리케이션(105명: 43.6%, 178명: 38.9%), TV나 라디오(43명: 17.8%, 102명: 22.3%)를 통해 획득하는 순으로 도출되었다. 흥미로운 점은 자전거 이용객의 일부는 국내 자료의 불신 등으로 국외 인터넷 및 애플리케이션(44명: 18.3%) 등의 국외 자료를 이용하여 국내 자료를 보완하고자 하는 노력을 기울였다. 하지만 자전거 비이용객은 국가 예보 및 경보 문자 메시지(66명: 14.4%) 등의 국내 자료를 더 선호하는 것으로 나타났다.

자전거 이용객과 비이용객이 야외활동을 할 때 확인하는 미세먼지의 농도 기준은 국내 환경부 제공 기준인 미세먼지 4등급(매우나쁨, 나쁨, 보통, 좋음)을 따르는 응답자(56명: 36.8%, 113명: 43.5%)가 가장 많았고, 그 뒤로 국내 기준보다 높은 기준을 제시하는 세계보건기구(WHO) 등급을 따르는 응답자(41명: 27%, 76명: 29.2%) 순으로 분석되었다. 일부에서는 정부나 세계보건기구에서 제공하는 미세먼지나 초미세먼지 등의 복잡한 등급 기준이 어려워 개인 스스로 미세먼지 농도 기준을 설정하고, 야외활동 시 참고 기준으로 이용하기도 했다(26명: 17.1%, 34명: 13.1%). 미세먼지로 인한 건강상의 불편함은 호흡기(30.6%, 34.5%)를 기준으로 안구(28.7%, 28.0%)와 피부(16.4%, 18.7%), 심혈관질환(16.0%, 13.8%) 순으로 도출되었

표 26-1. 설문응답자 특징

구분	질문	응답	자전거 이용객		자전거 비이용객	
			부수	비율	부수	비율
기술 통계량	성별	남자	116	76.3	79	30.4
		여자	36	23.7	181	69.6
	거주 지역	서울	56	36.8	100	38.5
		경기도	54	35.5	75	28.8
		타지역	42	27.7	85	32.7
	연령	30세 이하	28	18.4	47	18.1
		31-40	34	22.4	109	41.9
		41-50	49	32.2	75	28.8
		51세 이상	41	27.0	29	11.2
	결혼 여부	기혼	95	62.5	171	65.8
		미혼	57	37.5	89	34.2
	미세먼지에 취약한 가족 구성원	유아동	39	23.5	85	28.8
		노인	25	15.1	41	13.9
		유질환자	23	13.9	47	15.9
		없음	79	47.6	122	41.4
미세먼지 기초지식	미세먼지 징의	정확하게 인지	60	39.5	128	49.2
		설명하기 어려움	2	1.3	5	1.9
		모름	90	59.2	127	48.8
	PM10과 PM2.5 의 차이점	정확하게 인지	61	40.1	133	51.2
		설명하기 어려움	10	6.6	21	8.1
		모름	81	53.3	106	40.8
	미세먼지 인식 시기	2014년 이전	31	20.4	48	18.5
		2014년 이후	121	79.6	212	81.5
	미세먼지 자료 수집 경로	TV/ Radio	43	17.8	102	22.3
		국내 인터넷과 앱	105	43.6	178	38.9
		국외 인터넷과 앱	44	18.3	56	12.3
		국가예경보메시지	33	13.7	66	14.4
		추천경로	13	5.4	47	10.3
		기타	3	1.2	8	1.8
미세먼지로 인한 야외 활동	정기적 야외 활동	자전거	52	100	-	-
		다른 활동	-	-	260	100
	미세먼지 농도 기준	WHO	41	27.0	76	29.2
		개인	26	17.1	34	13.1
		정부	56	36.8	113	43.5
		가족/지인	12	7.9	19	7.3
		무신경	17	11.2	18	6.9
	미세먼지로 인한 건강상 불편함	안구 질환	77	28.7	138	28.0
		피부 질환	44	16.4	92	18.7
		호흡기 질환	82	30.6	170	4.5
		심폐 질환	43	16.0	68	13.8
		없음	22	8.2	13	2.6
	미세먼지로 인한 야외 활동	무신경	16	10.5	27	10.4
		마스크 착용	48	31.6	70	26.9
		야외 활동 취소	38	25.0	46	17.7
		실내운동으로 변경	49	32.9	117	45.0
합계			152		260	

다. 자전거 이용객의 경우 안구나 심혈관질환 비율이 높았지만, 비이용객은 호흡기나 피부질환 비율이 다소 높게 나타나는 것으로 분석되었다. 미세먼지의 농도 기준이 나쁨 이상이지만 사전에 야외활동이 계획되었을 경우 자전거 이용객은 실내 활동으로 변경(49명: 32.9%)하거나, 마스크 등을 착용하고 야외활동을 강행(48명: 31.6%)하는 순으로 근소하게 차이가 났지만 비이용객은 실내 활동으로 변경한다(117명, 45.0%)가 우세하게 나타났고, 마스크 등의 방어 수단을 활용한다(70명, 26.9%), 야외활동을 취소한다는(45명, 17.7%) 순으로 도출되었다.

(2) 야외활동만족도

자전거 이용객과 비이용객의 야외활동만족도 상관관계는 70.2%(p<0.01)로 나타났고, t 값이 –6.139(<-1.96)이므로 두 그룹 간의 상관관계는 부정적으로 도출되었다(표 26-2 참조). 따라서 '미세먼지의 부정적 영향에 따른 야외활동만족도는 자전거 이용객과 비이용객, 두 그룹 간의 차이가 있을 것이다'라는 연구 가설은 성립될 수 있다.

자전거 이용객과 비이용객의 두 그룹 간의 중요도만족도 분석 결과를 4사분면에 표시하면 다음 그림 26-1과 같다. 자전거 이용객들은 미세먼지의 부정적 영향에도 불구하고 자전거 활동 시 중요하다고 생각되고, 동시에 충족되는 야외활동만족도가 자전거 비이용객에 비해 훨씬 더 다양하게 나타나는 것으로 분석되었다.

표 26-2. 대응표본 검정 결과

<table>
<tr><td colspan="2">그룹</td><td>평균</td><td>N</td><td>표준편차</td><td>표준
오차평균</td><td>상관</td><td>유의 수준</td></tr>
<tr><td rowspan="2">상관
분석</td><td>자전거 이용객</td><td>3.24</td><td>16</td><td>0.234</td><td>0.059</td><td rowspan="2">0.702</td><td rowspan="2">0.002</td></tr>
<tr><td>자전거 비이용객</td><td>3.51</td><td>16</td><td>0.220</td><td>0.055</td></tr>
<tr><td rowspan="3">구분</td><td colspan="5">대응차이</td><td rowspan="3">t</td><td rowspan="3">유의 수준
(양쪽)</td></tr>
<tr><td rowspan="2">평균</td><td rowspan="2">표준편차</td><td rowspan="2">표준
오차평균</td><td colspan="2">95% 신뢰 구간</td></tr>
<tr><td>하한</td><td>상한</td></tr>
<tr><td>그룹간</td><td>-0.27</td><td>0.176</td><td>0.044</td><td>-0.364</td><td>-0.176</td><td>-6.139</td><td>0.000</td></tr>
</table>

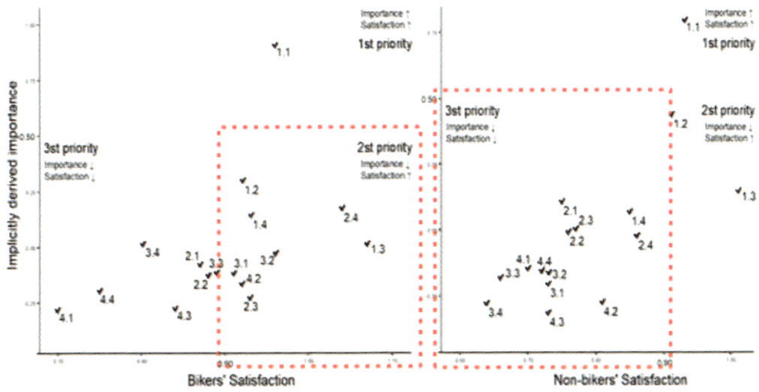

그림 26-1. 중요도만족도 분석 결과 출처: 김보미(2020)

1) 자전거 이용객

미세먼지 농도가 나쁨 이상이더라도 충족되는 자전거 이용객의 야외활동만족도의 우선순위는 다음 표 26-3과 같다.

자전거 활동과 관련된 각 항목별 만족도는 1순위는 야외활동 자체의 즐거움(3.19), 2순위는 친절함(3.11), 3순위는 체력 증진(2.92) 순으로, 상대적 중요도는 1순위 친절함(1.07)을 기준으로 야외활동 자체의 즐거움(1.04), 사회적 교류(0.900) 순으로 나타났다.

하위 항목별 순위를 살펴보면, 첫째, 1순위는 Ⅰ사분면으로 미세먼지 농도 수치가 유해한 수준이더라도 자전거 활동 시 중요하다 생각되고, 야외활동만족도 또한 충족되는 항목을 의미한다. 그 결과 사회적 만족도의 사회적 교류(1.1)가 도출되었다.

둘째, 2순위인 Ⅳ사분면은 미세먼지의 해로운 영향이 있을 때 중요도는 낮을 수 있지만 자전거 활동으로 충족되는 야외활동만족도를 나타낸다. 그 결과 사회적 만족도에서 친밀한 관계 유지(1.2), 친절함(1.3), 자유시간 참여(1.4)의 3개 항목, 휴식적 만족도에서는 정서적 행복(2.3), 야외활동 자체의 즐거움(2.4)의 2개 항목, 신체적 만족도에서는 신체적 도전(3.1), 체력 향상(3.2)의 2개 항목, 장소적 만족도에서는 장소의 흥미로움(4.2)의 1개 항목이 포함되었다.

마지막으로 미세먼지의 부정적 영향에 가장 충족되지 못하는 야외활동만족도 3순위인 Ⅲ사분면은 휴식적 만족도에서 긴장감 해소(2.1)와 스트레스 해소

표 26-3. 자전거 이용객 중요도만족도 분석 결과

항목			만족도				상대적 중요도			
			평균	순위	표준편차	Cronbach α	만족도 (LN)	표준편차	편상관계수	순위
사회적 만족도	1.1	사회적 교류	2.87	4	1.155		0.96	0.442	0.900	3
	1.2	친밀한 관계	2.77	8	1.119		0.92	0.462	0.295	7
	1.3	친절함	3.11	2	1.033		1.07	0.369	0.007	1
	1.4	자유시간 참여	2.85	6	1.270		0.93	0.524	0.013	6
휴식적 만족도	2.1	긴장감 해소	2.70	12	1.291		0.87	0527	-0.088	12
	2.2	스트레스 해소	2.76	10	1.322		0.88	0.543	-0.132	11
	2.3	정서적 행복	2.86	6	1.300		0.93	0.529	-0.237	5
	2.4	야외 활동 자체의 즐거움	3.19	1	1.375		1.04	0.534	0.166	2
신체적 만족도	3.1	신체적 도전	2.80	7	1.282	0.825	0.90	0.532	-0.130	9
	3.2	체력 향상	2.92	3	1.221		0.96	0.509	-0.037	4
	3.3	신체적 회복	2.75	11	1.257		0.89	0.536	-0.126	10
	3.4	건강 유지	2.53	14	1.244		0.80	0.537	0.008	14
환경적 만족도	4.1	장소의 쾌적함	2.29	16	1.114		0.70	0.512	-0.292	16
	4.2	장소의 흥미로움	2.77	8	1.159		0.92	0.483	-0.177	8
	4.3	장소의 아름다움	2.57	13	1.108		0.84	0.483	-0.281	13
	4.4	장소의 디자인	2.38	15	1.121		0.75	0.507	-0.204	15
평균			2.76	-	-		-	-	-0.012	-

(2.2)의 2개 항목, 신체적 만족도에서 신체적 회복(3.3)과 건강 유지(3.4)의 2개 항목, 장소적 만족도에서 장소의 쾌적함(4.1), 장소의 아름다움(4.3), 장소의 디자인(4.4)의 3개 항목이 도출되었다.

2) 자전거 비이용객

미세먼지 농도가 나쁨 이상이더라도 야외 활동으로 충족되는 자전거 비이용

표 26-4. 자전거 비이용객 중요도만족도 분석 결과

분류			만족도				상대적 중요도			
			평균	순위	표준편차	Cronbach' α	만족도(LN)	표준편차	편상관계수	순위
사회적 만족도	1.1	사회적 교류	2.87	2	1.081		0.93	0.450	0.790	3
	1.2	친밀한 관계	2.76	3	1.127		0.91	0.482	0.435	7
	1.3	친절함	2.98	1	1.058		1.01	0.431	0.143	1
	1.4	자유시간 참여	2.61	5	1.118		0.85	0.488	0.062	6
휴식적 만족도	2.1	긴장감 해소	2.40	9	1.157		0.75	0.515	0.101	12
	2.2	스트레스 해소	2.44	8	1.214		0.76	0.531	-0.012	11
	2.3	정서적 행복	2.47	7	1.203		0.77	0.526	-0.002	5
	2.4	야외 활동 자체의 즐거움	3.69	4	1.245		0.86	0.539	0.027	2
신체적 만족도	3.1	신체적 도전	2.39	10	1.202	0.825	0.73	0.542	-0.204	9
	3.2	체력 향상	2.38	11	1.226		0.73	0.552	-0.168	4
	3.3	신체적 회복	2.24	15	1.184		0.66	0.545	-0.186	10
	3.4	건강 유지	2.19	16	1.175		0.64	0.545	-0.281	14
환경적 만족도	4.1	장소의 쾌적함	2.27	14	1.100		0.70	0.513	-0.150	16
	4.2	장소의 흥미로움	2.51	6	1.124		0.81	0.498	-0.277	8
	4.3	장소의 아름다움	2.35	12	1.135		0.73	0.525	-0.0318	13
	4.4	장소의 쾌적함	2.34	13	1.146		0.72	0.527	-0.158	15
평균			2.49	-	-		-	-	-0.016	-

객의 만족도의 우선순위는 다음 표 26-4와 같다.

각 항목별 만족도는 1순위 친절함(2.98), 2순위 사회적 교류(2.87), 3순위 친밀한 관계(2.76) 순으로, 상대적 중요도는 1순위 사회적 교류(0.790)를 기준으로 친밀한 관계(0.435), 친절함(0.143) 순으로 나타났다.

하위 항목별 순위를 살펴보면 첫째, 1순위는 Ⅰ사분면으로 미세먼지 농도 수치가 유해한 수준이더라도 야외활동 시 중요하다 생각되고, 만족도 또한 충족되는 항목을 의미한다. 사회적 만족도의 사회적 교류(1.1)가 도출되었다.

둘째, 2순위인 Ⅳ사분면은 미세먼지의 해로운 영향이 있을 때 중요도는 낮을 수 있지만 야외활동을 하게 되면서 충족되는 만족도를 나타낸다. 그 결과 사회적 만족도에서 친밀한 관계 유지(1.2), 친절함(1.3)의 2개 항목만이 포함되었다. 자전거 비이용객의 경우 미세먼지의 부정적 영향이 있더라도 야외활동 시 충족되는 만족도 대부분은 사회적 만족도인 것으로 분석되었다.

반면에 미세먼지의 부정적 영향에 가장 충족되지 못하는 3순위인 Ⅲ사분면은 자전거 이용객과 달리 휴식적 만족도와 신체적, 환경적 만족도 모두 충족되지 못한 결과로 나타났다. 사회적 만족도의 자유시간 참여(1.4)의 1개 항목과 휴식적 만족도와 장소적 만족도를 구성하는 4개 항목 모두 해당했다.

결국 자전거 비이용객은 야외활동만족도의 하위 항목이 대부분 낮게 도출되는 것으로 나타나 미세먼지가 건강에 유해한 시기 동안의 야외활동에 대해서는 크게 의미를 두지 않는 것으로 분석되었다.

26-4. 생각해 보기

(1) 도시민의 건강권을 위한 미세먼지 대책

국내에서 미세먼지는 사람들에게 국가적 사회 재난이나 침묵의 재난, 생활형 건강위험 등으로 환경 위험 인식이 높게 형성되어 있다. 하지만 야외활동만족도에 따른 야외활동의 여부는 다르게 나타나는 것으로 분석되었다. 다시 말해 미세먼지가 건강상 유해한 수준이더라도 야외활동만족도가 높을 경우 야외활동을 할 때 직접적인 영향은 미치지 않을 수 있기 때문에(김보미, 2020) 도시민들의 건강권을 위해 미세먼지 대책 방안에 대한 세분화된 연구가 진행되어야 할 것으로 생각된다.

(2) 자전거 이용객 vs 비이용객 그리고 다양한 유형의 야외 활동

자전거 이용객은 비이용객에 비해 자전거 활동으로 공유되는 다양한 즐거움이나 만족감이 상대적으로 높다. 따라서 미세먼지가 유해한 수준이라 하더라도 야외활동의 여부를 결정하는 데 직접적인 영향을 미치지 않는다(Kim et al., 2020). 하지만 자전거 활동은 운동 강도가 높아 공기 흡입량 또한 증가하기 때문에 대기환경이 좋지 않은 국내의 경우 더욱더 세심하게 주의해야 할 필요가 있다. 특히, 이 연구에서 다루지 못했던 유해한 미세먼지 수준에서의 다양한 유형의 야외활동들과 그에 따른 만족도 연구가 추가적으로 이루어져야 한다.

(3) 자전거 이용객을 위한 정책 제언

야외 공간 내에서 대다수의 자전거 이용객들은 자전거 활동이 주는 야외활동 만족도와 미세먼지로 인한 건강위해성 사이에서 딜레마 상황에 놓여 있다. 국가나 지방자치단체에서 제공해 주는 정책이나 대책 방안들의 경우 미세먼지에 대한 접근 방법 자체가 거시적 또는 종합적인 시각에서 제안되고 있다. 이는 실생활에서 체감하는 사람들의 눈높이에서의 세밀한 연구가 부족하고, 이들을 위한 세부적인 활동 지침들이 명확히 정립되어 있지 않기 때문에 겪게 되는 과도기 단계의 문제이다.

자전거 이용객들이나 운동 강도가 높은 야외 활동 유형별 사람들의 건강권을 보호하기 위해 그들이 체감하는 눈높이에서 미세먼지의 종류나 운동 강도에 따라 달라지는 건강위해성을 인지하고, 그에 따른 사회적 방안과 정책이 마련되어야 할 시점이다.

27

텍스트를 통한 경관 의미 및 가치 분석

스위스 취리히대학교 | 공인혜

경관이 가지는 다양한 의미와 가치들은 최근 보전 정책의 패러다임 변화와 함께 다시 조명되고 있다. 동시에 거대 언어 모델의 발전과 자연어 처리 그리고 풍부한 온라인 텍스트는 복잡다단한 경관 의미 및 가치 분석을 가능하게 하고 있다. 이 장에서는 두 가지 사례를 통해 경관의 의미와 가치들이 어떻게 언어와 텍스트로 분석되는지 소개한다.

27-1. 텍스트를 통한 경관의미론 탐색

경관 연구에서 의미론(landscape semantics)적 접근은 다층적인 경관 의미(landscape meanings)와 경관 가치(landscape values)를 분석하는 데 초점을 두는 조경 연구의 한 갈래이다. 지금까지 경관의 의미와 가치를 평가하고자 하는 움직임은 사회문화적 경관 연구에서 깊이 다루어져 왔지만 최근 경관 보전의 패러다임 변화를 주도하고 있는 생태계 서비스 프레임워크, 그중에서도 문화 생태계 서비스 분야에서 경관의미론의 중요성이 다시 주목받고 있다. 생태계 서비스 프레임워크는 우리가 경관에서 느끼는 다양한 의미와 가치들을 제도적 차원에서 정책 연구에 포함했다는 데 의의가 있는데, 그 중 문화 생태계 서비스는 경관의 의미와 가치를 분석하려는 의미론적 시도와 맞닿아 있다. 하지만 관련 연구들은 사람들이 경관에 대해 표현하고 해석하는데 있어 드러나는 주관성 그리고 다양한 개개인뿐만 아니라 사회적으로 합의가 이루어진 가치를 읽을 수 있는 관련 자료의 부족 등의 한계점으로 인해 정성적 소규모 연구에 머물러 있었다. 최근 소셜미디어, 사용자 생성 데이터(user-generated content) 그리고 웹 기반 텍스트 아카이브 등으로 텍스트 데이터의 크기가 폭발적으로 증가했고, 이와 동시에 자연어 처리, 빅데이터 기반 거대언어 모델이 발전함에 따라 텍스트 분석을 활용한 경관의미론 연구가 발전하고 있다.

이 장에서는 텍스트를 통한 경관의 의미 및 가치 분석에 대한 전반적 프레임워크 및 접근 방식을 소개하고, 에콰도르와 미국의 국립공원에서 진행된 두 가지 연구 사례를 통해 다층적 경관의 의미와 가치를 분석하기 위해서 사용자 기반 장소 관련 텍스트 분석이 어떻게 사용되는지 그리고 텍스트 기반의 경관 의미 및 가치 분석이 해당 경관의 보전 및 관리를 위해 어떻게 활용될 수 있는지를 소개하고자 한다.

27-2. 경관의미론과 경관 보전

(1) 경관의미론

경관(landscape)은 물리적, 자연적, 사회문화적 상호 작용이 일어나는 공간적 장소이자, 사람들이 관련하여 상호 작용하고 인식하며 표현하는 대상이다(ELC, 2000). 본질적으로 다원적 주제를 내포하는 경관 연구는 지리학, 생태학, 심리학, 문화유산, 고고학, 철학, 조경학, 지역 계획 등 여러 학문의 상호 작용을 통해 발전해 왔다. 예를 들어, 문화 경관 및 조경학은 애착 정체성의 관점에서 장소의 개념화를 개척했고(Relph, 1976, Tuan, 1977), 이후 경관에서의 장소 의미, 장소감 등의 연구로 발전되었다. 경관의 생태적 요소와 문화유산은 경관생태학 및 역사적 경관 분석 연구에서 다루어졌다.

앞서 설명한 경관의 정의에서 드러난 바와 같이 경관을 분석할 때 인간 중심의 경관 이해 및 해석은 핵심적이며, 이는 경관에 대한 의미론(semantics)적 접근으로 이어진다. 경관의미론은 경관 연구의 한 분야로 다루어져 왔으며, 경관에 대한 다층적 경관 의미 및 경관 가치를 분석하는 데 중점을 두고 있다. 지금까지 경관에 대한 의미론 연구는 수많은 개념, 이론, 개념을 아우르도록 진행되었는데 이는 경관을 인식하고 해석할 때 다양한 환경적 설정, 사회문화적 배경, 개인의 가치 체계가 작용함을 반증하는 것이기도 하다. 실제로 경관의 의미 및 가치가 어떻게, 어떤 요소로 인해 인식되고 공유되는지를 연구할 때 인간의 마음에서 비롯되는 주관성은 일관된 연구결과를 도출하는데 어려움으로 인식되고 있다. 예를 들어, 한 그룹의 방문객들이 레저 및 관광의 목적으로 어떠한 경관을 방문할 때, 지역 사회의 구성원들은 문화유산이나 장소 정체성 등의 사회적 경관 가치를 우선시할 수 있다. 다시 말해 사람들이 경관을 경험하고 인식하며 가치를 부여하는 방식은 눈에 보이거나 실체가 있는 유형의 경관 요소 연구뿐만 아니라 사회문화적 배경 등 다양한 조건과 복잡한 상황을 고려하는 맥락적 해석, 즉 사람들이 경관을 '바라보는 눈' the beholding eye (Meinig, 1979)을 고려해야 한다.

(2) 경관 보전의 패러다임 변화

보호지역(Protected Areas)은 전세계적 경관 보전 전략의 핵심 요소로서, 지난 세기동안 보호대상 및 관리 범위를 확장하면서 진화해 왔다(Worboys et al., 2015). 초기의 보호지역은 미국에서 경관적, 고고학, 지질학 및 생물학적 중요성을 지닌 경관을 장기적으로 보호할 목적으로 등장했으나, 이후 정책적 시스템이 성숙할수록 물리적인 자연환경 뿐 아니라 인간적 차원의 의미 및 가치 또한 보전정책의 일부로 다루어져야 한다는 목소리가 높아졌다. 이에 따라 1970년대에는 유네스코에서 보호지역 및 경관 관리에 공동체의 역할을 강조하는 인간과 생물권 프로그램(Man and Biosphere)을 출범했고, 세계자연보전연맹(IUCN) 프레임워크는 인간과 자연 간의 역동적인 상호작용을 인정하는 보호경관 및 바다경관(카테고리 V)과 관리자원 보호지역(카테고리 VI)을 추가하기도 했다. 이후 20세기 후반, 보전 정책에서 문화적, 인문학적 의식에 대한 관심이 높아지면서 자연의 혜택을 보전 계획에 통합하기 위해 생태계 서비스 프레임워크라는 새로운 보전 패러다임이 제안되었으며, 이는 2005년 유엔환경계획의 밀레니엄 생태계 평가(Millennium Ecosystem Assessment)로 이어져 생태계 서비스의 카테고리를 제공, 규제, 지원, 문화적 생태계 서비스로 제안하였다(MEA, 2005). 생태계 서비스 프레임워크의 등장은 생물학자, 지리학자, 경제학자, 심리학자 및 사회과학자 등을 포함하는 다학제적 접근을 장려한 점뿐만 아니라, 사람들이 경관에서 느끼는 다양한 의미 및 가치적 해석을 '문화 생태계 서비스(Cultural Ecosystem Services, CES)'로 정의하고 이를 제도적으로 포함했다는 점에서 혁신적이라고 평가받는다. 왜냐하면 기존의 보전지역 관리 및 보전 정책은 법적-관리적 책임 범위를 명확히 할 수 있는 생물, 문화, 지질, 고고학 등의 경관에 집중되어 왔기 때문에, 문화유산, 관행, 전통지식, 장소 정체성과 같은 문화 생태계 서비스는 기존의 보존 계획에 대부분 포함되지 못했기 때문이다.

27-3. 텍스트 분석을 통한 경관의미론 : 이전 연구들

경관 보전 전략 및 정책 수립 시에 경관의 의미와 가치를 고려하는 것은 중요한 요소이지만, 가장 큰 걸림돌은 사람들의 주관적 해석을 기반으로 한 의미와 가치라는 무형의 요소를 해석할 수 있는 데이터가 부족하다는 점이다. 실제로 탄소 저장이나 물 공급과 같은 유형의 생태계 서비스와 달리 CES 연구는 시간과 인력이 많이 소요되는 정성적 연구방법, 즉, 설문조사, 개방형 질문, 인터뷰, 워크숍 등이 많이 적용되었다.

CES를 분석하고 정량화하기 위한 관련 사례 연구는 지난 20년 동안 기하급수적으로 증가해 왔으며, 특히 대중의 생각 및 경험을 대변할 수 있는 소셜미디어 및 온라인 매체 등의 사용자 생성 콘텐츠의 폭발적인 증가는 기존의 정성적 데이터 수집에 소요되는 시간과 절차를 최소화할 수 있다는 점에서 주목을 받았다. 또한 사용자 생성 콘텐츠는 즐겁고 기억에 남는 경험을 공유하려는 심리적 동기와 연관되어 있기 때문에 CES를 설명할 수 있는 의미 있는 데이터로 간주되었다.

초기의 사용자 생성 콘텐츠를 활용한 경관 의미 및 가치 분석은 해당 콘텐츠의 위치 정보를 심미적, 오락적 가치를 기반으로 대중의 선호도로 가정하고 공간적 분포를 시각화하는 데 중점을 두었으나, 최근의 연구들은 텍스트 콘텐츠를 분석하여 직접적이고 심층적인 의미 및 가치 해석에 주력하고 있다. 한 방법론적 접근법으로, 사용자 생성 콘텐츠에서 CES 유형과 관련되는 단어를 모아 사전 역할을 하는 맞춤형 어휘집을 생성한 뒤, 이를 본 데이터에 적용하여 CES의 빈도를 계산하는 방법이 있으며, 지금까지 플리커(Flickr) 태그, 인스타그램 등이 사용되었다. 그러나 사진 기반 사용자 생성 콘텐츠의 텍스트는 사진 태그나 짧은 문장으로 이루어져 있어 의미론적 해석의 여지가 부족하다는 단점이 있었다. 따라서 최근의 연구들은 인터넷 블로그, 트위터, 관광지 리뷰, 뉴스미디어 등 장문의 텍스트에 주목하고 있으며, 이러한 흐름은 지난 10년 동안 급속히 발전한 자연어 처리, 거대 언어모델, 텍스트 마이닝 등의 기술과 결합해 심층적이고 다양한 경관 의미 및 가치를 분석하는 새로운 방법으로서 주목받고 있다.

27-4. 사례연구 1: 에콰도르 엘카하스국립공원[01]

이 사례연구에서는 에콰도르의 엘카하스국립공원을 사례연구로 삼아 사용자 생성 기반의 구글맵 리뷰와 트립어드바이저에서 추출한 풍부한 텍스트를 바탕으로 다양한 CES 분포를 분석하고, 사람들의 경험, 의미, 가치 등을 해석하였다.

텍스트 분석과 관련하여 이 연구의 기여는 두 가지로 요약할 수 있다. 이 연구에서는 명사와 동사 구문으로 구성된 어휘 사전을 구성한 뒤에 이를 활용하여 CES를 분석하는데 새로운 접근 방식을 제안했다. 이전의 많은 관련 연구들에서는 단일 단어 어휘집에 크게 의존했는데, 이는 간편한 분석방법이라는 장점에도 불구하고 단어에 의미론적 맥락이 부족하기 때문에 결과를 과대평가할 수 있다는 단점이 있었다. 예를 들어, 'beautiful' 또는 'pretty'라는 단어 하나에 심미적 가치라는 CES를 부여하게 되면 'beautiful gear', 'pretty easy hike'라는 문구에 심미적 가치를 부과하는 오분류를 하게 된다.

또한 이전 연구의 어휘집은 연구에 참여한 소수의 연구자들에 의해 구성되어 왔기 때문에 전문가 편향과 주관성을 배제하기가 어려웠다. 따라서 이 연구에서는 크라우드소싱 기반 설문조사를 통해 일반 시민들이 직접 구문과 CES를 매칭하여 어휘 사전을 구성하도록 하였다. 이후 어휘 사전을 통해 집계한 뒤에 CES 빈도를 언어(영어와 스페인어), 플랫폼(트립어드바이저와 구글 리뷰), 구문 유형(명사구문과 동사구문)에 따라 비교했다.

연구 결과 두 언어 모두에서 심미적 가치가 엘카하스국립공원에서 가장 중요한 요소로 나타났으나 다른 CES를 살펴보면 언어별로 상당한 차이가 관찰되었다. 예를 들어, 영어 사용자는 스페인어 사용자보다 레크리에이션 가치를 더 높게 인식했으나 스페인어 사용자는 영어 사용자보다 장소 특유의 정체성이나 정신적

01 Kong, I., & Sarmiento, F. O. (2022). Utilizing a crowdsourced phrasal lexicon to identify cultural ecosystem services in El Cajas National Park, Ecuador. Ecosystem Services, 56(May), 101441.

그림 27-1. 에콰도르 엘카하스국립공원 위치 및 전경

가치를 더 많이 인식했다. 또 언어별로 각 CES 가치를 표현하는 주요 어구 표현이 다르게 사용되는 것을 확인할 수 있었다(그림 27-2 참조).

이 사례 연구는 온라인 리뷰 기반의 구문 어휘 사전 접근 방식이 CES를 해석할 때 심도와 정확성을 높이는 데 유용하다는 것을 확인했으며, 사용자 생성 콘텐츠를 활용하여 텍스트 분석을 하는 접근 방식은 데이터가 부족한 보호지역에서 CES를 이해하고 포함하는 경관 관리 전략을 적용하는 데에 유용할 것으로 평가했다.

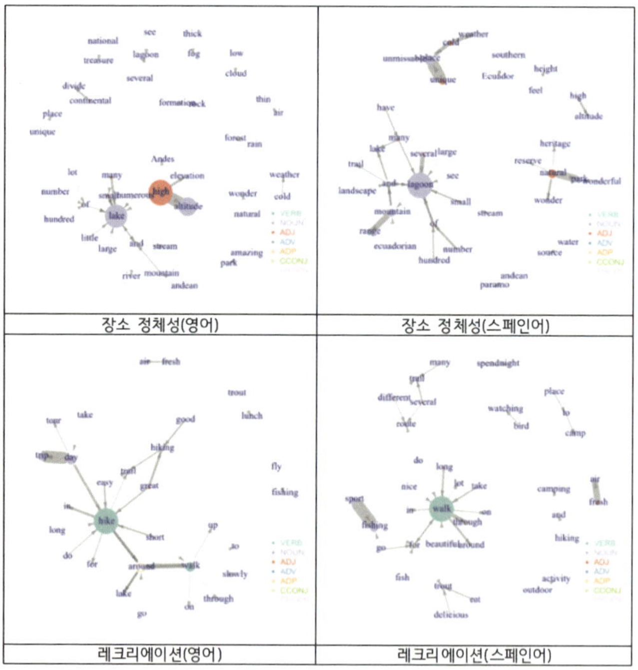

그림 27-2. 언어별 장소정체성 및 레크리에이션 관련 표현의 네트워크

27-5. 사례연구 2: 미국 내 48개 국립공원[02]

두 번째 사례연구에서는 트립어드바이저의 온라인 리뷰에서 추출한 텍스트와 이전 사례연구에서 제시한 크라우드소싱 기반 구문 사전 방식을 미국 48개 국립공원에 확장하고 적용하였다. 이러한 확장비교연구는 미국 내 국립공원이 가지는 다양한 기후, 지질, 식생, 문화유산, 역사적 맥락 등을 고려했을 때 각 국립공원에서의 대중의 경험과 인식, 그에 따른 CES는 크게 달라질 수 있다는 점 그리고 이전의 대부분의 CES 연구가 단일 연구 대상지에 초점을 맞추어 진행된 점에서 의미가 있다고 생각되었다.

각 국립공원별로 CES의 분포를 정리한 결과는 다음 그림 27-3과 같다. 48개 미국 국립공원에서 가장 자주 언급된 CES는 미적 가치와 레크리에이션 가치로 나타났다. 이는 미국 국립공원이 대중의 레저 활동 기회를 보장하기 위해 설립된 점 그리고 사람들이 국립공원을 이용하는 주된 목적과 일치한다. 하지만 미적가치 또는 레크리에이션 가치가 모든 국립공원에서 핵심적으로 발견되지 않았으며, 국립공원마다 주된 CES의 역할이 다르게 나타났다.

이후 각 국립공원별 CES 구성분포에 따라 자기조직화지도(Self-Organizing Map)를 이용하여 해당 국립공원을 네 개 그룹으로 나누었다(그림 27-4 참조): (a) 심미적 가치 중심의 국립공원, (b) 생물학적 정신적 가치 중심의 국립공원, (c) 레저 및 장소정체성 중심의 국립공원, (d) 문화적, 교육적, 사회적 가치 중심의 국립공원. 각 국립공원의 공간적 분포를 살펴보았을 때 약하지만 의미 있는 공간적 군집을 확인할 수 있었다. 우선 (a)그룹의 국립공원은 미국 서부 중심의 유명 국립공원을 포함하고 있었으며, (b)그룹은 해안가를 중심으로 위치하는 것으로 나타났다. (c)그룹은 (a)그룹과 다소 겹치는 분포를 보이면서도 서남부 지역에 주로

---

02 Kong, I., Sarmiento, F. O., & Mu, L. (2023). Crowdsourced text analysis to characterize the U.S. National Parks based on cultural ecosystem services. Landscape and Urban Planning, 233(June 2022), 104692.

한정적으로 나타났다. (d)그룹은 내륙 지방에 한정되어 산발적으로 나타났다. 다만 국립공원별 주요 CES와 그의 지리적 분포의 상관관계는 심층적인 텍스트 및 사진 콘텐츠 분석 또는 자연환경 및 사회문화적 분포를 고려한 회귀분석 등의 추후연구가 필요할 것이다.

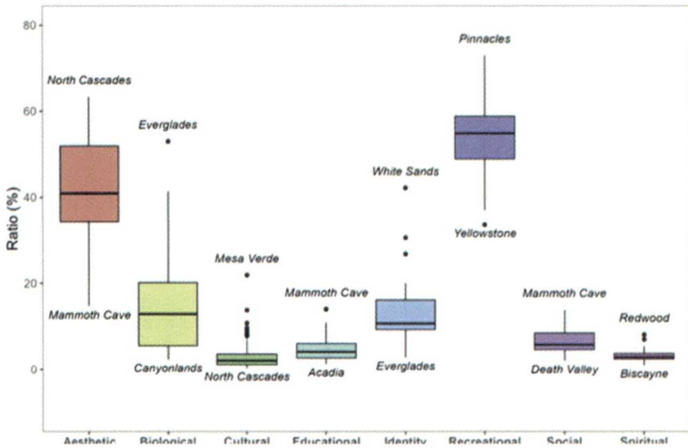

그림 27-3. 48개 미국 국립공원의 여덟 가지 CES 분포 특성

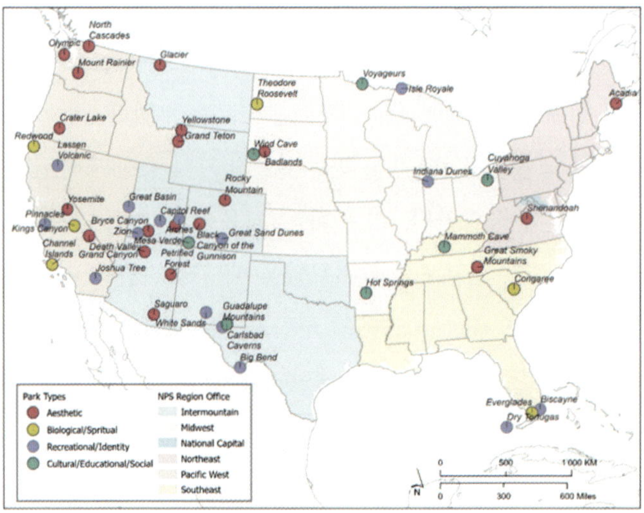

그림 27-4. SOM 클러스터링을 통한 미국 국립공원의 분류 및 그에 따른 공간 분포

27-6. 경관의미론의 기여

이 연구는 텍스트 기반의 사용자 생성 콘텐츠를 사용하여 경관의 의미와 가치를 에콰도르와 미국의 국립공원을 대상으로 탐색했으며, 이를 토대로 경관의미론을 기반으로 한 인간과 경관의 상호관계를 조명했다. 이를 통해 우리는 텍스트 기반의 사용자 생성 콘텐츠를 활용한 장소 경험과 다양한 경관 의미 및 가치 연구의 시사점을 다음과 같이 정리하고자 한다.

첫째, 경관의 CES 가치를 토대로 이를 강화하고 보완하는 정책의 도입은 관광 및 레저 활동이 허용되는 보전지역, 특히 국립공원의 경관 관리에 크게 도움이 될 수 있다. 각 경관이 가지는 주요한 특징 및 강점을 도출하는 것은 특히나 방문객들이 어떠한 경험을 하고 가치를 두는지를 강조하는 경험 경제의 비즈니스 모델에 필수적이다. 이에 발맞추어 최근의 경관 관리도 방문객에게 기억에 남고 잊을 수 없는 경험을 제공하는 것은 방향을 모색하고 있다. 즉, 자연을 기반으로 하는 관광 목적지로서 국립공원은 미적, 레크리에이션적 가치 외에도 사회문화적 가치를 강화하기 위해 야생동물 관찰이나 문화 및 역사 교육과 관련된 상호관계적인 방문객 경험을 도입하고 있으며 이에 따라 CES 고유의 가치를 확인하는 것은 장소 경험 기반의 차별화 전략 및 장기적으로 지속가능한 경관 관리 전략을 수립할 수 있다.

둘째, CES를 고려한 관리 계획은 지역 커뮤니티 및 방문객의 경험 및 의미가치를 고려한다는 점에서 경관관리 정책 수립 시 대중의 지지를 유도할 수 있다. 많은 실증 연구들에 따르면 장소 경험은 방문객의 만족도를 향상시켜 장소 애착과 목적지에 대한 충성도를 강화할 수 있는 것으로 나타났다. 또한 긍정적인 장소 경험과 그에 따른 애착 형성은 심리적 거리감을 줄이고 장소에 대한 친밀감을 향상시켜 경관 보전 활동에 대한 대중의 강력한 지지와 참여를 이끌어낼 수 있다. 또한, 경관의 의미와 가치를 보전정책에 포함시키는 방향은 보전정책이 개인의 행동을 규제하는 수단이라기보다도 개인 및 지역사회의 안녕을 증진하는 목적을 가진다는 긍정적 인식을 높일 수 있다. 이러한 이점은 강한 장소 애착과 뿌리가 "그 장소에 대한 깊은 관심과 배려로 이어진다."는 렐프(Relph, 1976: 37)의 핵심 메시지와도 일치하며 현대의 경관 보전정책수립에 있어 다층적인 경관의 미론적 접근의 시사점을 강조한다.

6. 미래기후환경에 대한 접근

28

기후변화와 토지 이용을 고려한 생물다양성 보전 계획

서울대학교 | 최혜영

이 장은 다양한 기후변화와 산림 토지 이용 시나리오에서 우리나라 전체 지역의 식물 생물다양성 패턴의 변화를 파악한다. 네 개의 주제를 통해 발견 지점의 정보가 불완전한 생물종의 종분포 모형 방법을 제안하며, 현재 보호지역에서 생물다양성이 보호되고 있는 정도를 분석하고, 최종적으로 기후변화의 영향에서 생물다양성 보전을 위한 다양한 보전 전략을 제안한다.

28-1. 종분포 모형 이용 시 부족한 정보를 보완하기 위한 방안

보전 계획(Conservation Planning)의 목표는 인간이 주도하는 토지 이용 계획을 채택하면서 생물다양성과 생태계의 기능 및 구조를 유지하고 강화하는 것이다. 효과적인 결정을 내리기 위해 보전이 필요한 자연 시스템의 다양한 정보가 필요하지만 많은 지역에서 보전 계획의 수립에 사용할 수 있는 데이터가 많이 부족한 상황이다. 이에 보전 계획을 위해 종분포 모형(Species Distribution Model, SDM)을 사용하여 생물다양성이 높은 지역을 파악할 수 있다. 종분포 모형은 종의 발견 정보가 없는 위치에서 종의 뷴포 가능성을 추정하기 위해 종이 발견된 위치의 기후와 환경 정보를 이용한다. 그러나 모형 개발을 위해 사용할 수 있는 생물종 발견 위치에 대한 정보는 생물종에 따라 적거나 많다. 일부 종은 정보 획득이 매우 어렵고, 모형의 신뢰도는 모형을 개발할 때 이용된 발견 지점의 수에 크게 영향을 받기 때문에 일반적으로 종분포 모형을 적용하는 것은 어렵다. 또 아직 발견되지 않은 종이 있을 수 있고 일부 지역에서는 생태조사가 잘 이루어지지 않아 각 종에 대한 발견 정보의 신뢰도를 보장하기 어려운 단점도 있다.

다중반응 종분포 모형(Multi-Response SDM)은 발견 기록이 거의 없는 종을 포함하여 다수의 생물종을 위한 모델링에 장점이 있다. 다중반응 종분포 모형은 모든 종의 발견 정보를 결합하고 다른 종의 존재에 대한 정보를 사용하여, 모델링하는 대상 생물종에 대한 정보를 보완한다. 다중반응 종분포 모형의 이점은 생물다양성을 보다 정확하게 표현할 수 있고 복잡한 데이터를 더 간단한 형태로 변환할 수 있다는 것이다. 이 방법은 일부 종에 대한 중요 예측 변수가, 발견 지점이 거의 없는 종에 대해 어떻게 반응하는지 정보를 줄 수 있기 때문에 분석에서 정보가 거의 없어 제외될 가능성이 높은 종을 모델링하는 데에 유용할 수 있다. 다중반응 종분포 모형은 다양한 종 또는 개별종 수준에서 생물다양성의 공간적 패턴에 대한 정보를 제공한다.

가능한 한 많은 생물종에 대한 분포 패턴 정보는 지역의 생물다양성 변화 평가와 보전 계획을 위해 매우 중요하다. 그러나 이러한 정보는 우리나라를 포함한 많은 지역에서 불충분한 상황이다. 대부분의 종은 발견 지점의 수가 적어 개별종 수준의 종분포 모형을 활용하고 모델을 검증하는 것이 거의 불가능하다.

이 연구에서는 발견 지점의 수가 다양한 여러 종을 동시에 모델링하는 데 사용할 수 있는 MARS(Multivariate Adaptive Regression Splines) 다중반응 종분포 모형을 사용하여 이러한 문제를 해결했다. MARS의 0에서 1사이의 서식적합도 결과를 출현 또는 비출현 지역으로 구분하기 위해서는 임계값이 필요하며, 이 임계값을 선택하는 네 가지 방법에 대한 민감도 분석을 통해 생물다양성 패턴을 평가하는 가장 유용한 방법을 확인했다.

(1) 연구 방법

최종 결과를 위해 다음과 같은 다섯 가지 단계가 필요했다. 첫째, 우리나라 식물종 발견 정보와 기후 및 환경 정보를 수집한다. 둘째, MARS 모델을 실행한 후 모델 결과 평가, 셋째, 각 종의 분포 확률을 공간화 한다. 넷째, 분포 지역 파악을 위해 다양한 임계값 사용의 효과를 평가한다. 다섯째, 우리나라 식물종에 대한 생물다양성이 높은 지역의 공간적 패턴을 평가한다.

두 지점 이상의 발견 지점을 가진 종에 대해 분포 지역을 모델링하고 우리나라의 식물 종풍부도 패턴에 기여도를 평가했다. 또 각 종에 대해 MARS 모델을 적용하고 분포 확률을 출현 또는 비출현의 이분법적 결과로 변환하기 위해 네 가지 임계값 방법을 테스트했다. 그리고 각 종의 발견 지점에서 모델링된 분포 확률값을 추출하고 데이터 기반의 임계값을 정의하기 위해 추출된 확률값의 평균, 중앙값 및 표준편차(SD)를 계산했다. 종분포 모형에서 임계값으로 흔하게 사용되는 민감도와 특이도의 합이 최대가 되는 값도 계산했으며, 네 가지의 임계값을 이용한 분포 지도 각각에 대해 모형에 적용하지 않은 독립적인 데이터를 사용하여 각 임계값을 테스트했다.

(2) 연구 결과

표준편차 임계값은 누락 오류를 최소화하고 종의 분포 범위를 올바르게 제한할 수 있는 최상의 임계값으로 판단되었다. 우리나라의 보전 계획에 적용할 수 있도록 모든 종, 멸종위기종 및 자생종, 모든 종에 대해 분포 넓이를 가중치한 결과에 대해 각 종풍부도의 공간적 분포를 확인했다(그림 28-1 참조). MARS 모델은 종분포 모형을 적용할 때 종의 발견 지점이 적은 문제를 해결하기 위해 사용될 수 있다. 그러나 모델 결과에 따른 종의 분포 범위는 임계값 및 이용하는 환경 변수의 스케일 등에 크게 의존하기 때문에 이러한 결과는 적용되는 프로젝트의 성격별로 다르게 평가될 필요가 있다.

연구 결과는 백두대간의 대부분이 생물다양성이 높다는 기존의 평가와 일치한다. 우리나라는 백두대간 지역 외에 생물다양성 정보가 충분하지 않은데 이 연구는 백두대간 외부 지역에 대해 잠재적으로 생물다양성이 높은 지역을 평가한 최초의 연구 중의 하나이다. 생물다양성이 높은 지역은 우선적인 생물다양성 조사 대상 지역이 될 수 있으며 잠재적으로 국립공원 및 보호지역의 국가 네트워크에 추가될 수 있다.

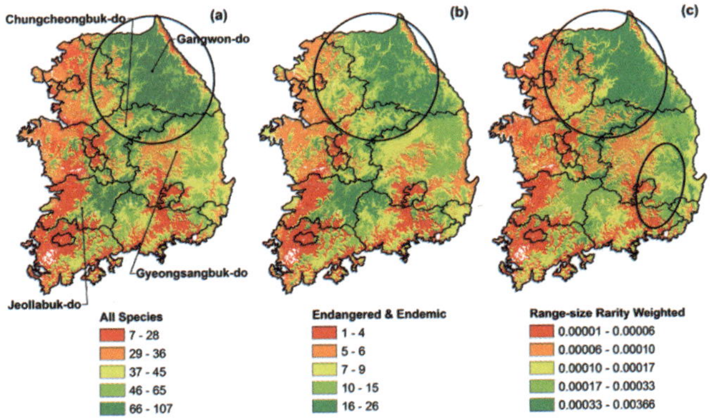

그림 28-1. 우리나라 식물종에 대한 종풍부도 결과

: (a) 모든 종, (b) 멸종위기종 및 자생종, (c) 모든 종에 대해 분포 넓이를 가중치한 결과. 각 결과는 다섯 개의 등급으로 그룹화되었으며 각 등급은 동일한 면적으로 구분되었음 출처: Choe et al.,(2016)

28-2. 식물의 생물다양성 보호 정도와 잠재적 보호지역의 평가

국립공원과 같은 보호지역은 국가 보전 정책의 가장 중요한 구성 요소이다. 그러나 일반적으로 보호지역은 국가의 생물다양성을 대표하지 않는 경우가 많다(Oldfield et al., 2004). 갭(gap) 분석은 기존의 보호지역이 지역 생물다양성의 모든 요소를 반영하고 있는지 그 효율성을 측정하는 데 사용되었으며, 보호에 있어 갭(gap)을 확인하고 새로운 보호지역의 지정을 최적화하는 것을 목표로 한다. 이러한 분석은 종종 종의 발견 기록을 사용하여 대표성을 평가하지만 보통 생물종 데이터 수집은 불완전하고 지리적으로 편향된 문제가 있다. 따라서 추가적인 보전 지역을 선정하기 위해 제한된 종 데이터와 대체적인 정보에 의존해야 하는 경우가 많다.

생물종 데이터가 충분할 경우 막산(Marxan) 또는 조네이션(Zonation)과 같은 의사결정 지원 프로그램을 사용하여 보전 지역의 우선순위를 결정할 수 있다. 이 연구에서는 전국 자연환경조사 데이터를 사용하여 기존 보호지역의 식물종 반영 상태를 평가하고 잠재적인 추가 보호지역을 제안했다. MARS(Multivariate Adaptive Regression Splines) 다중반응 종분포 모형(SDM) 알고리즘과 기후 및 지형 예측 변수를 사용하여 2,297종의 식물종에 대한 종분포를 모델링하고 기존 보호지역의 생물다양성 반영을 전체 면적 중 기존 보호지역에 반영된 평균 비율로 평가했다. 이 평가에는 ① 모든 종, ② 멸종위기종, ③ 자생종, ④ 생물자원종의 네 가지 식물 그룹의 현재 보전 상태를 포함했다.

다음으로 막산(Marxan)을 이용하여 세 가지의 보전 시나리오 결과를 만들었다. 첫 번째 시나리오는 기존 보호지역과 동일한 면적의 대체 보호지역이 보전 효과를 높일 수 있는지에 대한 시나리오이다. 두 번째 및 세 번째 시나리오는 아이치 생물다양성 목표(목표 11)에 더 가까운 보전 수준으로 보호지역 지정 수준을 높이는 시나리오이다.

막산(Marxan)은 각 지역에 대해 보전에 필수적인 잠재적인 보호지역을 식별하는 데 사용할 수 있다. 최종 막산(Marxan) 결과에서 공통적으로 선택된 위치를 식별하여 우리나라의 식물 생물다양성 보전을 위해 잠재적인 우선 보전 지역을 제안했다.

(1) 연구 방법

MARS 종분포 모형을 사용하여 2,297종의 식물종에 대한 분포 범위를 모델링하고, 막산(Marxan)을 이용하여 우리나라 국토 면적의 5.7%를 차지하는 기존 보호지역과 같은 면적으로 대체 보호지역을 시뮬레이션 했다. 그 후 현재 보호지역과 대체 보호지역의 종 반영 정도의 평균을 비교했다. 또 막산(Marxan)을 사용하여 아이치 생물다양성 목표(국가 토지 면적의 17%를 보호지역으로 지정함)에 접근하기 위해 보호지역을 확대하는 두 가지 추가 보전 시나리오를 모델링했다.

(2) 연구 결과

우리나라의 기존 보호지역은 각 식물종 범위의 평균 6.3%를 포함하며, 모델링된 동일 면적 대안은 5.9%를 포함하는 것으로 평가되었다. 그러나 기존 보호지역은 주로 고지대 지역에 분포하고 분포 면적이 좁은 종에 대해 높은 비율로 반영하는 것을 파악했다. 기존 보호지역을 포함하는 추가 보호지역은 종분포 범위를 더 높은 비율로 반영했지만 비산림 지역의 많은 생물다양성 핫스팟이 누락되어 있으며 기존 보호지역을 고정하지 않은 추가 보호지역은 저지대 지역을 포함하여 거의 모든 종의 분포 범위를 고르게 반영했다.

연구 결과를 통해 우리나라 북동부와 남부 지역의 기존 보호지역의 확장이 필요하다는 것을 파악했다. 또 저지대 해안 지역과 서울 주변 지역도 생물다양성 보전 관점에서 매우 중요한 지역이다(그림 28-2 참조).

우리나라와 같이 소규모 국가에서는 아이치 목표를 달성하고 육지 면적의 17% 이상을 보호지역으로 지정하는 것이 어려울 수 있으며 많은 개발도상국에

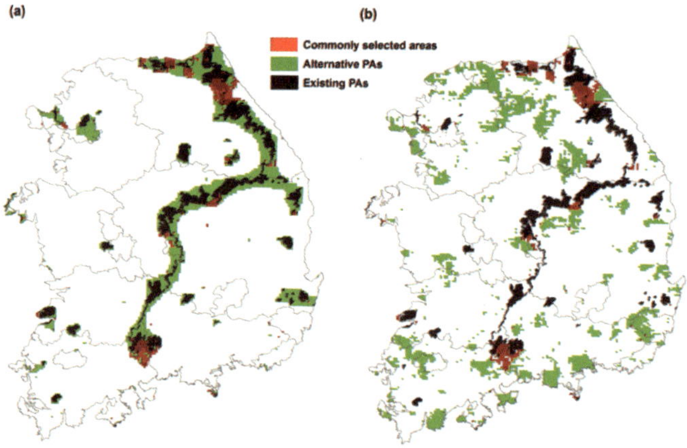

그림 28-2. 대안의 보호지역 모델링 결과
: (a) 기존의 보호지역 포함(총 토지 면적의 15.3%), (b) 기존 보호지역을 고려하지 않음(총 토지 면적의 13.9%)
출처: Choe et al.,(2018)

서 대규모 보호지역에 대한 보전 및 관리 비용이 부담될 수 있다. 이러한 경우에 어떤 지역이 가장 큰 보전 가치를 제공하는지를 분석하는 것이 효율적인 보호지역 지정을 위한 대안이 될 수 있다.

28-3. 식물종에 대한 기후취약성 평가 및 국가 기후코리더 평가

생물종의 분포에 대한 기후변화의 영향은 상당할 수 있으며, 생태계의 기후 취약성을 확인하고 이에 대한 대응 방안을 마련하는 것은 보전 계획의 중요한 목표이다. 기후변화에 취약한 생물종을 보전하기 위한 많은 적응 전략이 제안되었으며, 이러한 전략을 지원하는 중요한 도구 중의 하나는 기후변화 취약성 평가이다. 기후변화 취약성 평가는 변화된 기후에서 종이 생존할 수 있는지 여부에 대한 지식을 제공하기 때문에 적응 전략 수립에 유용한 정보를 제공할 수 있다.

취약성 평가에는 민감도, 기후 노출 및 적응 능력의 세 가지 요소가 자주 사용된다. 여기서 민감도는 생물종이 기후변화에 의해 영향을 받는지 여부와 영향을 받는 방식을 측정한다. 또 기후 노출은 생물종이 미래의 기후 조건에서 경험할 수 있는 기후변화의 정도를 측정한다. 그리고 적응 능력은 종의 이동 또는 기타 수단을 통해 기후변화에 대한 민감도 또는 기후 노출 정도를 감소시킬 수 있는 능력을 측정한다.

이 연구의 주요 목표는 다음과 같다. 첫째, 식물 종의 현재 공간 분포를 모델링하고 그 분포 경향에 따라 그룹화 한다. 둘째, 현재 및 미래의 기후에 적합한 지역을 기반으로 각 그룹 및 모든 종에 대한 공간적 취약성 평가를 수행한다. 셋째, 가장 위험할 것으로 간주되는 그룹에 대해 여러 종의 서식 범위 이동을 수용할 수 있는 경로인 기후 메타코리더를 분석한다. 넷째, 얼마나 많은 종의 현재 서식 적합한 지역이 모델링된 경로와 겹치는지를 측정하여 메타코리더의 적합성을 평가한다.

이 연구에서는 MARS 다중반응 종분포 모형을 사용하여 2,297종의 식물종에 대한 기후 매개 변수를 추정하고 현재와 2050년에 예상되는 미래 기후 조건에서 서식 적합 지역을 예측했다. 모든 종의 분포 경향에 대해 유사한 공간 분포를 가진 다섯 개의 그룹을 만들었으며, 각 생물종과 다섯 개 그룹 각각에 대해 세 가지 취약성 구성 요소를 평가하고, 현재 종풍부도가 높은 지역이 미래의 서식 적합 지역에 연결될 수 있도록 가장 취약한 세 그룹 각각에 대한 기후 메타코리더를 모델링했다. 최종적으로 현재 서식 적합 지역이 메타코리더와 교차하는 종의 수를 집계하여 해당 그룹에 대한 각 메타코리더의 적합성을 평가했다.

(1) 연구 방법

MARS(Multivariate Adaptive Regression Splines) 다중반응 종분포 모형을 사용하여 현재 기후 조건 및 2050년의 예측된 기후에서 2,297종의 식물종에 대한 기후 적합성을 추정했다. 전체 식물종을 현재의 공간 분포 패턴에 따라 중앙분포종, 광범위 분포종, 해안 산악지대종, 산지 분포종, 저지대 분포종의 다섯 개 그룹으로 분류했다. 기후변화 노출, 공간적 서식처 감소, 이동 압력의 세 가지 공간적 취약성 평가 요소를 사용하여 각 종의 공간적 취약성을 평가하고 취약성 값을 각 요소에 대해 그룹별로 평균을 계산했다. 그 후 전체 종의 평균값과 비교하여 기후변화에 취약한 종 그룹을 선정하고 최종적으로 해안 산악지대종, 산지 분포종, 저지대 분포종이 기후변화에 취약한 종그룹으로 선정되어 이 세 가지 그룹을 대상으로 기후 메타코리더를 계획했다.

(2) 연구 결과

취약성 평가 결과 모든 식물종의 37%를 차지하는 해안 산악지대종, 산지 분포종, 저지대 분포종 그룹이 기후변화에 가장 취약한 것으로 나타났다. 각 그룹에 대한 기후 메타코리더는 최소 83% 이상 각 그룹에 속한 종의 현재 서식 적합 지역의 일부와 중첩된다. 저지대 분포종 그룹에 대한 현재와 미래의 기후 적합 지역은 공간적으로 거의 겹치지 않으므로 특히 이 종 그룹에 대한 메타코리더를 우선적으로 보전할 필요가 있다(그림 28-3 참조).

연구 결과에서 세 그룹의 모든 메타코리더 도착 지점이 강원도 지역으로 수렴되는 것을 통해 많은 수의 종이 제한된 지역으로 이동해야 한다는 문제점이 제기되며 한반도의 종 보전을 위해서는 북한으로 이어지는 국경을 넘는 코리더 계획이 필요함을 알 수 있었다.

이 연구의 접근 방식은 기후 코리더에 대해 평균적인 해답을 찾았지만 각 종에 대한 코리더는 다른 방식으로 나타날 수 있다. 그러나 코리더의 실제적인 구현은 현실적으로 고려할 때 일부의 코리더만 계획이 가능할 것이므로 가능하다면 다양한 미래와 다양한 종에 대해 코리더를 최적화하여 계획하는 것이 바람직할 것이다.

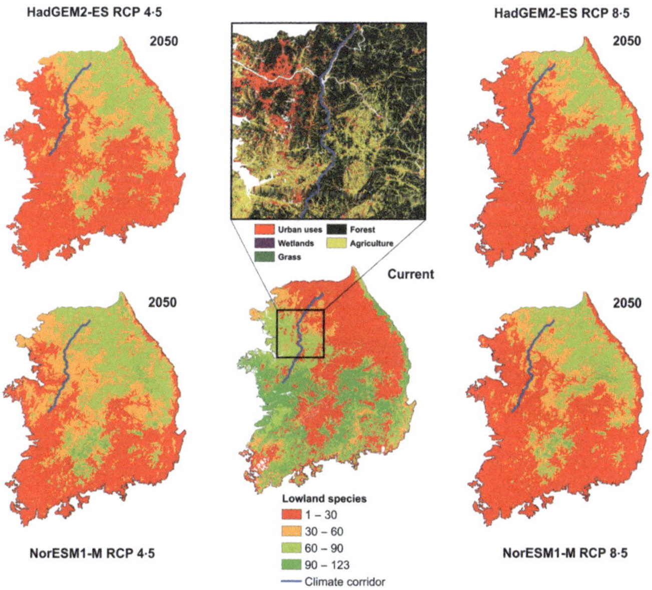

그림 28-3. 저지대 분포종 기후 코리더 출처: Choe et al.,(2017).

28-4. 기후변화에 따른 산림보전 정책의 제안

인간에 의한 토지 이용 변화는 지난 3세기 동안 가장 분명한 전 지구적 변화 중의 하나이며, 인위적인 기후변화 현상도 토지피복의 변화를 가져오고 생물종의 서식지에 영향을 미치고 있다. 산림은 육상 생태계 생물다양성의 가장 중요한 근원이지만 산림 벌채와 기후변화를 포함한 다양한 요인이 전 세계 산림의 절반을 위협하고 있다. 기후변화와 토지 이용으로 인한 자연 서식지 파괴는 육상 생물다양성 감소의 주요 요인이며 산림 관리 및 보전 노력에 불확실성을 유발할 수 있다. 따라서 생물다양성 감소의 양상을 이해하고, 미래의 기후와 토지 이용이 국가적 규모의 생물종 분포에 어떠한 영향을 미치는지를 이해하기 위해 기후변화와 토지 이용을 통합한 연구가 필요하다.

기후변화가 생물다양성에 미치는 영향에 대한 연구는 증가하고 있지만 기후변화와 토지 이용을 통합한 연구는 여전히 부족한 실정이다. 이 연구에서는 미래 기후변화와 토지 이용 패턴의 조합을 시뮬레이션 한 결과를 산림 생물다양성 보전을 위한 산림보전 정책 개발에 사용할 수 있는지를 평가했다. 또 기후변화와 토지 이용에 대한 시나리오 기반 접근법을 현재 산림에 적용했다. 국토의 약 70%가 산림인 우리나라의 산림 생물다양성을 가장 잘 보호할 수 있는 산림 관리 정책이 무엇인지 파악하는 것이 이 연구의 목적이다.

국가 및 지역 정책은 토지 이용 및 산림 전용의 공간 패턴에 영향을 미치게 되어 생물다양성 보전에 기여할 수 있다. 우리나라는 국가조림사업을 통해 1950년대 전체 국토 면적의 35%에서 현재 약 70%로 산림 면적을 확대했으며, 산림 계획을 통해 기후변화에 대응할 수 있는 산림 기능의 중요성을 강조하고 있다. 기후변화와 산림 전용이 생물다양성에 미치는 영향을 상쇄하기 위한 조치가 필요하며, 이는 상당한 정책 변화를 요구할 수 있다. 최근 우리나라의 나무 심기 프로젝트는 바이오매스 숲을 조성하고 빠르게 자라는 수목을 식재하여 탄소흡수원으로 목재 기반 자원을 공급하는 것에 중점을 두었지만 기후변화 완화 정책은 지역 수준의 생물다양성에 위협이 될 수도 있다. 예를 들어, 다양한 수종의 식재보다는 온실가스를 포집하기 위해 빠르게 성장하는 단일종 위주의 조림은 생물다양성 보전 요구와 충돌할 수 있다. 따라서 지역의 정책입안자들은 지역의 상황에 가장 적합한 관리 방안을 채택해야 하며, 지역 상황에 대한 생물다양성 보전과 기후변화 완화 간의 시너지 효과를 평가하는 연구는 정책입안자들의 의사결정 지원에 매우 중요하다.

우리나라의 산림 계획은 장기 모니터링을 통한 기후 취약 생물종 및 생태계 파악과 희귀종을 위한 특별 관리를 강조하고 있다. 그러나 이러한 계획은 아직 구체적인 추진 전략이나 계획을 제시하지 못하고 있고 지방자치단체 차원에서 효과적인 산림 정책을 전개하기 위한 구체적인 공간 정보가 부족한 상황이다. 토지 이용 패턴의 공간적 예측은 환경적으로 지속 가능한 개발 정책 및 계획 전략을 지원하는 데 중요한 정보를 제공할 수 있다. 다양한 시나리오를 이용한 공간 예측을 통해 다양한 정책 시나리오에서 토지 이용의 환경 영향을 분석하는 것은 향후 정책 개발에 도움이 될 수 있다.

이 연구의 목적은 다음과 같다. 첫째, 다양한 산림 전용 및 기후 모델의 공간적 영향을 평가하여 기존 산림 지역의 생물다양성에 대한 기후변화 및 토지 이용 정책의 영향을 추정한다. 둘째, 산림 전용 및 기후 모델을 통합하여 현재 산림 지역을 미래에 네 가지 변화 그룹으로 구분한다. 셋째, 생물다양성 보전과 기후 완화 모두를 포괄할 수 있는 산림 정책 및 보전 전략 방안을 제안한다.

이 연구에서는 2050년의 네 가지 기후변화 시나리오를 이용하여 1,031종의 기후변화 취약종에 대한 공간 범위 변화를 예측하고 산림 지역에 대해 종풍부도 변화를 추정했으며, 네 가지 산림 전용 시나리오를 이용하여 산림 지역의 변화를 예측했다. 그 후 두 가지 모델 결과를 결합하고 현재 산림 지역을 네 가지 변화 그룹으로 분류하여 산림 정책 대안을 제안했다.

(1) 연구 방법

기후변화에 취약한 식물 1,031종에 대해 종분포 모형을 이용하여 현재와 미래의 종풍부도 변화를 추정했으며, 이들 종에 기후적으로 적합한 산림 지역, 즉 강원도 지역의 산림을 보전하는 시나리오에서 종풍부도가 높은 산림 지역이 다른 토지 이용으로 변화되는 것을 크게 줄일 수 있음을 확인했다.

다음으로 현재 산지 전용 추세 시나리오, 강원도 지역의 산림 보호 시나리오, 산지 전용 추세량의 50% 감소 시나리오, 두 번째와 세 번째 시나리오 결합의 네 가지 산지 전용 시나리오를 이용하여 미래의 산림 지역 변화를 예측하고 기후변화로 인한 종풍부도 변화와 산림 지역 변화의 두 가지 모델 결과를 독립적으로 결합하여 현재 산림 지역을 네 가지 변화 그룹으로 구분하고 각각에 대한 산림관리 정책을 제안했다. 여기서 구분한 네 가지 산림 변화 그룹은 FI(산림보전, 종풍부도 증가), FD(산림보전, 종풍부도 감소), CI(산지 전용, 종풍부도 증가), CD(산지 전용, 종풍부도 감소)이다(그림 28-4 참조).

(2) 연구 결과

현재 산림 지역에 대한 그룹화 분석 결과 산지 전용 수준은 높지만 강원도 지역 산림을 보전한 시나리오에서 산지 전용 추세량을 50% 감소하는 것과 거의 같게 FI 지역의 보전이 가능했다. 서식 적합한 산림 지역을 보전하는 시나리오에서 산지 전용으로 인한 생물다양성 손실을 크게 줄일 수 있음을 확인했으며, 산림 정책에 생물지리학적 기후변화의 영향을 포함하는 것이 매우 중요하다는 것을 확인했다.

또 네 가지 산림 그룹에 대해 각각 다른 산림보전 전략을 적용할 수 있다. 먼저, FI 지역은 장기적인 모니터링과 추가적인 보호지역 지정이 필요하며, 보조적인 서식지 이전(Assisted Migration)을 위한 후보지가 될 수 있다. FD 지역은 기후변화 완화를 위한 탄소흡수 단일종을 심기 위한 후보지가 될 수 있으며, CI 지역은 잠재적인 산림 벌채 위협 요소를 확인하는 것이 필요하다.

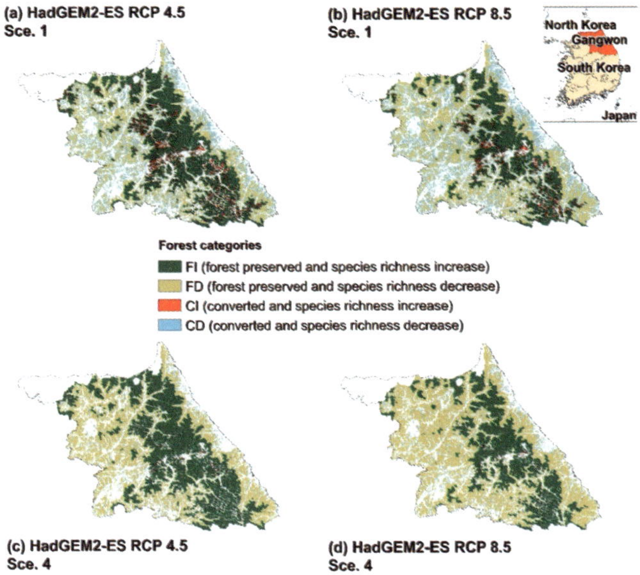

그림 28-4. 네 가지 시나리오 상에서 강원도 지역의 현재 산림 그룹화 결과

출처: Choe and Thorne(2017).

29

기후변화와 오존에 의한 산림녹지 피해

한국환경연구원 | 박진한

기후변화와 함께 오존, 대기오염 등이 산림에 미치는 영향은 더욱 커질 것으로 보인다. 우리나라의 산림은 오존으로 인해 평균 약 9.1%의 산림생산성이 감소하는 것으로 나타났으며, 시나리오에 따라 2100년에는 최대 약 13.3%의 산림생산성이 감소할 것으로 예측되었다. 생태계 서비스의 개념을 도입하여 오존으로 인한 산림생산성의 미래 피해 비용으로 추정하면 최소 약 4,019억 원에서 최대 약 4조 6,526억 원 수준으로 예측되었다.

29-1. 기후변화와 대기오염물질

(1) 기후변화가 산림녹지에 미치는 영향

기후변화는 발생하는 시간 및 공간에 따라 산림과 생태계에 긍정적인 영향을 미치기도 하고 부정적인 영향을 미치기도 한다. 고산 지대에 자생하는 구상나무의 경우 현재의 추세대로 기후변화가 지속된다면 소나무 군락과의 경합으로 인해 100년 이내에 멸종할 것으로 예상된다(권영한 외, 2014). 게다가 많은 동식물들의 서식지가 이동할 것으로 예측되며, 인간도 이상 기온에 대한 노출이 더 커질 것으로 보고되고 있다(Kwok et al., 1997).

전 세계적으로 기후변화 관련 자연 재해 발생의 빈도가 매해 빠르게 늘어나면서 거의 일상의 하나가 된 지 오래이다. 전 세계에서 일어난 기상이변에 따른 자연 재해 건수는 지난 1980년대 400여 건에서 1990년대 600여 건이었으나 2000년대에 들어서면서 800여 건, 2010년 이후에는 매년 900여 건을 넘은 상태이며, 지난 2014년은 태풍, 폭우, 가뭄 등 980건의 다양한 자연 재해가 발생했다(Munich Re, 2015). 이로 인한 경제적 손실은 점점 거대화되는 추세이며, 기상 이변으로 인한 보험금 지급액 규모는 약 1,320억 달러의 규모로 집계되고 있다.

(2) 오존이 산림녹지에 미치는 영향

과거에는 산성비 등이 산림에 영향을 주었다면 최근에는 대기오염물질이 가장 위협이 되고 있다. 특히, 오존은 광화학 산물의 대부분을 차지하고 있으며, 다른 물질에 비해 독성이 높아 식물에 직접적으로 심각한 영향을 미치게 되어 상당한 손상을 초래한다(김현석과 이경준, 1995). 오존이 식물체 내로 유입되면 식물이 오존을 흡입하게 되는 광합성 기관에서 가장 먼저 피해가 발생하며 가장 심한 피해를 보이게 된다. 식물의 광합성 기관이 손상되어 결국 생장이 감소되는 결과를 초래하는 것이다(Felzer et al., 2004). 하지만 오존이 식생에 미치는 영향에 관한 연구는 주요 조림수종과 가로수에 식재되는 일부 수종에 한하여 실내 연구만 진행되는 등 매우 미흡한 실정이다(Lindroth et al., 2001, Noormets et al., 2001).

29-2. 오존이 산림녹지에 미치는 영향

(1) 현재 오존 농도의 변화가 산림녹지에 미치는 영향

연구결과 현재 우리나라 산림생산성을 공간적으로 도출하면 그림 29-1과 같다. 식생이 자랄 수 있는 기온의 범위, 강수량, 일사량 등의 변수로 인해 중부 지방 보다 남부 지방의 산림생산성이 높게 나타나고 있으며, 중부 지방 내에서는 중부 내륙 지역의 산림생산성이 상대적으로 높게 나타나고 있다. 이는 중부 내륙 지역의 일사량과 기온이 산림생산성 분포에 있어 영향을 미치는 것으로 파악할 수 있으며(강신규 등, 2006), 산림 지역은 평지보다 기온이 낮고 광량이 적어 광합성을 통해 탄소를 축적하는 양에 비해 호흡에 사용되는 에너지가 많기 때문인 것으로 판단된다(Zhang et al., 2009).

오존에 의한 산림생산성의 피해는 분석 단위별로 살펴보았을 때 최대 27.07%까지 감소했으며 평균 약 9.08% 감소하는 것으로 나타났다. 우리나라 전체 산림생산성으로 살펴보면 10년 평균 오존의 영향이 없는 경우 약 6,800만 tC/yr로

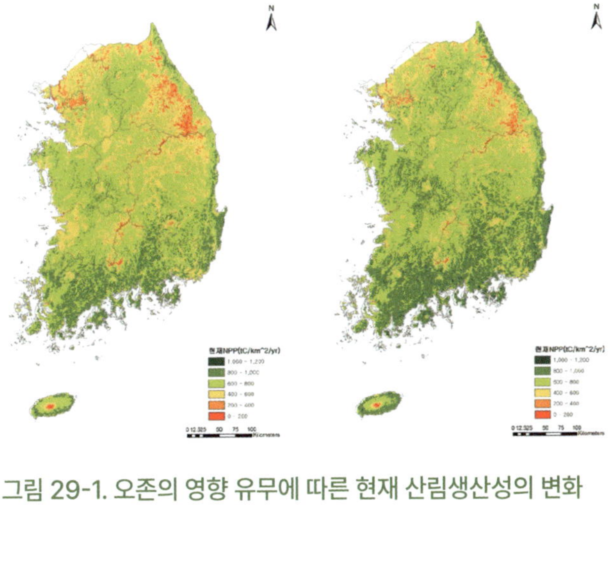

그림 29-1. 오존의 영향 유무에 따른 현재 산림생산성의 변화

나타났으며 오존의 영향을 고려하면 약 6,300만 tC/yr로 나타났다. 2001년부터 2010년까지 전국적으로 평균 약 7.61%의 산림생산성이 감소한 것으로 나타났다. 올링거(Ollinger, et al., 1997)의 연구에 따르면 미국에서의 오존에 의한 산림생산성 감소는 지난 1987년부터 1992년까지 64개의 대상지에서 최소 3%에서 최대 16%, 평균 7.4% 감소했다고 밝히고 있다. 그리고 펠저(Felzer, et al., 2004)의 연구에 따르면 1987년부터 1992년까지 2.6±0.34%의 연간 산림생산성의 감소가 일어났다고 밝히고 있다.

특히, 순 일차생산량이 한창 생성될 시기인 2~3분기의 오존 평균 농도가 가장 큰 영향을 미치는 것으로 나타났다. 올링거(Ollinger, et al., 1997)와 펠저(Felzer, et al., 2004)의 연구에 따르면 평균 0.04ppm 이상의 농도에서는 순 일차생산량 생성에 오존이 영향을 미친다고 하고 있으며, 실제 이 연구에서 살펴본 2~3분기 산림 지역의 오존 평균 농도는 약 0.05ppm으로 순 일차생산량 생성에 영향을 미치는 농도인 것으로 나타났다.

(2) 미래 오존 농도 증가가 산림녹지에 미치는 영향

다음으로 우리나라 및 중국의 질소산화물(NOx) 배출량과 연계하여 오존의 농도를 추정했다. 국립환경과학원(2011)에서 현재 우리나라 오존 발생에 큰 영향을 미치는 배출 물질은 질소산화물이라고 밝히고 있다. 그리고 질소산화물의 배출량과 오존 농도와의 관계식을 이용하여 다음 식 29-1과 같은 상관식을 도출했다.

$$\text{미래 오존 농도 변화 비율} = \frac{4}{6} \times \frac{(\text{한국의 } NOx \text{ 배출량} \times 0.436) + (\text{중국의 } NOx \text{ 배출량} \times 0.564)}{2010\text{년 기준 배출량}} \qquad (29\text{-}1)$$

이에 따라 다양한 시나리오 조합의 질소산화물 배출량에 따른 미래 오존 농도의 변화는 2050년대는 현재의 농도와 비교하여 최대 3% 감소하거나 최대 21% 증가하는 것으로 예측된다. 그리고 2100년대에는 시나리오에 따라 최대 29% 감소하거나 최대 36%까지 증가할 것으로 예측된다.

오존 농도 변화 시나리오에 따른 산림생산성의 변화는 다음 그림 29-2와 같다. 2050년대 오존 농도가 평균 약 3% 감소하면 산림생산성은 약 0.42% 증가하며, 오존 농도가 평균 약 21% 증가하면 산림생산성은 약 1.59% 생산성 저하가 일어난다. 2100년대에는 오존 농도가 평균 약 29% 감소하면 산림생산성은 약 2.43% 증가하며 오존의 농도가 약 36% 증가하는 경우에는 약 2.65% 생산성이 감소하는 것으로 나타났다.

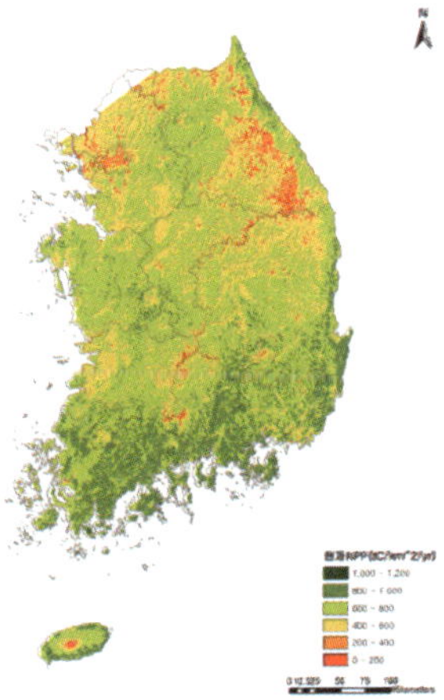

(a)오존 농도 최대 감소(-3%)(2050년대)

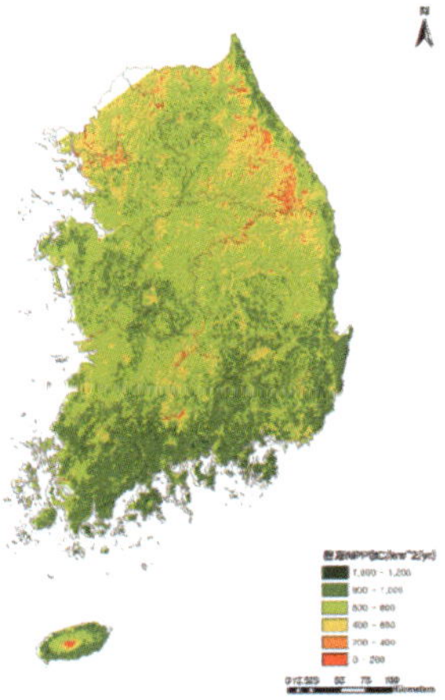

(b)오존 농도 최대 증가(+21%)(2050년대)

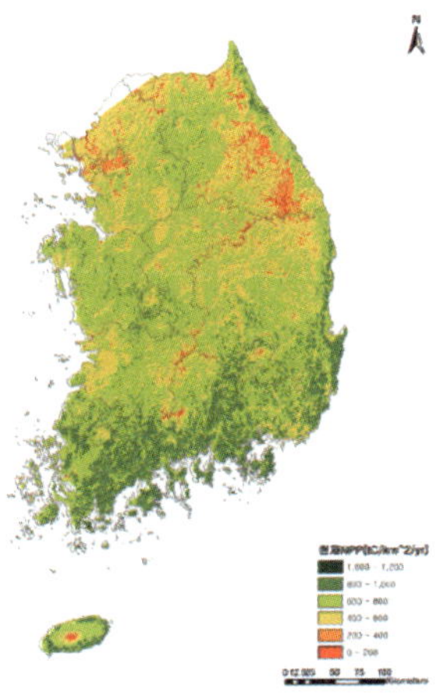

(c)오존 농도 최대 감소(-29%)(2100년대)

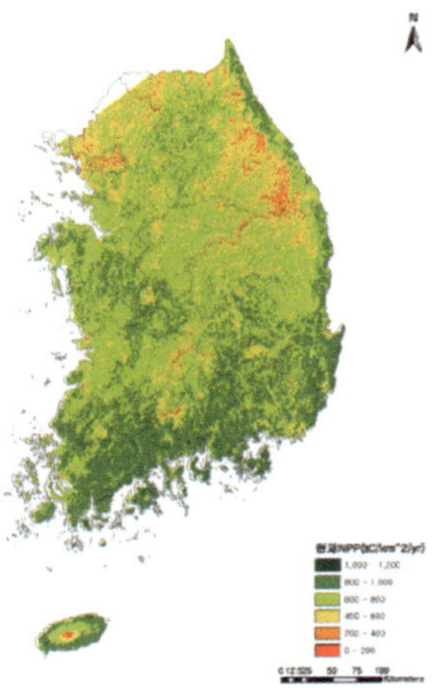

(d)오존 농도 최대 증가(+36%)(2100년대)

그림 29-2. 오존 농도 변화 시나리오에서의 미래 산림생산성 변화

29-3. 오존 농도의 변화에 의한 산림녹지의 피해 비용 추정

편익함수 도출을 위해 국내외 17개 논문 및 보고서에서 50개의 산림에 대한 가치를 도출했다. 사용 가치는 총 53건으로 조절 서비스는 21건, 문화 서비스는 19건, 지원 서비스는 7건, 공급 서비스는 6건, 비사용 가치는 7건이며, 전체 가치의 평균은 7,287만 원/km^{2}이다. 이를 바탕으로 추정한 생태계 서비스 항목별 단위 면적당 가치는 다음 표 29-1과 같다.

모든 항목에서 평균추정치 이전 방법보다는 메타회귀분석 방법을 적용할 때 공급 서비스는 약 19%, 조절 서비스는 약 8%, 지원 서비스는 약 28%, 사용 가치는 약 14%, 비사용 가치는 약 6% 크게 추정하는 것으로 나타났으며, 문화 서비스의 경우는 평균추정치 이전 방법이 메타회귀분석보다 약 5% 크게 추정하는 것으로 나타났다.

또 사람들이 실제로 많이 이용하는 문화 서비스보다는 공급 서비스, 조절 서비스, 지원 서비스의 가치가 상대적으로 더 큰 것으로 나타났으며 유산 가치, 존재

표 29-1. 산림의 단위 면적당 가치

가치 분류 및 생태계 서비스 항목		추정 가치(만 원/km^2)	
		평균추정치 이전	메타회귀분석
사용가치	공급 서비스	4,722	5,616
	지원 서비스	7,523	8,139
	지원 서비스	6,069	7,750
	문화 서비스	3,027	2,876
		21,341	24,381
비사용 가치		17,636	18,747

가치와 같은 비사용 가치보다는 사용 가치가 상대적으로 더 큰 것으로 나타났다.

미래 고농도의 오존이 발생할 확률을 이용하여 피해 비용을 추정하기 위해서는 오존의 발생 확률, 산림 피해 발생 면적, 산림의 단위 면적당 가치가 필요하다. 월별 자료를 이용하여 0.04ppm 이상 농도의 오존 발생 확률을 도출해 보면 2050년대는 98.33%, 2090년대는 96.67%의 높은 확률로 고농도의 오존이 발생할 수 있다. 이는 모델링 결과의 현재 발생 가능성인 85.00%보다 약 11~13% 높은 수준이다.

이를 바탕으로 확률의 개념을 적용하여 피해 비용을 추정하면 2050년대에는 약 2조 9,281억 원에서 최대 약 4조 639억 원의 피해가 발생할 것으로 예상되며, 이는 현재 우리나라 국민 총생산(GDP)의 약 0.19~0.26%, 평균 약 0.22% 수준이다. 2090년대에는 약 2조 821억 원에서 최대 4조 4,977억 원의 피해가 발생할 것으로 예상된다. 이는 현재 우리나라 1년 국민 총생산(GDP)의 약 0.13~0.29%로 평균 약 0.21%의 수준이다. 최대 피해 비용, 평균 피해 비용은 2050년대에 비해 2090년대에는 증가할 것으로 예상되며, 최소 피해 비용은 오히려 2090년대에 더 감소할 것으로 예상된다.

앞서 편익 이전에 의한 피해 비용 추정과 마찬가지로 생태계 서비스 항목 중에서 탄소 흡수 기능과 관련이 있는 조절 서비스만 살펴보면 2050년대 약 5,652억 원에서 7,669억 원의 피해가 예상되며, 2090년대에는 약 4,019억 원에서 최대 약 8,488억 원의 피해가 예상된다. 조절 서비스를 포함하는 간접 이용 가치로 추정한 피해비용은 2050년대에 약 1조 211억 원에서 약 1조 4,972억 원, 2090년대에 약 7,261억 원에서 약 1조 6,570억 원으로 나타났으며, 이용 가치로 추정한 피해 비용은 2050년대 약 1조 6,032억~2조 2,974억 원으로 나타났으며, 2090년대에는 약 1조 1,400억 원에서 약 2조 5,426억 원으로 2050년대에 비해 2090년대 피해 비용의 변화폭이 더 커졌음을 알 수 있다. 금액의 크기는 다르지만 피해 비용의 경향은 편익이전에 따른 방법에 의한 피해 비용의 경향과 크게 차이가 없는 것으로 나타났다.

29-4. 대기오염 대응 산림녹지 관리

이 장에서는 현재의 2~3분기 오존 농도가 산림의 순 일차생산성에 미치는 영향을 파악하고, 이를 활용하여 미래 오존의 농도가 변화했을 때 산림이 오존에 의해 받는 피해를 추정했다. 이 연구의 의의는 다음과 같다.

오존이 산림생산성에 미치는 영향을 살펴보면 분석 단위별로 살펴보았을 때는 최대 약 27.1%까지 산림생산성이 감소하는 지역이 있었으며, 평균 약 9.1%의 생산성 저하를 가져오는 것으로 나타났다. 이를 전국 단위로 확대하여 계산해 보면 2001년부터 2010년까지 매년 평균 약 8.3%의 산림생산성이 오존에 의한 피해를 입은 것으로 나타났다. 미래 오존 농도에 의한 산림생산성의 피해는 시나리오에 따라 현재 오존의 영향이 미반영된 산림생산성 대비 최소 약 3.2%에서 최대 약 13.3%까지 나타날 것으로 예상된다. 이는 미래 오존 농도의 시나리오에는 현재 오존 농도 대비 감소하는 시나리오가 포함되어 있어 현재의 피해보다 줄어드는 경우도 나타날 것으로 예상된다. 하지만 국내외 연구에서 기후변화로 인해 미래 오존 농도가 증가할 가능성이 높다고 언급하고 있으므로 현재의 피해보다 미래의 피해가 더 증가할 것으로 예상할 수 있다.

또 오존으로 인한 산림생산성의 미래 피해 비용은 적용 방법론과 피해 비용의 정의에 따라 다양하게 나타났다. 피해 비용의 최소값은 산림생산성과 직접적인 관계가 있는 조절 서비스만을 대상으로 확률 개념을 적용했을 때 약 4,019억 원이 발생했으며, 최대값은 총 경제 가치의 개념을 적용하여 메타회귀분석을 실시했을 때 약 4조 6,526억 원으로 나타났다. 연구 결과 추정한 피해 비용은 최대 현재 국민 총생산(GDP)의 약 0.3% 수준이다. 또 이 연구 결과는 미래 피해 비용을 추정할 때 피해 비용의 정의와 피해 비용 추정에 사용되는 방법에 따라 최대 11배 이상의 차이가 발생할 수도 있음을 시사한다.

이 연구 결과를 활용한다면 산림청의 탄소흡수원 증진 종합 계획 또는 지방자치단체의 산림탄소 상쇄 프로그램과 관련하여 정책을 도입할 때는 미래의 피해 지역을 고려할 수 있으며, 또한 수종 갱신을 통한 숲가꾸기 사업을 진행할 때도 특정 지역에 대해서는 대기오염에 내성이 강한 종을 고려해야 할 것이다. 이 연구를 통해 향후 산림 부문의 오존에 대한 기후변화 적응 대책을 수립하는 데에 도움을 줄 수 있을 것으로 기대된다. 또 미래 편익 및 피해 비용을 추정할 때는 피해 비용의 정의와 적용하는 방법론에 따른 편차가 크게 존재한다는 것을 밝혔다. 이는 기후변화에 대한 편익 또는 피해 비용을 추정할 때에 과소 추정하거나 과대 추정할 위험성을 내포하고 있으므로 이에 대한 주의가 필요함을 의미한다. 아울러 기존 자연 재해 등에 제한적으로 사용되었던 확률의 개념을 이용하여 피해 비용을 추정했다는 점에서 이 연구의 의의를 찾을 수 있다.

실제 산림의 광합성 및 생장 메커니즘은 매우 복잡하지만 이 연구에서 사용한 경험적 모형 및 미래 예측이 가능한 변수 등을 우선적으로 적용하여 발생되는 내재적 한계점을 지닌다. 향후 산림생산성 추정 모형을 좀 더 고도화하기 위해서는 이에 대한 보완이 필요할 것으로 사료된다. 또 이 연구에서 사용한 오존 농도의 경우 휘발성 유기화합물(VOC)과 같은 다른 물질을 포함한 광화학 반응에 의해 발생하므로 이에 대한 정확한 예측을 반영하지 못한다는 점에서는 한계가 있다. 이는 향후 에너지 사용량 기반의 대기 모델링을 수행할 수 있는 다른 연구기관과의 협력이 필요하며, 특히 우리나라의 대기오염 문제는 우리나라뿐만의 문제가 아니라 중국을 포함한 동아시아의 문제라고 할 수 있는 것이다. 더욱 정확한 미래 예측을 위해서는 국내 연구진 간의 협력뿐만 아니라 국제적인 협력 또한 필요할 것이다.

마지막으로 피해 비용을 추정할 때 확률 개념의 도입은 미래의 사건이 일어날 가능성 측면에서의 접근이라는 의의를 가지지만 동시에 자연 재해와는 다른 사건의 이벤트를 동일하게 적용할 수 있는지에서는 한계가 있다. 하지만 이는 이 연구에서 사용한 전국 단위의 월 평균 자료 데이터의 한계로 추후 이를 좀 더 세분화하여 오존 농도를 시간 단위에서 예측할 수 있는 연구가 필요할 것으로 판단된다.

30

도시공원녹지의 기능과 구성

전북대학교 | 양병선

도시녹지의 기능을 통해 도시녹지의 필요성을 알아보고 조경 계획의 관점에서 효과적인 녹지 계획 방안에 대한 연구를 소개한다. 도시녹지를 통한 도시 물순환 개선과 열섬저감을 중심으로 녹지가 도시민에게 어떤 영향을 미치는지와 도시 조경의 기능적 중요성에 대해 논의한다.

30-1. 도시공원녹지 조성의 필요성

도시는 인간의 다양한 활동을 위해 많은 사회 기반 인프라가 집중되어 있다. 집중되어 있는 인구와 사회 기반 시설을 기반으로 도시는 사회적, 문화적 및 경제적으로 인류 발전에 크게 기여했다. 도시는 밀도 높은 개발과 양적 팽창으로 발전하고 있지만 이러한 개발과 확장으로 인해 자연 생태계뿐만 아니라 인간 생활환경까지도 크게 영향을 받고 있다. 이러한 부정적인 영향을 저감하기 위해 도시 개발 과정에서 정책적으로 계획적인 토지 이용을 통한 도시 환경의 조성을 유도하고 있다. 특히, 도시공원과 녹지 공간의 조성을 통해 도시 생태계와 인간 생활환경의 개선에 기여하고 있다.

도시공원 및 녹지에 대한 중요성은 최근 기후변화와 이로 인한 홍수, 가뭄, 도시열섬 현상, 미세먼지 등과 관련된 문제와 이로 인한 피해가 증가하면서 더욱 증가하고 있다. 특히, 최근에는 국제적으로 파리협약에 따라 신기후 체제로 들어서면서 국가별로 온실가스 감축 목표를 수립하고 이를 달성하기 위한 방안을 모색하고 있다. 도시 지역을 포함하는 정주지의 토지 이용을 통한 온실가스 감축도 이에 포함되기 때문에 도시공원 녹지에 대한 중요성은 더욱 부각되고 있다.

하지만 최근 정책적으로 사유재산권 침해 소지가 있다는 이유로 장기 미집행 도시 계획 시설에 대한 효력이 상실되면서 도시공원의 급격한 감소가 우려되고 있다. 불투수면적의 비율이 높은 도시 지역에서는 도시 미기후 변화, 물순환 체계의 악화, 도시홍수, 열섬 현상 등의 발생 가능성이 증가한다. 인공적인 방법이나 시설물을 통해 이러한 현상과 그로 인한 영향을 저감하려는 노력에도 불구하고 기후변화에 따른 극한 기상의 증가로 인해 예측한 범위를 벗어나면서 기존의 방안으로는 저감이 어려워지고 있다. 따라서 도시 지역 내의 녹지 공간의 생태적 기능을 활용하여 이러한 문제들을 해결하기 위한 방안으로 지연기반해법, 저영향 개발 기법, 그린인프라 등의 이름을 가진 생태계 서비스를 활용한 저감 방안이 이용되고 있다.

도시의 녹지는 자연적인 현상, 즉 생태계 서비스를 통해 다양한 기능을 하고 있다. 이러한 기능을 통해 자연 상태에서는 균형적인 시스템을 유지하고 있으나 개발로 인해 녹지가 줄어들고, 특히 불투수면적이 증가하면서 도시 지역에서 다양한 문제가 발생하기 시작했다. 여기서 불투수면적이란, 개발하거나 도로나 건축물을 건설하기 위해 토양을 콘크리트 등의 인공 재질로 포장한 곳을 말한다. 불투수면적은 토양을 완전히 덮고 있기 때문에 자연의 순환을 가로막아 다양한 문제가 발생하게 된다.

자연 상태에서는 비가 내리게 되면 일정량의 빗물이 토양에 흡수되어 지하수로 흘러들어가고 흡수되지 못한 빗물은 지표면으로 흘러 강이나 호수 등으로 유입되거나 지표면에 고여 있다가 증발한다. 이러한 시스템을 '물순환 체계'라고 한다. 그런데 불투수면적이 증가하게 되면 토양으로 흡수되는 빗물의 양이 현저하게 줄어들게 되고 전체 물순환 체계가 무너지게 되어 홍수와 가뭄 및 미세먼지 등이 증가하게 된다. 또 불투수면적의 증가로 인해 공기 중 습도가 낮아지게 되어 도시가 사막화되고 증발산이 감소하며 태양 에너지를 반사하지 못하고 흡수하게 되어 도시 내의 열이 배출되지 못한다. 그 결과 도시 지역의 온도가 주변 지역보다 높아지는 도시열섬 현상이 나타난다.

도시는 불투수면적 증가로 인해 도시 생태계뿐만 아니라 인간 활동에도 많은 영향을 미치고 있으며 이로 인해 기후변화 피해가 발생하며 시간이 지날수록 증가하고 있다. 이를 위해 도시 지역 내의 녹지를 확보하기 위한 다양한 정책을 도시 계획 단계에 적용하고 있다. 도시 내의 녹지 면적을 확보하기 위해 도시별로 인구 일 인당 일정 녹지 면적을 조성하도록 하고 무분별한 개발을 방지하기 위한 용도 지역과 지구 및 구역 제도를 통해 계획적인 국토 개발을 시행하기 위해 노력하고 있다. 서울시의 경우, 용도 지역별 구분에 따른 녹지 지역은 전체 면적의 38.54%(2021년 기준)로 도시 내 녹지 면적이 낮은 편이 아니다. 하지만 대부분 자연녹지 지역으로 산지나 하천 주변 지역으로 도심 지역에 고르게 분포되어 있지 않고 많은 면적이 특정 지역에 집중되어 있어 도시녹지를 통한 생태계 서비스의 기능이 집중되어 있을 것으로 보인다.

30-2. 도시공원녹지의 효과

도시공원녹지의 효과를 알아보기 위해 고밀도 개발 지역이면서 녹지 비율이 낮은 편인 서울시 서초구 일대 지역을 대상으로 장기 미집행 도시공원이 개발되었을 경우 홍수 발생 가능성과 열섬 현상의 정도가 얼마나 변화하는지를 분석했다. 이 지역은 서울시 내에서도 개발이 매우 밀도 높게 진행된 곳으로 북쪽으로는 한강이 위치하고 남쪽으로는 우면산이 위치하고 있다. 이 지역은 여름철 집중호우로 인해 도시홍수가 상습적으로 발생하는 지역이며 고밀도 개발로 인해 주변 지역에 비해 온도가 높은 지역이다.

대상지의 총 면적은 약 47km²이고 녹지는 19.4km²이며 하천은 2.8km²로 개발지역 24.7km²가 전체 면적의 약 50%를 차지하고 있다. 하지만 대부분의 녹지 면적은 우면산을 포함한 대규모 산림 지역으로 소규모 녹지의 면적은 매우 적은 지역이다. 대상지 내에 장기 미집행 도시공원은 총 4곳으로 1.3km²를 차지하고 있

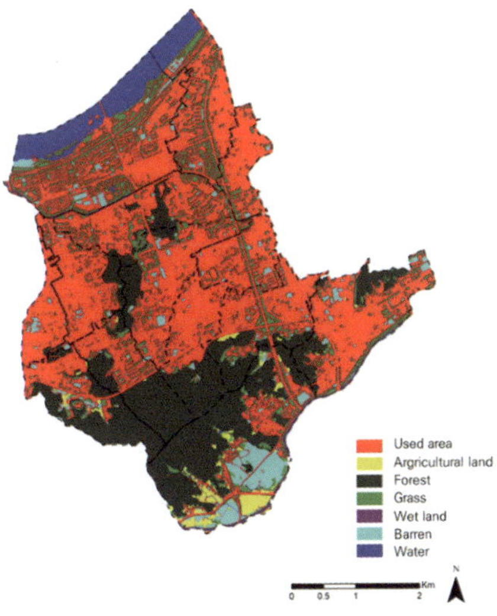

그림 30-1. 연구 대상지 (서초구 일대)

다. 이 연구에서는 장기 미집행 도시공원이 개발되었을 경우를 예상하여 이 지역의 홍수와 도시열섬 현상의 변화를 분석했다.

홍수 발생 가능성을 분석하기 위해서는 강우 시 대상지 내에서 발생되는 우수유출량을 유출곡선지수(Curve Number, CN)를 통해 산정하고, 토지 이용과 토양 특성을 통해 대상지의 토양수분함유능을 산정했다. 마지막으로 강우 확률분포를 통해 앞에서 도출된 유출곡선지수와 강우확률분포를 이용하여 통계적인 방법인 몬테카를로 시뮬레이션(Monte Carlo simulation)을 통해 장기 미집행 도시공원 개발 전과 개발 후의 대상지에서 발생되는 빗물유출량을 산정했다.

대상지의 온도 변화를 분석하기 위해서는 지표면 온도(Land Surface Temperature, LST) 데이터를 사용했다. 위성 영상을 통해 산정하는 지표면 온도는 넓은 지역의 온도 데이터를 구축하기가 용이하며 도시 온도와 관련된 연구에 주로 사용되고 있다. 위성 영상 Landsat 8 OLI의 밴드 10, 11 영상을 사용하여 지표면 온도를 산정했으며 디지털 넘버(Digital Number, DN) 형태의 위성 영상을 방사 분석을 통해 지표면 온도값으로 변환했다. 공원녹지의 온도저감 효과를 분석하기 위해 공원의 내부 온도와 주변 지역의 온도를 비교하는 지수인 PCI(Park Cooling Impact) 지수를 사용했다. 이를 통해 공원과 공원 주변의 온도가 얼마나 어디까지 저감되는지를 분석했다. 또 장기 미집행 공원이 개발되었을 때 대상지의 온도 변화를 모의했다.

우수유출량 모의 결과 평균 우수유출량은 장기 미집행 공원을 개발한 이후가 개발 이전보다 11% 증가하는 것으로 나타났다. 온도저감 효과 분석의 결과 도시화 지역의 평균 온도는 31.04℃이며 녹지 지역의 평균 온도는 26.77℃로 나타났다. PCI 분석을 통해 분석한 녹지의 온도저감 효과의 결과를 살펴보면 공원 경계에서 180m 이상으로는 온도저감 효과가 거의 없는 것으로 보였다. 또 장기 미집행 공원이 개발될 경우 대상지의 평균 온도가 26.77℃에서 31.04℃ 이상으로 증가할 것으로 예측되었으며, 상황에 따라 최대 37.48℃까지 증가할 수도 있는 것으로 예측되었다.

이 분석을 통해 도시 지역 내에서 녹지가 빗물 유출량 저감과 온도저감의 효과가 있는 것을 확인할 수 있었다. 특히, 고밀도 개발 지역을 전체 면적과 비교했을 때 상대적으로 크기가 큰 면적이 아니더라도 물순환 개선 기능과 온도저감 기능을 통해 상당한 영향을 미치고 있으며 녹지가 개발되어 불투수면적이 증가할 경우 전체적으로 미칠 수 있는 영향이 상당한 것을 확인할 수 있었다.

30-3. 도시공원녹지의 공간 배치

도시 내 녹지에 대한 중요성은 다양한 연구를 통해 확인되고 있으며 도시녹지의 양을 늘리기 위한 정책들이 적극 시행되고 있다. 하지만 위 사례에서도 볼 수 있는 바와 같이 많은 경우 도시녹지는 산림 지역으로 급경사를 이루고 있어 개발하기가 어렵거나 자연공원구역으로 지정되어 보존되고 있는 지역이다. 대규모 녹지나 산림 지역의 보존을 통해 생태적인 기능을 유지하는 것도 필수일 것이다. 하지만 이러한 지역의 면적이 차지하는 비율이 높기 때문에 표면적으로 드러나는 도시녹지의 면적과 비율은 높게 나타나지만 실제 시민들이 체감하는 녹지의 양은 많지 않을 수 있다는 문제가 있다. 특히, 기능적 측면에서 녹지가 미치는 영향이 단순히 녹지의 양에 따라서만 결정되지 않고 녹지가 어떻게 구성되어 있는지에 따라 영향을 받는다면 더욱 그러할 것이다.

이러한 녹지의 배치에 따른 기능적 영향을 분석하기 위해 녹지 배치에 따른 빗물 유출량의 변화를 모의했다. 도시녹지의 중요성이 부각됨에 따라 도시녹지의 효과와 필요성에 관한 연구는 다수 진행되었다. 하지만 대부분의 연구는 도시의 쾌적한 환경 유지나 재해 저감을 위해 필요한 녹지의 양에 대한 연구를 목적으로 하고 있었다. 하지만 실제 도시 계획 단계에서 녹지의 양을 결정하는 것만큼이나 녹지를 어디에 배치해야 하는지도 중요한 요소 중의 하나이다.

녹지의 배치에 따른 빗물유출량의 변화를 모의하기 위해 가상의 공간과 간략화된 수문 모형을 사용했다. 일반적으로 빗물유출량 모의를 위해서는 다양한 변수가 영향을 미치고 이러한 변수들에 의한 영향을 분석하는 것이 복잡하기 때문에 빗물유출량의 결과가 어느 변수에 의한 것인지 분석하여 결과를 도출하는 것이 쉽지 않다. 따라서 연구에서 목적으로 하고 있는 녹지의 공간 배치 외의 변수들을 통제할 수 있는 방법인 가상 공간에서의 모의를 선택했다. 또 물순환의 과정인 강우 녹지의 차단과 침투 및 유출 과정을 모의할 수 있는 단순 모형을 통해 물순환의 전 과정을 계산했다.

가상 공간은 1만 개의 정사각형 셀(cell)을 통해 만들어졌으며 2.5%의 얕은 경사를 가지고 가상 공간의 중심 하단 쪽으로 물이 모두 모이는 하나의 유역으로 설정했다. 각 셀은 녹지 공간 또는 개발 공간인 불수투면 중의 하나로 구성되었으며, 녹시 공간은 녹지와 토양의 물순환 과정인 차단, 침투, 유출 등의 과정을 통해 유출량을 산정하고, 개발 공간은 우수관을 통해 빗물이 일정량 배출되는 구조로 우수관을 통해 배출되지 못하는 빗물이 유출량이 되도록 설정했다. 각 셀에서 발생되는 빗물유출량은 설정되어 있는 경사에 따라 다음 셀로 이동하며 이렇게 축척된 빗물유출량은 최종적으로 누적되어 계산되었다. 전체 과정은 현실적인 빗물유출량 산정의 과정과 비슷하도록 설정했다.

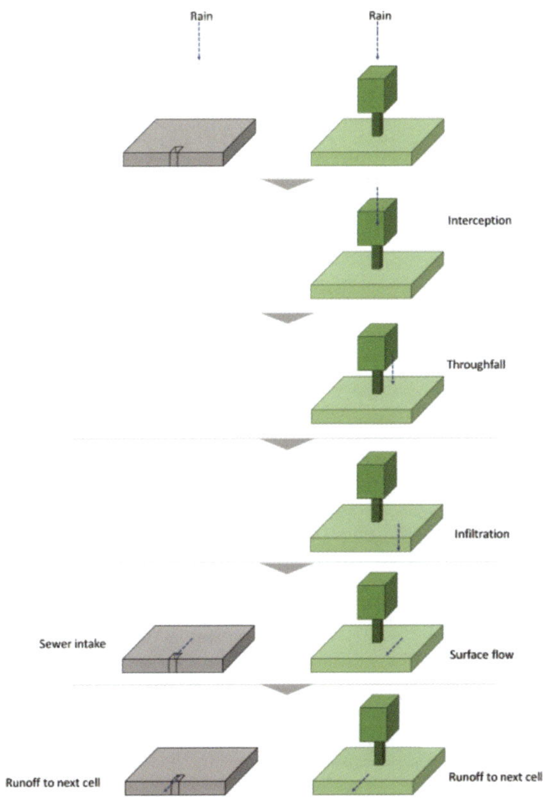

그림 30-2. 가상 공간의 빗물유출량 산정 과정 (개발 공간과 녹지 공간)

녹지 공간의 배치에 따른 유출량 변화를 모의하기 위해 녹지 배치에 따른 시나리오를 구성했다. 비교군이 되는 기본 시나리오를 제외하고, 모든 시나리오는 공통적으로 전체 면적 30%를 녹지로 설정했다. 이와 같이 동일한 녹지 면적을 가지고 있는 경우에 녹지를 어떻게 배치했는지에 따른 유출량 차이를 모의할 수 있도록 했다. 1번 시나리오는 비교군이 되는 기본 시나리오로 녹지 공간 없이 모두 개발 공간으로 구성되어 있다. 시나리오 2번과 3번은 녹지 공간이 분산되어 있는 시나리오로 2번은 불규칙적으로 고르게 분포되어 있으며, 시나리오 3번은 외곽에만 분포되어 있도록 설정했다. 시나리오 4번과 5번 및 6번은 녹지 공간이 한 곳에 집중되어 있는 시나리오로 시나리오 4번은 중심에, 시나리오 5번은 가장 높은 곳인 상단에, 시나리오 6번은 가장 낮은 곳인 하단에 집중되도록 설정했다. 시나리오 7번과 8번은 시나리오 5번과 6번을 약간 분산한 유형으로 시나리오 7번은 5번을, 시나리오 8번은 6번과 같은 위치에서 약간 분산한 유형으로 설정했다.

빗물유출량 모의 결과 녹지가 고르게 분산되어 있는 녹지 배치의 빗물유출량이 녹지가 한 곳에 집중되어 있는 녹지 배치의 빗물유출량보다 낮게 나온 것을 볼 수 있었다. 녹지가 분산되어 있는 시나리오 2번과 3번의 유출량이 녹지가 집중되어 있는 시나리오 4번과 5번에 비해 크게 낮게 나타났다. 특히, 시나리오 5번의 유출량은 녹지가 없는 시나리오 1번과 크게 차이가 나지 않을 정도로 유출량이 많이 발생된 것을 볼 수 있었다. 하지만 녹지가 집중되어 있는 시나리오 중

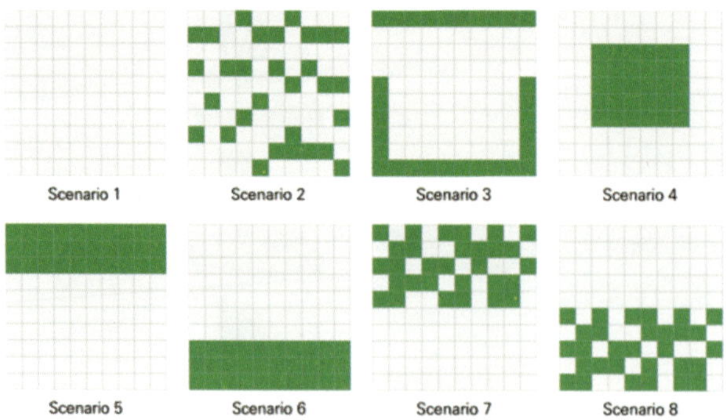

그림 30-3. 시나리오별 녹지의 배치(녹색=녹지 공간, 회색=개발 공간)

낮은 지역이자 빗물이 모이는 곳인 아래쪽에 녹지가 집중되어 있는 시나리오 6번과 8번은 오히려 시나리오 2번이나 3번보다 유출량이 더 낮게 나타난 것을 볼 수 있었다. 이와 같은 현상은 시나리오 2번과 같이 대상지 전체에 고르게 녹지가 분포되어 있는 경우 녹지 공간 셀이나 바로 전 셀에서 발생되는 유출량을 녹지 공간 셀에서 처리하기 때문에 전체적인 유출량이 감소되었으나 시나리오 6번과 같이 물이 최종적으로 모이는 곳이 낮은 지역에 녹지가 집중되어 있는 경우에는 대상지 전체에서 발생되는 유출량을 최종적으로 집중되어 있는 녹지가 빗물 처리 역할을 하여 오히려 전체적인 유출량을 줄인 것으로 볼 수 있다.

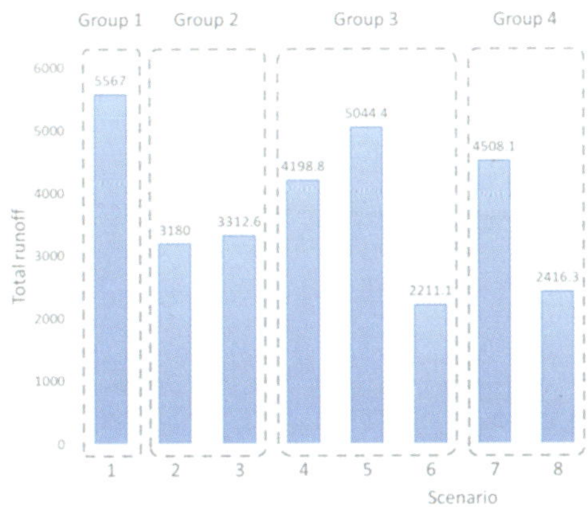

그림 30-4. 시나리오별 녹지 공간 배치에 따른 유출량 결과

30-4. 도시공원녹지의 효율적 구성

도시공원녹지의 중요성에 대해서는 많은 연구를 통해 널리 알려져 있고 사회적으로도 많은 지지를 받고 있으며 정책에도 반영되고 도시 계획 단계에 적용되고 있다. 기후변화에 따라 예측하지 못하는 기상 현상의 발생이 점점 많아지고 이에 따른 영향과 피해가 증가하면서 도시 녹지에 대한 관심과 필요성은 지속적으로 증가할 것으로 보인다. 하지만 현실적으로 새로 개발되는 신도시를 제외하고는 도시 내에서 대규모 녹지 공간을 확보하는 것은 쉽지 않은 일이다. 최근 인구 감소나 산업 구조의 변화에 따라 도심 내 공장 부지의 철거 등을 통한 대규모 공간이 시민들에게 돌아오게 되어 공원화가 계획되어 있지만 이마저도 개발 압력으로 인해 온전한 공원화에 난항을 겪고 있다.

하지만 도시 내에는 법적으로 규정되어 있는 공개 공지나 공공 공지가 확보되어 있으며 이러한 소규모 녹지 공간을 활용한다면 도시녹지 기능을 통한 도시 물순환의 개선, 열섬효과 저감, 미세먼지 저감, 탄소저감 등의 다양한 효과를 얻을 수 있을 것이다. 이를 위해서는 그 기능을 극대화할 수 있도록 현재 공개 공지나 공공 공지에 대한 효율적인 녹지 조성과 관련 시설의 설치에 대한 가이드라인 및 인센티브 제공을 통한 장려가 필요할 것이다. 도시녹지의 중요성이 증대되고 있는 만큼 도시의 조경이 효율적인 녹지 계획과 녹지 정책을 통해 효율이 극대화될 수 있기를 바란다.

31

기후변화가 관광에 미치는 영향

상지대학교 | 김태린

기후 의존적인 관광 산업은 기후변화에 직접적인 영향을 받는다. 이 장에서는 관광 산업 중에서도 특히 기후 의존성이 높은 스키장, 해수욕장, 야외 물놀이 활동 등에 대한 기후변화 영향에 대해 소개하고자 한다. 필자가 분석한 연구 결과들을 토대로 스키 슬로프 운영가능일 수 감소, 해수욕장 면적 감소, 야외 물놀이 활동 선호 일수 변화 등의 영향을 설명하고자 한다.

31-1. 기후변화와 관광의 관계

기후는 생각보다 우리의 여가 및 관광 활동 가까이에 있다. 관광 목적지를 선택할 때 떠올리는 지역의 경관과 분위기(atmosphere)는 해당 지역의 특별한 기후가 배경이 되었을 때 비로소 구성될 수 있으며, 봄철의 꽃 축제, 여름철의 일광욕, 가을철의 단풍놀이, 겨울철의 스키와 눈꽃축제 등 계절성 여가 및 관광 활동 또한 특정한 기후 조건이 전제되었을 때 비로소 가능하다.

관광은 다분히 기후 의존적이다. 때문에 지속되는 기후변화는 지역 관광 산업에 위협으로 다가올 수밖에 없다. 기후변화가 관광에 미치는 영향은 직간접적으로 광범위하게 나타나는데, 예를 들어, 기온의 증가는 스키장, 꽃 축제와 같은 기후 기반형 관광 자원에 대한 직접적인 변화를 가져오며, 특정 기후의 관광 목적지에 대한 관광객 선호 변화를 가져올 수 있다. 또한 해수면 상승은 해수욕장 등 해안 지역 관광자원의 소실을 가져올 수 있으며, 이상기후 발생은 관광 활동 중

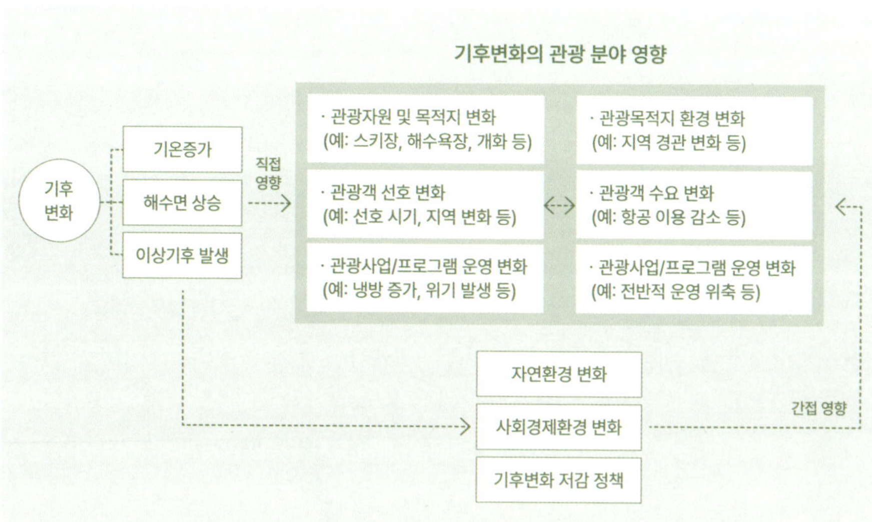

그림 31-1. 기후변화의 관광 분야 영향 출처: 김송이(2020)

사고와 불편 등 리스크를 증가시킬 수 있다. 나아가 자연 환경 및 사회경제 환경 변화, 기후변화 저감 정책 도입 등은 간접적으로 관광 목적지 및 관광 수요, 관광 산업 전반에 걸쳐 광범위한 영향을 미칠 수 있다(김송이, 2020).

이 장에서는 이와 같이 복잡하고 다양한 기후변화의 관광 영향중에서 직접적인 관찰과 예측이 가능한 부문을 시뮬레이션 분석한 연구들을 소개하고자 한다. 구체적으로 ① 기온 상승이 스키장 운영에 미치는 영향, ② 해수면 상승이 해수욕장 면적에 미치는 영향, ③ 무더위가 야외 물놀이 활동 선호 일수 및 시기에 미치는 영향을 분석한 방법과 결과를 설명하고자 한다.

31-2. 기온 상승이 스키장 운영에 미치는 영향

스키장 슬로프의 운영은 자연설 또는 인공설의 유지를 전제로 한다. 자연설 및 인공설의 유지를 위해서는 해당 지역의 기온이 일정 수준 이하로 유지되어 제설이 가능한 상태가 지속되어야 한다. 기후변화로 인한 기온 증가는 이와 같은 스키장 운영에 위협이 아닐 수 없는데, 실제로 기온 증가로 인해 스키장을 시즌보다 조기폐장하거나 폐업에 이르는 사례들을 어렵지 않게 찾아볼 수 있다.

본 절에서는 우리나라의 스키장을 대상으로 진행한 미래 기후변화에 따른 운영 가능성 분석 방법 및 결과를 소개하고자 한다. 스키장의 미래 운영 가능성을 분석하기 위해서는 먼저 스키장 현재 운영 가능 조건을 파악해야 한다. 이에 전국 17개 스키장을 대상으로 한 관리자 인터뷰 및 기존 운영 자료 분석 등을 통해 스키장의 개장, 운영, 폐장 조건을 도출했다. 이후 해당 조건에 미래 기후 시뮬레이션 자료를 적용하여 운영 가능성을 분석했다. 미래 기후 자료는 RCP(Representative Concentration Pathway) 시나리오를 기반으로 자료를 활용했다. RCP 시나리오는 IPCC(Intergovernmental Panel on Climate Change)가 설정한 인간 활동에 따른 CO_2 농도 경로 시나리오로, 지구 스스로 온실가스 농도를 회복할 경우(2.6), 상당한 저감 정책을 실현했을 경우(4.5), 어느 정도 저감 정책을 실현했을 경우(6.0), 저감 노력이 없을 경우(8.5)의 네 가지 경우를 가정한다. 각 시나리오별로 2030년대, 2060년대, 2090년대의 운영 기간 변화를 예측했으며, 스키장 운영의 최소 일수로 여겨지는 100일을 기준으로 향후 스키장의 지속적 운영 가능성을 검토했다.

스키장 운영 조건을 분석한 결과, 일 최저 기온이 영하 2°C 이하로 떨어진 날부터 제설을 시작하여 약 9일 후에 스키장을 개장하고, 일 최저 기온이 0°C 이상으로 증가되는 날 폐장하는 것을 알 수 있었다. 해당 운영 조건에 미래 기후 시나리오를 적용하여 개장일부터 폐장일까지의 운영일 수를 분석한 결과, 스키 시즌 동안 평균 최저 기온이 영하 2℃ 이하인 강원도 등 지역의 경우, 현재 약 130일에서 2090년대에는 120일 정도로 감소될 것으로 RCP 2.6 시나리오에서 전망되었으며, RCP 4.5에서는 130일, RCP 6.0에서는 120일, RCP 8.5에서는 90일까지 감소될 것으로 전망되었다. 스키 시즌 동안에 평균 최저 기온이 영하 2℃에서 0℃ 사이인 경기도 등 지역의 경우, 현재 약 120일에서 RCP 2.6과 RCP 4.5의 경우 120일, RCP 6.0의 경우 100일, RCP 8.5의 경우 60일까지 감소될 것으로 전망되었다. 스키 시즌 동안 평균 최저 기온이 0℃ 이상인 경상남도 등 지역의 경우 현재 약 90일에서 RCP 2.6의 경우 80일, RCP 4.5의 경우 90일, RCP 6.0의 경우 50

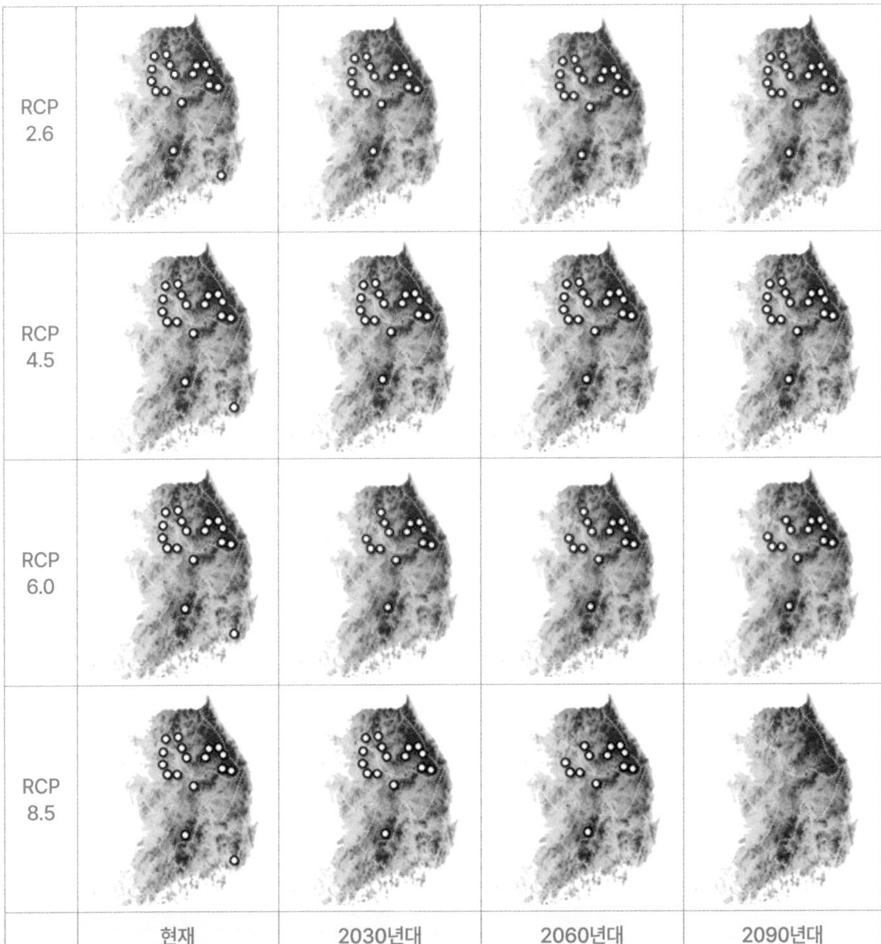

그림 31-2. 우리나라 스키장의 100일 이상 슬로프 운영 가능성 시뮬레이션 출처: 김송이(2017)

일, RCP 8.0의 경우 10일까지 감소될 것으로 전망되었다. 이러한 결과를 바탕으로 100일 이상 운영이 가능한 스키장을 검토해 보면 2090년대 현재 RCP 2.6과 RCP 4.5 시나리오 상에서는 16개 스키장, RCP 6.5 시나리오 상에서는 13개 스키장이 운영 가능하고, RCP 8.5 시나리오 상에서는 100일 이상 운영이 가능한 스키장이 없을 것으로 전망되었다.

이 같은 분석 결과는 향후 기후변화가 지속될 경우 우리나라 스키장 산업에 미치는 위협이 상당할 수 있다는 것을 보여 준다. 물론 기후변화 추세가 완화될 수 있도록 저감 노력을 하는 것이 우선되어야겠으나, 그럼에도 불구하고 지속되는 기후변화에 적응하기 위한 대안들의 마련도 필요할 것이다. 예를 들어, 스키장 운영 수익 감소를 보완할 수 있도록 다양한 실내 어트랙션을 도입하고 가능하다면 실내 슬로프 운영을 병행하는 등의 대안을 검토해 볼 수 있을 것이다.

31-3. 해수면 상승이 해수욕장 면적에 미치는 영향

해수욕장은 해안선을 따라 형성되는 모래사장으로 파도 및 해류에 의한 모래, 자갈, 조류의 껍질 등의 퇴적물이 침전되어 형성된다. 파도 및 해류는 기상 현상 등 자연 과정에 의해 발생하기 때문에 해수욕장의 형성 및 유지는 가변적이다. 기후변화로 인한 해수면 상승은 이와 같은 해수욕장의 형성 및 유지에 지대한 영향을 미친다.

IPCC AR6에 따르면 2018년 현재 해수면은 1901년 대비 약 0.2m 상승했으며, 그 상승 속노는 점차 빨리져 2100년에는 1995~2014년 대비 0.98~1.88m까지 상승할 수 있을 것으로 전망하고 있다. 이는 먼 미래의 우리나라 해수욕장이 현재와 같은 모습으로 유지되기 어려울 수 있다는 것을 의미한다.

본 절에서는 우리나라 해수욕장을 대상으로 미래 해수면 상승에 따른 침수 가능성을 분석한 방법 및 결과를 소개하고자 한다. 해수면 상승에 따른 해수욕장의 침수 가능성을 분석하기 위해서는 해수면 상승을 가정하는 시뮬레이션 분석이 필요하다. 이를 위해 우리나라의 광역시도 단위(해안이 없는 지역 제외)에서 방문객수가 가장 많은(주요 관광 지점 입장객 수 통계 기준) 두 개의 해수욕장을 분석 대상지로 선정했다. 이에 따라 인천시 및 경기도의 을왕리해수욕장, 제부도해수욕장, 충청남도의 대천해수욕장, 춘장대해수욕장, 전라북도의 모항해수욕장, 구시포해수욕장, 전라남도의 돌머리해수욕장, 율포해수욕장, 경상남도·부산의 상주해수욕장, 해운대해수욕장, 경상북도의 영일대해수욕장, 장사해수욕장, 강원도의 망상해수욕장, 경포해수욕장, 제주도의 함덕해수욕장, 중문해수욕장 등 총 16개 해수욕장을 대상지로 선정했다. 미래 기후변화에 따른 해수면 상승 폭은 연구에 따라 다르지만 RCP 8.5 시나리오에서는 2100년 52~98cm 상승을 예상하고 있다. 이에 본 연구에서는 기후변화의 최소 영향과 최대 영향을 분석하기 위해 50cm

와 100cm 값을 해수면 상승 시나리오로 설정했다. 이후 국토지리정보원에서 제공하는 30m 해상도의 DEM을 활용하여 해안선을 추출했으며, Raster Calculator를 활용하여 해수면 상승의 영향을 받는 지역을 추출했다.

시뮬레이션 분석 결과 서해안, 남해안, 동해안에 서로 다른 양상이 나타날 것으로 전망되었다. 서해안의 경우 해수면 상승에 따른 해수욕장의 영향은 미비했지만 인접 지역에 영향이 있을 것으로 전망되었다. 예를 들어, 보령 대천해수욕장의 경우 해수면 상승으로 인한 해수욕장 침수 피해는 미비했지만 주변 농경지의 침수 가능성이 있을 것으로 나타났다. 서천 춘장대해수욕장 역시 해수욕장에는 약간의 영향이 있는 것으로 나타났지만 도로 등 도시 인프라에 침수 가능성이 있을 것으로 나타났다. 남해안의 경우 해수면 상승에 의한 해수욕장 침수가 직접적으로 발생할 수 있을 것으로 전망되었다. 남해 상주해수욕장과 해운대해수욕장은 면적이 감소될 것으로 예상되었으며, 특히 해운대해수욕장의 경우 인접 관광시설 일부까지 영향을 받을 수 있을 것으로 예측되었다. 동해안의 경우 지역별로 영향 수준에 차이가 있을 것으로 나타났는데, 예를 들어, 포항 영일대해수욕장은 인접도로까지 침수 영향이 전망된 반면, 강릉 경포해수욕장이나 동해 망상해수욕장은 해수면 상승에 의한 영향이 미비할 것으로 나타났다. 제주도 지역의 경우 해수면 상승으로 인한 일부 해수욕장의 침수와 해안도로 침수가 있을 것으로 전망되었다.

본 시뮬레이션 분석은 기후변화 저감 노력이 없는 것을 가정하는 RCP 8.5 시나리오에 기반으로 하기 때문에 가장 극단적인 경우의 결과를 보여 주고 있다. 물론 이 같은 극단적인 경우가 발생하지 않기를 기대해야겠지만, 만일의 상황에 대한 준비는 반드시 필요할 수밖에 없을 것이다. 예를 들어, 가장 큰 영향을 받을 것으로 전망되는 남해, 특히 도서 지역의 경우 인근 해안도로의 침수 가능성이 높기 때문에 제방 등 인프라 시설에 대한 보완이 필요할 것이며, 인접 상업 시설 등은 장기적으로는 위치 이전을 고려하는 것도 대안이 될 수 있을 것이다. 한편, 침수 지역의 확대는 활동 가능한 바다의 면적이 증가하는 것을 의미할 수도 있으므로 바다낚시, 수상스키, 요트 등 프로그램을 확대하는 것도 대응책의 하나가 될 수 있을 것이다.

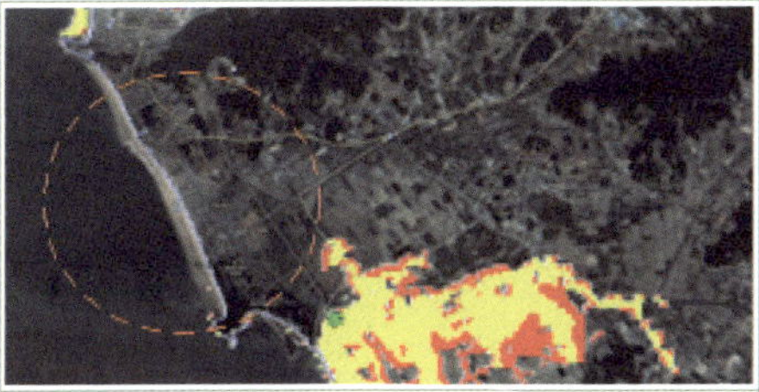

Chungnam Daecheon

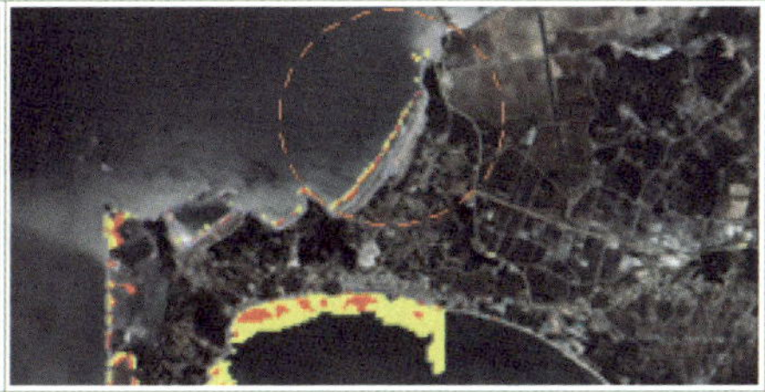

Chungnam Chunjangdae

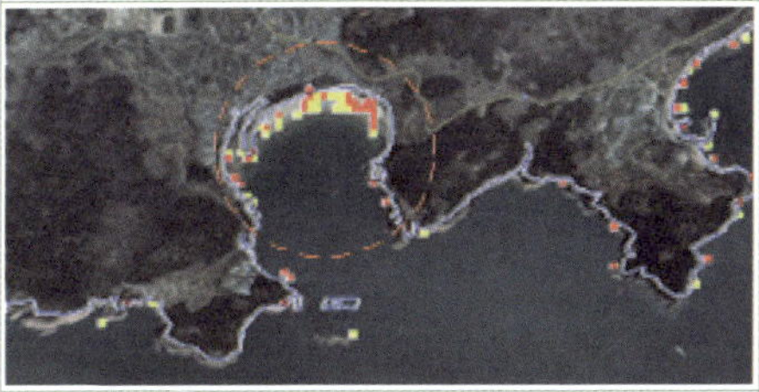

Gyngnam/Busan Sangju

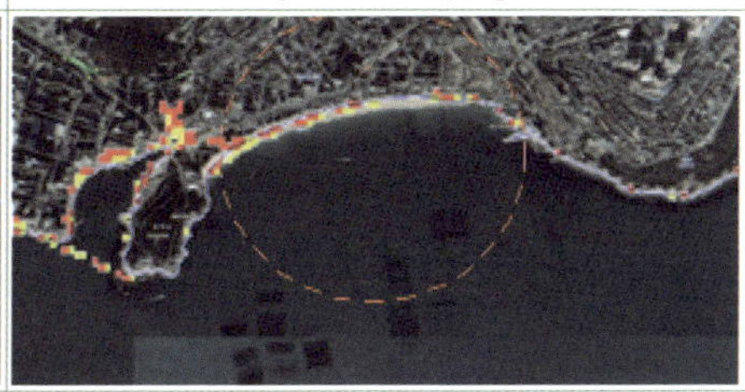

Gyngnam/Busan Haeundae

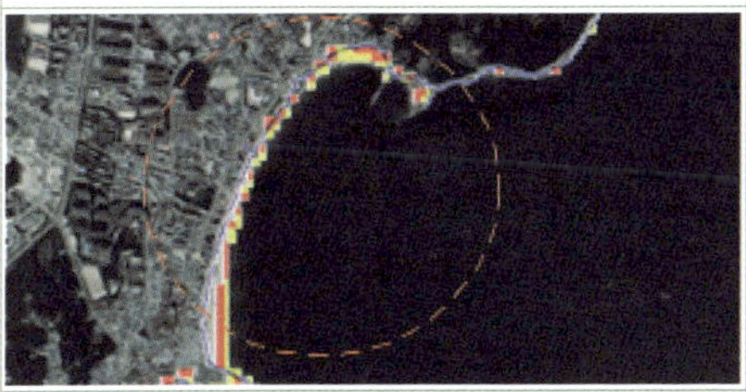

Gyungbuk Yongildae

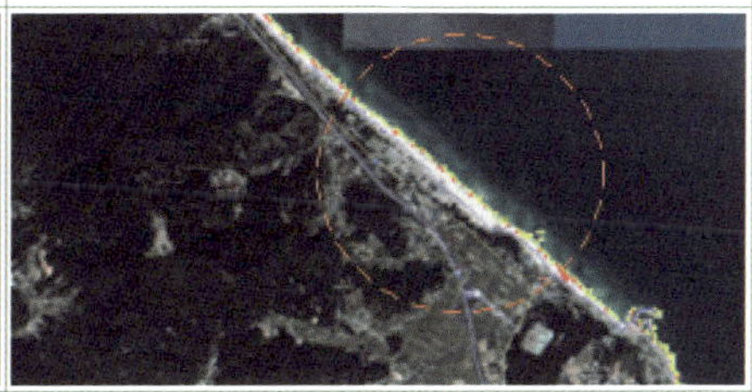

Gangwon Mangsang

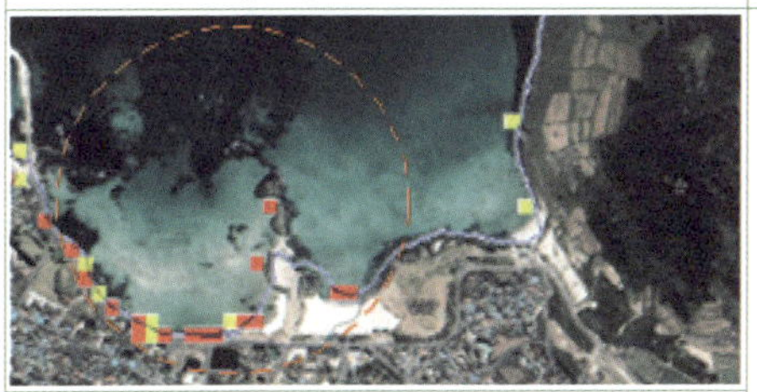

Jeju Hamduk

그림 31-3. 우리나라 해수욕장의 해수면 상승 시 침수 가능성

(노란색: 0.5m 해수면 상승 시 침수 지역, 붉은색: 1m 해수면 상승 시 침수 지역)

출처: 김태린 외(2023)

31-4. 무더위가 야외 물놀이 활동 선호 일수 및 시기에 미치는 영향

지속되는 기온증가에 따라 여름철의 무더위 일수 또한 증가하고 있다. 무더위는 여름철의 야외 물놀이 활동 수요를 촉진할 것이라고 예단할 수 있지만 사실은 그렇지 않다. 야외 물놀이 활동에 선호되는 더위의 수준은 특정하며, 그 이상을 넘어서는 극심한 더위에서는 활동하는 것을 오히려 꺼리기 때문이다. 따라서 여름철 무더위 일수의 증가는 야외 물놀이 활동 수요에 부정적인 영향을 가져올 수 있다. 본 절에서는 미래 기후변화가 야외 물놀이 활동 선호 일수 및 시기에 미치는 영향을 분석하고자 했다.

야외 물놀이 활동의 대표적 목적지는 해수욕장이지만 해수욕장은 물놀이 외에도 다양한 어트랙션이 있기 때문에 날씨의 독립적인 영향을 분석하기에는 한계가 있다. 이에 본 연구에서는 서울의 7개, 대구의 1개, 부산의 2개 공공 수영장을 대상으로 야외 물놀이 활동에 선호되는 날씨와 미래 기후변화 영향을 분석했다. Z-score로 변환된 각 지역별 수영장의 일별 방문객 데이터와 기온과의 관계를 산포도로 작성하고 최적선을 도출하여, 최적선이 증가하는 기온부터 감소하는 기온까지를 야외물놀이 활동 선호 구간으로 설정했다. 이후 해당 구간에 RCP 미래 기후 시나리오를 적용하여 2030년대, 2060년대, 2090년대의 방문 선호 기간과 시기를 예측했다.

분석 결과 야외 물놀이 활동에 선호되는 기온은 서울의 경우 24.27°C에서 35.91°C, 대구의 경우 25.79°C에서 35.30°C, 부산의 경우 26.91°C에서 34.08°C로 나타났다. 위 기온 구간에 미래 기후 시나리오를 적용하여 야외 물놀이 활동에 선호되는 시기를 분석한 결과, 현재는 6월에서 9월이 선호되지만, 점차 5월에서 6월, 9월이 더 선호되고 7월과 8월은 무더위로 인해 상대적으로 덜 선호될 것으로 전망되었다. 야외 물놀이 활동 선호 기간은 서울의 경우 현재 126일에서

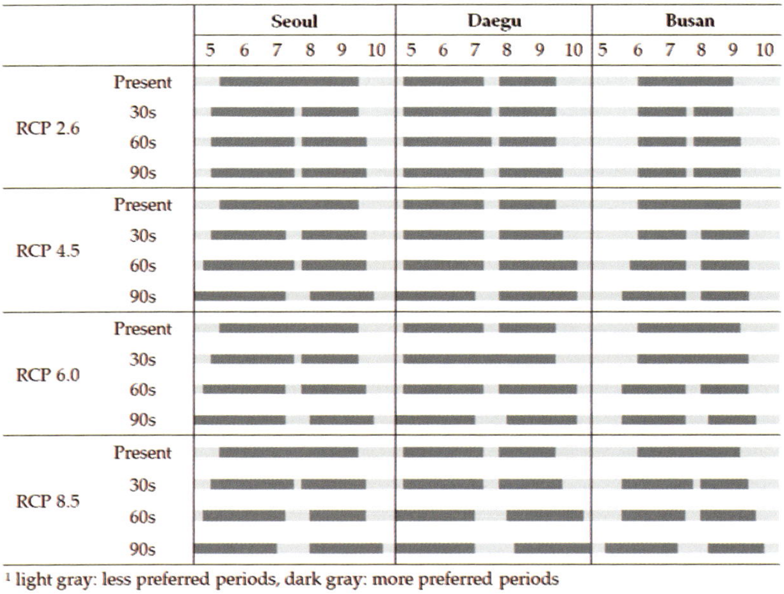

그림 31-4. 우리나라 야외 물놀이 활동 선호 시기 변화 시뮬레이션 출처: Kim et al.,(2017).

2090년대에는 135일까지 증가될 것으로 RCP 2.6 시나리오에서 전망되었으며, RCP 4.5에서는 149일, RCP 6.0에서는 145일, RCP 8.5에서는 138일로 증가될 것으로 전망되었다. 대구광역시는 현재 136일에서 RCP 2.6의 경우 136일, RCP 4.5의 경우 147일, RCP 6.0의 경우 147일, RCP 8.0의 경우 143일까지 증가될 것으로 전망되었다. 부산광역시는 현재 94일에서 RCP 2.6의 경우 109일, RCP 4.5의 경우 123일, RCP 6.0의 경우 127일, RCP 8.5의 경우 136일까지 증가될 것으로 전망되었다.

여름철 야외 물놀이 활동의 활동일 수 및 선호 시기 변화는 관련 업계에 긍부적적인 시사점을 제시한다. 야외 물놀이 활동 가능일 수의 증가는 물놀이 기반 여가 및 관광 산업의 운영 확대를 도모할 수 있을 것이다. 그러나 현재의 성수기인 7월과 8월이 무더위로 비선호되면서 해당 시기 수요가 감소될 수 있다는 것은 국민 휴가 기간 및 관광 수요 시장에 큰 변화가 있을 수 있다는 것을 시사하기도 한다. 따라서 관련 업계에서는 이와 같은 여러 변화들을 고려한 사전적 대응 방안 마련이 필요할 것이다.

이 장에서는 기후변화가 관광에 미치는 직접적인 영향으로서, ① 기온 상승이 스키장 운영에 미치는 영향, ② 해수면 상승이 해수욕장 면적에 미치는 영향, ③ 무더위가 야외 물놀이 활동 선호 일수 및 시기에 미치는 영향을 분석한 연구 방법 및 결과를 소개했다. 소개된 연구 결과들은 기후변화의 관광 산업 분야 영향이 결코 미비하지 않음을 공통적으로 보여 준다. 그러나 다행인 것은 이와 같은 다양한 연구를 통해 그 영향을 사전에 시뮬레이션해 볼 수 있다는 것이고, 이와 같은 연구 결과를 바탕으로 사전 대응 방안 또한 마련할 수 있다는 것이다. 관광이 기후 의존적이라는 사실과 기후변화의 영향이 위협적으로 다가오고 있다는 사실에는 변함이 없다. 그러나 기후변화에 대한 연구와 저감 및 적응 노력을 지속한다면, 천천히 한 단계씩 대응해 나갈 수 있을 것이다.

32

도시 빅데이터와 3D 시공간 데이터 마이닝을 이용한 폭염 분석

서울시립대학교 | 박해경

일반적으로 폭염 분석은 주로 위성 영상이나 국가기상관측망 자료를 이용해 기온의 공간적 분포와 시계열 변화를 관찰한다. 반면에 본 연구는 서울 전역에 설치된 도시 센서인 S·DoT 자료를 이용해 시계열 분석과 공간 분석을 동시에 수행하는 3차원 시공간 데이터마이닝 기법을 적용한 것을 특징으로 한다. 또 S·DoT을 이용한 최초의 체감온도 기반 폭염 연구라는 차별성이 있다.

32-1. 스마트서울 도시 데이터 센서 : S·DoT 소개

(1) 스마트서울 도시 데이터 센서(S·DoT)

도시가 점점 복잡해지고 빠르게 변화하면서 그로 인해 발생되는 다양한 도시 현상을 파악하기 위해 보다 촘촘한 데이터의 수집과 체계적 분석이 필요하게 되었다. 이에 서울시에서는 2019년 스마트시티 프로젝트의 일환 중의 하나로 '스마트서울 도시 데이터 센서'를 설치하고 S·DoT(Smart Seoul Data of Things)라고 명명하였는데, 이는 '데이터 점들이 모여 스마트 서울이 된다'는 뜻이다. S·DoT은 원활한 전기 공급을 위해 주로 CCTV 지주나 동사무소에 설치되어 있다(그림 32-1 참조). 서울시는 2019년 말 850개의 S·DoT 설치를 시작으로 2023년 기준 총 1,100개를 운영 중에 있으며 이는 거의 세계 최고 수준의 데이터 수집 밀도이다. 시카고는 2016년에 가장 선도적으로 도시 센서를 도입한 도시로 서울시는 이를 벤치마킹했지만 실제 시카고보다 약 6.5배 이상 더 많은 센서를 운영하고 있다(그림 32-2 참조). S·DoT은 서울 곳곳에 설치되어 있기 때문에 각종 재난을 탐지하

그림 32-1. S·DoT가 설치된 모습

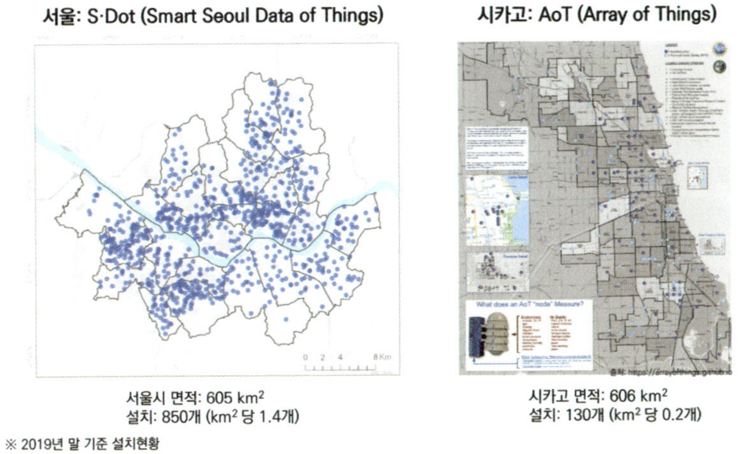

그림 32-2. 서울시 S·DoT와 시카고 AoT의 설치 밀도 비교 출처:박해경(2020)

고 분석할 수 있어 시민들의 안전을 도모할 뿐만 아니라 데이터 기반의 과학적인 도시 행정을 가능하게 해 주므로 스마트시티 구현에 매우 중요한 요소 중 하나라고 할 수 있다.

(2) S·DoT 측정 항목과 측정 빈도

S·DoT은 그림 32-2와 같이 공간뿐만 아니라 시간적으로도 밀도 높은 데이터를 수집한다. S·DoT은 총 10개 항목을 측정하고 있는데 환경 정보에 해당하는 미세먼지, 온도, 습도, 자외선, 소음, 진동, 풍향, 풍속의 9개 항목은 2분 간격으로 동시 측정되며 유동 인구는 10분마다 측정된다. 이렇게 하루 동안 측정된 약 80만 개의 데이터가 매일 서버에 축적되고 있다. S·DoT 데이터처럼 시공간적으로 모두 해상도가 높은 데이터를 사용하면 고밀도로 개발되는 도시 공간에서 발생하는 세밀한 차이를 감지할 수 있어 기존에 발견하지 못했던 다양한 현상들을 관찰할 수 있게 된다.

(3) 국가기상관측망과 S·DoT 데이터의 차이

기상청에서 운영 중인 서울시 소재 국가기상관측망은 총 28개로 1개의 종

관기상관측(Automated Synoptic Observing System, ASOS)과 27개의 방재기상관측(Automatic Weather System, AWS)이 있다. 서울시 종로구 송월동에 소재하는 ASOS(108서울)는 서울의 기상을 대표하는 관측소로 이곳에서 측정된 기온이 서울 대표 기온이 되며 이곳에 첫눈이 내려야 공식적인 첫눈으로 인정이 된다. AWS는 ASOS의 관측 공백을 해소하고 국지적인 기상 현상을 파악하기 위한 것으로 주로 빌딩 옥상에 설치되어 있다.

이러한 국가기상관측망에서 수집되는 데이터와 S·DoT 데이터는 각각의 장단점과 차이점이 존재한다. 우선, 국가기상관측망보다 S·DoT이 높은 공간해상도(spatial resolution)를 가지고 있다. 다시 말하자면, 같은 면적에 더 많은 데이터를 포함하고 있다. 서울 전체에 설치된 관측 센서의 개수를 비교해 보면 S·DoT은 1,100개, 국가기상관측망은 28개로 약 39배 차이가 있다. 그림 32-3은 이와 같은 관측 밀도 차이에 따른 정보량의 격차를 보여 주는 것으로 S·DoT와 AWS 각각의 기온 데이터를 이용하여 지역 내 폭염 강도(센서 측정 기온–전체 평균 기온)의 차이를 나타낸 것이다. 이 지도를 살펴보면 S·DoT 폭염 강도 지도를 통해 폭염이 심각한 지역을 더 자세히 확인할 수 있다.

하지만 데이터 품질 면에서는 국가기상관측망 기온 데이터가 S·DoT보다 훨씬 우수하다. 데이터 품질(Data Quality)이라 함은 '얼마나 신뢰할만한 데이터인가?'와 관련된 것으로 국가기상관측망 데이터는 기상청에서 고가(high-price)의

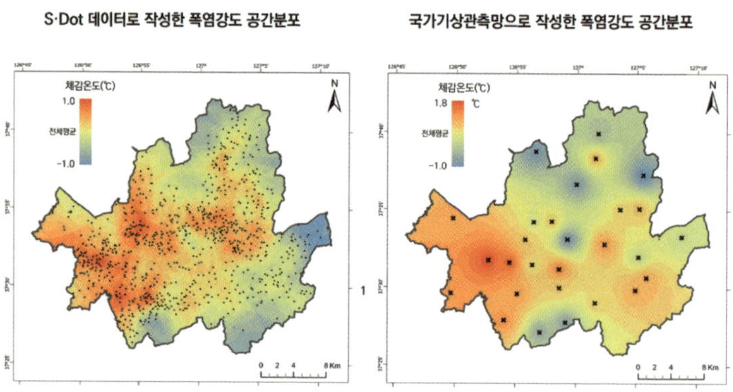

그림 32-3. S·DoT와 국가기상관측망 데이터를 이용한 폭염 강도 공간분포상세도 비교 출처:박해경(2021)

장비를 사용해 측정하고 기기와 데이터 품질을 보다 철저하게 관리하여 배포한 것이므로 신뢰하고 사용할 수 있다. 반면에 도시 센서 데이터는 데이터의 방대함은 보장되지만 기기나 데이터 품질을 별도로 관리하지 않으므로 이상치(outlier)나 공백값(null value)이 국가기상관측망보다 많아 상대적으로 데이터 품질이 낮다. 따라서 S·DoT 데이터로 분석하려면 이상치와 공백값을 제거 또는 보완해 사용해야 한다. 다행히도 기온 센서의 경우 고가와 저가의 장비에 따른 정확도(accuracy)와 정밀도(precision) 차이가 거의 없고 다른 측정 항목보다 데이터 품질이 양호한 편에 속한다. 참고로 미세먼지의 경우 장비의 가격에 따른 측정 오차가 매우 큰 편에 속한다. 이 연구가 이와 같은 데이터 품질 리스크에도 불구하고 S·DoT 기온 데이터를 사용한 것은 연구 목적인 '도시 내 지역 간의 폭염 강도의 차이'를 규명하기 위해서는 공간해상도가 높은 기온 자료일수록 분석에 유리했기 때문이다.

사실상 S·DoT의 단점은 데이터 품질 이슈가 아니다. 오히려 약 3년(2023년 6월 기준)의 짧은 데이터 축적 기간을 단점으로 볼 수 있다. 국가기상관측망 데이터는 오랜 기간 국가에서 관리하고 축적해 왔기 때문에 장기시계열 분석이 가능하다. 특히 ASOS의 경우 1900년 초반부터 운영되었기 때문에 100년 이상의 시계열 자료 구득이 가능하다. 반면에 S·DoT은 2020년 5월 이후 시점부터 자료를 배포해 왔기 때문에 장기시계열 변화는 분석할 수 없다. 다시 말해 기후변화에 따른 기온 상승은 S·DoT 데이터로는 관찰이 어렵기 때문에 국가기상관측망이 더 적합한 자료인 것이다. 따라서 두 데이터 중 어떤 것이 더 우수하다고 단정하여 말할 수 없으며 연구자의 분석 목적에 따라 각각의 장단점을 고려하여 취사선택해야 한다. S·DoT 데이터는 서울 열린데이터 광장(http://data.seoul.go.kr)을 통해 누구나 다운로드 받아 사용할 수 있으며 csv 파일이나 Open API 형태로 되어 있다. 다만, 일반 사용자에게는 1시간 단위 자료만 배포하고 있다. 국가기상관측망 자료는 기상자료개방 포털(https://data.kma.go.kr)에서 csv와 xls 파일로 받을 수 있다.

32-2. 3D 시공간 데이터 마이닝 기법

(1) 빅데이터와 데이터 마이닝

우선 3D 시공간 데이터 마이닝(Space-time data mining)을 이해하려면 빅데이터(Bigdata)와 데이터 마이닝(Data mining)에 대한 개념 정립이 필요하다. 빅데이터란, 그 단어에서 유추할 수 있듯이 대용량의 데이터 집합체를 의미한다. 하지만 얼마나 많아야 빅(big)하다 할 수 있는지 그 기준이 명료하지 않으므로 사실상 빅데이터는 예전부터 존재해 왔다고도 할 수 있다. 다만, 과학 기술의 발전으로 다양한 장치를 통해 대용량 데이터 수집이 가능해지고 컴퓨터 성능이 고도화됨에 따라 방대한 데이터를 한번에 처리할 수 있게 되면서 정립된 개념이다.

사실 빅데이터는 데이터 자체만으로는 가치가 크지 않다. 다시 말해 이것이 어떤 일련의 과정을 통해 하나의 '의미 있는 정보(information)'로 우리에게 전달이 될 때 비로소 가치가 있게 되는 것이다. 앞서 설명한 S·DoT 데이터의 이상치와 공백값처럼 빅데이터에는 불필요하거나 잘못된 데이터와 같은 '의미 없는' 데이터와 '의미 있는' 데이터가 혼재해 있는 상태이다. 이러한 빅데이터를 어떤 기술이나 알고리즘을 이용해 이 데이터들 안에 숨겨져 있는 정보를 추출해 내는 것을 데이터 마이닝이라고 한다. 마이닝(mining)이라는 단어는 '캐다, 채굴하다'라는 뜻을 가진 mine에서 온 것으로 방대한 데이터들 사이에서 의미 있는 데이터를 캐내는 모든 일련의 과정을 모두 데이터 마이닝으로 본다. 이 연구에서도 폭염을 분석하기 위해 S·DoT 기온 데이터의 이상치나 공백값을 제거했는데 이것을 데이터 정제(data cleaning)라고 하며 이것 역시 데이터 마이닝 과정에 포함된 것이다.

(2) 3D 시공간 데이터 (space-time cube)

3D, 즉 3차원이라고 하면 '입체'가 가장 먼저 떠오를 것이다. 하지만 '3D 시공간 데이터'는 입체 개념과 유사하나 완전히 같은 개념은 아니다. 그림 32-4는

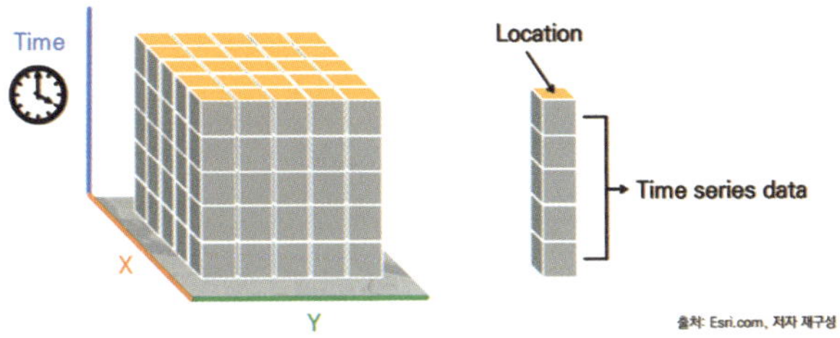

그림 32-4. 3차원 시공간 데이터 개념

3차원 시공간 데이터를 일러스트로 설명한 것으로 X좌표와 Y좌표로 표현되는 것은 평면의 공간이며, 높이(height)에 해당하는 부분에 시간 개념을 포함시켜 구현한 것이 바로 3D 시공간 데이터이다. 본 연구에서는 분석을 위해 S·DoT의 위치정보(X, Y좌표)와 2021년 6월~8월까지의 체감온도 시계열 자료를 하나의 파일로 통합했는데, 그 이유는 시공간을 하나의 데이터로 변환해야 시간과 공간을 한 번에 처리하는 '3D 시공간 데이터 바이닝'이 가능해지기 때문이다.

3D 시공간 데이터로 변환하기 위한 분석도구는 ArcGIS Pro를 이용했고 그림 32-5는 통합한 시공간 데이터를 시각화한 것이다. 그림 32-5를 살펴보면 7월 말~8월 중순 사이에 폭염이 집중된 것을 관찰할 수 있다. 이와 같이 특별한 분석 없이 자료의 단순 시각화만으로도 유용한 정보를 얻을 수 있으며 이것은 빅데이터와 공간 정보 데이터의 특징이기도 하다.

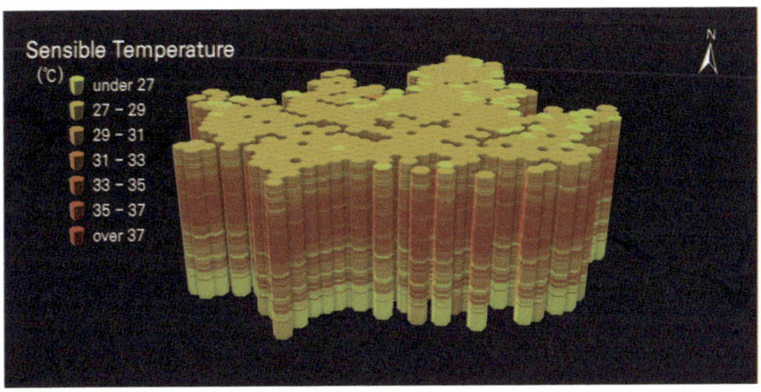

그림 32-5. 3차원 시공간 데이터로 구현된 시계열 체감온도 출처:박해경(2021)

(3) 3D 시공간 데이터 마이닝: 시공간 패턴 클러스터링

이 연구의 목적은 2021년 여름 서울에 '더' 더운 지역과 '덜' 더운 지역이 존재했는가 그리고 그 차이가 '얼마나' 발생했는지를 확인하고자 하는 것이다. 이를 위해 3D 시공간 데이터를 만들고 시공간 패턴 클러스터링(Space-time pattern clustering) 기법을 적용함으로써 데이터 마이닝을 수행한 것이다. 시공간 패턴 클러스터링이란, 시계열적 패턴이 유사한 공간을 묶어주는 기술로 분석을 통해 같은 군집으로 분류된 지역은 시계열적으로 유사한 것으로 해석할 수 있다.

32-3. 여름철 체감온도의 3D 시공간 데이터 마이닝 결과

(1) 서울시 폭염날 상대적으로 '더' 더운 지역과 '덜' 더운 지역 분석

2021년 6~8월 3개월간의 체감온도를 이용해 3D 시공간 데이터 마이닝을 수행한 결과로 그림 32-6과 같이 네 개의 군집을 얻을 수 있었다. 기술 통계(Descriptive Statistics)로 각 군집별 특성을 살펴보면 가장 기온이 높은 지역으로 분류된 군집 1과 상대적으로 덜 더운 지역으로 분류된 군집 4는 해당 기간 동안에 최대 체감온도가 각각 38.2℃(군집 1)와 36.5℃(군집 4)로 약 1.7℃의 차이, 최소 체감온도는 26.1℃(군집 1)와 24.3℃(군집 4)로 약 1.8℃ 차이가 있었다. 3개월 동안 두 군집 간의 가장 큰 차가 있던 날은 7월 2일이었는데 그 차이는 약 2.7℃ 이었다.

군집 1과 군집 4 사이에는 폭염일수에도 큰 차이가 있었다. 군집 1의 폭염일수가 50일이었던 반면에 군집 4의 폭염일수는 29일로 21일 더 적었다. 다시 말해서, 2021년 여름동안 군집 4에 속한 지역에서는 폭염이 29회 발생하는 동안 군집 1지역에 속한 지역에서는 폭염이 50회나 발생했다는 것이다. 폭염일수는 일 최

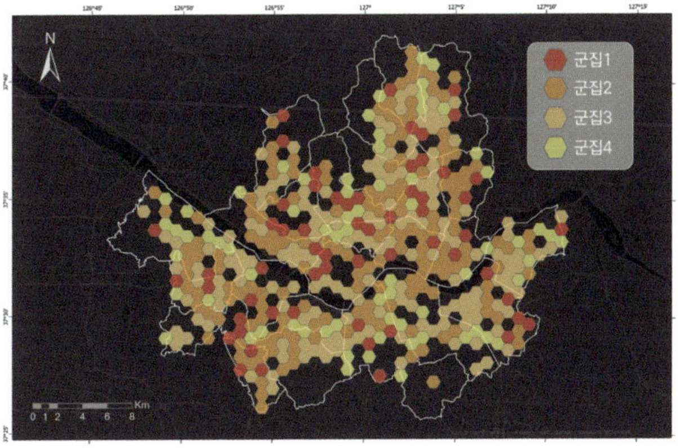

그림 32-6. 체감온도를 이용한 2021년 여름 3차원 시공간 데이터 마이닝 결과 출처:박해경(2022)

고기온이 33℃ 이상인 날의 수를 의미하는데 폭염으로 인한 사망 관련 연구들에 의하면 33℃를 기점으로 사망자가 급격히 증가하는 것으로 나타났다. 따라서 같은 도시내에서 관찰되는 지역 간 폭염일수의 차이는 매우 중요하게 고려되어야 한다. 앞서 언급한바와 같이 본 연구에서는 폭염을 기온이 아닌 체감온도 33℃를 기준으로 폭염일수를 계산하였다. 또한 기상청에서도 2020년 이후부터 폭염특보의 기준을 기온에서 체감온도로 변경하여 사용하기 시작했는데 정부에서도 이 연구의 관점과 동일하게 기온보다 사람이 느끼는, 습도가 고려된 체감온도를 더 중요하게 고려하기 시작한 것으로 볼 수 있다.

본 연구에서는 3D 시공간 데이터 마이닝 결과와 지도를 중첩(overlay)하여 서울 내에서 폭염이 상대적으로 더 심각한 지역의 위치(location)를 확인했다. 하지만 이는 2021년 여름철에 국한된 결과이며 이를 일반화하기 위해서는 최소 2~3년 이상의 데이터 결과를 확인해야 한다. 그리고 연구의 결과가 시민의 안전과 결부된 다소 민감한 사항이므로 폭염 우심 지역으로 확인된 행정 구역을 이 책에 구체적으로 명시하지는 않았다.

그림 32-7은 시공간 데이터 마이닝으로 얻어진 군집 분류 결과를 검증하기 위해 작성된 그래프이다. 이것은 임의의 헥사곤을 선택해 3개월 동안 시계열 추이와 해당 헥사곤이 속한 군집의 전체 평균값 시계열을 비교한 것으로, 임의의 헥사곤은 군집 1에 속했는데 임의의 헥사곤의 평균과 군집 1의 평균값 변화를 비교해 보면 두 값은 시간에 따른 변동성 패턴이나 그 값의 정도가 매우 유사해 시간적 유사도가 높은 지역끼리 잘 분류된 것으로 판단되었다.

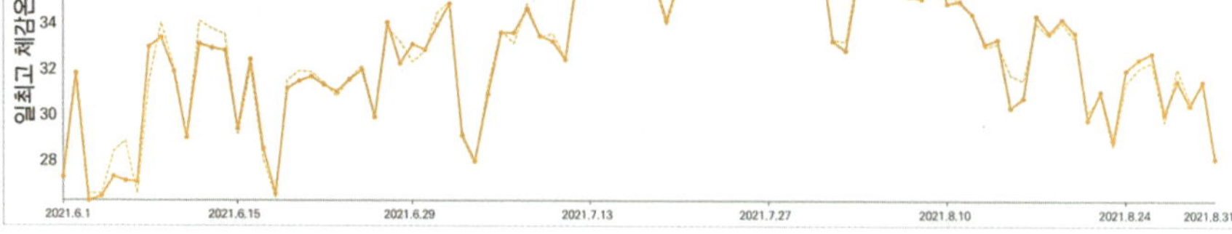

그림 32-7. 3차원 시공간 데이터 마이닝 결과의 시간적 패턴 유사성 검증 출처:박해경(2021)

(2) 지역 간 체감온도의 편차 원인 고찰

본 연구팀은 이전 수행했었던 연구에서 '지역 간의 기온 차는 토지 이용 행태의 차이나 도로의 크기에 따른 공기 흐름의 차이로 인해 발생한다'는 것을 분석을 통해 확인한 바 있다. 또한 여러 문헌들을 통해 지역 간의 기온 차는 그 밖에도 다양한 요인에 따라 좌우된다는 사실도 확인하였다. 하지만 본 연구에서는 지역 간 체감온도 차이에 대한 원인 분석은 수행하지 않았다. 왜냐하면 이는 본 연구의 범위를 넘어서는 것이며 무엇보다도 체감온도를 사용했기 때문에 기온으로 분석된 대다수의 기존 연구를 인용하여 설명하기에는 한계가 있었다. 다만, 본 연구의 범위 내에서 '지역 간의 습도차'로 지역 간 체감온도 차이를 설명할 수 있었다.

분석에 의하면, 습도는 우리가 인지할 수 있을 정도의 체감온도 차이를 발생시킬 수 있었다. 폭염이 발생했던 2021년 7월 23일에 동작구 지역과 은평구의 지역의 기온, 습도, 체감온도를 비교해 보면 이날 동작구의 기온은 39.6℃ 이었고, 은평구는 39.8℃로 유사한 수준이었다. 하지만 이를 체감온도로 변환했더니 동작구는 37.7℃로 기온보다 체감온도는 다소 하락했으나 은평구는 40.2℃로 오히려 상승했는데 이날 두 지역의 습도는 각각 36%와 54%였다. 다시 말해 습도 차로 인해 두 지역의 체감온도 차가 2.5℃에 달했던 것이다.

32-4. 폭염연구를 위한 데이터 선정 및 방법에 대한 고찰

동일한 폭염 기온이라도 습한 날은 더 덥게 느껴져 고통이 가중된다. 이 연구에서는 폭염 대응을 위해 최우선으로 고려되어야 할 지역, 즉 같은 폭염 상황에서 상대적으로 더 위험한 지역이 어디인지를 국지적으로 파악하고자 연구를 진행하게 되었고 이를 위해 기존의 국가기상관측망보다 더 밀도 있는 자료가 요구되었다. 이에 고밀도로 기온과 습도를 동시에 측정한 서울시 S·DoT 데이터와 위치 정보를 이용해 체감온도로 구성된 3D 시공간 데이터를 만들고 시공간 패턴 클러스터링 기법을 이용해 서울 내에서 체감 및 상대적으로 더 더운지역의 위치를 확인했다. 이러한 결과는 국가기상관측 데이터를 이용하거나 기존의 폭염 분석 방법으로는 확인할 수 없는 중요한 정보이다.

물론 본 연구가 가장 최신의 데이터와 방법론을 사용하였지만 일반적으로 사용되는, 즉 국가기상관측망(혹은 위성영상) 데이터를 이용해 습도를 배제하고 폭염을 분석하는 것이 더 적절한 경우도 많다. 예를 들어, 장기시계열 공간적 변화를 관찰하고자 하거나 기후변화로 인한 폭염 빈도 및 강도의 증가를 분석하고자 하는 경우에는 국가기상관측 데이터가 더 적합하며 체감온도가 오히려 불필요하다. 다만, 본 연구는 정책 측면에서 우선적으로 폭염에 대응해야 하는 상대적 취약 지역을 선별해 내기 위해 '사람이 느끼는' 온도가 더 중요하다고 판단했기 때문에 체감온도를 사용하게 된 것이다.

폭염은 가장 빠르고 직접적으로 사람에게 위해를 가하는 자연 재해이다. 따라서 폭염을 과학적 현상으로 접근하기 보다는 건강과 생명에 영향을 주는 환경 인자로 고려하여 체감온도를 이용한 폭염 연구가 더 많아져야 한다. 더불어 이 연구가 체감온도를 기반으로 하는 폭염의 기초 연구로써 기여할 수 있기를 바라며, 후속 연구로는 이동인구 데이터를 이용해 폭염에 노출된 보행인구를 분석하여 도시계획적으로 보행 환경 개선지역을 제안하는 연구와 체감온도 기반의 열대야 연구를 진행중에 있다.

참고문헌

제1장 그린인프라 계획과 실현

- 김은영. "공간생태학적 특성을 고려한 수원시 그린인프라 구축기법 연구." 수원시정연구원, 2020.
- 김은영. "그린인프라 구축을 위한 녹지축과 도시녹지 연계 방안." 수원시정연구원, 2021.
- 오규식, 이동우, 정승현, 박창석. "도시 생태네트워크 설정을 위한 공간의사결정지원체계에 관한 연구; 경관생태학 이론을 기반으로." 한국GIS학회지, vol. 17, no. 3, 2009, pp. 251-259.
- Benedict, M. A., & McMahon, E. T. "Green infrastructure: smart conservation for the 21st century." Renewable Resources Journal, vol. 20, no. 3, 2002, pp. 12-17.
- Davies, C., MacFarlane, R., McGloin, C., Roe, M. "Green infrastructure planning guide." 2006.
- EPA. "Managing wet weather with green infrastructure action strategy." 2008.
- European Union. "Building a green infrastructure for Europe." 2014.
- Singelton, P. H., et al. "Landscape Permeability for Large Carnivores in Washington; A Geographic Information System Weighted-Distance and Least-Cost Corridor Assessment." United States Department of Agriculture, Pacific Northwest.

제2장 생태복원의 이해

- 국립공원관리공단. "국립공원 훼손지 복원사업 평가체계 개발." 2019.
- 길승호. "산악 지형의 절토 비탈면 녹화 이후 안정성 평가를 위한 지표 개발." 서울대학교, 박사학위논문, 2014.
- 길승호, 이동근, 조민환, 양병이. "비탈면 녹화 이후 식생피복에 영향을 미치는 요인에 관한 연구." 한국환경복원기술학회지, vol. 14, no. 5, 2011, pp. 127-136.
- 이도원. 한국의 전통생태학. 사이언스북스, 2004.
- 이상훈, 이상혁, 이솔애, 최재용. "DMZ 주변 훼손지의 생태복원 평가지표 개발." 한국환경복원기술학회지, vol. 18, no. 1, 2015, pp. 135-151.
- Bradshaw, A.D. "Ecological principles and land reclamation practice." Landscape

Planning, vol. 11, 1984, pp. 35-48.

- Bullock, J. M., et al. “Trends in Ecology and Evolution.” Trends in Ecology & Evolution, vol. 26, no. 10, 2011, pp. 541-549.
- Cortina, J., et al. "Ecosystem structure, function, and restoration success: are they related?” Journal for Nature Conservation, vol. 14, no. 3-4, 2006, pp. 152-160.
- Hartup, J., Ockendon, N., & Pettorelli, N. “Active versus passive restoration: Forests in the southern Carpathian Mountains as a case study.” Journal of Environmental Management, vol. 322, 2022, 116003.
- Higgs, E. Nature by design: people, natural process, and ecological design. The MIT Press, 2003.
- Hobbs, R. J. Foundations of restoration ecology. Island Press, 2013.
- Jones, H. P., and O. J. Schmitz. “Rapid recovery of damaged ecosystems.” PLoS ONE, vol. 4, 2009, e5653.
- Jørgensen, S. E., & Bendoricchio, G. Fundamentals of ecological modeling. Elsevier, vol. 21, 2001.
- Kil, S. H., et al. “Development of revegetated slope stability assessment system in South Korea.” Journal of the Faculty of Agriculture Kyushu University, vol. 65, no. 1, 2020, pp. 157-164.
- Mitsch, W. J., & Jørgensen, S. E. Ecological engineering and ecosystem restoration. John Wiley & Sons, 2003.
- Rodrigues, R. R., et al. “Large-scale ecological restoration of high-diversity tropical forests in SE Brazil.” Forest Ecology and Management, vol. 261, no. 10, 2011, pp. 1605-1613.
- SER (Society for Ecological Restoration). The SER Primer on Ecological Restoration. SER, Tucson, AZ, 2002.
- Steinfeld, D. E. Roadside revegetation: an integrated approach to establishing native plants. Federal Highway Administration, Western Federal Lands Highway Division, Technology Deployment Program, 2007.
- Suding, K. N., and R. J. Hobbs. “Threshold models in restoration and conservation: a developing framework.” Trends in Ecology & Evolution, vol. 24, 2009, pp. 271-279.

제3장 생물다양성 보전을 위한 체계적인 보전 계획

- 모용원, 박진한, 손용훈, 이동근. “지속가능한 순천만을 위한 보호지역 확대와 정책적 활용을 위한 생태계 서비스 지불제(PES)의 적용.” 한국환경복원기술학회지, vol. 19, no. 1, 2016, pp. 171-184.
- 모용원, 최정선, 히지오카 야스아키. “생물다양성 보전을 위한 지다양성(Geodiversity)의 적용 가능성 확인.” 국토지리학회지, vol. 52, no. 3, 2018, pp. 343-355.
- 박진한, 최혜영, 모용원. “보호지역의 식물종 보전 상보성 평가.” 한국환경생태학회지, vol. 34, no. 5, 2020, pp. 436-445.
- Kim, Hankyu et al. “Declines in Common and Migratory Breeding Landbird Species in South Korea Over the Past Two Decades.” Frontiers in Ecology and Evolution, vol. 9, 2021, article 627765.
- Margules, Christopher R. and Robert L. Pressey. “Systematic Conservation Planning.” Nature, vol. 405, 2000, pp. 243-253.
- Moilanen, Atte et al. Spatial conservation prioritization: quantitative methods and computational tools. Oxford University Press, 2009.

제4장 도시 생태계 야생동물 모니터링

- 김경태. “시민과학을 활용한 인공새집 모니터링과 참가자 특성.” 단국대학교, 석사학위논문, 2023.
- 김휘문 et al. “도시 내 육상 생물종 모니터링을 위한 환경 DNA 리뷰 및 적용.” 한국환경복원기술학회지 (환경복원기술), vol. 23, no. 2, 2020, pp. 69-89.
- 김휘문. “환경 DNA 기술을 활용한 도시생태계 및 자연생태계 생물종 탐지 연구: 육상 포유류와 조류를 대상으로.” 단국대학교, 박사학위논문, 2023.
- 박일수 et al. “카메라트래핑을 활용한 광교신도시 내 도시형 생태통로 모니터링.” 한국환경복원기술학회지 (환경복원기술), vol. 24, no. 1, 2021, pp. 69-80.
- 이현정. “도시생태계에 서식하는 오소리(Meles leucurus)의 행동권 분석 및 이동 연결성.” 단국대학교, 석사학위논문, 2023.
- 임태양 et al. “UAV 기반 외래거북 탐지를 위한 광학문자 인식(OCR)의 가능성 평가.” 한국환경복원기술학회지 (환경복원기술), vol. 25, no. 5, 2022, pp. 29-41.

• Kim, Whee-Moon, et al. "Environmental DNA metabarcoding effectively monitors terrestrial species by using urban green spaces." Urban Forestry & Urban Greening, vol. 78, 2022, article 127782.

• Miya, M. et al. "MiFish, a set of universal PCR primers for metabarcoding environmental DNA from fishes: detection of more than 230 subtropical marine species." Royal Society Open Science, vol. 2, no. 7, 2015.

제5장 도시숲 생태계서비스의 건강 증진 기능

• Epp, Jake. "Achieving health for all: A framework for health promotion." Health Promotion International, vol. 1, no. 4, 1986, pp. 419-428.

• Geimer-Flanders, Jone. "Creating a healing environment: rationale and research overview." Cleveland Clinic Journal of Medicine, vol. 76, 2009, pp. S66-9.

• Guba, Egon G., and Yvonna S. Lincoln. Fourth generation evaluation. Sage, 1989.

• Kaplan, Rachel, and Stephen Kaplan. The experience of nature: A psychological perspective. Cambridge University Press, 1989.

• Lee, Hyun Jin, and Sung Son. "Qualitative assessment of experience on urban forest therapy program for preventing dementia of the elderly living alone in low-income class." Journal of People, Plants, and Environment, vol. 21, no. 6, 2018, pp. 565-574.

• Lee, Hyun Jin, and Dong Kun Lee. "Do sociodemographic factors and urban green space affect mental health outcomes among the urban elderly population?" International Journal of Environmental Research and Public Health, vol. 16, no. 5, 2019, p. 789.

• Lee, Hyun Jin et al. "Relationships between social capital, social capital satisfaction, self-esteem, and depression among elderly urban residents: analysis of secondary survey data." International Journal of Environmental Research and Public Health, vol. 16, no. 8, 2019, p. 1445.

• Rogers, C.R. A way of being. Houghton Mifflin Harcourt, 1995.

• Ulrich, Roger S. et al. "Stress Recovery During Exposure To Natural and Urban Environments." Journal of Environmental Psychology, vol. 11, 1991, pp. 201-230. doi: 10.1016/S0272-4944(05)80184-7.

제6장 지속가능한 도시 조성을 위한 그린인프라 계획과 관리

- 김한수. “경기도 도시공원 신규지표 도입방안.” 경기연구원 GRI 정책 Brief, 2019, 수원: 경기연구원.
- 국토교통부, 국토지리정보원. “국토모니터링 보고서.” 2019.
- 국토교통부. “국가도시재생기본방침 개정(안).” 2019.
- 국토해양부. “지속가능한 신도시 계획 기준.” 2010.
- 박창석, et al. “지속가능한 도시관리를 위한 스마트 축소 모형 연구(I).” 세종: 한국환경연구원, 2020.
- 박채연, 이동근. “도시열섬현상완화를 위한 그린인프라 전략.” 한국환경복원기술학회지, vol. 20, no. 5, 2017, pp. 67-81.
- 배채영, 이동근. “효과적인 도시 홍수 저감을 위한 그린-그레이 인프라 위치 설정에 관한 연구.” 한국환경복원기술학회지, vol. 25, no. 6, 2022, pp. 65-75.
- 윤은주, 박종순, 이치주, 홍나은. “포스트 코로나19 시대의 도시 그린인프라 계획모형 구축방안 연구.” 세종: 국토연구원, 2021.
- 이상민, 심경미, 김정아. “공원녹지 지표 개선 및 운용방안 연구.” 세종: 국토교통부, 2019.
- 대한민국정부. “제5차 국토종합계획.” 2020.
- 환경부. “탄소중립 교육 참고 자료집.” 2022.
- 2050 탄소중립위원회. “2050 탄소중립 시나리오.” 2021.
- Vallecillo, S., et al. “Spatial alternatives for Green Infrastructure planning across the EU: An ecosystem service perspective.” Landscape and Urban Planning, vol. 174, 2018, pp. 41-54.

제7장 자연기반해법의 확산과 참여를 위한 평가 체계

- IUCN. IUCN Global Standard for Nature-based Solutions: a user-friendly framework for the verification, design, and scaling up of NbS. 2020. DOI: 10.2305/IUCN.CH.2020.08.en.
- CDSB. CDSB Framework Application guidance for biodiversity-related disclosures.

2021. Accessed 20 May 2023. https://www.cdsb.net/biodiversity.

- UNDP. United Nations Development Programme annual report. 2019.
- TNFD. TNFD Nature-Related Risk & Opportunity Management and Disclosure Framework. 2023. https://framework.tnfd.global.

제8장 AI 및 ICT와 조경 그리고 공간 정보

- 손승우 et al. "UAS 기반 대형 폐기물 발생량 측정 가능성 모색." 대한원격탐사학회지, vol. 33, no. 5, 2017, pp. 809-820.
- 손승우 et al. "ICT 기반 생태계 모니터링 기술 및 동식물 탐지 AI 알고리즘 개발(2차년도)." 한국환경산업기술원, 2022.
- 최기호. 조경계획 및 설계론. 누리에, 2002.
- Naughton, Joseph, and Walter McDonald. "Evaluating the variability of urban land surface temperatures using drone observations." Remote Sensing, vol. 11, no. 14, 2019, p. 1722.
- Seungwoo Son. "Spatial data collection methodology for estimating large-scale waste quantity based on Unmanned Aerial Systems and Terrestrial Laser Scanning." Graduate School of Seoul National University, Doctoral Dissertation, 2019.
- Son, Seung Woo, et al. "Optimal flight parameters for unmanned aerial vehicles collecting spatial information for estimating large-scale waste generation." International Journal of Remote Sensing, vol. 40, no. 20, 2019, pp. 8010-8030.
- YILMAZ, ÖZGÜR, and FATİH KARAKUŞ. "Stereo and KinectFusion for continuous 3D reconstruction and visual odometry." Turkish Journal of Electrical Engineering and Computer Sciences, vol. 24, no. 4, 2016, pp. 2756-2770.

제9장 3차원 자료와 녹시율 평가

- van Riel, Sjoerd. "Exploring the use of 3D GIS as an analytical tool in archaeological excavation practice." ResearchGate, 2016, DOI: 10.13140/RG.2.1.4738.2643.
- Bailey, Brian N., and Walter F. Mahaffee. "Rapid Measurement of the Three-Dimensional Distribution of Leaf Orientation and the Leaf Angle Probability Density Func-

tion Using Terrestrial LiDAR Scanning." Remote Sensing of Environment, vol. 194, 2017, pp. 63-76, DOI: 10.1016/j.rse.03.011.

- Li, Xiaojiang, et al. "Assessing Street-Level Urban Greenery Using Google Street View and a Modified Green View Index." Urban Forestry and Urban Greening, vol. 14, no. 3, 2015, pp. 675-685. DOI: 10.1016/j.ufug.2015.06.006.
- Zhao, Y., et al. "Evaluating Carbon Sequestration and PM2.5 Removal of Urban Street Trees Using Mobile Laser Scanning Data." Remote Sensing, vol. 10, no. 11, 2018, p. 1759, DOI: 10.3390/rs10111759.
- 김다슬, 이동근, 허한결. "UAV 영상과 SfM 기술을 이용한 가로수의 탄소저장량 추정." 한국환경복원기술학회지, vol. 22, no. 6, 2019.

제10장 기후변화 적응과 식생 관리

- Kim, Yoonjung, et al. "Evaluating multiple bioclimatic risks using Bayesian belief network to support urban tree management under climate change." Urban Forestry & Urban Greening, vol. 43, 2019, p. 126354.
- Kim, Yoon Jung, Young Keun Song, and Dong Kun Lee. "Understanding the Critical Impact Path on Vegetation Growth under Climate Extremes and Human Influence." Forests, vol. 10, no. 11, 2019, p. 947.
- Kim, Yoonjung, et al. "Quantifying nature-based tourism in protected areas in developing countries by using social big data." Tourism Management, vol. 72, 2019, pp. 249-256.

제12장 자연유산과 기후변화

- 국가법령정보센터. "국가유산기본법." 2023년 6월 12일. https://www.law.go.kr/. 접속.
- 국가법령정보센터. "문화재보호법." 2023년 2월 27일. https://www.law.go.kr/. 접속.
- 국립문화재연구원. "우리나라 문화·자연유산의 기후변화 대응 현황과 과제." 2022.
- 경기연구원. "환경문제 해결을 위한 시민과학의 의미와 가능성." 경기연구원, 2019.
- 한국전통문화대학교 산학협력단. "대면적 문화재 입체적 진단 기술 개발." 2022.
- 한겨레. "국가유산기본법에 '기후변화 대응' 규정 담긴다." 2023년 1월 31일. https://

www.hani.co.kr/arti/society/environment/1077651.html. 2023년 2월 27일 접속.

- 문화재청. “문화재 분야 기후변화 대응 종합계획 수립 연구.” ICOMOS 한국위원회.
- 프레시안. “문화재청, 기후변화에 따른 문화재 사전 대비 부실.” 2022년 10월 11일. https://www.pressian.com/pages/articles/2022101117495262377. 2023년 2월 27일 접속.
- UNESCO. “World Heritage Reports n°22 - Climate Change and World Heritage.” 2007. UNESCO World Heritage Centre.
- UNESCO, WRI and IUCN. “World Heritage forests: Carbon sinks under pressure.” 2021.
- 시사미래신문. “문화재청, 유네스코 기준에 부합하는 자연유산 보존·관리체계 도입.” 2023년 2월 28일. https://www.sisamirae.com/news/article.html?no=85034. 2023년 3월 3일 접속.
- 김용석. “드론 초분광 스펙트럼과 분광각매퍼를 적용한 생태계교란식물 탐지.” 한국환경과학회지, vol. 30, no. 2, 2021, pp. 173-184.
- IPCC. “기후변화 2022: 영향, 적응 및 취약성 정책결정자를 위한 요약본.” 2022.
- CIVICWELL. “New Approaches to Stormwater Management.” 2022. https://civicwell.org/wp-content/uploads/2022/01/New-Approaches-to-Stormwater-Management.pdf. Accessed March 3rd, 2023.
- 조현길, 박혜미, 김진영. “공공용지 녹지의 탄소저감과 증진방안.” 한국조경학회, vol. 48, no. 4, 2020, pp. 1-7.

제13장 기후변화에 따른 생물종 서식적지 변화 및 산사태 대응

- 김호걸. “Impacts and Vulnerability Assessment of Landslides to Climate Change in Various Scales.” 서울대학교 대학원, 박사학위논문, 2017.
- 김호걸. “기후변화에 따른 생물종의 서식분포 변화 예측 및 보호구역 설정 방안 연구.” 서울대학교 대학원, 석사학위논문, 2012.
- 이동근, 김명수, 구본학, 김경훈, 김동성, 나정화, 윤소원, 이명우, 전성우, 정흥락, 조경두, 제종길, 홍선기. 경관생태학. 보문당, 2004.
- Kim, Ho Gul, and Chae Yeon Park. “Landslide Susceptibility Analysis of Photovoltaic Power Stations in Gangwon-do, Republic of Korea.” Geomatics, Natural Hazards and

Risk, vol. 12, no. 1, 2021, pp. 2328-2351.

- Kim, Ho Gul, Chan Park, and Mingyun Cho. "Finding Unrevealed Landslide Hazard Area Induced by Climate Change and Topography-Case Study for Inje-gun, Gangwon-do, ROK." Sustainable Cities and Society, vol. 75, 2021, p. 103180.
- Kim, Ho Gul, Dong Kun Lee, and Chan Park. "Assessing the Cost of Damage and Effect of Adaptation to Landslides Considering Climate Change." Sustainability, vol. 10, no. 5, 2018, p. 1628.
- Kim, Ho Gul, et al. "Estimating Landslide Susceptibility Areas Considering the Uncertainty Inherent in Modeling Methods." Stochastic Environmental Research and Risk Assessment, vol. 32, no. 11, 2018, pp. 2987-3019.
- Kim, Ho Gul, et al. "Evaluating Landslide Hazards Using RCP 4.5 and 8.5 Scenarios." Environmental Earth Sciences, vol. 73, no. 3, 2015, pp. 1385-1400.
- Kim, Ho Gul, et al. "Finding Key Vulnerable Areas by a Climate Change Vulnerability Assessment." Natural Hazards, vol. 81, no. 3, 2016, pp. 1683-1732.

제14장 기후위기 적응 대책의 수립과 이행

- 환경부, 한국환경연구원. "2022년 공공기관기후위기적응대책 수립교육 자료집." 2022.
- 환경부. "지자체 탄소중립 녹색성장 기본계획 수립 및 추진상황 점검 가이드라인". 2022.
- 환경부. "지자체 탄소중립·녹색성장 기본계획 수립 및 추진상황 점검 가이드라인". 2023.
- 관계부처합동. "제3차 국가 기후변화 적응대책(2021-2025)." 2020.
- 환경부. "공공기관기후변화 적응대책 수립지침." 2016.
- 환경부. "공공기관기후위기적응대책 수립지침." 2022.
- 환경부. "한국환경연구원. 공공기관 적응대책 수립 지원을 위한 리스크평가 가이드라인." 2015.
- 환경부. "공공기관 기후변화 적응대책 세부시행계획 이행점검 지침." 2017.
- 인천광역시. "제3차 인천광역시 기후변화 적응대책 세부시행계획서('22~'26) 수립 연

구용역 보고서." 2021.

제15장 기후변화 적응 계획 의사결정 시스템

- 현정희, 김지연, 윤석환, 박채연, 정휘철, 정태용, 이동근. "적응경로 기반 지자체 기후변화 적응대책 강화를 위한 의사결정 지원 전략." 한국기후변화학회지, vol. 10, no. 2, 2019, pp. 89-102.
- Buurman, J., & Babovic, V. "Adaptation Pathways and Real Options Analysis: An approach to deep uncertainty in climate change adaptation policies." Policy and Society, vol. 35, no. 2, 2016, pp. 137-150.
- Hyun, J. H., Kim, J. Y., Park, CY., Lee, DK. "Modeling decision-maker preferences for long-term climate adaptation planning using a pathways approach." Science of the Total Environment, vol. 772, 2021, pp. 145335.
- IPCC. Managing the Risks of Extreme Events and Disasters to Advance Climate Change Adaptation. A Special Report of Working Groups I and II of the Intergovernmental Panel on Climate Change [Field, C. B, V. Barros, T. F. Stocker, D. Qin, D. J. Dokken, K. L. Ebi, M.D. Mastrandrea, K.J. Mach, G.-K. Plattner, S. K. Allen, M. Tignor, and P. M. Midgley (eds.)]. Cambridge University Press, 2012.
- Myeong, S. J., Shim, C. S., Jung, H. C., Hwang, S. H. "Measures to Enhance the Effectiveness of Climate Change Adaptation Policies." Korea Environment Institute, 2013, pp. 17-254.
- Park, H. J., Son, S. H. "Vulnerability due to climate change and countermeasures." Eco Horizon Institute, 2007.
- Wise, R., Fazey, I., Stafford, S., Park, S., Eakin, H., Archer Van Garderen, E., Campbell, B. "Reconceptualising adaptation to climate change as part of pathways of change and response." Global Environmental Change, vol. 28, 2014, pp. 325-336.

제16장 도시열섬을 줄이는 소규모 녹지의 역할과 활용

- Park, J., Kim, J. H., Lee, D. K., Park, C. Y., & Jeong, S. G. "The influence of small green space type and structure at the street level on urban heat island mitigation." Urban Forestry & Urban Greening, vol. 21, 2017, pp. 203-212.

- Park, J., Kim, J. H., Sohn, W., & Lee, D. K. "Urban cooling factors: Do small greenspaces outperform building shade in mitigating urban heat island intensity?." Urban Forestry & Urban Greening, vol. 64, 2021, p. 127256.

제17장 그린인프라를 통한 도심보행자 복사열 저감

- Park, Chae Yeon, Dong Kun Lee, Eugene Kwon, et al. 'Green-Infra Strategies for Mitigating Urban Heat Island'. Journal of Korean Environmental Restoration Technology, vol. 20, no. 5, 2017, pp. 69–83.
- Park, Chae Yeon, et al. "Integrating Four Radiant Heat Load Mitigation Strategies Is an Efficient Intervention to Improve Human Health in Urban Environments." Science of The Total Environment, vol. 698, Jan. 2020, p. 134259. DOI: 10.1016/j.scitotenv.2019.134259.
- Park, Chae Yeon, Dong Kun Lee, and Jung Hee Hyun. "The Effects of Extreme Heat Adaptation Strategies under Different Climate Change Mitigation Scenarios in Seoul, Korea." Sustainability (Switzerland), vol. 11, no. 14, 2019. DOI: 10.3390/su11143801.
- Park, Chae Yeon, Dong Kun Lee, E. Scott Krayenhoff, et al. "Variations in Pedestrian Mean Radiant Temperature Based on the Spacing and Size of Street Trees." Sustainable Cities and Society, vol. 48, 2019, pp. 1–9. DOI: 10.1016/j.scs.2019.101521.

제18장 그린인프라의 열관련 측정 기법

- Anjos, Max and Antonio Lopes. "Urban Heat Island and Park Cool Island Intensities in the Coastal City of Aracaju, North-Eastern Brazil." Sustainability, 2017.
- Benas, Nikolaos et al. "Trends of urban surface temperature and heat island characteristics in the Mediterranean." Theoretical and Applied Climatology, 2016.
- Chen, Jike. "Roles of horizontal and vertical tree canopy structure in mitigating daytime and nighttime urban heat island effects." International Journal of Applied Earth Observation and Geoinformation, 2020.
- Edmondson, Jilll L. et al. "Soil surface temperatures reveal moderation of the urban heat island effect by trees and shrubs." Scientific Reports, 2016.

- Herath, Prabhasri et al. "Evaluation of green infrastructure effects on the tropical Sri Lankan urban context as an urban heat island adaptation strategy." Urban Forestry & Urban Greening, 2018.
- Kwon, You J. and Dong K. Lee. "Thermal Comfort and Longwave Radiation over Time in Urban Residential Complexes." Sustainability, 2018.
- Kwon, You J. et al. "Determining Favorable and Unfavorable Thermal Areas in Seoul Using In-Situ Measurements: A Preliminary Step towards Developing a Smart City." Energies, 2019.
- Kwon, You J. et al. "Improving urban thermal environments by analyzing sensible heat flux patterns in zoning districts." Cities, 2021.
- Li, Xiaoma et al. "Relationship between land surface temperature and spatial pattern of greenspace: what are the effects of spatial resolution?" Landscape and Urban Planning, 2013.
- Ng, Edward et al. "A study on the cooling effects of greening in a high-density city: An experience from Hong Kong." Building and Environment, 2012.
- Razzaghmanesh, Mostafa et al. "The role of green roofs in mitigating Urban Heat Island effects in the metropolitan area of Adelaide, South Australia." Urban Forestry & Urban Greening, 2016.
- Shashua-Bar, Limor et al. "The influence of trees and grass on outdoor thermal comfort in a hot-arid environment." International Journal of Climatology, 2011.
- Yu, Siyi et al. "View-based greenery: A three-dimensional assessment of city buildings' green visibility using Floor Green View Index." Landscape and Urban Planning, 2016.

제19장 실내 및 실외 환경에서 폭염 대응방안

- Ahn, Yoonjung, and Christopher K. Uejio. "Modeling Air Conditioning Ownership and Availability." Urban Climate, vol. 46, 2022, article number 101322. DOI: 10.1016/J.UCLIM.2022.101322.
- Ahn, Yoonjung, et al. "Verifying Experimental Wet Bulb Globe Temperature Hindcasts Across the United States." GeoHealth, vol. 6, no. 4, 2022. DOI: 10.1029/2021gh000527.

- Cardoza, Jacqueline E., et al. "Heat-Related Illness Is Associated with Lack of Air Conditioning and Pre-Existing Health Problems in Detroit, Michigan, USA: A Community-Based Participatory Co-Analysis of Survey Data." International Journal of Environmental Research and Public Health, vol. 17, no. 16, 2020, article number 5704. DOI: 10.3390/ijerph17165704.
- Chakraborty, T., et al. "Lower Urban Humidity Moderates Outdoor Heat Stress." AGU Advances, vol. 3, no. 5, 2022. DOI: 10.1029/2022AV000729.
- Global Heat Health Information Network. "Which People Are the Most Vulnerable to Both Heat Stress and COVID-19?," 2022. https://ghhin.org/faq/which-people-are-the-most-vulnerable-to-both-heat-stress-and-covid-19/.
- Gronlund, Carina J., and Veronica J. Berrocal. "Modeling and Comparing Central and Room Air Conditioning Ownership and Cold-Season in-Home Thermal Comfort Using the American Housing Survey." Journal of Exposure Science & Environmental Epidemiology, vol. 30, no. 5, 2020, pp. 814-823. DOI: 10.1038/s41370-020-0220-8.
- Lane, Kathryn, et al. "Extreme Heat Awareness and Protective Behaviors in New York City." Journal of Urban Health, vol. 91, no. 3, 2014, pp. 403-414. DOI: 10.1007/s11524-013-9850-7.
- Ostro, Bart, et al. "The Effects of Temperature and Use of Air Conditioning on Hospitalizations." American Journal of Epidemiology, vol. 172, no. 9, 2010, pp. 1053-1061. DOI: 10.1093/aje/kwq231.
- Sera, Francesco, et al. "Air Conditioning and Heat-Related Mortality." Epidemiology, vol. 31, no. 6, 2020, pp. 779-787. DOI: 10.1097/EDE.0000000000001241.
- Waugh, D. W., et al. "Indoor Heat Exposure in Baltimore: Does Outdoor Temperature Matter?" International Journal of Biometeorology, vol. 65, no. 4, 2021, pp. 479-488. DOI: 10.1007/s00484-020-02036-2.

제20장 기후변화와 자연 재해 및 정량적 리스크 관리

- Australian Geomechanics Society. "Landslide Risk Management Concepts and Guidelines." Aust. Geomech. J., vol. 37, 2000, pp. 1-44.
- Baum, R.L., et al. "TRIGRS—A FORTRAN Program for Transient Rainfall Infiltration

and Grid-Based Regional Slope Stability Analysis Version 2.0." US Geological Survey Open-File Report, vol. 1159, 2008.

- Health and Safety Executive. "Societal Risk: Initial Briefing to Societal Risk Technical Advisory Group." Research Report 703, 2009, https://www.hse.gov.uk/research/rrhtm/rr703.htm. Accessed 5 Mar. 2023.
- International Electrotechnical Commission. "Functional Safety of Electrical/Electronic/Programmable Electronic Safety-Related Systems; IEC 61508." International Electrotechnical Commission, 1998.
- ITC. "Open LISEM Hazard User Manual." University of Twente, 2018.
- Lee, Jongook, and Dong-kun Lee. "Application of Industrial Risk Management Practices to Control Natural Hazards, Facilitating Risk Communication." ISPRS International Journal of Geo-Information, vol. 7, no. 9, 2018, p. 377. https://doi.org/10.3390/ijgi7090377.
- Lee, Jongook, et al. "Rockfall Hazard Analysis Based on the Concept of Functional Safety with Application to the Highway Network in South Korea." Rock Mech Rock Eng, vol. 54, 2021, pp. 6633-6647. https://doi.org/10.1007/s00603-021-02490-3.
- Purdy, G. "ISO 31000:2009—Setting a New Standard for Risk Management: Perspective." Risk Anal., vol. 30, 2010, pp. 881-886.
- Varnes, D. J. and IAEG Commission on Landslides and other Mass Movements. "Landslide Hazard Zonation: A Review of Principles and Practice." UNESCO Press, 1984.

제21장 기후변화와 복합재난의 위험

- Bellard, C., et al. "Impacts of Climate Change on the Future of Biodiversity." Ecology Letters, vol. 15, 2012, pp. 365-377.
- European Commission. "Risk Assessment and Mapping Guidelines for Disaster Management." 2010.
- Gill, J., & Malamud, B. "Reviewing and Visualizing the Interactions of Natural Hazards." Reviews of Geophysics, vol. 52, no. 4, 2014, pp. 680-72.
- IPCC. "Summary for Policymakers. In: Global Warming of 1.5°C." World Meteoro-

logical Organization, Geneva, Switzerland, 2018, pp. 32.

- IPCC. "Impacts, Adaptation, and Vulnerability." Contribution of Working Group II to the Sixth Assessment Report of the IPCC. Cambridge University Press, 2022.
- Kug, J.S., et al. "Two Distinct Influences of Arctic Warming on Cold Winters over North America and East Asia." Nature Geoscience, vol. 8, 2015, pp. 759-762.
- OECD. "The Benefits of Climate Change Policies." 2004.
- UNISDR. "Global Assessment Report on Disaster Risk Reduction." Annex 1: GAR Global Risk Assessment: Data, Methodology, Sources and Usage, 2015.
- UNDP. "Disaster Risk Assessment." Bureau for Crisis Prevention and Recovery, 2010.
- Tilloy, A., et al. "A Review of Quantification Methodologies for Multi-Hazard Interrelationships." Earth-Science Reviews, vol. 196, 2019, p. 102881.
- Watson, C.S., et al. "Unabated Global Mean Sea-Level Rise over the Satellite Altimeter Era." Nature Climate Change, vol. 5, 2015, pp. 565-568.
- Wisner, B., et al. "At Risk: Natural Hazards, People's Vulnerability and Disasters." Second edition, 2003.

제22장 도시녹지 공간 개선 정책에 대한 선호도 평가

- Kim, J., Choi, N., & Lee, D. "Spatial Preference Heterogeneity in Policies for Improving Urban Green Spaces." Urban Forestry & Urban Greening, vol. 78, 2022, p. 127781.

제23장 택지개발사업과 생태계 서비스 평가

- 구미현. "택지개발사업 생태계서비스 평가모형 개발 및 적용: 4개 보금자리 주택지구를 사례로." 서울대학교 대학원, 박사학위논문, 2014.
- 국토교통부. "카드뉴스 2021 도시계획 현황." 15 Nov. 2022.
- 통계청. "2021년 인구주택총조사: 주택." 28 Jul. 2022.
- Costanza, R., & Folke, K. "Valuing Ecosystem Services with Efficiency, Fairness, and Sustainability as Goals." Nature's Services: Societal Dependence on Natural Ecosystems, Island Press, Washington DC, 1997, pp. 49-70.

- Daily, G. C. "Introduction: What Are Ecosystem Services?" Nature's Services: Societal Dependence on Natural Ecosystems, edited by G. C. Daily, Island Press, Washington DC, 1997, pp. 1-10.
- MA (Millennium Ecosystem Assessment). Ecosystems and Human Well-being: Multiscale Assessment, Millennium Ecosystem Assessment Series, vol. 4, Island Press, 2005.
- TEEB (The Economics of Ecosystems and Biodiversity): Ecological and Economic Foundations, edited by P. Kumar, Earthscan, 2010.

제24장 경관 변화와 생태계 서비스 평가

- 김예화, et al. "위성영상 시공간 융합과 CASA 모형을 활용한 산지 개발사업의 식생 순일차생산량에 대한 영향 평가." 한국환경복원기술학회지, vol. 20, no. 4, 2017, pp. 29-42.
- Doraiswamy, Paul, et al. "Application of MODIS derived parameters for regional crop yield assessment." Remote Sensing of Environment, vol. 97, 2005, pp. 192-202.
- Jin, Yihua, et al. "Mapping Deforestation in North Korea Using Phenology-Based Multi-Index and Random Forest." Remote Sensing, vol. 8, no. 997, 2016.
- Li, Shengkun, et al. "Integrating constraint effects among ecosystem services and drivers on seasonal scales into management practices." Ecological Indicators, vol. 125, 2021, p. 107425.
- Potter, Christopher, et al. "Terrestrial ecosystem production: a process model based on global satellite and surface data." Global Biogeochemical Cycles, vol. 7, no. 4, 1993, pp. 811-841.
- Qi, Wenhua, et al. "Analysis of blue and green water scarcity based on SWAT model in the Tumen River Basin." Acta Ecologica Sinica, vol. 43, no. 8, 2023.
- Ren, Jianqiang, et al. "Regional Yield Estimation for Winter Wheat with MODIS-NDVI Data in Shandong, China." International Journal of Applied Earth Observation and Geoinformation, vol. 10, no. 4, 2008, pp. 403-413.
- Running, Steven, and Joseph Coughlan. "A general model of forest ecosystem processes for regional applications I: Hydrologic balance, canopy gas exchange and primary

production processes." Ecological Modelling, vol. 42, no. 2, 1988, pp. 125-154.

- Sun, Zexiang, et al. "Multi-scale analysis of ecosystem service trade-offs in urbanizing drylands of China: A case study in the Hohhot-Baotou-Ordos-Yulin region." Acta Ecologica Sinica, vol. 36, no. 15, 2016, pp. 4881-4891.
- Tao, Fulu, et al. "Remote Sensing of Crop Production in China by Production Efficiency Models: Models Comparisons, Estimates and Uncertainties." Ecological Modelling, vol. 183, no. 4, 2005, pp. 385-396.

제25장 도시 물순환 회복을 위한 공간계획 전략

- Dawson, D.A., et al. "A Spatial Framework to Explore Needs and Opportunities for Inter-operable Urban Flood Management." Philos. Trans. R. Soc. A Math. Phys. Eng. Sci., vol. 378, 2020.
- Hirabayashi, Y., et al. "Global Exposure to Flooding from the New CMIP6 Climate Model Projections." Sci Rep, vol. 11, 2021, p. 3740.
- Horton, R.E. "Erosional Development of Streams and Their Drainage Basins; Hydrophysical Approach to Quantitative Morphology." GSA Bulletin, vol. 56, no. 3, 1945, pp. 275–370.
- IPCC. Climate Change 2022: Impacts, Adaptation, and Vulnerability. Contribution of Working Group II to the Sixth Assessment Report of the Intergovernmental Panel on Climate Change, 2022.
- Vercruysse, K., et al. "Developing Spatial Prioritization Criteria for Integrated Urban Flood Management Based on a Source-to-Impact Flood Analysis." J. Hydrol., vol. 578, 2019, p. 124038.
- World Bank. Nature-Based Solutions for Disaster Risk Management, 2017.

제26장 미세먼지로 인한 야외활동만족도

- 김보미. "미세먼지로 인한 야외활동 위험인식 변화 및 만족도에 관한 연구: 자전거 이용객을 대상으로." 서울대학교 대학원, 박사학위논문, 2020.
- Beard, Jacob G., and Mounir G. Ragheb. "Measuring Leisure Satisfaction." Journal of

Leisure Research, vol. 12, 1980, pp. 20-33.

- Best, Samuel J., et al. "An Assessment of the Generalizability of Internet Surveys." Voluntas: International Journal of Voluntary and Nonprofit Organizations, vol. 19, no. 2, 2008, pp. 131-145.
- Deng, Weijaw. "Using a Revised Importance-Performance Analysis Approach: The Case of Taiwanese Hot Springs Tourism." Tourism Management, vol. 28, no. 5, 2007, pp. 1274-1284.
- Kim, Bomi, et al. "The Effects of Risk Perceptions Related to Particulate Matter on Outdoor Activity Satisfaction in South Korea." International Journal of Environmental Research and Public Health, vol. 17, no. 5, 2020, p. 1613, https://doi.org/10.3390/ijerph17051613.

제27장 텍스트를 통한 경관 의미 및 가치 분석

- Council of Europe. "The European Landscape Convention." Strasbourg, 2000, http://www.coe.int/en/web/conventions/full-list/-/conventions/treaty/176. Article 1a.
- Kong, Inhye, and Fausto O. Sarmiento. "Utilizing a Crowdsourced Phrasal Lexicon to Identify Cultural Ecosystem Services in El Cajas National Park, Ecuador." Ecosystem Services, vol. 56, 2022, p. 101441, https://doi.org/10.1016/j.ecoser.2022.101441.
- Kong, Inhye, et al. "Crowdsourced Text Analysis to Characterize the U.S. National Parks Based on Cultural Ecosystem Services." Landscape and Urban Planning, vol. 233, 2023, p. 104692, https://doi.org/10.1016/j.landurbplan.2023.104692.
- MEA (Millennium Ecosystem Assessment). Ecosystems and Human Well-Being: A Framework for Assessment, 2005.
- Meinig, D. W. "The Beholding Eye: Ten Versions of the Same Scene." The Interpretation of Ordinary Landscapes: Geographical Essays, 1979, pp. 33–48.
- Relph, E. Place and Placelessness. London: Pion, 1976.
- Tuan, Y. F. Space and Place: The Perspective of Experience. Minnesota: The University of Minnesota Press, 1977.
- Worboys, G. L., Lockwood, M., Kothari, A., Feary, S., & Pulsford, I. (eds). Protected Areas Governance and Management, 2015.

제28장 기후변화와 토지이용을 고려한 생물다양성 보전 계획

- Choe, Hyeyeong, and James H. Thorne. "Integrating Climate Change and Land Use Impacts to Explore Forest Conservation Policy." Forests, vol. 8, no. 9, 2017, p. 321.
- Choe, Hyeyeong, et al. "Meta-Corridor Solutions for Climate-Vulnerable Plant Species Groups in South Korea." Journal of Applied Ecology, vol. 54, no. 6, 2017, pp. 1742-1754.
- Choe, Hyeyeong, et al. "Assessing Shortfalls and Complementary Conservation Areas for National Plant Biodiversity in South Korea." PLOS ONE, vol. 13, no. 2, 2018, e0190754.
- Choe, Hyeyeong, James H. Thorne, and Changwan Seo. "Mapping National Plant Biodiversity Patterns in South Korea with the Mars Species Distribution Model." PLoS ONE, vol. 11, no. 3, 2016, e0149511.
- Oldfield, Thomasina E. E., et al. "A Gap Analysis of Terrestrial Protected Areas in England and Its Implications for Conservation Policy." Biological Conservation, vol. 120, no. 3, 2004, pp. 303-309.

제29장 기후변화와 오존에 의한 산림녹지 피해

- 김현석, 이경준. "Physiological Responses of One-year-old Zelkova serrata Makino Seedlings to Ozone in Open-top Chamber." Journal of Korean Society of Forest Science, vol. 84, no. 4, 1995, pp. 424-431.
- 국립환경과학원. 대기환경연보 2010. 2011.
- Felzer, B., et al. "Effects of Ozone on Net Primary Production and Carbon Sequestration in the Conterminous United States Using a Biogeochemistry Model." Tellus B: Chemical and Physical Meteorology, vol. 56, no. 3, 2004, pp. 230-248.
- Lindroth, Richard L., et al. "Consequences of Elevated Carbon Dioxide and Ozone for Foliar Chemical Composition and Dynamics in Trembling Aspen (Populus tremuloides) and Paper Birch (Betula papyrifera)." Environmental Pollution, vol. 115, no. 3, 2001, pp. 395-404.
- Munich Re. "El Niño Curbs Losses from Natural Catastrophes in 2015." 2015.

- Noormets, Asko, et al. "Stomatal and Non-stomatal Limitation to Photosynthesis in Two Trembling Aspen (Populus tremuloides Michx.) Clones Exposed to Elevated CO2 and/or O3." Plant, Cell & Environment, vol. 24, no. 3, 2001, pp. 327-336.
- Ollinger, Scott V., John D. Aber, and Peter B. Reich. "Simulating Ozone Effects on Forest Productivity: Interactions Among Leaf-, Canopy-, and Stand-level Processes." Ecological Applications, vol. 7, no. 4, 1997, pp. 1237-1251.
- Zhang, Junshe, Prasad Yedlapalli, and Jae W. Lee. "Thermodynamic Analysis of Hydrate-Based Pre-combustion Capture of CO2." Chemical Engineering Science, vol. 64, no. 22, 2009, pp. 4732-4736.

제30장 도시공원녹지의 기능과 구성

- 양병선, 허한결, 이동근. "장기미집행 도시공원의 해제가 생태계서비스에 미치는 영향 – 홍수발생과 도시열섬현상을 중심으로." 휴양및경관연구, 2020.
- 최희선, 안소은, 이후승, 송슬기, 이길상. "도시의 지속가능성을 위한 공원녹지 정책의 재정립 방안." 환경연구원, 2019.
- 박근현, 김재철, 이태웅. "공원복지 구현을 위한 선형 공원의 조성효과와 공급방향 연구." 국토연구원, 2013.
- Byungsun Yang, Dongkun Lee. "Urban Green Space Arrangement for an Optimal Landscape Planning Strategy for Runoff Reduction." Land, 2021.

제31장 기후변화가 관광에 미치는 영향

- 김송이. "기후변화의 관광 영향과 대응." Adaptation, vol. 2, 2020, pp. 26-31.
- 김송이. "Impact of climate change on weather-based tourism: focusing on the demand for outdoor water activities and the operation of ski slopes in South Korea." 서울대학교 박사학위논문, 2017.
- 김송이, 박찬, 박진한, 이동근. "스키산업에 기후변화가 미치는 영향 분석 - 한국의 스키장을 사례로 -." 환경영향평가, vol. 24, no. 5, 2015, pp. 432-443.
- 김태린, 성선용, 박진한, 류지은. "기후변화가 해안 관광목적지에 미치는 영향 분석 – 해수욕장의 활동 선호일수 및 침수지역 변화를 중심으로 – ." 기후변화학회지, vol. 14,

no. 2, 2023, pp. 41-52.

- Kim, S., Park, J. H., & Lee, D. K. "Impact of climate change on the preferred season for outdoor water activities." Sustainability, vol. 9, 2017, p. 1535.

제32장 도시 빅데이터와 3D 시공간 데이터 마이닝을 이용한 폭염 분석

- 박해경. "도시열섬 강도 분석을 위한 도시데이터 센서와 국가기상관측간 기온 및 공간해상도 비교 연구." 한국방재학회논문집, vol. 21, no. 3, 2021, pp. 39-48.
- 박해경, 유연주, 김상일. "건강 불평등 해소를 위한 체감온도 기반의 폭염 심각도 편차와 취약성 진단연구: 도시 빅데이터를 이용하여." 한국방재학회논문집, vol. 23, no. 3, 2022, pp. 41-51.
- 박해경. "Finding New Things by High-resolution Urban Sensor Networks: Identification of Urban Temperature Patterns using S·DoT Big Data in Seoul." 서울 빅데이터포럼, Seoul, Taepyeong Hall in Seoul Citizens, 4 Dec. 2020. Presentation.
- 박해경. "Extreme Heat Vulnerability of Residential Area in Seoul." 서울 빅데이터포럼, Seoul City Hall, 25 Nov. 2021. Presentation.

찾아보기

저자소개

길승호 | 강원대학교 02 생태복원의 이해

공인혜 | 스위스 취리히대학교 27 텍스트를 통한 경관 의미 및 가치 분석

구미현 | ㈜삼보기술단 23 택지개발사업과 생태계 서비스 평가

권유진 | 한국환경연구원 18 그린인프라의 열관련 측정 기법

김보미 | ㈜대아이엔씨 26 미세먼지로 인한 야외활동만족도

김예화 | 중국 연변대학교 24 경관 변화와 생태계 서비스 평가

김윤정 | 한국환경연구원 10 기후변화 적응과 식생 관리

김은영 | 수원시정연구원 01 그린인프라 계획과 실현

김지연 | 국립환경과학원 22 도시녹지 공간 개선 정책에 대한 선호도 평가

김태린 | 상지대학교 31 기후변화가 관광에 미치는 영향

김호걸 | 청주대학교 13 기후변화에 따른 생물종 서식적지 변화 및 산사태 대응

김효민 | 한국건설기술연구원 11 탄소저감형 도시녹화 모듈

류지은 | 인천연구원 14 기후위기 적응 대책의 수립과 이행

모용원 | 영남대학교 03 생물다양성 보전을 위한 체계적인 보전 계획

박상진 | 한국행정연구원 21 기후변화와 복합재난의 위험

박종훈 | 건축공간연구원 16 도시열섬을 줄이는 소규모 녹지의 역할과 활용

박진한 | 한국환경연구원 29 기후변화와 오존에 의한 산림녹지 피해

박 찬 | 서울시립대학교 07 자연기반해법의 확산과 참여를 위한 평가 체계

박채연 | 일본 산업기술종합연구소 17 그린인프라를 통한 도심보행자 복사열 저감

박해경 | 서울시립대학교 32 도시 빅데이터와 3D 시공간 데이터 마이닝을 이용한 폭염 분석

배채영 | 한국건설기술연구원 25 도시 물순환 회복을 위한 공간계획 전략

성선용 | 한국전통문화대학교 12 자연유산과 기후변화

손승우 | 한국환경연구원 08 AI 및 ICT와 조경 그리고 공간 정보

송원경 | 단국대학교 04 도시 생태계 야생동물 모니터링

안윤정 | 미국 캔자스대학교 19 실내 및 실외 환경에서 폭염 대응방안

양병선 | 전북대학교 30 도시공원녹지의 기능과 구성

윤은주 | 국토연구원 06 지속가능한 도시 조성을 위한 그린인프라 계획과 관리

이종욱 | 슈나이더일렉트릭코리아 20 기후변화와 자연 재해 및 정량적 리스크 관리

이현진 | 산림청 05 도시숲 생태계 서비스의 건강 증진 기능

최혜영 | 서울대학교 28 기후변화와 토지 이용을 고려한 생물다양성 보전 계획

허한결 | 건축공간연구원 09 3차원 자료와 녹시율 평가

현정희 | 오스트리아 국제응용시스템분석연구소 15 기후변화 적응 계획 의사결정 시스템